先进焊接技术系列

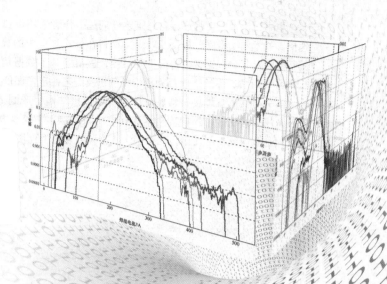

王 宝　宋永伦　著

焊接材料工艺性的
信息化技术

焊接材料工艺性数字化、信息化的具体实践

机械工业出版社
CHINA MACHINE PRESS

本书讨论了电弧焊焊接材料工艺性问题。作者采用电弧－熔滴行为高速摄影技术和汉诺威分析仪获取焊接材料在焊接过程中的数字信息，并对其特征量及其物理意义进行分析和解读，提出了基于数据信息的电弧焊焊接材料（焊条、焊丝）电弧物理特性分析及工艺性定量评价方法。

本书可供从事焊接材料、焊接设备和焊接结构生产制造的科技人员，以及从事焊接物理、焊接冶金、焊接电源、焊接工艺及焊接材料的教学、科研人员和研究生等使用，也可供焊接领域信息化工程科技人员参考。

图书在版编目（CIP）数据

焊接材料工艺性的信息化技术/王宝，宋永伦著．—北京：机械工业出版社，2018.4
ISBN 978-7-111-59386-7

Ⅰ.①焊… Ⅱ.①王… ②宋… Ⅲ.①信息技术－应用－焊接材料－材料工艺 Ⅳ.①TG42－39

中国版本图书馆 CIP 数据核字（2018）第 047837 号

机械工业出版社（北京市百万庄大街22号　邮政编码100037）
策划编辑：吕德齐　责任编辑：吕德齐
责任校对：肖　琳　封面设计：鞠　杨
责任印制：张　博
三河市宏达印刷有限公司印刷
2018 年 6 月第 1 版第 1 次印刷
184mm×260mm·22.5 印张·8 插页·571 千字
0 001—2500 册
标准书号：ISBN 978-7-111-59386-7
定价：89.00 元

凡购本书，如有缺页、倒页、脱页，由本社发行部调换

电话服务　　　　　　　　　　网络服务
服务咨询热线：010-88361066　　机工官网：www.cmpbook.com
读者购书热线：010-68326294　　机工官博：weibo.com/cmp1952
　　　　　　　010-88379203　　金书网：www.golden-book.com
封面无防伪标均为盗版　　　　　教育服务网：www.cmpedu.com

序

　　本书是作者继《焊接电弧现象与焊接材料工艺性》一书的新篇，是对具有材料、工艺、焊接电源等多因素耦合特征的焊接过程信息实现分解和定量评估的一个持续探讨与知识分享，是对焊接制造信息化工作的一个积极推动。

　　本书的内容及成果源于作者几十年来专业研究和工程实践的积累，源于从经验感知到科学定量的认识提升，源于对焊接事业的热爱和职业的责任。这是本书中所反映的一种人生精神及意义。

　　应该充分注意到，我国焊接制造的信息化、数字化将是一个长期的任务，仍需要焊接界各方面的专家学者做出不懈努力，并寄希望于青年一代能够锲而不舍、一步步地开拓这一人类智慧之路。

前　言

　　计算机、电子、信息等新技术的迅速发展与应用，促进了包括焊接在内的传统制造业向以信息为基础的数字化、智能化方向转型，对产品制造过程和质量的信息获取与处理是焊接制造信息化的重要组成部分，其中金属熔滴的过渡和与之相关联的电弧行为及焊接电参数特征，是应用于焊接信息化技术的最直接的信息源。本书主要以获取这两个方面的特征信息为认识基础，展开对焊接材料工艺性分析和定量评价的研究和讨论。

　　由于电弧焊的工艺现象大多与电弧过程中熔滴行为相联系，因此讨论弧焊材料工艺性时首先要研究焊接材料在电弧过程中的物理现象，其中熔滴过渡现象是电弧物理现象中最重要的表现。本书以对焊接材料焊接时电弧现象的大量细致的观察为基础，以影响电弧物理特性的主要因素——金属过渡为切入点，对熔化极电弧焊（焊条电弧焊、CO_2 气体保护焊、混合气体保护焊等）焊接材料（焊条、实心焊丝、药芯焊丝等）焊接过程的熔滴过渡现象与工艺性之间的具体联系、信息特征和物理属性进行数字化分析和解读，由汉诺威分析仪提取反映焊接材料某种工艺状态对应的电弧现象的数据信息，用电弧物理参数加以描述，进一步建立工艺性判据，提出一种基于统计的定量分析和评估的方法，实现焊接材料工艺性数字化评价，这是本书的特色。

　　焊接材料工艺性的定量分析与评价，是信息化技术在焊接领域中具体应用的范例。

　　本书在 2002 年出版的《焊接电弧现象与焊接材料工艺性》一书的基础上增添了一些新的内容，引用了许多具有代表性的熔滴和电弧行为的高速摄影的视频资料，增强了信息的可视化效果。

　　本书共 9 章，在第 1 章引入焊接工程信息化的理念，阐明焊接制造信息的特征与属性，阐述熔化焊过程金属过渡信息的特征和弧焊过程信息的统计特征，指出熔化极电弧焊时金属熔滴过渡现象反映了焊接过程的稳定性、电弧行为的特征、熔化效率、焊接烟尘、飞溅等工艺特性及焊接冶金特性等信息，其特点是具有直观性和可视性，高速摄影技术的采用是获取这一信息的主要手段和途径。以焊接过程电弧电压、焊接电流为信息源，实时采集大量数据，采用概率密度统计法提取焊接过程质量信息的特征值，并且用统计分布图形的方式显示，用以分析和评价熔化极电弧焊过程的固有物理属性，基于计算机和信息技术的自动化、知识化和可视化为特征的汉诺威分析仪是实现这一目标的有效手段。

　　第 2 章是讨论焊条电弧焊的电弧现象与对焊条工艺性问题。在这一章中引用对电弧现象观察的实物照片阐述焊条熔滴过渡的基本形态及特征、熔滴过渡形态的波形特征、熔滴过渡形态的电弧物理特性参数的描述、熔滴过渡形态与焊条工艺性的关系、焊条电弧焊熔滴过渡形成机制及焊条工艺性设计等。

　　第 3、4 章分别讨论钛钙型、低氢型、高纤维素型及不锈钢四大类焊条的电弧物理特性，在此基础上介绍用焊接质量分析仪对钛钙型、低氢型、高纤维素型及不锈钢四大类焊条提出工艺性定量评价问题。对每一类焊条都按以下思路进行论述：该类焊条熔滴过渡形态—体现最佳焊接工艺性状态的熔滴过渡形态—描述这一熔滴过渡形态电弧物理指数—建立焊条工艺形评价判据—说明工艺性评价方法的实例。

　　由于四大类焊条电弧物理特性的显著差异，对每一类焊条的电弧物理特性的分析便是这两章最主要的内容，这两章最能体现焊接电弧物理现象与焊接冶金和焊接工艺性的渗透与融合。

第5章以近年来作者对药芯焊丝 CO_2 气体保护焊（以常用的钛型药芯焊丝为对象）电弧物理现象的试验观察为基础，引用较多的高速摄影实物照片对药芯焊丝熔滴过渡形态、飞溅现象、熔渣的滞熔现象、焊接过程的烟尘、电弧行为等电弧物理现象进行描述、分析和总结，提出了若干学术观点。

第6章分别讨论药芯焊丝和实心焊丝电弧焊物理特性及工艺性评价问题。以钛型药芯焊丝为例讨论了在不同的焊接参数下（即小参数、中等参数和大参数下）药芯焊丝工艺性的评价问题，提出了以短路周期均匀性（即短路周期变异系数）为判据评价药芯焊丝工艺性的方法。

第7章讨论碱性药芯焊丝电弧物理现象，碱性药芯焊丝药芯成分含有多量的氟化物和碱性氧化物，这一渣系组成决定了碱性渣具有较大的表面张力并使其具有粗熔滴过渡的基本属性。文中分别讨论了碱性药芯焊丝的熔滴的排斥过渡和细熔滴过渡现象，在此基础上提出可以用焊接电弧电压和焊接电流的变异系数作为判据，评价焊丝的工艺性。

第8章讨论金属粉芯焊丝和自保护药芯焊丝的电弧物理特性和工艺性问题。试验表明适用于富氩气体保护焊的金属粉芯焊丝在正常的焊接参数下熔滴为射流过渡，焊接过程进入稳定状态，指出对于可用于 CO_2 气体保护焊的金属粉芯焊丝与普通熔渣型的药芯焊丝一样，可以采用短路周期变异系数为判据对金属粉芯焊丝进行工艺性评价，而对于适用于富氩气体保护焊的焊丝则采用焊接电流变异系数为判据对其进行工艺性评价。本章对自保护药芯焊丝焊接时的熔滴与熔渣行为进行描述和分析，指出高氟化物碱性熔渣成就了自保护药芯焊丝特殊的熔滴行为，并基于自保护药芯焊丝特殊的电弧物理特性，提出了以焊接电流变异系数为判据，通过比较焊接电流变异系数值的大小，定量地判断和评价同类型不同厂商产品的工艺性差异。

本书的实用性体现在第9章，本章用了较大篇幅列举了焊接质量分析仪多个方面的应用实例，包括焊条电弧焊、药芯焊丝 CO_2 气体保护焊和自保护药芯焊丝工艺性的评价实例、"焊接材料工艺质量分析与评估"专业版软件及应用、焊接材料制造企业用于产品质量的监测和信息化管理的案例、焊接过程质量监测的实例、焊接质量分析仪在焊接电源和焊接过程优化方面的应用实例等，体现了本书研究成果的工程应用。著作本身的目的在于使读者共享其成果并且能够应用，这些实例对读者实际应用焊接质量分析仪起着引导作用。

本书仅反映作者的某一阶段学术研究和实际工作成果。由于作者的水平以及试验工作的局限，书中存在诸多不足。近年来，随着测试技术的不断提高，作者期待对焊接电弧物理等工艺理论问题的研究在更多专业工作者的广泛关注和参与下，在深度和广度方面取得更大进展，为焊接工程的应用提供更为坚实有效的理论支持。

本书撷取了不少描述熔滴和电弧行为的高速摄影照片和视频资料，得益于太原理工大学王勇博士，中北大学张英桥博士出色的工作，在本书出版之际，作者谨向他们表示感谢。

应该特别提到，本书引用了杨林、高俊华、戴军、孟庆润和李海明等众多研究生们的工作成果，是本书内容的重要组成部分，本书的出版是对他们工作成果的赞许。

作者

目　录

第 1 章

熔焊过程信息及数字化特征

计算机、电子、信息等新技术的迅速发展与应用促进了包括焊接在内的传统制造业向以信息为基础的数字化、智能化方向转型，从而进入了信息驱动的现代制造时代。从信息的技术角度看，数字是用于表示事物与事物之间定量关系的符号，是信息的载体及其物理意义的表达形式，并可通过网络实现数字信息的有效传递，是驱动制造活动的一种技术途径。因此以信息技术为基础的数字化装备以及具有相关数字资源支持的制造环境，是数字化制造技术构成的基础，从而使传统的制造经验逐步变为可记录、可保存、可定量分析和可对比评估的现代智能化制造技术。

随着焊接产品对高品质、高效率和精细化要求的提高，对产品制造过程和质量信息的获取与处理已成为焊接制造业信息化的重要组成部分。本书是以焊接电弧物理现象的观测认识为基础，对熔化极电弧焊（焊条电弧焊、CO_2气体保护焊、氩弧焊和混合气体保护焊等）焊接材料（药皮焊条、实心焊丝、药芯焊丝等）的焊接过程的特征信息、物理属性进行数字化解析，对焊接材料的工艺性提出基于统计的定量的分析和评估方法。

1.1 焊接制造由经验向信息化和数字化的转变

我国焊接制造能力提升的瓶颈较突出地表现为焊接工艺依赖于经验类比和繁衍，焊接装备缺乏工艺知识库的支持，焊接材料的研发与工艺效果有的难以用数据精确表达，焊接工程的数字化模拟仿真技术与工艺优化脱节，焊接成形过程中对形状、性能、质量等特征参数缺乏实时检测手段，基于网络的焊接生产环节协同能力弱以及产品制造过程和质量管理的信息量不足等。焊接产品性能的高端化、结构的大型化、复杂化、精细化和功能的多样化，尤其是现代重大装备的服役正趋向各类"极限"工作环境，以及对大型、超大型装备和结构提出的长寿命、高可靠要求，从而使产品所包含的设计信息、工艺信息、制造过程的信息量显著增加，使焊接生产和焊接设备所需要的信息支持增加，同时对焊接制造过程工艺、质量和管理工作的信息需求也必然增加，因此也成为促使传统焊接制造向提高制造信息处理能力、效率及规模方向发展的原动力，即由传统的能量驱动型转变为信息驱动型。在多元的市场需求和激烈竞争环境下，要求制造系统表现出更高的灵活和敏捷，以及产品的更高性能和生产的更高效率，并在现代工业的发展需求和相关技术的支撑下，逐步形成新的制造理念，实现焊接制造的信息化、数字化，以至未来的智能化。

图 1-1 所示为依赖经验的生产方式与基于信息的现代制造之间的联系与区别，其中包括事物本体和认识主体的不对称及固有差异，制造信息由定性到定量、由"个性"向"共性"的转化，反映了从传统经验到现代智能的四个发展层次。

图 1-2 所示为制造信息的内涵形成与其发展轨迹，为数字化、智能化制造提供了基础和资源。

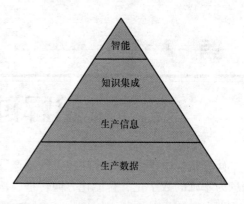

图 1-1　传统生产方式与基于信息的现代制造之间的关系及其四个发展层次[1]

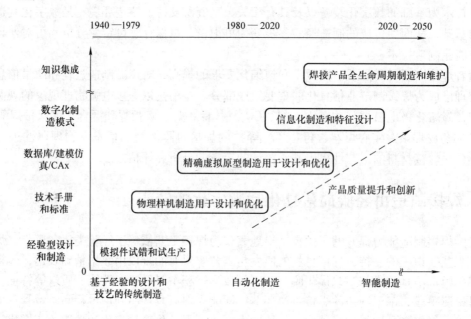

图 1-2　制造信息的内涵形成与其发展轨迹[1]

1.2　焊接制造信息的特征与属性

　　"信息"自古以来就受到人们的重视,我国的"孙子兵法"中尤其强调信息的重要性,如"知己知彼,百战不殆",说的就是为了减少决策风险,一定要充分获取有关的信息。近代控制论把信息定性为"认知主体与外部环境之间的相互联系、相互作用过程中相互交换的内容"。包括焊接在内的制造信息是一种专业领域信息,它的本质和属性与信息有共性的一面,同时又具有其本领域自身的特征。焊接制造过程不仅具有信息的多领域、学科跨度大的一面,还表现为参数的耦合性强且带随机干扰的一面。当前以手工、经验型作业为基础的焊接制造信息的构成表现为三个方面:一是主观的、实践的且分散在人们头脑中的经验知识,以及以标准、规范、手册或各种教材汇总形成的资料形式的知识;二是逐步开发中的专用数据库、专家系统、仿真预测软件等，力求信息表达的精量、延伸其规律性；三是在焊接制造过程中通过传感器在线获取的以电量和非电量、数字信号和图像等形式表达的有关焊接参数、接头质量、产品服役等信息。焊接数字化系统的基本功能之一就是把这些分散的和规范化的、定性和定量的、模拟和数字的以及不同程度可视的信息进行汇总、分析、集成、优化和适量利用。同时，作为智能制造发展所依赖的基础，信息的质量始终是被关注的重点，对焊接信息要求真实、清晰、时间和空间的分辨、一致性程度、可重构程度、安全性及包容性、二次开发程度以及信息的可表达、可视形式等。

随着计算机与信息处理技术的工程化能力的日益增强，焊接制造信息软件与新一代硬件的共同演化将不断生成一种基于数字化的物质形态，即以软件技术为动力，在互联设备的网络、云服务及大数据等支持下，为用户提供高度知识化分析与专业化决策，从而成为焊接数字化、智能化制造的重要特征。在这一技术背景下，信息化形式将不断提高，信息化内涵和外延将不断丰富，信息化从点到面、从内到外的发展和应用使企业的生产方式、管理方法、企业间协同、营销手段等产生巨大变化。

焊接制造信息是一种专业信息，具有多领域、多因素的特征，涉及焊接材料、焊接装备及焊接工艺三大板块，具有方法、参数、工况、环境等各因素的强耦合、难以量化、带随机干扰等特点[1]。图1-3为焊接制造信息的多领域、多因素特征的示意图。

焊接信息的属性一般可分为三大类：一是确定性的可定量表达的，如焊接速度、送丝速度、气体流量等；二是具有随机性的信息，如熔滴短路时间、短路频率、焊接过程的电流、电压等，需要借助于统计方法来分析、提取其特征量；三是大量不确定的非结构化数据，如

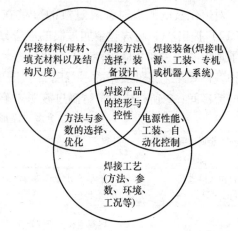

图1-3　焊接制造信息的多领域、多因素特征[1]

焊件的装配间隙、散热条件、各态温度场、残余应力分布、热源能量的分配等，这些信息大部分难以用传统的传感技术获取和处理。

熔化极电弧焊过程在时间与空间方面的特征及工程应用的意义见表1-1。其中金属熔滴的过渡和与之相关联的电弧行为以及焊接电参数特征，是应用于焊接信息化技术的最直接的信息源。本书主要以获取这两个方面特征信息为认识基础，展开焊接材料工艺性分析和定量评价的研究和讨论。

表1-1　熔化极电弧焊过程的主要信息、特征及工程应用意义

焊接过程信息	时间分辨（要求）	空间分辨（要求）	工程应用意义
电弧状态与金属过渡	ms，μs	mm	电弧宏观形貌、几何尺度；熔滴过渡类型、频率、均匀性和稳定性等
焊接电参数 （焊接电流、电弧电压）	μs	—	焊接参数调整与优化，焊接过程稳定性，热输入等
电弧热物理量以及相应的"力效应"	ms，μs	mm	能量密度与分布，焊缝成形与质量

1.3 熔化焊过程金属过渡信息的特征

熔化极焊接时金属熔滴过渡现象反映了焊接过程的稳定性、电弧行为的特征、熔化效率、焊接烟尘、飞溅等工艺特性及焊接冶金特性等信息，其特点是具有直观性和可视性，是熔化焊信息化技术中主要的信息获取来源，高速摄影技术的采用是获取这一信息的主要手段和途径。对熔化极电弧过程金属过渡现象观测与机理的探讨可追溯到20世纪三、四十年代，最初的认识是从对焊条电弧焊熔滴过渡形态的观察和研究开始，然后逐步发展到对熔化极实心焊丝气体保护焊、药芯焊丝气体保护焊以及近年来对可控的熔滴过渡形态的研究。

在熔化极气保焊中，焊丝和药皮的类型及化学组分、保护气体成分、焊接参数以及电源特性和极性等冶金因素和物理因素的综合作用，直接影响焊丝末端的熔滴向熔池过渡的模式、尺寸大小、过渡频率，飞溅等熔滴行为特征，并由此影响焊接冶金过程、焊缝成形质量和焊接过程的稳定性。

对熔化极电弧焊时金属过渡的分类在1976年由国际焊接学会焊接物理专委会（IIW SG212）提出[2]，将焊丝金属过渡的形态分为三类十种，见表1-2。表中对不同的过渡形态做了现象的描述和相应焊接工艺条件的举例[2-5]。图1-4是各种熔滴过渡形态与焊接电流、保护气体等工艺条件关系的示意图[6]。图中1所指的位置是熔滴过渡形态第一次发生变化的电流区间；2所指位置是熔滴过渡形态第二次变化的电流区间。

表1-2 金属过渡形态的分类及现象描述[2-5]

金属过渡形态的分类	现象描述	焊接工艺条件举例（焊材，气体，电流）
1. 自由飞落过渡 Free flight	在焊丝熔化末端与熔池之间无机械性接触	—
1.1 球滴过渡 Globular	熔滴生长大于焊丝直径	—
1.1.1 球滴状过渡 Globular drop	熔滴有序脱离并通过弧柱自由过渡	实心焊丝，80% Ar + 20% CO_2，小到中等电流 酸性焊丝（药芯焊丝），80% Ar + 20% CO_2，小电流 金属芯焊丝（FCW），80% Ar + 20% CO_2，小电流
1.1.2 球状排斥过渡 Globular repelled	熔滴无序地在一侧脱离并通过弧柱自由过渡	实心焊丝，CO_2，中到大电流 酸性焊丝（药芯焊丝），CO_2，中到大电流 金属粉芯焊丝，CO_2，中到大电流
1.2 喷射过渡 Spray	熔化的焊丝末端变尖，具有很大的电流密度，熔滴通过弧柱过渡，尺寸小于焊丝直径	—
1.2.1 滴状喷射过渡 Projected	焊丝末端变尖，具有很大的电流密度，熔滴脱离的频率较高	实心焊丝，80% Ar + 20% CO_2，中等电流 酸性焊丝（药芯焊丝），80% Ar + 20% CO_2，小到中电流 金属粉芯焊丝，CO_2，小到中电流 直流正接含稀土实心焊丝，CO_2，中到大电流

(续)

金属过渡形态 的分类	现象描述	焊接工艺条件举例 （焊材，气体，电流）
1.2.2 轴向射流过渡 Streaming	焊丝末端具有很大的电流密度且有明显的指向，细小、连续的熔滴如金属的流体	实心焊丝，80% Ar + 20% CO_2，大电流 酸性焊丝（药芯焊丝），80% Ar + 20% CO_2，大电流 金属粉芯焊丝，80% Ar + 20% CO_2，大电流
1.2.3 旋转射流过渡 Rotating	焊丝末端具有很大的电流密度、有明显的指向且不停旋转	实心焊丝，80% Ar + 20% CO_2，很大的电流 金属粉芯焊丝，80% Ar + 20% CO_2，很大的电流
1.3 爆破过渡 Explosive	熔滴一脱离焊丝末端就形成各种形状的细小颗粒向熔池过渡	直流正接碱性焊丝（药芯焊丝），CO_2，中到大电流 焊条电弧焊
2. 桥接过渡 Bridging transfer	熔化的焊丝末端与熔池接触	—
2.1 短路过渡 Short circuiting	熔化的焊丝末端与熔池接触形成短路	实心焊丝，80% Ar + 20% CO_2/CO_2，小电流 酸性焊丝（药芯焊丝），80% Ar + 20% CO_2/CO_2，小电流 金属粉芯焊丝，80% Ar + 20% CO_2/CO_2，小电流 直流正接含稀土实心焊丝，CO_2，小电流
2.2 无间断桥接模式 Bridging without interruption	—	外加填充丝
3. 渣保护过渡 Slag protected transfer	金属熔滴沿焊剂的液柱流动并进入熔池	—
3.1 渣—壁导向过渡 Flux wall guided	—	埋弧焊 酸性焊丝（药芯焊丝），80% Ar + 20% CO_2/CO_2，小电流 高钛型不锈钢焊条
3.2 其他过渡 Other modes	—	药皮焊条、药芯焊丝、电渣焊等

焊接时金属熔滴的基本过渡模式是焊接技术发展到一定阶段的表现与归纳。近年来，随着新型弧焊电源的发展及其控制技术的进步，输出电流的幅值、极性、频率等获得了高的动态特性，能够通过"源"的能量输出模式的变化赋予"弧"具有新的热特性和力特性。其主要表现在两个方面：一是产生了可控的熔滴过渡形态、复合过渡形态并在实际工业中得到应用，促进了对焊接"金属过渡"概念与内涵的

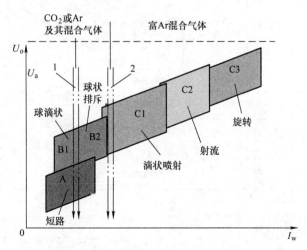

图1-4 熔滴过渡形态与电流、保护气体等关系的示意图[6]

5

扩展；二是增强了电弧能量传递的可控性，能够实现焊缝熔深、焊接接头组织与性能、热变形与工件应力状态等的改善。因此为了满足焊接自动化的发展和焊接产品质量保证的需求，有必要更多地了解并针对不同材料、焊接工况条件选择适用的金属过渡模式。对基本过渡模式的认识仍需要在技术发展中不断深化，熔滴过渡模式分类的不断细化，实际上已成为工程与工艺实施中优化熔滴过渡模式、熔池与焊缝成形和减少冶金性缺陷等问题的一个必不可少的认识与发展的基础。

表 1-3 是对可控的金属过渡的分类[5-12]。

表 1-3   可控的金属过渡的分类[5-12]

金属过渡形态	模式细致分类	焊接工艺/条件举例	技术专用名称
受控短路过渡	电流控制的短路过渡	特殊电流波形控制的熔化极气体保护焊电源	表面张力过渡（STT）、冷弧焊（Cold arc）
	送丝可控的短路过渡	机械式往复抽送、脉动送丝	冷金属过渡（CMT），可控短路过渡（CSC）
受控射流过渡	脉冲过渡	可变频率脉冲的滴状射流	超威弧（Force arc），双脉冲（Double pulse）、超脉冲（Super pulse），双丝协同（Tandem）

基于以上认识，焊接的电弧－熔滴行为及其特征，是焊接过程中一个重要的、基本的信息源，它一方面通过电弧能量的控制来优化过渡与过程稳定，另一方面，还为获得优质的焊接接头提供冶金与热循环等条件。图 1-5 所示为在富氩混合气体（82% Ar + 18% CO$_2$）条件下不同熔滴过渡形态与电流、电压信号之间的对应关系，从而有助于建立起熔滴过渡信息与电信号相关过程的认识及其物理模型。然而这仅仅是以直观方式获得定性认识的第一步，将这些信息数字化并分析其特征与规律，才能使传统的"经验定性思维"转变为"数字定量思维"。

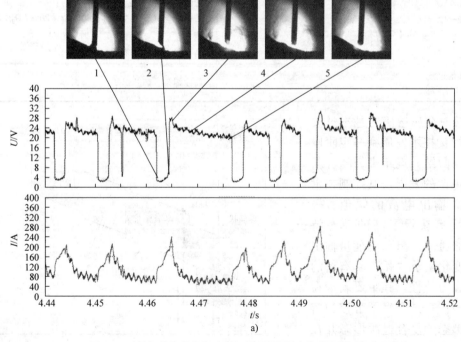

图 1-5   熔滴过渡形态与电流、电压信号之间的对应关系
a）短路过渡

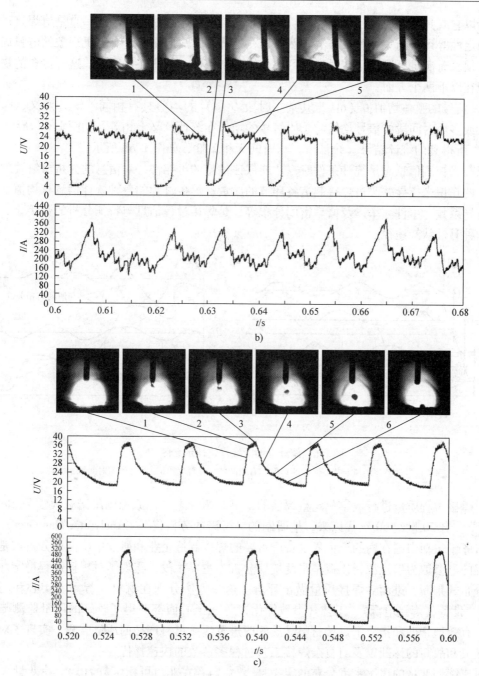

图 1-5　熔滴过渡形态与电流、电压信号之间的对应关系（续）

b）球状过渡　c）脉冲过渡

1.4　弧焊过程信息的统计特征

　　如前所述，根据焊接过程信息的属性，对带有随机性的非确定信息，需要借助于统计方法对信息的时域处理和分析，以获得均值、均方差、方差、变异系数、概率密度分布等统计信息，从而提取出具有明确物理意义的特征量。由于统计分析方法考察的是全过程的数据信息，所以它既具有全局性，又能实现对大量数据信息的压缩处理，因此一直是对焊接过程质量、稳定性等评价的一种有效方法。然而，在将统计方法应用于带有随机现象的电弧焊接过程时必须同时满足所测信号在时序上可统计的两个条件，如图1-6所示。这一概念的物理意义表现在以下两个方面：

1）信号的整体均值 $U_n(t)$ 与其某一时段 $U_i(t)$ 的均值具有相同的统计意义，即某一时间段或多个时间段的信号均值与总体信号的均值在统计意义上相等，如图1-6a所示。

2）所得到的统计结果（统计值）与时间无相关性，如图1-6b所示。

只有当被测信息满足统计条件时，才能保证信息的可靠性，对信息的分析、解读就能成为科学的知识来指导并改进焊接制造各环节的质量。焊接过程的各种统计信息有均值、均方差、变异系数、事件频率以及概率密度分布等，是焊接过程信息与特征分析的数字化、可视化的一种有效认知途径。

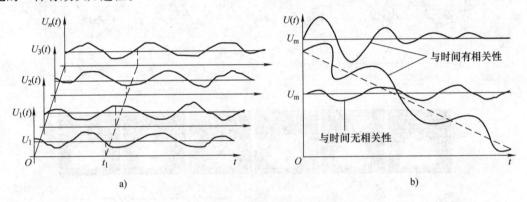

图1-6　统计量的时域稳定性示意图[13]

a）信号的整体均值与某一时段的均值具有相同的统计意义　b）统计值与时间无相关性

对焊接过程质量进行数字化定量评估的最早开拓者之一是原德国汉诺威大学 D. Rehfeldt 教授[14]。自20世纪60年代以来，他研制的"汉诺威分析仪"（Analysator Hannover）已成功地服务于包括中国在内的全世界上百个重要的焊接制造企业和研发单位。该分析仪是以焊接过程的电参数为信息源，以概率密度统计分析为主要手段，实现了对焊接过程稳定性及各统计分布的判断，进而对焊接质量做出评价。这一方法分别在材料（焊条、实心和药芯焊丝等）、设备（焊接电源）、工艺（参数优化）等三个方面都获得了较好的质量监测与分析效果，有效地帮助和指导了焊接材料品质的改进及焊接材料产品的质量监测，实现了对焊接电源缺欠和故障的诊断以及对复杂焊接工艺过程多参数的快速择优。

对连续型变量的概率密度分布的定义是[15]：若存在非负可积函数 $f(x)$，使变量 X 取值于任一区间 (a, b) 的概率可表示为：

$$P(a < X \leqslant b) = \int_a^b f(x)\mathrm{d}x \tag{1-1}$$

则称 $f(x)$ 为 X 的概率密度函数，简称概率密度。对 $f(x)$ 的进一步理解是，若 x 是 $f(x)$ 的连续点，则：

$$\lim_{\Delta x \to 0} \frac{P(x < X \leqslant x + \Delta x)}{\Delta x} = \lim_{\Delta x \to 0} \frac{\int_x^{x+\Delta x} f(t)\mathrm{d}t}{\Delta x} = f(x) \tag{1-2}$$

即，X 的概率密度函数 $f(x)$ 在 x 这一点的值，是 X 落在区间 $[x, x + \Delta x]$ 上的概率与区间长度 Δx 之比的极限。在工程意义上，一事件 $f(x)$ 在某一处的取值，不是事件 $\{X = a\}$ 的概率，但是该值越大，该事件发生的概率也越大，反之亦然，从物理意义上前者表示为被观测主体的特征信息，而后者表示为某种干扰的特征信息。

图 1-7 是一个以焊接电压为例的概论密度分布形成原理图。图中右图为焊接时电弧电压波形图，可以看出电弧电压在每一个瞬间都在发生着变化，为了描述这一变化，在焊接电压变化的范围内，以一个合适的电压区间为组宽，把电弧电压值的范围划分为很多的组，统计每一组中采集的样本数，该组的样本数与总体样本数的比值就是一个焊接过程中某一电弧电压值（相应的组宽）出现的概率。在汉诺威分析仪中用 $n(\%)$ 来分别表示对应于各分组电压或电流发生的概率。

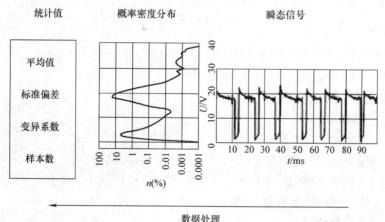

图 1-7　焊接电压概率密度分布的原理图

对焊接过程的大量原始数据进行统计处理时所采用的一个重要的分析方法是"频数组"及其设定的时间宽度。图 1-8 是对"频数组"统计意义的一个具体解释。以表 1-4 的数据为例，电弧电压 21～22V 的频数组中电压的下限和上限分别为 21V 和 22V，组宽是 1V。在焊接过程中用概率密度统计方法对电弧电压波形和各时段特征定义的示意图如图 1-9 所示。一个短路过渡模式是燃弧、短路（有时还有断弧或空载）等连续变化的电参数的时间序列。

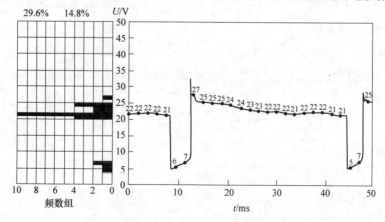

图 1-8　对"频数组"统计意义的物理解释

由于各种因素的影响，每一熔滴经历的短路—燃弧时间并不一致，有时短路过程持续时间特别短，即熔滴只与熔池发生瞬间接触，因受焊丝末端表面张力的"牵制"而未能脱离，没有形成熔滴的过渡，或者虽从焊丝末端脱离却被排斥到熔池之外形成"飞溅"，成为一种"无效的过渡"。图1-9中T_1为短路时间（熔滴短路过渡持续的时间），T_2为燃弧时间（电弧燃烧的持续时间），T_3是加权燃弧时间（两个有效短路过渡之间的时间），T_c是周期时间（完成一个短路过渡所需的时间：$T_3 + T_1$），U_{th}是电压阈值（设定的短路电压值，用于对短路频率的统计）。

表1-4 "频数组"的统计过程

电弧电压频数组/V	…	3~4	4~5	5~6	6~7	7~8	…	19~20	20~21	21~22	22~23	23~24	24~25	25~26	26~27
频率	…	0	1	1	2	0	…	0	4	10	2	2	4	0	1
频数组相对百分比（%）	…	0	3.7	3.7	7.4	0	…	0	14.8	37.0	7.4	7.4	14.8	0	3.7

对短路时间T_1、燃弧时间T_2、加权燃弧时间T_3、周期时间T_c的统计以频率分布图的形式显示，其方法是将时间横坐标按设定的时间段（组宽）进行分组，统计每个分组中采集的T_1或T_2、T_3、T_c样本数，该组样本数与测试的时间相比得到该分组的频率，频率分布（Class frequency distributions）图就是以图形描述对应于各时间分组的频率分布图（即CFD图）。

在统计计算中，对焊接电参数平均值$\overline{x}$的定义是：

$$\overline{x} = \sum_{i=1}^{n}(x_i/n) \tag{1-3}$$

式中　x_i——第i个样本值；

　　　n——总的样本数。

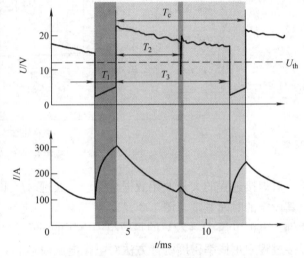

图1-9　电弧波形和各时间特征段的定义示意图
T_1—短路时间　T_2—燃弧时间　T_3—加权燃弧时间
T_c—周期时间　U_{th}—电压阈值

焊接过程中特征量的波动范围和程度可用标准差或变异系数表示。标准差s的定义是：

$$s = \sqrt{\left[\sum_{i=1}^{n}(x_i - \overline{x})^2/(n-1)\right]} \tag{1-4}$$

式中　$\overline{x}$——平均值；

　　　x_i——第i个样本值；

　　　n——总的样本数。

变异系数ν的定义是：

$$\nu = (s/\overline{x}) \times 100\% \tag{1-5}$$

式中　s——标准差；

　　$\overline{x}$——平均值。

对焊接过程电信号进行统计分析的变量主要有：

1）电弧电压瞬时值 $U(t)$；

2）焊接电流瞬时值 $I(t)$；

3）短路时间 T_1；

4）燃弧时间 T_2；

5）加权燃弧时间 T_3；

6）周期时间 T_c。

对上述变量经统计分析后得到焊接过程的各特征信息，以图形表示的有：

1）电弧电压概率密度分布图 $U-n$；

2）焊接电流概率密度分布图 $I-n$；

3）短路时间的频率分布图 T_1-N；

4）燃弧时间的频率分布图 T_2-N；

5）加权燃弧时间的频率分布图 T_3-N；

6）短路周期的频率分布图 T_c-N；

7）时间与电压 $t-u$ 关系图；

8）时间与电流 $t-i$ 关系图。

以概率百分数表示的统计值有：

1）短路频率 f_{sc}，在测试的时间内统计的短路频率；

2）短路电压概率密度 $n(U_s)$，短路电压（＜阈值电压）的概率百分数；

3）短路电流概率密度 $n(I_s)$，短路电流 $[I_s>(1.5\sim2.0)I_m]$ 的概率百分数；

4）平均电弧电压 U_m，在测试的时间内统计的平均电弧电压；

5）平均焊接电流 I_m，在测试的时间内统计的平均焊接电流；

6）平均短路时间 T_{1m}，在测试的时间内统计的短路时间；

7）平均燃弧时间 T_{2m}，在测试的时间内统计的燃弧时间；

8）平均加权燃弧时间 T_{3m}，在测试的时间内，忽略瞬时短路后，统计的燃弧时间；

9）平均周期时间 T_{cm}，在测试的时间内，统计的短路周期。

标准偏差 s 和变异系数 ν；

1）电弧电压的标准偏差 $s(U)$；

2）焊接电流的标准偏差 $s(I)$；

3）电弧电压变异系数 $\nu(U)$；

4）焊接电流的变异系数 $\nu(I)$。

此外，还有各变量的最大值、最小值等。

焊接过程各统计参数与对相应信息的物理意义见表 1-5。

如图 1-10 所示为对 CO_2 气体保护焊短路过渡焊接的过程分析，作为一个对上述各统计特征量及其物理意义解读的实例，对样本以电弧电压、焊接电流概率密度、短路时间 T_1、燃弧时间 T_2、加权燃弧时间 T_3、周期时间 T_c 等各频率分布图的形式显示测试的结果。由图中可见：焊接电流、电弧电压概率密度分布范围表示了过程的波动与稳定程度；短路频率的分布表明了熔滴过渡尺寸的均匀性，过短的短路时间表示了过程中瞬间熔滴接触的状况，反映了熔滴的剧烈活动及其与瞬时短路飞溅率的联系；低电压的概率密度及其分布情况反映了熔滴短路过渡的行为特征。

表 1-5　统计参数和焊接过程信息的解读

统计参数	过程信息解读
平均电压	电弧长度
电压标准差	电弧的稳定性、电弧长度的均匀性
平均电流	焊丝送丝速度
电流标准差	焊接电流波动和电弧过程的稳定性
短路时间平均值	短路过渡的熔滴尺寸
短路时间标准差	熔滴颗粒均匀性
燃弧时间平均值	燃弧（加热）时间长短
燃弧时间标准差	燃弧时间的均匀性
短路频率	熔滴尺寸大小与过渡的频率
短路周期时间平均值	熔滴平均过渡的周期
周期时间标准差	熔滴短路过渡周期均匀性
瞬间短路特征	焊接材料冶金特性，飞溅情况

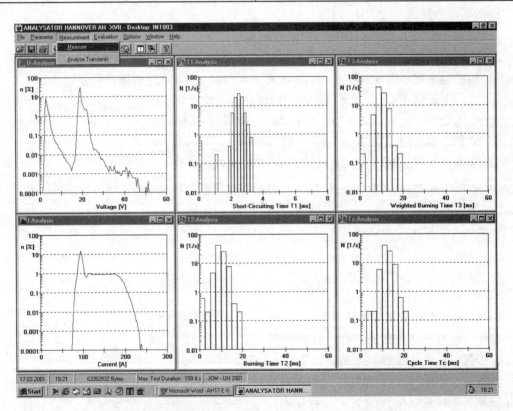

图 1-10　CO_2 气体保护焊短路过渡焊接过程的统计结果

1.5　焊接制造的信息化与数字化

当现代工业进入数字制造时代后,数据本身已经成为提升制造能力与工艺水平的最具价值且最为复杂的原材料,其重要性类似于蒸汽机时代的煤和工业化时代的油。而当前面临的挑战是如何获取数据并使数据应用于技术提升和创新。在现实生产中常会提出两个问题:一是需要多大量的数据信息才能有助于一个传统焊接制造过程向当前数字制造的转变与提升;二是用什么方法从所获得的数据信息为用户提取出有价值的信息,并应用在焊接产品的研发和工程实践中。对上述问题拟从以下两个方面回答。

1)获得的数据必须满足并达到可统计的条件(见本章第 1.4 节),其中包含能有效提取统计特征量的原始信息。例如,在本书中所描述的针对焊接材料的工艺性分析与评估,每个数据样本(焊接电流与电压)的采样频率不小于 100kHz/s,采样时长不小于 5s。数据量一般在 35MB 左右。焊接过程数据信息的有效性还必须满足同工况、同时长等要求,从而使各样本信息具有可重复性和可对比性,有助于发现其内在关联、趋势以及某一事件出现的概率,并在数据信息或样本增加的过程中使分析的结果或预测更为准确。

2)数据是基础资源,不进行有效分析或分析思路、分析方法不合适就不能有效应用数据资源。重要的是能读懂分析结果,通过信息与数据的积累、分析和评估,使焊接制造变为可预测的制造,并使得制造过程中不断产生的数据又被系统性地处理,有助于发现和解释不确定因素,有助于进行决策和行动。

值得注意的是,当前的制造技术在由单元向多元的集成转变,不仅使产品所包含的设计信息和工艺信息量显著增加,而且使产品的制造成为一组满足多种需求的"可行"解,要求以多学科、跨领域的新的制造理念、方法,来寻找并开拓新的模式以适应上述新的特征。此外,在由"信息与数字"驱动的焊接制造发展中,要做大量的标准化工作,使数据可信任、可传输、可交流、可共享,从而确保数字化焊接制造的一致性、高品质和高效率。

与传统的制造技术相比,数字制造产生的影响是巨大且长远的,在焊接制造中的权重及其推动力将与日俱增。焊接数字制造系统将带来以下几方面的突破:①设计优化能力的提升。对搜集与理解应用环境信息和用户需求信息,做出定量的分析和规划,完成焊接结构的优化设计,其中,强有力的动态知识数据库是数字化设计能力的基础。②人机一体化的协同。人机一体化方面突出人在制造系统中的核心地位,使人机之间表现出一种相互理解、相互协作的关系,使两者在不同的层次上各显其能,相辅相成,在实践中不断地充实知识库,形成一种有"深度学习与认知"能力的混合智能。③虚拟现实技术的应用。以计算机和人工智能为基础,将信号处理、动画技术、智能推理、预测、仿真和多媒体技术融为一体,是焊接数字化、智能化制造的一个显著特征,是实现高水平人机一体化的关键技术之一。因此焊接数字制造是信息技术发展的一种必然趋势,是自动化和知识集成技术深度融合的结果。随着计算机与信息技术的不断进步以及互联网、云存储和云计算技术的成熟与普及,焊接生产信息完全可以与物流控制、网络间数据共享等技术结合起来,为用户提供可靠、有效的具有感知—决策—执行能力的数字制造监控和管理平台,从而满足现代焊接制造对高品质、高效率的迫切需求。

根据焊接制造发展路线图的分析和规划,对数字化技术的挑战主要体现在两个方面:一是要求在工艺、装备和材料之间建立起"精量化"的数字联系，促使传统焊接制造过程由"部分定量"+"经验试凑"的模式向基于工艺与质量"数据库"的在线优化与监控模式的转变；二是实现从传统焊接的"控形"加工向具有接头性能预测和参数调控能力的"控性"技术的提升，进而推动具有机理和规律支撑的、可定量预测和控制的新一代数字制造体系的形成。信息与焊接制造深度融合的关键，是如何从海量的信息资源中找出合理的技术途径和运作模式，打破信息孤岛和资源不能共享的局限，找到关键的技术环节和流程，在这些技术的演进与应用过程中，软件起到了关键的支撑作用。

本书的工作是从信息化基础与技术应用角度出发，主要对焊接电流与电弧电压这两个熔化极弧焊过程的最基本，也是最方便获取的物理量，进行信息的传感与统计特征量的提取、分析与评估。在本书中，以焊接过程中电弧现象的大量观察为基础，揭示熔滴行为特征与焊接材料工艺性的内在联系，并通过汉诺威分析仪提取反映这一现象的数据化信息，进一步对焊接材料工艺性做出定量的评价。图1-11是焊接材料工艺性评价原理解析图。

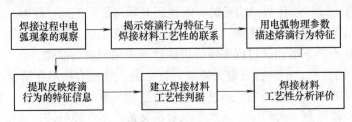

图 1-11　焊接材料工艺性评价原理解析图

参 考 文 献

[1] 宋天虎. 走向焊接制造的数字化 [C] //焊接国际论坛邀请报告. 北京：中国机械工程学会，2016.

[2] Anon, Classification of metal transfer：IIW Doc XII – 636 – 76 [C]. Miami：International Institute Welding，1976.

[3] Lordachescu D, Lucas W, Ponomarev V. Reviewing the "Classification of Metal Transfer"：IIW Doc XII – 1888 – 06 [C]. Miami：International Institute Welding，2006.

[4] Shun Izutani, Hiroyuki Shimizu, Keiichi Suzuki, et al. Observation and classification of droplet transfer in gas metal arc welding：IIW Doc. 212 – 1090 – 06 [C]. Miami：International Institute Welding，2006.

[5] Norrish J. A review of metal transfer classification in arc welding：IIW Doc. XII – 1769 – 03 [C]. Miami：International Institute Welding，2003.

[6] Danut Iordachescu, Luisa Quintino. Steps toward a new classification of metal transferin gas metal arc welding [J]. journal of materials processing technology，2008，202（1 – 3）：391 – 397.

[7] Cuiuri D, Norrish J. Cook C D. Droplet size regulation in short circuit GMAW process using a controlled current waveform：Proc AWS Coot, Gas Metal Arc Welding for the 21st Century Conference, Orlando, USA, December 6 – 8th，2000 [C]. Miami：American Welding Society，2000.

[8] Harwig D D, Joseph A, Anderson C, et al. Characteristics of variable polarity（AC）GMAW power supplies：Proc Gas Metal Arc Welding for the 21st Century Conference, Orlando, USA, December 6 – 8，2000 [C]. Miami：American Welding Society，2000.

[9] Lundin M, Hedegard J, Weman K. An evaluation of the "Rapid Arc" welding process [C] //JOM – 8 International Conference on the Joining of Materials. Helsingor, Denmark：1997，94 – 99.

［10］ Huismann G. Direct control of the material transfer：The controlled short – circuiting（CSC）　– MIG process：Proc Gas Metal Arc Welding for the 21st Century Conference，Orlando USA，December 6 – 8，2000 ［C］. Miami：American Welding Society，2000.

［11］ Furukawa K，New CMT arc welding process – welding of steel to aluminium dissimilar metals and welding of super – thin aluminium sheets ［J］. Wding International，2006，20（6）：440 – 445.

［12］ Goecke S，Hedegard J，Lundin M，et al. Tandem MIG/MAG welding ［J］. Svetsaren，2001，56（2 – 3）：24 – 28.

［13］ Rehfeldt D. Computer – Aided quality assurance（CAQ）for welding filler material manufacturing ［C］//焊接国际论坛邀请报告. 北京：中国机械工程学会，2015.

［14］ Rehfeldt D. Verfahren und analysiereinrichtung zur untersuchung der schweiß – spannungsschwankungen bei elektroschweißverfahren ［D］. Hannover：TU Hannover，1969.

［15］ 茆诗松，程依明，濮晓龙. 概率论与数理统计教程 ［M］. 2 版. 北京：高等教育出版社，2011.

第 ② 章 ▶▶▶▶▶

焊条电弧焊的电弧现象与焊条工艺性

焊条电弧焊熔滴过渡现象是焊条电弧焊电弧物理特性的主要表现，对焊接过程的稳定性、电弧行为特征、焊条熔化效率、焊接烟尘、飞溅和焊条的工艺稳定性等工艺特性及焊接化学冶金特性产生直接的影响，它承载着焊接工艺特性和焊接冶金特性的丰富信息。人们对焊接电弧物理现象最初的认识是从对焊条电弧焊熔滴和电弧行为的观察和研究开始的，焊条发展初期阶段的大量焊条电弧现象的研究成果，至今仍然是对电弧焊电弧物理认识的基础，焊条将焊接电弧物理现象与焊接冶金相渗透、融合并赋予其丰富的内涵，对于认识弧焊材料的冶金特性和工艺特性，以及对新的弧焊材料的研究创新都具有十分重要的意义。本章系统地阐述了焊条电弧焊物理现象特征、发生机理、形成条件及与焊条工艺性的联系。读者会发现焊条电弧焊的电弧物理现象与当前使用的气体保护焊的电弧物理现象有着诸多的相似。阅读本章内容不仅对认识焊条电弧物理特性有益，也是进一步了解其他弧焊方法电弧现象的基础，对熔化极实心焊丝气体保护焊、各种药芯焊丝气体保护焊以及近年来发展起来的多种熔化极可控弧焊方法电弧物理现象的认识和理解有重要的意义。

2.1 焊条电弧焊粗熔滴短路过渡与渣壁过渡

焊条电弧焊时，电弧引燃后，焊芯立即被加热和熔化，随后焊条引弧端的药皮与焊芯接触的内层也开始被加热和熔化，并迅速向药皮外层扩展。由于焊芯直接受电弧的热作用，焊芯的加热熔化和向熔池的过渡超前于药皮，而药皮的熔化是内层超前于外层，这样经过一段很短的电弧过程后，在焊条的端部便形成套筒，此时焊芯、药皮的熔化，以及熔滴的过渡过程保持相对的稳定。

对焊条熔滴行为的观察发现，熔滴具有十分复杂的过渡形态。早期国外的许多学者对焊条电弧焊熔滴过渡形态进行了大量的研究，在他们的著作中提出了焊条电弧焊熔滴的过渡形态不同的观点[1,2]。作者早年的研究发现熔滴过渡形态与工艺性之间存在联系，并从这一角度研究了焊条金属熔滴过渡的特征，将焊条电弧焊时熔滴过渡形态划分为粗熔滴过渡、渣壁过渡、爆炸过渡和喷射过渡四种类型。这样的分类不仅基本上反映了主要类型焊条电弧焊熔滴行为特征，而且容易建立起熔滴过渡形态与工艺性的直接联系，这一分类作者最早在20世纪80年代提出[3]，在以后的著作中又做了更深入的分析，进一步提出焊条工艺性设计的理论问题[4]。

2.1.1 焊条电弧焊粗熔滴短路过渡

1. 焊条电弧焊粗熔滴短路过渡现象

对焊条电弧现象的研究主要是通过焊接时高速摄影进行的，为了便于观察，在高速摄影时往往采用适当拉大弧长的操作，这样不仅可以清楚地观察到熔滴的形成、长大和过渡的全过程，同时可以观察到电弧过程中发生的飞溅、烟雾以及电弧行为等诸多物理现象。图 2-1 所示为选取的钛钙型结构钢焊条在长弧焊时粗熔滴过渡的高速摄影单帧照片，图 2-1a 是焊芯直径为 4mm、药皮外径为 6.4mm 的 E4303 焊条，由图可直观地看出，熔滴的短路过渡明显的特征是熔滴体积十分粗大，熔滴的直径明显地超过了焊芯直径，而接近焊条药皮的外径。图 2-1b～d 的焊条规格为 3.2mm，外径为 5.1～5.2mm，可以看出熔滴尺寸差不多也接近焊条外径。

应该指出，在正常焊接条件下，钛钙型结构钢焊条不会出现这样的粗大熔滴，尤其当前结构钢焊条产品大都为较细颗粒的短路过渡，典型的大熔滴短路过渡形态很少出现，但低氢型焊条出现大尺寸熔滴并不少见。图 2-2 所示为低氢型焊条大熔滴过渡过程的实例，可以看出悬挂在焊条端部的熔滴直径有时已接近焊条外径。高速摄影照片中显示的为长弧焊时的情况。熔滴尺寸大、过渡周期长是粗熔滴过渡形态的主要特征。通过连续的高速摄影照片统计，图 2-2 样品的熔滴过渡频率为 $3.1s^{-1}$。

图 2-1　钛钙型碳钢焊条长弧焊时粗熔滴过渡的高速摄影单帧照片

a) E4303 焊条，ϕ4mm，直流反接，$I\approx150A$　b)、c) E4303 焊条，ϕ3.2mm，直流反接，$I\approx115A$

d) E4313 焊条，ϕ3.2mm，直流反接，$I\approx115A$

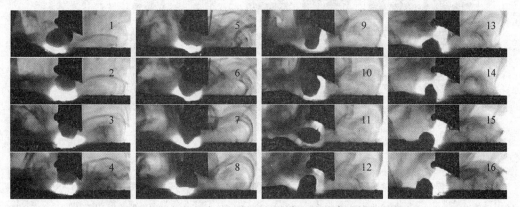

图 2-2　低氢型焊条长弧焊时粗熔滴过渡的高速摄影照片

焊条样品：CHE506 低氢型碳钢焊条，ϕ3.2mm；直流反接，$I\approx120A$，拍摄速度：1200f/s。

2. 焊条电弧焊粗熔滴短路过渡的飞溅现象

（1）粗熔滴短路过渡引起的电爆炸飞溅　粗熔滴过渡时，由于熔滴粗大，在采用正常弧长焊接的条件下，熔滴向熔池过渡时将与熔池接触，形成短路桥。图 2-3 所示为熔滴发生短路时形成短路桥的单帧照片，熔滴与熔池发生桥接短路，这是短路过渡又一明显的特征。

大的短路电流通过短路桥极易引起电爆炸飞溅。图 2-4 所示为焊条电弧焊时熔滴发生短路形成电爆炸飞溅的高速摄影照片。由图 2-4a 可看出发生电爆炸的过程，在第 1～2 帧照片形成短路桥，由第 3 帧照片开始短路桥发生爆炸，第 6 帧电弧重燃，至第 8 帧过程结束，爆

图2-3 焊条熔滴过渡时发生桥接短路的高速摄影单帧照片

a) E4303焊条, φ3.2mm, 直流反接, $I=115A$ b) E4303焊条, φ4mm, 直流反接, $I=150A$

c) 渣壁过渡时的桥接现象, E308-16不锈钢焊条, φ4mm, 直流反接, $I=125A$

炸过程持续6ms。而图2-4b短路电爆炸过程（第2~9帧照片）持续了约7ms。从图2-4c可看到另外一种短路爆炸飞溅的情景，当电爆炸发生时其爆炸力未向四周释放，而是沿焊条轴线指向熔池，这时若焊条向焊接方向倾斜，在熔池方向的爆炸力使液态金属猛烈地冲向后方，当液态金属受到已凝固的熔池金属——焊缝的阻碍时，便冲向熔池的上方，形成隆起的液柱（图2-4c第5~7帧照片），当表面张力将隆起的液柱拉回熔池时，在液柱尖端的金属被分离出去（图2-4c 8~10帧照片），形成小颗粒飞溅。这种情况在短路形成电爆炸飞溅中并不是个别的现象。

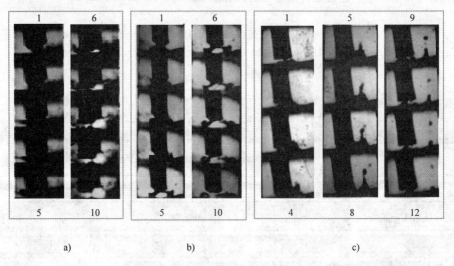

图2-4 焊条电弧焊短路过渡电爆炸飞溅现象的高速摄影照片（一）（拍摄速度：1000f/s）

a) HJ-9试验堆焊焊条, φ4.0mm, 直流反接, $I=185~190A$ b) A107低氢型不锈钢焊条, φ4.0mm, 直流反接,

$I=180~190A$ c) A102钛钙型不锈钢焊条, φ4.0mm, 直流反接, $I=135~145A$

当观察更多短路桥爆炸过程的高速摄影照片时可以发现，多数情况下爆炸不是发生在短路桥形成的初期，也不是发生在短路桥存在的中期，而往往发生在熔滴过渡基本完成、短路桥变得很细的时候，因为这时短路桥的截面积很小，通过很大的短路电流时，电流密度非常大，过细的金属桥瞬间被过热汽化，导致短路桥的爆断引起飞溅。图2-5正是反映这一现象的实际例子，由图可看出，第4、5帧照片熔滴与熔池发生短路并形成短路桥，熔滴的过渡过程持续了约8ms（第5~12帧照片），当熔滴过渡即将完成时可以看到，短路桥变得很细（第11~12帧照片），接着第14帧照片开始短路桥发生了爆炸，爆炸过程进行了约14ms，

形成强烈的电爆炸飞溅。

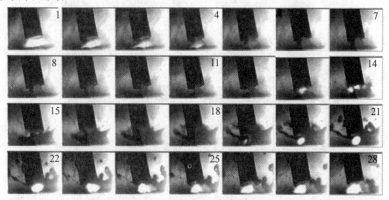

图 2-5 焊条电弧焊短路过渡电爆炸飞溅现象的高速摄影照片 (二)

试验样品: E5015 04.05.09 低氢型结构钢焊条, $\phi 4.0$mm; 直流反接, $I = 160 \sim 165$A; 拍摄速度: 1000f/s。

图 2-6 展示了电爆炸飞溅的又一种情景, 从图 2-6a、b 中可以看到悬挂在焊条端部的大熔滴与熔池刚一接触, 熔滴尚来不及在熔池表面铺展开, 甚至尚未形成短路桥, 就在熔滴与熔池短路的一瞬间, 在熔滴与焊条端相连接的细颈处 (图中箭头指示处) 发生电爆炸 (图 2-6a、b 中第 3、4 帧照片)。在如图 2-7 所示的案例中也可清楚地看到, 爆炸发生在熔滴与焊条端部相连的截面很小的颈部 (图中箭头指示处), 爆炸由第 4 帧照片开始到第 6 帧照片瞬间完成 (图 2-7a)。而在图 2-7b 同样看到, 爆炸由第 3 帧照片开始在第 5 帧完成, 几个实例中爆炸只进行了约 1 ~ 2ms, 过程进行得十分猛烈, 其结果是熔滴被破碎, 造成严重的飞溅。

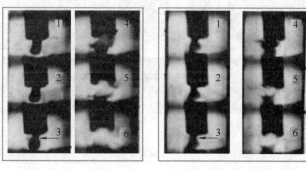

a)   b)

图 2-6 焊条电弧焊熔滴瞬间发生电爆炸飞溅现象的高速摄影照片 (拍摄速度: 1000f/s)

a) E4303 钛钙型结构钢焊条, $\phi 4.0$mm, 直流反接, $I = 165 \sim 175$A

b) E4303 钛钙型结构钢焊条, $\phi 3.2$mm, 直流反接, $I = 125 \sim 135$A

举出的这几个实例说明短路电爆炸发生的一个重要的条件, 是当有大电流瞬间流过小截面融体时, 瞬间使其过热汽化而导致爆炸的发生。图 2-5 的实例在形式上与图 2-6 和图 2-7 中的短路电爆炸飞溅不同, 前者是在短路条件下, 短路桥发生爆炸引起的飞溅, 而后者则是在短路桥并没有形成的条件下, 在熔滴与焊芯之间连接的颈缩处发生, 但其发生的机理是一样的, 都是由于大电流流过小截面熔体, 一方面使其被瞬间过热汽化, 另一方面大的电流密

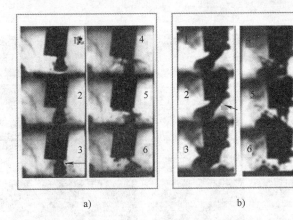

图 2-7　焊条电弧焊大熔滴发生爆炸飞溅的高速摄影照片（拍摄速度：1000f/s）
a）E4303 钛钙型结构钢焊条，ϕ4.0mm，直流反接，$I=165\sim175A$
b）E4301 钛铁矿型结构钢焊条，ϕ4.0mm，直流反接，$I=165\sim175A$

度产生的大电磁收缩力导致爆炸飞溅，而这两种爆炸行为本质上都是由于电的因素引起的，将它们都称作电爆炸飞溅是名副其实的。

（2）电弧力引起的飞溅　粗熔滴过渡时，当弧长比较长时，熔滴发生激烈偏摆，这时电弧力对熔滴的作用会比较明显地表现出来，作用在熔滴底部的电弧力使熔滴进一步偏离焊条的中心，从而有可能将熔滴从焊条端部推离，造成大颗粒飞溅。图 2-8 所示为电弧力引起大颗粒飞溅的高速摄影照片，由图可看出，当粗大的熔滴发生偏斜时，作用在熔滴底部的电弧力指向斜上方（第 3、4 帧照片箭头所指），将大熔滴推离焊接区造成飞溅。

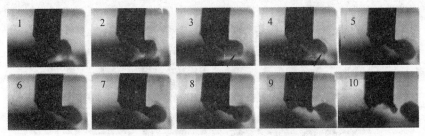

图 2-8　电弧力引起大颗粒飞溅的高速摄影照片
试验焊条样品：E4313 结构钢焊条，ϕ4.0mm；直流反接，$I=165\sim175A$；拍摄速度：1200f/s。

3. 焊条电弧焊粗熔滴过渡的电弧行为

焊接时焊芯是电弧的一极，而极性斑点往往处在焊芯端部熔化的金属表面，因此在焊芯端部的熔滴大小、熔滴活动性、熔滴表面覆盖的熔渣的物化性质将对电弧行为产生直接影响。这种影响随着熔滴尺寸的增大而更加明显。图 2-9 所示为四组反映粗熔滴过渡时电弧行为的照片。图 2-9a 是显示电弧的极性斑点由熔滴的底部转移到套筒内过程的高速摄影照片，看出在图 2-9a 中第 1、2 帧照片中电弧尚处于熔滴的底部，而随着熔滴的过渡，斑点又转移至套筒以内（图 2-9a 第 3～6 帧照片），在图 2-9b 照片中也看出发生了同样的情况，在大熔滴底部的弧根（第 1～3 帧照片）很快移动到套筒内（第 4～6 帧照片）。在粗熔滴过渡时，随着熔滴的长大与过渡，电弧斑点在套筒内外反复发生转移现象，从而影响电弧的稳定性。

图 2-9c 和图 2-9d 是粗大熔滴发生电弧偏吹现象的照片，电弧极性斑点处于套筒内并被

熔滴排挤到套筒的边缘，由于焊条的偏心，使电弧向药皮薄的一侧倾斜。

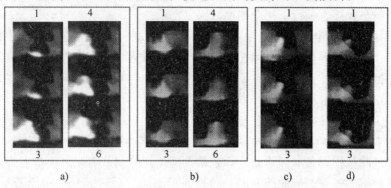

图 2-9　粗熔滴过渡时电弧行为的高速摄影照片（拍摄速度：1000f/s）

a）低氢型试验堆焊焊条，ϕ4.0mm，直流反接，I＝190A　b）E4303 结构钢焊条，ϕ4.0mm，交流，I＝180A

c）E5015 低氢型结构钢焊条，ϕ4.0mm，直流反接，I＝180A　d）E308－15（A107）低氢型不锈钢焊条，

ϕ4.0mm，直流反接，I＝150A

图 2-10 是显示电弧活动的一组高速摄影照片，这是在不采用背光的条件下拍摄的，以显示电弧的运动，拍摄速度为 1000f/s，照片能够清楚地显示每 1/1000s 的电弧行为特征。图 2-10a、b 是 E4303 焊条在直流反接条件下拍摄的电弧行为照片。从 16 帧连续的照片中看出电弧并不是沿着焊条的轴线燃烧的，而是产生明显的偏斜，从图 2-10a 照片中可看出，从

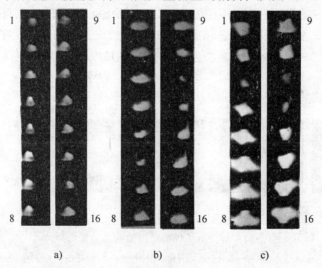

图 2-10　粗熔滴过渡时电弧行为的高速摄影照片（拍摄速度：1000f/s）

a）E308 型不锈钢焊条，ϕ4.0mm，直流反接，I＝130～140A

b）、c）E4303 钛钙型结构钢焊条，ϕ4.0mm，交流，I＝185～195A

第 3 帧照片开始至第 11 帧照片电弧向左偏斜，之后又恢复到焊条的中轴线附近（第 13～16 帧照片）。电弧的偏摆现象是由于多种原因造成的，但主要的还是由于大熔滴的活动引起的。图 2-10b、c 是交流电弧的照片，在连续的 16 帧照片中可看出交流电弧周期性变化的特点，照片摄影速度为 1000f/s，因此电源在每 10 帧照片（即 10ms）经过半个周期。由图 2-10c 可以看出，电弧由第 3 帧燃弧开始电流逐渐增大，电弧逐渐展开至第 6～8 帧照片最大，而

之后又随着电流的减小电弧逐渐收敛，到第 11 帧、12 帧照片半个周期结束时，电流最小，电弧也收敛到最小，接着进行下半个周期。

由图 2-10b、c 交流电弧的高速摄影照片看出，在每个周期内的每个瞬时电弧电流的大小都发生改变，使电弧形态周期性地扩张和收敛，但没看到交流电弧出现明显的偏摆，电弧保持着很好的挺度。另外交流电弧也不像直流电弧那样容易出现磁偏吹，这些是交流电弧突出的特点。

2.1.2　焊条电弧焊熔滴的渣壁过渡

1. 焊条电弧焊熔滴的渣壁过渡现象

所谓渣壁过渡是指焊条电弧焊时，焊条端部的熔化金属或者是埋弧焊时焊丝熔化金属沿着套筒内壁或是熔渣壁表面流向熔池的一种过渡形态。渣壁过渡这一术语最早于 1978 年由国际焊接学会在熔滴过渡形态分类中提出（表 1-2），最初是针对埋弧焊时熔滴沿着焊剂形成的熔渣壁面进行过渡的方式，后来由于高钛型（钛型或金红石型）不锈钢焊条的出现而发现了熔滴过渡的这一特征，于是把这一术语套用在焊条套筒内细熔滴的敷壁过渡行为，并在 1985 年中国机械工程学会焊接学会编的《焊接词典》中解释了这一概念[5]。1998 年在作者的著作[4]中将渣壁过渡列为焊条熔滴过渡的四种主要过渡形态之一。

图 2-11 是焊条电弧焊渣壁过渡的高速摄影单帧照片。熔滴细小是渣壁过渡的主要特征，也是渣壁过渡形成的必要条件，因为细小的熔滴才有可能沿着套筒的某一侧滑落到金属熔池。也正是由于熔滴十分细小，因此当熔滴在焊条端部形成、长大，直到脱离焊芯端部之前，一个熔滴不会占据焊芯的整个端面，焊芯的端面上可能同时存在两个或两个以上的熔滴，这是渣壁过渡所独有的现象，它和粗熔滴过渡时形成鲜明的对照，在粗熔滴过渡时，焊芯的整个端面往往被一个粗大的熔滴所独占。在图 2-11a、b 的两幅照片中可以看到在焊条端部同时停留着 2~3 颗熔滴，这是渣壁过渡最为明显的外部特征之一，也是在观察高速摄影影片时最容易看到的情景。

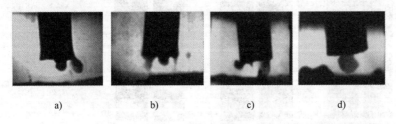

a)　　　　　b)　　　　　c)　　　　　d)

图 2-11　焊条电弧焊渣壁过渡的高速摄影照片

a)、b) E308 钛型不锈钢焊条，$\phi4.0mm$，直流反接，$I=135A$

c) E4324 钛型铁粉结构钢焊条，$\phi4.0mm$，直流反接，$I=180A$

d) A102Fe 钛型碳钢芯高效不锈钢焊条，$\phi4.0mm$，直流反接，$I=165A$

图 2-12 也是一组反映渣壁过渡特征的单帧照片，可以清楚地看出在焊条端部待下落的小熔滴，同时可以看到熔滴金属通过桥接的形式向熔池过渡的画面。一般钛型不锈钢焊条采用正常焊接参数时熔滴渣壁过渡频率大约为 $9~11s^{-1}$。

E4324 高效铁粉结构钢焊条具有完全的渣壁过渡形态，是渣壁过渡形态代表性的焊条之一。图 2-13 是 E4324 高效铁粉焊条熔滴进行渣壁过渡过程的连续高速摄影照片，在照片中看到在焊条端部同时存在的两个熔滴先后进行过渡的情景。

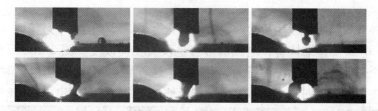

图 2-12　焊条电弧焊渣壁过渡的高速摄影照片

焊条样品：CHS102 不锈钢焊条，ϕ3.2mm；直流反接，$I = 95 \sim 105A$；拍摄速度：1200f/s。

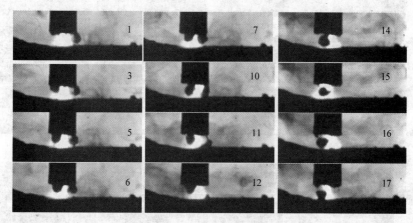

图 2-13　焊条电弧焊渣壁过渡的高速摄影照片

焊条样品：E4324 高效铁粉结构钢焊条，ϕ4.0mm；直流反接，$I = 195 \sim 210A$；拍摄速度：1200f/s。

图 2-14、图 2-15 是渣壁过渡和粗熔滴过渡焊条端部横截面示意图和渣壁过渡时焊条端部纵截面解析图，它对渣壁过渡和粗熔滴过渡特征进行了解析，解释了熔滴的渣壁过渡过程不形成短路的原理。由图看出，当熔滴沿着套筒内壁滑出套筒边缘并逐渐长大后，熔滴与熔池接触，从高速摄影的照片上看似乎形成了短路桥，但实际上此时金属熔滴在套筒内已经与焊芯端部脱离了（图 2-15b）。从图 2-16a 高速摄影第 61 ~ 77 帧照片可以清楚地看到，当熔

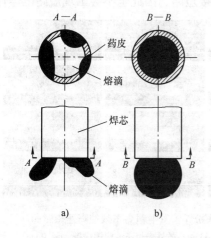

图 2-14　渣壁过渡和粗熔滴过渡焊条端
部横截面示意图

a）渣壁过渡　b）粗熔滴过渡

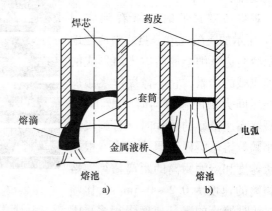

图 2-15　渣壁过渡时焊条端部纵截面示意图

a）在套筒内熔滴与焊芯端部相连

b）在套筒内熔滴已经与焊芯端部脱离

滴滑出套筒以外并且与熔池发生桥接时，以及进行金属的过渡的整个过程中，电弧仍然从套筒内"伸出"，电弧一直维持着，电弧的形态也没有任何改变。图 2-16b 反映了同样的情况，熔滴在整个过渡过程中对电弧行为没有影响。这种情景证明了渣壁过渡时熔滴与焊芯在套筒内相脱离的事实，同时让人们很容易理解渣壁过渡时能够保持电弧很好的挺度的原因。

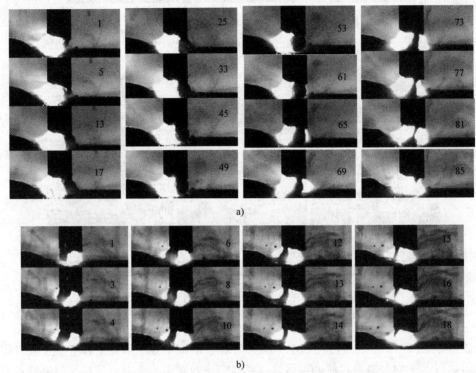

图 2-16　渣壁过渡时熔滴金属通过桥接形式进行过渡的高速摄影照片

试验焊条样品：CHS102 不锈钢焊条，ϕ3.2mm；直流反接，$I=95\sim105$A；拍摄速度：1200f/s。

2. 渣壁过渡引起的飞溅现象

由于渣壁过渡熔滴细小，过渡时不会与熔池发生桥接短路，因此也不会出现短路电爆炸飞溅现象。

观察渣壁过渡时经常看到如图 2-17 所示的飞溅现象，照片中清楚地展示套筒边缘细小的熔体飞离形成的飘离飞溅的情景，它不像爆炸飞溅那样突然间大量的颗粒同时飞散出去。在观察高速摄影的照片时，看到飞散的小颗粒熔体缓慢地飘落出去，根据拍摄速度和熔滴飘离的距离估算，熔滴飘离的速度为 0.2～0.5m/s，比喷射过渡时熔滴的飞行速度慢很多。因此在参考文献［4］中曾将其称为"飘

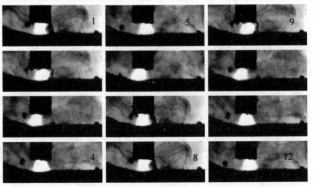

图 2-17　高效铁粉焊条发生飘离飞溅的高速摄影照片

试验焊条样品：E4324 高效铁粉焊条结构钢焊条，ϕ4.0mm；

直流反接，$I=195\sim210$A；拍摄速度：1200f/s。

离"飞溅。飘离飞溅的发生显然是由于焊条套筒内产生的强大气流将悬挂在套筒缘边的小熔滴（也可能是熔渣滴）吹离造成的。

由于飘离的飞溅物飞行速度比较缓慢，飞溅不那么猛烈，因此对工艺性影响不大，这是渣壁过渡工艺性能大幅度优于粗熔滴过渡的主要原因之一。

2.1.3 粗熔滴过渡与渣壁过渡的形成机制

以上是通过高速摄影观察到的焊条电弧焊时的粗熔滴过渡与渣壁过渡现象。在什么条件下会形成哪种过渡形态呢？要回答这些问题就需要从熔滴过渡形态的形成机制来分析寻找答案。

在电弧焊接时，无论采用任何熔化焊接方法，熔滴都会受到多种力的作用，熔滴究竟以何种形式过渡，取决于多种力的综合作用。由于焊条电弧焊时电流密度相对小得多，因此电的因素形成的作用在熔滴上的力（电磁收缩力、电弧极性斑点压力等）要小得多，甚至可以忽略。根据 B. И. 嘉特诺夫提出的概念[6]，在作者设定的条件下，焊条电弧焊时估算出的电磁收缩力的大小仅相当于熔滴表面张力的 10% ~ 15%，而极性斑点压力不到 1%，因此焊条电弧焊时作用在熔滴上的力主要是由焊条自身因素和物理因素决定的，这一点与各种气体保护焊时不同。

焊条电弧焊时由于药皮的存在和参与，使得焊条电弧焊的化学冶金过程复杂化，焊接过程中焊条药皮在焊条端部形成形态各异的套筒，成为影响熔滴过渡形态的重要物理因素。药皮的影响更主要是通过焊接冶金过程，赋予熔渣和金属熔滴以某些冶金特性和物理特性，直接表现于熔滴过渡时力的因素——表面张力和气体动力的作用，对熔滴的行为产生最重要、最直接影响，并最终决定焊条具有某种特定的熔滴过渡形态及其行为特征。

下面首先讨论粗熔滴过渡和渣壁过渡的形成机制。

1. 表面张力对熔滴行为的影响

（1）表面张力的概念和测试方法 为了说明表面张力对熔滴过渡行为的影响，需要对表面张力概念做简要的叙述。

在空气中的一个液滴，因它表面上的分子受到液体内部的引力比外部气体对它的引力大，于是受到指向液体内部引力的作用。表面张力在形式上常常可以看作是在液滴表面切向作用的某一个机械力，其作用的方向和液面相切，作用结果力求使液滴呈最小的表面积，所以如果不受任何外力作用，液体呈球形，以使其自身体积最小。

在垂直位置的电极端面上悬挂着的熔滴，表面张力的作用是使熔滴保持在焊丝的端部，阻止熔滴的过渡[7]，这时保持在熔滴上的力等于浸润周长与表面张力系数的乘积，在平衡状态下与熔滴所受的重力相等，即

$$2\pi r\sigma = mg \tag{2-1}$$

式中　r——浸润表面（焊芯端面）的半径；

　　　σ——表面张力系数。

随着熔滴的不断长大，忽略其他力作用，当重力大于表面张力时熔滴脱落。

这个表面张力平衡式（2-1）与焊接时焊条端部的情况有很大不同，不能反映焊接时的真实情况。实际情况是熔滴的脱离有时不是发生在未熔化的焊芯与熔滴 A—A 的接触面（图 2-18a），而是当熔滴在重力的作用下，先是熔滴被拉长，这时熔滴在靠近焊芯端面一定距离的 A_1—A_1 截面上出现细颈（图 2-18b），随着熔滴的进一步长大和重力的进一步增加，在 A_1—A_1 截面上出现更明显的颈缩，直至将熔滴在此处被拉断。在这种情况下，显然熔滴的实

际浸润周长不是焊芯的周长，而是颈缩处截面的周长 $2\pi r_1$，随着熔滴质量 mg 的增大，颈缩处截面直径 $2r_1$ 逐渐减小，实际浸润周长也逐渐减小。对式（2-1）进行如下修正[8]，使其更接近实际情况：

$$2\pi r\sigma\psi(r/V^{1/3}) = mg \tag{2-2}$$

式中　r——焊芯的半径；

　　　V——液滴的体积；

　　　ψ——修正系数，由试验测定。

在实际焊条电弧焊条件下，因为当焊条端部存在着套筒时不仅使相界面的情况变得十分复杂，同时套筒内熔化的熔渣包覆在金属熔滴的表面、很大程度上改变了金属熔滴的界面张力的状况，图 2-19 是焊条套筒内悬滴状况的示意图，图中显示的是当熔滴附着在焊条套筒内壁一侧时悬滴的剖面的状况。

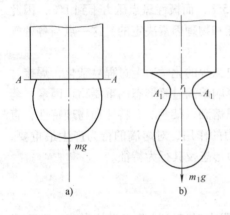

图 2-18　熔滴表面张力与重力平衡示意图

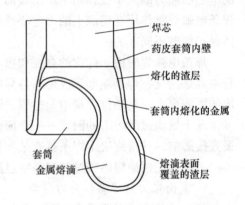

图 2-19　焊条套筒内悬滴示意图

考虑到焊条电弧焊实际焊接时焊条套筒和熔渣的影响，孟庆森教授曾对焊条电弧焊时熔滴表面张力的测试提出了一种新的方法——连续投影悬滴法[9,10]。该方法是在尽量小电流的焊接条件下，以 600f/s 的速度拍摄熔滴从长大到过渡的全过程，从中选取典型的悬垂于焊条端部的成长到最大尺寸（失稳前）的熔滴图像，这个典型悬滴图像包含了金属熔滴、熔渣和套筒各因素对熔体的综合影响。以这个典型的悬滴图像作为计算表面张力的依据，量取悬滴的相关几何尺寸，进行表面张力的计算。

用悬滴法计算表面张力的公式为

$$\gamma = \Delta\rho g d_e^2/H \tag{2-3}$$

式中　γ——熔滴表面张力；

　　　$\Delta\rho$——液相与外围气氛的密度差，取 $\Delta\rho \approx$ 液相密度 ρ_L；

　　　d_e——熔滴水平方向的最大直径；

　　　H——形状修正系数，即熔滴的拉长度；

　　　g——重力加速度。

计算时首先在放大的悬滴影像上量取最大横向直径 d_e（图2-20），然后则在熔滴最低点 O 起在垂直方向上量取长度为 d_e，得到点 a，由 a 点作水平线得到 d_s，令 $S = d_s/d_e$，然后由 $S-H$ 表查得 H 值[9,11]，最后代入式（2-3）计算求得表面张力 γ。

（2）熔滴表面张力的影响因素　熔滴表面张力的大小与熔滴金属的种类和成分有关，根据文献资料在 1820K 温度下铁液的表面张力为（1250～1860）×10^{-3}N/m，而当铁液中加入氧等表面活性物质时，表面张力会大幅度下降[12]。如在铁液中含有氧 φ(O) = 0.1%，表面张力可以降低到大约 900×10^{-3}N/m。显然，凡是使熔滴增氧的冶金反应都将降低熔滴的表面张力。

焊条电弧焊时，通常存在着熔滴增氧的冶金条件。众所周知，酸性焊条在焊接时进行着如下的渗硅反应：

$$(SiO_2) + 2[Fe] = 2(FeO) + [Si]$$

反应结果是在熔滴渗硅的同时，使熔滴增氧，表面张力明显地降低。这是含有多量硅－铝酸盐矿物的药皮能使熔滴细化的主要原因。

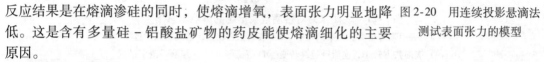

图 2-20　用连续投影悬滴法测试表面张力的模型

熔滴的表面张力大小除了与熔滴金属成分有关以外，还和表面的接触相有关，当熔滴表面包敷熔渣层时，其表面张力可降低到约 500×10^{-3}N/m。由图 2-19 看到，在焊条电弧焊条件下，熔滴表面被渣层包裹着，这使金属熔滴的界面张力大幅度减小。熔渣本身的构成对熔滴表面张力有很大影响，熔渣表面张力与其结构关系的理论[13]认为一般物质的表面张力与其中质点之间的作用力大小有关，也就是与其中的键能的大小有关。一般地说，金属键的键能最大，表面张力也最大；离子键的氧化物 CaO、MgO、FeO、MnO、Al$_2$O$_3$ 等的键能比较大，表面张力也比较大；具有极性共价键的氧化物，如 TiO$_2$、SiO$_2$ 等键能比较小，表面张力也比较小。在熔渣中如果存在着这些键能比较小的氧化物时，由于它们的键能比较低，而被排挤到熔渣的表层，使熔渣表面张力减小。酸性渣中的氧化物 SiO$_2$、TiO$_2$ 等会明显降低熔渣的表面张力，而碱性渣中的 CaO，MgO 等氧化物反而会增大熔渣的表面张力。

根据熔滴的双结构理论[6,14,15]，熔滴的表面张力可以看成是两部分组成的，即熔滴与熔渣界面张力以及熔渣表面张力。当两部分表面（或界面）张力都减小时，作用于熔滴上总的表面张力则减小。这一概念可以用下式表示

$$\gamma_D = \gamma_S + \gamma_{DS} \tag{2-4}$$

式中　γ_D——熔滴表面张力；

　　　γ_S——熔渣表面张力；

　　　γ_{DS}——金属滴与熔渣界面张力。

因此熔滴表面张力的大小除与熔滴金属的表面张力大小有关外，还取决于熔渣的性质，当熔滴含有使表面张力减小的活性成分、同时又被含有键能较低的氧化物熔渣包覆的时候，熔滴的表面张力才能更明显地降低。含有多量 SiO$_2$ 的酸性渣，在焊接时一方面使熔滴金属增氧，另一方面造成键能比较低的熔渣，有效地减小了熔滴的表面张力，使熔滴细化。

（3）表面张力对熔滴行为的影响　图 2-21 说明了表面张力对熔滴行为的影响。它描述了在焊条电弧焊正常的焊接条件下，粗熔滴过渡和渣壁过渡的形成机制：熔滴表面张力的大小决定熔滴呈粗熔滴过渡和渣壁过渡，熔滴的表面张力越大，焊条端部保持的熔滴尺寸越大，越不易脱离焊芯向熔池过渡，从而形成粗熔滴过渡，如图 2-21a 所示；而随着熔滴总表面张力减小，熔滴的自由尺寸就会相应减小，由于熔滴的尺寸小，熔滴往往在焊条套筒内依附于焊条套筒内壁的某一侧，如图 2-21b、c 所示，促使熔滴很快与焊条芯脱离，沿套筒的

内渣壁滑向熔池，实现熔滴的过渡，如图 2-21d 所示。

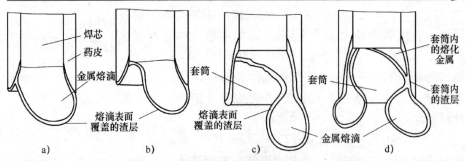

图 2-21　表面张力对熔滴过渡形态的影响示意图

a）表面张力很大，粗熔滴过渡　b）表面张力较大，熔滴呈滴状过渡

c）表面张力较小，向渣壁过渡转变　d）表面张力小，熔滴呈渣壁过渡

　　由此看来实现渣壁过渡需要两个条件，一是熔滴尺寸要细小，二是焊条要具有深的套筒。熔滴尺寸的减小取决于熔滴的表面张力，这一点已经说清楚了，而这里要说明的是，焊条套筒的形成也与熔滴的大小有关。因为粗熔滴过渡时电弧的极性斑点往往处于熔滴的底部，焊芯和药皮的熔化是依靠被加热的熔滴的热对流间接实现的，大的熔滴覆盖了整个焊条的端部，熔滴在熔化焊芯的同时也熔化了套筒的边缘，使得套筒变短，如图 2-21a 所示。而渣壁过渡时由于熔滴细小不能占据焊芯的整个端面，电弧极性斑点有很多时候处于焊芯的端部，电弧可以直接对焊芯进行加热，焊芯的熔化更大程度地超前于药皮，使焊条套筒增长，形成深套筒，就是说细熔滴也利于渣壁过渡的形成。归根到底渣壁过渡的形成最终取决于熔滴的细化。

　　显然，熔滴的表面张力是决定熔滴形成粗熔滴过渡还是渣壁过渡的主导力，这里作者提出了主导力的概念，并将表面张力称为决定熔滴过渡形态的第一主导力[4,16]。

　　2. 渣壁过渡的形成条件

　　表面张力的大小是决定熔滴形成粗熔滴过渡还是渣壁过渡的主导力，而某种焊条的表面张力主要由焊条药皮中造渣成分决定，除此之外渣壁过渡的形成还与药皮厚度有关，因此渣壁过渡的形成条件要综合考虑表面张力和药皮厚度两个因素。为了将渣壁过渡的形成条件进行定量的描述，引入第一主导力作用指数的概念，对于一般碳钢或不锈钢焊条，表面张力的影响程度用第一主导力作用指数表示。第一主导力作用指数不仅表示表面张力的作用程度，同时考虑了焊条的药皮厚度形成的套筒对熔滴实现渣壁过渡的影响。

　　第一主导力作用指数 P' 的经验表达式为：

$$P' = \alpha P_{\mathrm{I}} \tag{2-5}$$

式中　α——药皮厚度系数；

　　　P_{I}——由药皮成分所决定的第一主导力。

　　P_{I} 的表达式为：

$$P_{\mathrm{I}} = \sum K_i P_i \tag{2-6}$$

式中　P_i——由药皮某种成分所决定的第一主导力；

　　　K_i——药皮中某种成分第一主导力作用强度系数。

$$P_{\mathrm{I}} = \sum K_i P_i = 1.1P_1 + P_2 + 0.9P_3 + 0.8P_4 + 0.1P_5 + 0.1P_6 - 0.1P_7 + 0.3P_8 + \cdots$$

式中 P_1、P_2、P_3、P_4、P_5、P_6、P_7、P_8——药皮中石英、长石、云母、白泥、二氧化钛、萤石、碳酸盐矿物（大理石＋白云石）和铁矿（赤铁矿＋磁铁矿）的质量分数。

药皮厚度系数 α 的表达式为：

$$\alpha = (D/d - 0.6)^{2.5} \tag{2-7}$$

式中 D——药皮外径（mm）；

d——焊芯直径（$\phi4.0$mm）。

将式（2-6）和式（2-7）代入式（2-5）得到第一主导力作用指数的综合表达式为：

$$P' = (D/d - 0.6)^{2.5} \sum K_i P_i \tag{2-8}$$

由第一主导力所决定的某种焊条熔滴渣壁过渡的形成条件为：

$$\alpha P_{\mathrm{I}} \geqslant 35 \tag{2-9}$$

即：

$$P' = (D/d - 0.6)^{2.5} \sum K_i P_i \geqslant 35 \tag{2-10}$$

式（2-10）有实际应用意义，当已知焊条药皮的造渣成分、焊条规格和药皮的外径，就可以计算出第一主导力作用指数，近而确定某种焊条是形成粗熔滴过渡还是渣壁过渡，或者是两者混合的过渡形态。

2.2 焊条电弧焊熔滴的爆炸过渡与喷射过渡

2.2.1 焊条电弧焊熔滴的爆炸过渡现象

焊接时，当熔滴在形成、长大尚停留在焊条端部或在脱离焊芯向熔池的过渡过程中，由于冶金过程导致熔滴（也包括焊渣）发生的爆炸，使大熔滴分裂成细碎的小颗粒，形成了爆炸过渡，图2-22所示的高速摄影照片是熔滴猛烈爆炸的典型画面。

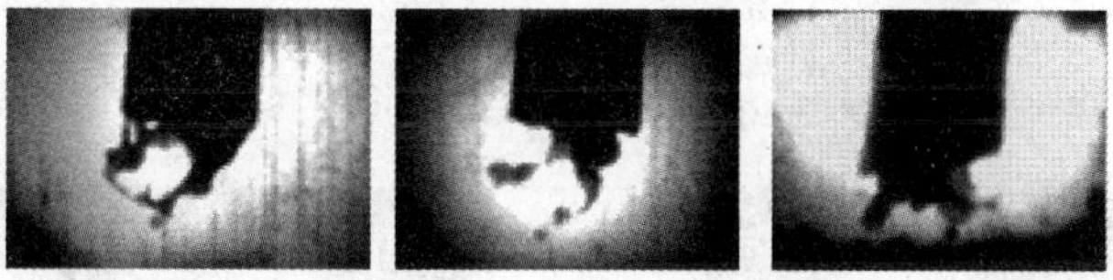

a)   b)   c)

图2-22 结构钢焊条熔滴爆炸过渡的高速摄影照片

a)、b) E5113钛钙型结构钢焊条（德国），$\phi4$mm，直流反接，$I = 165 \sim 175$A

c) E4301钛铁矿型结构钢焊条，$\phi4$mm，交流，$I = 165 \sim 175$A

图2-23是钛钙型E4303焊条发生爆炸过渡的高速摄影照片，其展示了一个熔滴发生爆炸过渡的过程。由照片看到，在焊条端部的熔滴先是分离出去细小的熔滴（第1、2帧照片），接着在第3~5帧熔滴发生了分裂，一部分熔滴进入熔池，而另一部分的熔滴形成了飞溅，这一过程从照片第3帧开始到第12帧结束，共10帧照片，大概进行了10ms。可以看到这一过程中熔滴的行为与其说是爆炸过渡，倒不如说是爆炸飞溅。其实爆炸过渡和爆炸飞溅的爆炸行为产生机理本来是一样的，都是由于冶金反应形成的CO气体瞬间的强烈释放引起的，表现的行为特征也相同，只不过是爆炸形成的碎滴进入熔池的成为爆炸过渡，而没有进入熔池向外飞散去的碎滴就成为爆炸飞溅。可以这样说，爆炸过渡和爆炸飞溅是共生的。

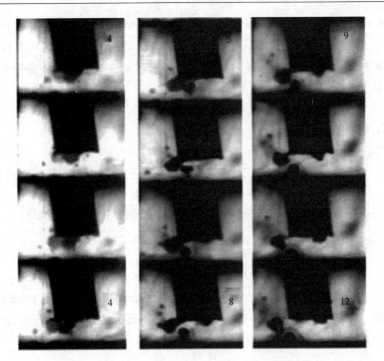

图2-23　焊条熔滴发生爆炸过渡的高速摄影照片（一）

焊条样品：E4303 结构钢焊条，ϕ4mm；交流，I = 195 ~ 210A；拍摄速度：1000f/s。

　　图 2-24 所示为选取的两幅爆炸过渡的高速摄影照片。由图 2-24a 看出，停留在焊条端部的熔滴（包括熔渣）从第 1 帧开始发生气体的强烈逸出，至第 5 帧熔滴完全被破碎，在第 5、6 帧中看到破碎的熔滴在爆炸力的推动下向熔池过渡。由于在套筒边缘外露的熔滴尺寸不太大，爆炸进行得不太猛烈，破碎的熔滴进入了熔池，未看到向四周散去的飞溅物。图 2-24b 展示了十分强烈的一次爆炸行为，熔滴完全被突然释放的气体破碎，看不到一个大一些的熔滴，细碎的熔滴一部分进入熔池，一部分形成飞溅（第 5、6 帧照片）。

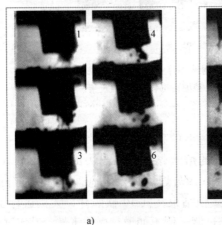
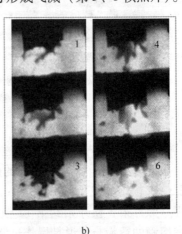

a)　　　　　　　　　　　　　　　b)

图2-24　焊条熔滴发生爆炸过渡的高速摄影照片（二）

a）E4303 钛钙型结构钢焊条，ϕ4mm，交流，I = 190 ~ 200A

b）E4301 钛铁矿型结构钢焊条，ϕ4mm，交流，I = 190 ~ 200A，拍摄速度：1000f/s。

图 2-25 所示为 E4303 焊条发生爆炸过渡过程的高速摄影照片。由图看出，焊条端部的熔滴在第 3、4 帧时发生爆炸，爆炸发生在焊条端部的熔滴根部，爆炸并没有使熔滴完全破碎，爆炸形成的气体动力把大块的熔滴推向熔池，爆炸过程（第 3～7 帧照片）进行了约 5ms。图中第 8～14 帧照片看到的是爆炸过程中破碎的熔体散落的过程和大块熔滴（也包括熔渣）进入熔池的过程，散落的细碎熔滴一部分进入熔池，其中还有一部分形成飞溅。

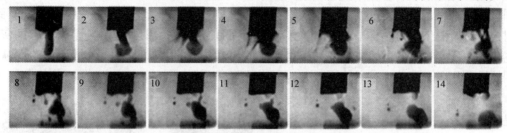

图 2-25　焊条熔滴发生爆炸过渡的高速摄影照片（三）
焊条样品：E4303 结构钢焊条，ϕ4mm；直流反接，I = 180～190A；拍摄速度：1000f/s。

由这幅高速摄影照片可以看到，与图 2-24 中的熔滴的爆炸情况不同，悬挂在焊条套筒外面的发生爆炸的熔滴尺寸比较大，为了便于观察，在拍摄高速摄影照片时比焊接时的实际弧长要长一些，毫无疑问采用正常的弧长焊接时熔滴将会与熔池发生短路。熔滴的爆炸行为使熔滴的尺寸不均匀，导致熔滴的不均匀短路，这是熔滴的爆炸过渡形态重要特征之一。不仅如此，更有大量较细碎的熔滴形成不短路过渡。据统计熔滴爆炸过渡的频率一般可超过 50s^{-1}。

2.2.2　焊条电弧焊熔滴的喷射过渡现象

图 2-26 所示为焊条熔滴典型的喷射过渡的高速摄影照片，样品是 EDP－A2－03 铬－钼型堆焊焊条，药皮中加入了多量的高碳铁合金，同时药皮为钛钙型，有很强的氧化性。由照片看出，细碎的熔体颗粒由焊条套筒内喷射出来，并以喷射状态快速通过电弧空间向熔池过渡。根据对影片的统计，该样品实际的过渡频率达到 130s^{-1}。如果说爆炸过渡的频率大约为 50s^{-1} 的话，那么喷射过渡过渡的频率至少在 100s^{-1} 以上。

钛钙型碳钢焊条熔滴为混合过渡形态，出现喷射过渡的概率相当大，图 2-27 是选取的钛钙型碳钢焊条熔滴喷射过渡的高速摄影单帧照片，其熔滴的细碎程度要比爆炸过渡时大得多。

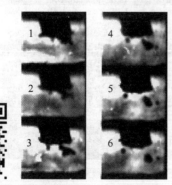

图 2-26　焊条熔滴喷射过渡的高速摄影照片
焊条样品：EDP－A2－03 铬－钼型堆焊焊条，
ϕ4mm；直流反接，
I = 170A；拍摄速度：1000f/s。

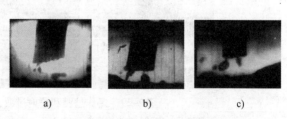

a)　　　　　b)　　　　　c)

图 2-27　钛钙型碳钢焊条喷射过渡的高速摄影照片
a)、b) E4303 钛钙型结构钢焊条，ϕ4mm，直流反接，I = 190A
c) E4313 钛型结构钢焊条，ϕ3.2mm，直流反接，I = 120A

图 2-28 是收集到的焊条粗熔滴过渡和喷射过渡熔滴照片，将测试的焊条在石墨棒上燃弧，然后用干法进行收集[17,4]（熔滴的测试方法参看 4.1）。图 2-28b 是典型的喷射过渡形态 EDP – A2 –03 铬 – 钼型堆焊焊条（牌号：堆132）的熔滴照片，焊条样品规格为 ϕ4mm。照片中用焊芯直径为 3.2mm 的焊条作为熔滴尺寸的参照。为了对比，将收集的典型的粗熔滴过渡形态的钛钙型 E308 – 16（牌号 A102）不锈钢焊条的熔滴照片一起显示（图 2-28a）。由图 2-28a 看出，粗熔滴过渡时，很大一部分熔滴直径超过了 ϕ3.0mm。由图 2-28b 看到，喷射过渡时熔滴细小得多，小于 1mm 的熔滴占了很大的比例。图中还看到呈粉末状的灰色的物质，主要是被破碎的熔渣，仔细观察其中还有不少的非常细小的圆形的金属熔滴。从这幅图片可以想象出焊条喷射过渡时强大的气体动力对熔滴行为的巨大影响。

熔滴的喷射过渡与熔滴的爆炸过渡都是由于焊接过程中熔滴金属内部碳氧化形成 CO 气体产生的强大的气体动力，使熔滴金属呈细碎的熔体，过渡到熔池或者形成飞溅。两者气体动力源是一样的，但两者气体动力作用强度不同，熔滴的喷射过渡气体动力的作用强度更大一些。另外更明显的是在表现形式上的不同，前者的主要作用是发生在套筒内部使破碎的熔滴由套筒内喷射出来，而后者的气体动力作用在套筒外大熔滴内部，使熔滴破碎。由于这两种过渡形态气体动力源是一样的，有时使得爆炸过

图 2-28 焊条短路过渡和喷射过渡时
收集的熔滴照片（焊条规格 ϕ4mm）
a）钛钙型不锈钢焊条 b）EDP – A2 –03 铬 – 钼型堆焊焊条

渡和喷射过渡交替或同时重叠出现。图 2-29 所示的高速摄影照片是表现爆炸过渡和喷射过渡重叠出现的场景。

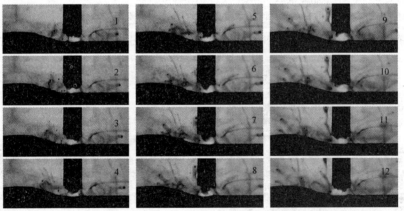

图 2-29 爆炸过渡和喷射过渡重叠出现的高速摄影照片
焊条样品：E4303 结构钢焊条，ϕ3.2mm；直流反接，I = 100 ~ 105A；拍摄速度：1200f/s。

熔滴的喷射过渡是焊条电弧焊时一种独特的过渡形态，它与气体保护焊的喷射过渡（或射流过渡）是完全不同的概念，从形成条件上讲，前者是基于在套筒内碳氧化反应形成的 CO 气体强烈释放形成的，而后者是在一定的气体介质条件下，由焊接电流产生的强大电

磁力、等离子体流力的作用形成的。

焊条电弧焊时，药皮成分所形成的冶金条件对熔滴行为另一方面的影响，是使碳的激烈氧化形成 CO 气体，产生对熔滴过渡的气体动力，成为熔滴过渡时的另一个重要的力学因素——第二主导力。

下面将要讨论焊条电弧焊爆炸过渡与喷射过渡形成机制：气体动力产生的原理，气体动力对形成熔滴的爆炸过渡与喷射过渡以及对形成飞溅现象的直接影响。

2.2.3　焊条电弧焊爆炸过渡与喷射过渡形成机制

1. 气体动力产生的原理

根据氧化物生成自由能 ΔG 与温度关系可知[18,19]，在 $1800 \sim 2400℃$ 范围内与碳发生反应的氧化物按强烈程度的排列顺序是：FeO、Cr_2O_3、MnO、SiO_2、TiO_2、BaO、ZrO_2、Al_2O_3、MgO、CaO。显然焊接时熔渣中对碳产生强烈氧化作用的氧化物主要是 FeO，MnO 和 SiO_2。

药皮中加入的硅铝酸盐矿物很多，其中含有的 SiO_2 是钛型、钛钙型和钛铁矿型焊条的主要造渣成分，同样在低氢焊条中也加入少量的 SiO_2，SiO_2 具有很强的氧化性，在酸性渣中具有很高的活性，是对碳进行氧化的主要成分。

焊接时 SiO_2 对碳发生氧化作用，实际上主要是 SiO_2 首先通过对铁的氧化形成 FeO，进一步间接地与碳发生作用，生成 $\{CO\}$：

$$(SiO_2) + 2[Fe] = [Si] + 2[FeO] \tag{2-11}$$

$$[FeO] + [C] = [Fe] + \{CO\} \tag{2-12}$$

（SiO_2）对 Fe 的氧化反应式（2-11）和式（2-12）可以用化学反应等温方程式计算吉布斯自由能 ΔG 判断反应方向。化学反应等温方程为：

$$\Delta G = -RT(\ln K - \ln Q)$$
$$\Delta G = -4.575T(\lg K - \lg Q) \tag{2-13}$$

式中　R——波耳兹曼常数；

K——反应的平衡常数；

Q——反应初态生成物浓度乘积与作用物浓度乘积之比。

可见反应方向取决于 Q 与 K 的对比，即：

当 $Q = K$ 时，$\Delta G = 0$，反应平衡；

当 $Q < K$ 时，$\Delta G < 0$，反应向右进行。

显然，Q 与 K 相差越大，则反应初态与平衡态相差越明显，反应会越激烈。

参考文献［19］引用了焊接时（SiO_2）对 Fe 的氧化作用的实例：在给定的试验条件下，渣中（SiO_2）为 42%，金属中 Si 为 0.01%，FeO 为 1.5% 时，$\Delta G = 93330 - 43.4T$。

当温度超过 2150K（1878℃）时，$\Delta G < 0$，（SiO_2）对铁的氧化作用可以进行。这就是说这个反应在熔滴阶段可以进行，并随着温度的进一步提高，（SiO_2）对铁的氧化作用增强。

接下来分析［FeO］对［C］的氧化作用。

对于式（2-12），反应的平衡常数

$$\lg K = \lg \frac{p_{co}}{[FeO][C]} = -\frac{6272}{T} + 6.99 \tag{2-14}$$

由平衡常数的表达式计算出 FeO 的生成吉布斯自由能 ΔG_T^0 为

$$\Delta G_T^0 = -28700 + 31.99T$$

当 $\Delta G_T^0 = 0$ 时，求得 $T = 897.2\text{K} = 624.2\text{℃}$。

由计算的结果看出，当温度超过 624.2℃ 时，碳被 FeO 氧化的过程即可以进行，显然在熔滴阶段碳会被 FeO 强烈地氧化。

焊接时，在特定的条件下碳的氧化反应进行方向、速度和进行的程度由反应的动力学来确定。

由化学反应动力学的概念可知，如果原始物质的浓度大于平衡浓度（反应产物的浓度相对比较小），反应向正方向进行。焊接时熔滴不是一个封闭的系统，随着焊接过程的进行，熔化的焊条金属形成的熔滴不断长大，并过渡到熔池，而熔化的焊条金属不断地补充到残留的熔体中来形成新的熔滴，熔滴金属不断更新，使得反应式（2-11）反应产物［Si］的浓度不会一直增大。焊接时在熔滴中进行的碳的氧化反应是多相反应，生成气相的｛CO｝而被排除于系统之外，因此使反应不可逆地进行下去。

2. 气体动力对熔滴行为的影响

气体动力对熔滴行为的影响具体表现为以下两个方面。

1）气体产生于熔滴的外部，主要是药皮中的造气成分形成的保护气体，如纤维素等造气剂的分解产物、钛钙型和低氢型焊条碳酸盐矿物成分的分解形成的 CO_2 气流，同时也包括在熔滴外部碳的氧化形成的 CO 气体。这些气体的析出形成的气体动力表现为对熔体表面的摩擦作用，使熔滴变形、撕碎，并吹送熔滴向熔池的过渡，与此同时将熔滴吹离焊接熔池而形成飞溅。高纤维素焊条熔滴发生的喷射过渡主要就是这种气体动力在套筒内产生强烈吹送作用形成的。

2）气体动力对熔滴行为的作用除表现为对熔体的吹送作用以外，更主要的是表现为在熔体内部产生 CO 气体的急剧释放，形成喷射过渡和爆炸过渡气体动力。CO 气体对熔滴形成的喷射和爆炸过渡，比其对熔滴的吹送作用的影响更大，由于熔滴内的 CO 气体猛烈析出，实际上是使熔滴形成爆炸过渡和喷射过渡的主要气体动力源，而作用于熔滴外部的 CO 气体和药皮中造气成分产生的保护气流的吹送作用，对熔滴行为的影响起着次要的作用。下面将重点讨论这种熔滴内部产生的 CO 气体对熔滴形成爆炸过渡和喷射过渡的影响。

既然在熔滴中有利于渗［Si］增氧反应以及碳的氧化生成的｛CO｝气体的反应，那么在熔滴中式（2-11）和式（2-12）反应进行的程度、反应的连续性则取决于在单位时间内碳和氧的供应量。焊条中（包括焊芯和药皮）SiO_2 等氧化性成分和焊条中碳的加入量以及加入方式（在焊芯中、含碳铁合金或石墨）决定了这一反应是否可以连续进行，以及反应的猛烈程度。

图 2-30 是焊条电弧焊不同强度气体动力对熔滴行为影响的示意图，反映了由碳的氧化程度而产生的不同程度气体动力对熔滴行为和产生飞溅的影响。当焊芯和药皮中含有足够量的碳，在酸性渣中可能提供足够量的 SiO_2 对铁进行充分的氧化，产生 CO 气体的反应能够连续地和激烈地进行，形成 CO 持续强大的气流，导致熔滴强烈的变形，形成密集短路过渡，也可能熔滴在没有长大到较大尺寸之前被吹成块状、片状和带状，被吹离焊条端头进行过渡，如图 2-30e 所示，实际上形成喷射过渡与爆炸过渡共存的过渡形态；当气流更强大时熔滴被吹得更细碎，形成完全的喷射过渡（图 2-30g）；如果反应不十分猛烈，焊条中的碳含量或其氧化物成分不足以使形成的 CO 的反应能连续进行，则生成的 CO 气体呈间歇性的猛

烈析出，这时金属熔滴来得及长大到较大的尺寸，并可能伸出套筒，熔滴在套筒的外部产生爆炸，形成熔滴的爆炸过渡（图 2-30f）；如果焊条中的碳含量更少，或者氧化性不够强，当熔滴内只是发生较弱的碳的氧化时，CO 气体的生成更加缓慢，生成的 CO 气体使熔滴膨胀（图 2-30b），或者 CO 只在熔滴局部区域析出，导致熔滴或金属液桥、熔池的气体逸出飞溅（见图 2-30c、d）。

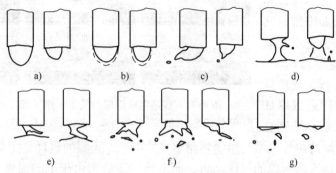

图 2-30　焊条电弧焊气体动力强度对熔滴行为影响的示意图

a）焊接时熔滴未发生碳的氧化　b）熔滴发生碳的氧化引起熔滴的膨胀　c）熔滴发生碳的氧化形成气体逸出飞溅

d）碳的氧化发生在短路桥和熔池形成气体逸出飞溅　e）形成的强大气流使熔滴发生变形造成熔滴的瞬时密集短路

f）熔滴发生碳的强烈氧化形成熔滴的爆炸过渡和爆炸飞溅　g）套筒内发生碳的更强烈氧化形成熔滴的喷射过渡和喷洒飞溅

　　由气体动力对熔滴行为影响的分析了解到，焊条电弧焊时喷射过渡与熔滴的爆炸过渡形成的气体动力是相同的，形成机理也类似，但实际上两者在表现形式上有很大的不同。

　　爆炸过渡时，CO 气体强烈地释放是以爆炸的形式瞬间完成的，爆炸行为进行得十分短暂，是间歇性的，每一次爆炸的发生有一定的时间间隔。而熔滴在喷射过渡时，CO 气体强烈地释放不是以突然的爆炸形式进行的，而是连续进行的，没有间歇性，CO 气体释放的强烈程度要比爆炸过渡时大得多。喷射过渡还有一个重要特征就是原始熔滴的尺寸细小，熔滴的大部分不会暴露在套筒的外面，CO 气体释放过程不是发生在套筒的外部，而是在套筒内，气体动力对熔滴的作用在套筒的内部强烈地表现出来，形成定向气流。而爆炸过渡时熔滴原始尺寸比较大，爆炸主要是在套筒外露的大熔滴内发生，爆炸行为产生的细碎的熔滴定向性不明显。

　　另外焊条喷射过渡的气体动力源除了来自 CO 气体释放以外，焊条药皮中其他造气成分（例如纤维素等）和碳酸盐矿物成分分解形成的气体对熔滴的吹送也起着辅助的作用。

　　喷射过渡具有的细熔滴、非短路以及连续、定向过渡的特点明显地区别于爆炸过渡。为了便于比较，表 2-1 列出爆炸过渡与喷射过渡气体动力的表现形式与熔滴行为特征。

表 2-1　爆炸过渡与喷射过渡气体动力表现形式与熔滴行为特征

熔滴过渡形态	气体动力表现形式				熔滴行为特征				
爆炸过渡	气体释放较强烈	气体以间歇性的爆炸的形式释放	气体释放过程发生在套筒外部	气体析出没有明显的定向性	熔滴的原始尺寸大	电弧稳定性差	过渡的熔滴颗粒大小不均匀	飞溅形式为爆炸飞溅	密集的 C 型短路与 A、B 型短路
喷射过渡	气体释放很强烈	气体连续性释放	气体释放发生在套筒内部	气体析出定向性明显	熔滴的原始尺寸小	电弧稳定性好	过渡的熔滴颗粒细碎	飞溅形式为喷洒飞溅	平稳的非短路过渡

3. 气体动力对飞溅的影响

（1）熔滴的爆炸飞溅现象

熔滴的爆炸飞溅的形成机制与熔滴的爆炸过渡是相同的，正如图 2-30f 所示的那样，粗大的熔滴在焊条端部停留时间较长，焊条中的碳含量或其氧化物成分不足以使形成的 CO 的反应能连续地进行，反应生成的 CO 气体间歇性地以爆炸的形式猛烈析出，形成熔滴自身的爆炸飞溅。

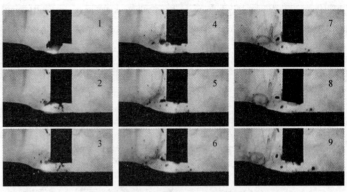

图 2-31　焊条电弧焊熔滴发生爆炸飞溅的高速摄影照片
E4303 钛钙型结构钢焊条，ϕ4.0mm，直流反接，$I = 165A$，拍摄速度：1200f/s。

熔滴的爆炸飞溅与熔滴短路形成的电爆炸飞溅的机理是完全不同的概念，熔滴的爆炸飞溅源于熔滴内形成的气体动力，而电爆炸飞溅则由于电的因素所致。图 2-31 是焊条电弧焊熔滴发生自身爆炸飞溅现象的高速摄影照片，记录了 E4303 钛钙型结构钢焊条发生熔滴自身爆炸造成飞溅的完整过程，可以看出在图中第 2 帧照片熔滴发生了爆炸，使熔滴完全破碎，产生严重的飞溅。这种飞溅形式进行得和电爆炸飞溅一样猛烈，对焊接工艺性的影响也很大。

熔滴的爆炸飞溅往往与熔滴尺寸大小和电弧长度有关，当电弧长度较大、熔滴粗大时，往往使熔滴的爆炸行为加剧。图 2-32 是长弧焊接时熔滴发生爆炸飞溅的高速摄影照片，从图中看出由于弧长的增长，飞溅物的波及范围明显增加了，爆炸飞溅对焊条工艺性造成的直接影响也增大了。

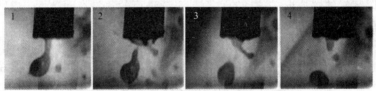

图 2-32　焊条电弧焊长弧焊发生爆炸飞溅的高速摄影照片
E4303 钛钙型结构钢焊条，ϕ4.0mm，直流反接，$I = 170A$，拍摄速度：1000f/s。

（2）熔滴或熔池的气体逸出飞溅现象　熔滴与熔池中的气体逸出飞溅也是飞溅的主要形式之一。当熔滴内部冶金反应进行得不十分猛烈、生成的 CO 气体不足以引起熔滴的爆炸时，CO 气体在熔滴中的某个局部区域逸出，形成熔滴的气体逸出飞溅，如图 2-30c 所示。

图 2-33a 是熔滴与熔池桥接时在金属液桥表面发生气体逸出飞溅的高速摄影照片，可以看出在液桥的表面出现一个隆起的液柱，在液柱的尖端有一颗小的熔体飞出去，正如图 2-30d 所示的情景一样。

气体的逸出飞溅现象同样可以发生在熔池中。从气体逸出飞溅的形成机制上考量，熔滴的气体逸出飞溅与熔池中的逸出飞溅并没有实质上的差别，因为在熔滴中进行的碳的氧化过程在熔池中还将要继续进行下去。图 2-33b、c 所示为在熔池中发生气体逸出飞溅的两幅高速摄影照片，这是使用水含量大的钛钙型结构钢焊条焊接时拍摄的，拍摄时为了观察水含量高的焊条焊接时熔池的沸腾和气体逸出飞溅的情况，摄影取景时将焊条偏向右侧，中部画面主要拍摄熔池沸腾的影像，照片清楚地显现出在熔池中由于气体逸出形成隆起的液柱，导致熔池的飞溅。

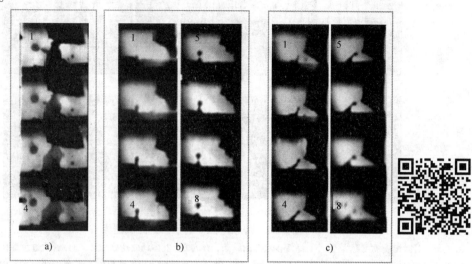

图 2-33　熔滴和熔池表面发生气体逸出飞溅的高速摄影照片（拍摄速度：1000f/s）
a）A102Fe 厚药皮试验不锈钢焊条，ϕ4.0mm，直流反接，$I \approx 170$A
b）、c）E4303 结构钢焊条，ϕ4.0mm，直流反接，$I \approx 170$A

如图 2-33 所示的熔池的飞溅现象是气体逸出引起的较大颗粒的飞溅，而由熔池强烈沸腾形成的细颗粒较密集的飞溅，则很难被高速摄影的镜头捕捉到。熔池的气体逸出和沸腾现象是焊接化学冶金过程在熔池中的表现，会引发熔池的飞溅，对焊接工艺性产生影响。

作者曾进行的对下落熔滴的观察和研究[20,21]间接证明熔池的气体逸出和熔池沸腾现象是熔滴阶段冶金过程的继续，是焊接化学冶金过程在熔池中的表现。其试验方法是将被测试的焊条在石墨块侧表面上引燃电弧，使熔化的金属熔滴下落，采用普通 CCD 摄像头录制焊接时距离焊条端部 100mm 处下落的熔滴图像，如图 2-34 所示。熔滴具有高的温度，且飞行的速度很快，由于普通摄像机采样速度只有 25f/s，因此被录下来的熔滴影像实际上是被拉长的亮团，而对于喷射出来飞行速度更快的小颗粒熔体，它的影像是向斜下方或横向放射的发亮的条线图像。观察撷取的图像发现，除了密集的向斜下方放射的线条之外，在局部还出现横向放射的线条，显然这是飞溅物形成的飞行轨迹，而放射的横向线条的起点部位应该是熔滴发生爆炸的区域。图 2-34a 中的喷射状线条是高速运动的细小熔滴飞行的轨迹，这是熔滴呈正常的喷射过渡时的影像；从图 2-34b 和 c 中可以看到在正常的向下放射的条线以外，存在着向斜下方和横向放射的线条，这是熔滴发生爆炸飞溅时飞溅物颗粒高速运动形成的轨迹；图 2-34d 是 E4303 焊条的图像，中间的白色的亮团是过渡的较大尺寸熔滴的影像，在图片的右上方呈现的向外放射的线条是熔滴中气体逸出飞溅留下的痕迹；在图 2-34e 照片左面可以明显地看到熔滴的爆炸飞溅的痕迹；图 2-34f 是细小熔滴过渡时熔滴行为照片，仔细观察发现照片中有一些极细的横向亮线，显然是细小熔滴发生爆炸后极细的飞溅物飞行轨迹，亮线很短，说明这些细小的飞溅物在飞行中很快被烧尽，实际飞行的距离很短。

图 2-34 中展示的熔滴呈现 CO 气体释放现象，这表明在熔滴离开焊条端部下落 100mm 时，熔滴内部碳的氧化反应仍在进行中，以至于在熔滴的飞行过程中还发生熔滴的爆炸。在正常的焊接条件下，熔滴在进入熔池前自由飞行的距离一般也不过 10mm 左右（对规格为

图 2-34 焊条电弧焊时下落的熔滴图像

a）喷射过渡时熔滴的飞行轨迹   b）呈现少量横向线条，存在 CO 气体释放现象   c）、d）滴状过渡存在明显横向线条，是 CO 气体释放现象   e）粗熔滴过渡，集中放射的横向线条反映熔滴发生爆炸现象   f）细熔滴过渡，细短的横向亮线，反映细小熔滴的爆炸飞溅现象

4mm 的焊条），显然熔滴进入熔池后，碳的氧化及 CO 气体释放过程将会继续，熔池中发生 CO 气体逸出而导致熔池飞溅是必然的。事实上用钛钙型结构钢焊条焊接时很容易观察到熔池的沸腾，证实在熔池中碳氧化过程的存在。当然在高温条件下熔滴对氢、氮进行吸收，而在进入熔池后，随着温度的下降，氢、氮气体逸出，同样引起熔池的沸腾和导致熔池的飞溅。

对气体逸出飞溅现象的物理本质可以做以下的分析：在熔滴或熔池内部的气体以气泡的形式逸出的过程中，当到达液体金属表面时发生的飞溅，一是由于气泡表面膜破裂时形成的飞沫（指十分细小飞溅物的颗粒），二是气泡所占据的液面部分形成一个凹坑，当气泡在液体表面消失时，凹坑的周围的金属在表面张力的作用下迅速向凹坑内聚拢，由周围聚拢来的液体金属在凹坑处迅速向中间聚合相互排挤形成隆起的液柱，接着隆起的液柱又在表面张力作用下被拉回母液，而使液柱隆起时速度高的尖端部分的液体，被分离出小颗粒飞离出去形成飞溅。

可以这样说，气体以气泡的形式逸出，当到达液体表面时，引发两种效应而产生飞溅，一是当气泡表面膜破裂时形成的飞沫，二是气体逸出后发生液柱的隆起引起的飞溅。在这里作者将前一种效应，即气泡的表面膜破裂形成的飞溅称作"飞沫"，是因为两种效应产生飞溅的机构不同，飞溅的特征也不相同，前者飞溅物数量虽多，但颗粒十分细小，飞溅的颗粒也没有明确的方向性，飞溅的距离短，一旦形成则很快被烧掉，这种飞溅物即使是通过高速摄影也很难观察到，从飞溅的激烈程度而言，操作者对它的影响也不会有更深的感受，也许是这样的原因，参考文献［1］中在分析柱状隆起引起飞溅时很少提到它，也没有以"飞沫"这样命名。在这里作者之所以特别提到这种飞溅形式，是因为"飞沫"对形成烟尘的影响不能忽视。气体逸出后形成的第二个效应，即发生液柱的隆起引起的飞溅，其对工艺性产生的影响，是操作者可以直接感受到的。一般提到气体逸出飞溅的时候，实际上就指的是液柱隆起造成的飞溅，液柱隆起造成的飞溅颗粒比"飞沫"大，飞行方向与液面垂直，飞行的距离也比较长，但大多数的飞溅物也比较小，在飞行过程中大都会被烧掉。

可以设想如果大颗粒飞溅（也伴随着小颗粒）是由爆炸引起的话，则大多数小颗粒飞溅是由于气体逸出时形成柱状隆起造成的，液体金属内气泡越小，产生的飞溅颗粒也越小，但在隆起的液柱尖端形成的飞溅颗粒数目则越多，飞行的距离也越远；而当气泡体积较大时，由隆起的液柱飞出的颗粒尺寸也大，但颗粒数目少，飞行速度低，飞行的距离短。在焊接时当金属内大量气体以小气泡的形式逸出时，人们可以观察到熔池的沸腾，而不能直接看到由熔池中逸出的小颗粒飞溅，其实沸腾的熔池正是大量的小气泡由熔池中逸出的表现，这种飞溅物颗粒细小且十分密集，飞溅的过程中大都被烧损，焊接时看到的四散的小火花，就是燃着的飞行中的小颗粒飞溅物。它既有液柱隆起形成的飞溅，也有气泡破裂形成的"飞沫"，这种飞溅不妨叫作"小火花飞溅"，由于飞溅颗粒的体积十分小，在高速摄影的影片中也难以捕捉到它们。气体逸出造成的柱状隆起方向总是和液面垂直的，因此在焊接时发生的向周围四散的飞溅多数是由熔滴表面柱状隆起造成的，而在平焊时发生的向上的或是向斜上方的飞溅火花，则主要是由熔池中隆起的液柱形成的。在焊接高水分焊条时，出现的大量向上的接近垂直方向飞出的小火花应该看作是由熔池中大量气体逸出形成的细颗粒飞溅。图2-34b 和 c 中拍摄到的熔池中飞溅的场景是较大的柱状隆起形成的较大颗粒飞溅，然而这仅是熔池中可见飞溅物的一小部分，其实绝大部分细小的飞溅物颗粒数量很多，但它们的颗粒很小，特别是气泡在金属表面破裂时形成的"飞沫"，飞行过程中很快被烧掉，即使焊后在焊缝的周围也收集不到。熔池中大气泡的逸出，往往冶金过程不十分猛烈，产生的柱状隆起的液柱也不很高，由液柱的尖端分离出去的颗粒速度也不大，当更大的气泡逸出时，有时虽然形成了隆起的液柱，但液柱的尖端的液体金属却不会被分离，不形成飞溅。

（3）熔滴的喷洒飞溅现象　喷洒飞溅是喷射过渡的主要飞溅形式，喷射过渡时强大的气体动力使过渡的熔滴十分细碎，相当一部分熔滴（也包括熔化的熔渣）没能进入熔池而形成喷洒飞溅。因为喷洒飞溅十分强烈，所以严重影响焊条的焊接工艺性。喷洒飞溅是与喷射过渡相伴发生的，因此凡是存在喷射过渡的焊条都会出现喷洒飞溅，钛钙型结构钢焊条焊接时形成的细颗粒飞溅一部分是喷洒飞溅，喷洒飞溅还是高纤维素焊条焊接时主要的飞溅形式。

4. 爆炸过渡与喷射过渡的形成条件

根据以上的分析可知，采用某种焊接材料焊接时，碳氧化生成的 CO 气体的反应，取决于在单位时间内碳和氧向熔滴提供的量。在采用含有多量的硅铝酸盐矿物的酸性焊条焊接时，可以提供足够量的氧，这种条件下第二主导力——气体动力的强度则主要由焊芯、药皮中向熔滴输送的碳量多少决定的，由下式表示：

$$C_d = C_x + C_p + C_m \tag{2-15}$$

式中　C_d——焊接时进入熔滴中碳的总质量分数（%）；

C_x——由焊芯进入熔滴中碳的质量分数（%）；

C_p——由药皮中的含碳铁合金进入熔滴中的碳的质量分数（%）；

C_m——由药皮中的石墨进入熔滴中的碳的质量分数（%）。

由熔滴中输送的碳的总质量 C_d 所决定的第二主导力由下式确定

$$P_{II} = 1.55C_d$$

碳的氧化形成的气体动力强度并不是随着熔滴中碳含量的增大而呈线性增大，这是因为碳含量的增大使得系统中的还原性增强，对碳的氧化产生了抑制作用，显然 P_{II} 与第二主导力作用强度之间出现复杂的影响关系。P_{II} 的大小不能真实地反映气体动力的实际作用。为

了反映 P_{II} 对熔滴行为的影响，必须对 P_{II} 进行修正，修正后的气体动力用第二主导力作用指数 P'' 表示

$$P'' = -10\,P_{II}^2 + 17.2\,P_{II} - 6.5 \tag{2-16}$$

式（2-16）反映第二主导力对熔滴喷射和爆炸行为的实际作用效果，也定量地表示出焊条电弧焊时实现喷射过渡和爆炸过渡的条件。当 $P'' = 0 \sim -1$ 时，熔滴可能出现喷射和爆炸混合过渡；而当 $P'' > 0$ 时第二主导力作用强度最大，熔滴将会形成完全的喷射过渡；而在 $P'' < -1$ 的情况下，第二主导力作用较弱，熔滴不可能出现喷射和爆炸行为。

总结以上焊条电弧焊时熔滴过渡形态的影响规律，概括地说，在焊条电弧焊时，作用于熔滴上的力最终归结为两个起主要作用的力，即表面张力和气体动力。熔滴的表面张力在某种程度上决定了熔滴尺寸的大小，是焊条形成粗熔滴过渡或渣壁过渡的主要因素；而气体动力的大小是焊条形成爆炸过渡或是喷射过渡的主要因素。焊条电弧焊熔滴过渡形式最终决定于这两个主导力的作用强度。

图 2-35 是焊条熔滴过渡形成机制示意图。图中表示出第一主导力（即表面张力）F_{σ} 与第二主导力（即气体动力）F_{g} 对形成熔滴过渡形态的影响趋势。

焊接时的化学冶金条件一方面赋予熔滴的活性，改变着熔滴表面张力，而另一方面又直接导致气体动力的形成和影响它的大小，成为决定焊条电弧焊熔滴行为的主要因素。除此之外，不容忽视的是由于药皮的存在，在焊条端部形成了形式各异的套筒，它对熔滴和电弧的行为、焊条的热效率及其他电弧物理特性也产生直接的影响。

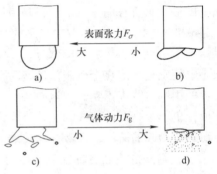

图 2-35 焊条熔滴过渡形成机制示意图
a）粗熔滴过渡　b）渣壁过渡
c）爆炸过渡　d）喷射过渡

当焊接条件一定时，由焊条、药皮、焊芯的类型和成分决定了焊接冶金条件，也决定了对熔滴行为产生影响的两个主导力作用强度。因此用正常的焊接参数施焊时，焊条就会有自己确定的过渡形态，即属于粗熔滴过渡、渣壁过渡、喷射过渡或爆炸过渡，或者是上述几种过渡形态的组合。因此焊条的某种熔滴过渡形态是焊条的电弧物理属性。

2.3　焊条熔滴过渡形态的电弧物理特性数字化信息

现以四种不同熔滴过渡形态焊条为例，用汉诺威分析仪进行测试，分析对比焊条四种熔滴过渡形态的电弧物理特性数字化特征，以加深对焊条熔滴过渡形态的理性认识，并对不同焊条的电弧物理特性进行分析和判读[22]。

试验选取的四种典型熔滴过渡形态的焊条如下：粗熔滴过渡形态以钛钙型不锈钢焊条为代表，试验焊条名称为 TY102 - B，焊条规格 $\phi4.0mm$；钛型不锈钢焊条作为渣壁过渡形态的试验焊条，试验焊条名称为 E308 - 12，焊条规格 $\phi3.2mm$；钛钙型结构钢焊条具有多种熔滴过渡形态共存的特点，有明显的熔滴爆炸过渡的成分，选择其作为爆炸过渡形态的样品焊条，样品名称为 JHJ42201，焊条规格 $\phi3.2mm$；EDP - A2 - 03 型堆焊焊条，由于药皮中存在多量的高碳铁合金，同时设计为氧化性较强的钛钙型药皮，熔滴为典型的喷射过渡形

态，试验焊条编号为 TYD132，焊条规格 $\phi 4.0\,\mathrm{mm}$。焊接电源为 ZXG－300 型弧焊整流器，极性为直流反接，采取平板堆焊方式施焊，试板材料为 Q235 钢，尺寸 $250\,\mathrm{mm} \times 100\,\mathrm{mm} \times 10\,\mathrm{mm}$。汉诺威分析仪设定采样时间 10s。

2.3.1　焊条熔滴过渡形态电弧电压、焊接电流概率密度分布图

图 2-36 是用汉诺威分析仪测试得到的焊条电弧焊四种典型过渡形态的电弧电压概率密度分布叠加图，是焊条熔滴过渡形态电弧物理特性的数字化信息可视化表达。图中横坐标分别为电弧电压和焊接电流，纵坐标是以对数形式表示的焊接过程电弧电压和焊接电流的概率。图中曲线 1（测试焊条名称 TY102－B）为粗熔滴短路过渡，曲线 2（测试焊条名称 E308－12）为渣壁过渡，曲线 3（测试焊条名称 JHJ42201）为爆炸过渡，曲线 4（测试焊条名称 TYD132）为喷射过渡。

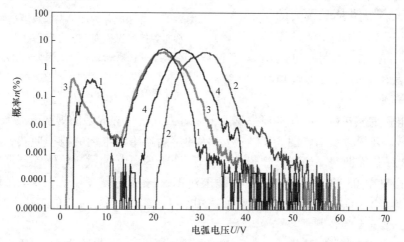

图 2-36　焊条电弧焊四种典型熔滴过渡形态的电弧电压概率密度分布叠加图

1—TY102－B 焊条，粗熔滴短路过渡　2—E308－12 焊条，渣壁过渡

3—JHJ42201 焊条，爆炸过渡　4—TYD132 焊条，喷射过渡

（本图的彩色图见附录 A 中图 A-1a）

典型的粗熔滴短路过渡形态的电压概率密度分布曲线（图 2-36 中曲线 1）的主要特点是：曲线为双驼峰状，中部的高峰区域反映的是正常焊接过程的电弧电压的概率密度分布，而图左面小驼峰对应的低电压的部分，反映熔滴的短路行为形成的电压概率密度分布。熔滴越粗大，短路时间越长，短路形成的低电压概率越大，小驼峰覆盖的电压范围越大。

由于熔滴的爆炸过渡形态也有短路过程发生，所以具有爆炸过渡的 JHJ42201 试验焊条的电压概率密度分布曲线 3 也具有双驼峰的特点。但是由于熔滴比前者细，短路出现的概率也小，因而小驼峰曲线所覆盖的电压范围也小一些。四种典型焊条熔滴过渡形态的电弧物理特性参数测试结果见表 2-2，由表中数据看出，统计得到的爆炸过渡的 JHJ42201 试验焊条的短路概率 $n(U_s)$ 数值较小，仅为 3.40%，而短路过渡的 TY－102－B 焊条 $n(U_s)$ 为 5.26%，比前者大得多。

由于渣壁过渡的焊条一般会出现少量的短路现象，因此具有渣壁过渡形态的钛型不锈钢焊条（图 2-36 中曲线 2）在电压概率密度分布图中左面低电压段有时也会出现低落的波动曲线。由于渣壁过渡焊条名义电压较高，因此曲线 2 在整体上比喷射过渡的曲线 4 靠右。

TYD132 焊条为喷射过渡形态，由于熔滴十分细小，熔滴过渡不会发生短路，电压概率

密度分布曲线 4 不会出现小驼峰，同时曲线覆盖的电压范围比其他三种过渡形态的曲线都窄。

　　图 2-37 是用汉诺威分析仪测试得到的焊条电弧焊四种典型过渡形态的焊接电流概率密度分布叠加图。由图看出，具有粗熔滴过渡的 TY102 – B 焊条和爆炸过渡的 JHJ42201 焊条的焊接电流概率密度分布曲线是分散的，由于这两种焊条熔滴都有短路过渡，在熔滴短路时形成大的短路电流，而在每个熔滴短路过渡完成后，在电弧重燃的初期，电流很小，于是即有在图的右侧反映短路大电流的概率密度分布，又有在图

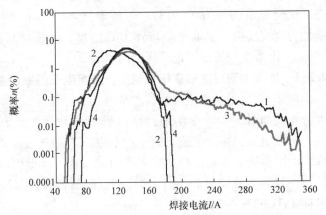

图 2-37　焊条电弧焊四种典型熔滴过渡
形态焊接电流概率密度分布叠加图
1—TY102 – B 焊条，粗熔滴短路过渡　2—E308 – 12 焊条，渣壁过渡
3—JHJ42201 焊条，爆炸过渡　4—TYD132 – 焊条，喷射过渡
（本图的彩色图见附录 A 中图 A-1b）

的左侧反映电弧重燃初期小电流的概率密度分布，因此这两种焊条的焊接电流概率密度分布曲线比较分散。还可以看出，图 2-37 右侧表示的熔滴短路大电流的概率曲线，粗熔滴过渡的 TY102 – B 焊条（曲线 1）比爆炸过渡的 JHJ42201 焊条（曲线 3）位置更靠上。统计的 TY102 – B 和 J422 – 03 焊条短路电流（平均电流 1.5 倍）的概率 n（I_s）分别为 1.30% 和 0.35%（见表 2-2），这说明粗熔滴过渡的 TY102 – B 焊条比爆炸过渡的 JHJ42201 焊条短路电流出现的概率更大些。

　　渣壁过渡的 E308 – 12 焊条和喷射过渡的 TYD132 焊条（曲线 2、4）都不存在短路过渡，当然不会出现熔滴短路过渡引起的大电流和电弧重燃时形成的小电流，电流概率密度分布曲线比较收敛。细熔滴的喷射过渡电流概率密度分布曲线相对更集中。

2.3.2　焊条典型熔滴过渡形态数字化信息的解读

　　测试的典型焊条的平均电弧电压、平均焊接电流、平均短路时间 T_1、平均燃弧时间 T_2、平均加权燃弧时间 T_3、平均周期时间 T_c 的数据见表 2-2。表中还列出了在测试的时间内焊条的短路电压概率 n（U_s）、短路电流概率 n（I_s）、短路频率 f_{sc} 和电弧电压 v（U）变异系数、焊接电流变异系数 v（I）的测试结果。由于喷射过渡时熔滴不与熔池短路，渣壁过渡也基本上不发生短路，因此 E308 – 12 和 TYD132 焊条 T_1、T_2、T_3 和 T_c 没有数据，也不会出现 n（U_s）、n（I_s）和 f_{sc} 的数据。

　　由表 2-2 中焊条的典型过渡形态平均短路时间 T_1、平均燃弧时间 T_2、平均加权燃弧时间 T_3 和平均周期时间 T_c 的数据看出，最明显的特点是粗熔滴短路过渡的 TY102 – B 焊条平均短路时间 T_1 较长，这显然是因为 TY102 – B 焊条熔滴粗大，熔滴长大所需要的时间长，同样熔滴短路的持续时间（向熔池过渡所需要的时间）也长。JHJ42201 的情况与前者不同，熔滴尺寸比较小，平均短路时间 T_1 要小得多，而短路频率 f_{sc} 比短路过渡的焊条要高。

　　周期时间 T_c 的数据大体上接近于平均短路时间 T_1 与平均加权燃弧时间 T_3 之和。

　　由于熔滴为爆炸过渡时存在大量的频繁的瞬间短路，而当忽略这一瞬间短路行为时，统计的 JHJ42201 焊条的平均加权燃弧时间 T_3 和短路周期 T_c 的数据比燃弧时间 T_2 明显地增大了。

综合以上分析，焊条熔滴过渡形态电弧物理特征参数的基本特征可以归结为以下诸点：

1）渣壁过渡形态的平均电弧电压最高，而焊接平均电流最小；

2）粗熔滴过渡的焊条短路电压概率 $n(U_s)$、短路电流概率 $n(I_s)$ 比爆炸过渡的焊条大；

3）粗熔滴过渡的焊条平均短路时间 T_1 比爆炸过渡的焊条长；

4）爆炸过渡时短路频率 f_{sc} 比粗熔滴过渡的焊条高；

5）焊条为渣壁过渡和喷射过渡时短路时间 T_1、燃弧时间 T_2、加权燃弧时间 T_3 和周期时间 T_c、短路电压概率 $n(U_s)$、短路大电流概率 $n(I_s)$、短路频率 f_{sc} 趋于零；

6）粗熔滴过渡和爆炸过渡电弧电压和焊接电流变异系数 $\nu(U)$ 和 $\nu(I)$ 较大，而渣壁过渡和喷射过渡变异系数 $\nu(U)$ 和 $\nu(I)$ 较小，喷射过渡时的变异系数 $\nu(U)$ 和 $\nu(I)$ 最小。

表 2-2　焊条四种典型熔滴过渡形态的电弧物理特性参数测试结果[①]

试验焊条名称[②]	平均电弧电压 U/V	平均焊接电流 I/A	短路电压概率 $n(U_s)$（%）	短路电流概率 $n(I_s)$（%）	平均短路频率 f_{sc}/（1/s）	>1ms 短路频率 f_{sc}/（1/s）	平均短路时间 T_1/ms	平均燃弧时间 T_2/ms	平均加权燃弧时间 T_3/ms	平均周期时间 T_c/ms	焊接电流变异系数 $\nu(I)$（%）	电弧电压变异系数 $\nu(U)$（%）
TY102-B	21.11	136.15	5.26	1.30	7.4	4.6	7.09	39.14	58.69	65.11	22.19	18.61
JHJ42201	21.56	135.48	3.40	0.35	37.0	11.0	0.92	22.43	59.54	61.45	19.31	19.83
E308-12	30.50	119.01									14.62	8.66
TYD132	26.46	132.31	—	—	—	—	—	—	—	—	10.77	8.44

① 分析仪设置：短路时间组宽 $\Delta T_1 = 100\mu s$，燃弧时间、加权燃弧时间、短路周期时间组宽 ΔT_2、ΔT_3、$\Delta T_c = 100\mu s$，最小短路时间 $T_{1min} = 1000\mu s$，阈值电压 $U_{th} = 10V$。

② 代表典型熔滴过渡形态的焊条样品：TY102B 粗熔滴过渡，JHJ42201 爆炸过渡，E308-12 渣壁过渡，TYD132 喷射过渡。

2.4　焊条熔滴过渡形态对焊条工艺性的影响

焊条熔滴过渡形态如何影响焊条工艺性？焊条熔滴过渡形态与焊条工艺性有怎样的联系？这些问题可以从熔滴过渡形态对电弧的稳定性、飞溅、焊条热效率和焊条的工艺稳定性等几个方面来分析。

2.4.1　熔滴过渡形态对电弧稳定性的影响

在参考文献［4］中曾根据焊条电弧焊的电弧行为特征将电弧行为分成六个类型：按电弧燃烧连续性分为连续型电弧和非连续型电弧；按电弧的活动性分为活动型电弧与非活动型电弧；按电弧集中程度分为敞开型电弧和集中型电弧。

所谓电弧的连续性是指在焊接过程中电弧的燃烧是否连续。焊接时由于熔滴的行为、焊条本身稳弧性、熔滴的短路、大熔滴的飘动、熔滴的爆炸行为等因素而造成电弧的中断是属于熔滴自身因素造成的焊接电弧的瞬时中断现象，形成断续型电弧。焊接过程中由于电源的性质导致的电弧中断，如采用交流电源或者电源的不良特性引起电弧的中断，以及施焊时环境因素而导致的电弧中断现象等不反映焊条自身的特性。图 2-38 是形成断续型电弧的示意图。由于粗熔滴过渡和爆炸过渡时发生熔滴的短路、熔滴的飘动、飞溅等现象使电弧瞬间熄灭，造成电弧的不连续，形成不连续型电弧，显然渣壁过渡和喷射过渡则形成连续型电弧。

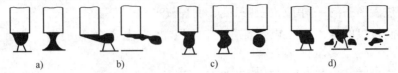

图 2-38　形成断续型电弧的示意图

a）熔滴的短路引起的电弧中断　b）粗大熔滴的飘动引起电弧的中断

c）长弧焊时大熔滴的过渡造成电弧的中断　d）熔滴的爆炸引起电弧的中断

所谓集中型电弧和敞开型电弧，主要特征表现为电弧的极性斑点面积的大小，集中型电弧极性斑点的面积较小，大约不超过焊芯端面的 1/3，而敞开型电弧极性斑点面积很大，可以占满整个焊芯端面，或者完全占据熔滴底部，这种情况可以看作是"无斑点电弧"[2]，斑点面积的大小往往决定了电弧的宽窄，敞开型电弧因此也可以叫作"宽电弧"。

图 2-39、图 2-40 分别是焊条敞开型电弧和集中型电弧的示意图和实例。图 2-39a、b、c、d 为敞开型电弧，并分别表示爆炸过渡、渣壁过渡、粗熔滴过渡和喷射过渡时的敞开型电弧。图 2-39e、f、g 分别表示渣壁过渡时的集中型电弧、粗熔滴过渡弧根处于熔滴的底部时的集中型电弧和粗熔滴过渡弧根处于熔滴的根部时的集中型电弧。图 2-40a 是渣壁过渡时敞开型电弧的照片，图 2-40b 是集中型电弧的高速摄影照片。

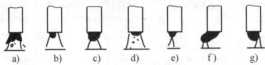

图 2-39　焊条敞开型电弧和集中型电弧示意图

a）爆炸过渡时的敞开型电弧　b）渣壁过渡时的敞开型电弧　c）粗熔滴过渡时的敞开型电弧　d）喷射过渡时的敞开型电弧

e）渣壁过渡时的集中型电弧　f）粗熔滴过渡弧根处于熔滴的底部时的集中型电弧

g）粗熔滴过渡弧根处于熔滴的根部时的集中型电弧

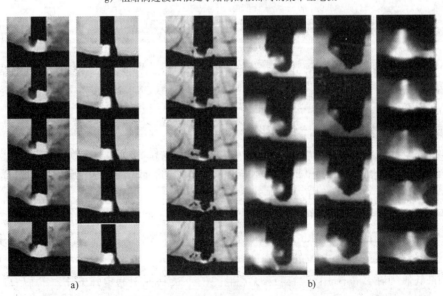

图 2-40　焊条敞开型电弧和集中型电弧的实例（拍摄速度：1000f/s）

a）敞开型电弧　b）集中型电弧

在焊接过程中电弧极性斑点由于受到焊芯的熔化、熔滴的过渡及电弧力等各种力的作用，使之沿着焊芯的轴线方向垂直于焊芯轴线的某一平面上运动，使电弧产生飘动，从而破坏电弧的稳定性。所谓活动型电弧就是在焊接过程中电弧活动性大，发生明显飘动的电弧。在焊接时电弧斑点不产生激烈活动，电弧不发生明显飘动，电弧中心基本上不偏离焊条中心轴线的电弧叫非活动型电弧。

粗大熔滴的过渡和爆炸过渡都会发生熔滴的短路，造成电弧燃烧的不连续，因而形成断续型电弧；粗大的熔滴造成熔滴活动的加剧，因而粗熔滴过渡和爆炸过渡形成活动型电弧；在熔滴尺寸较小时电弧的活动性将会大大减弱，显然渣壁过渡和喷射过渡形成非活动型电弧；药皮中加入较多量的氟化物等电离势较高的组分时，电弧的极性斑点受到压缩形成集中型电弧，显然加入多量萤石的低氢型焊条电弧为集中型；而存在大量利于稳定电弧的钛酸盐及含有钾、钠氧化物成分的硅铝酸盐矿物有利于电弧的稳定，使电弧斑点变大，甚至扩大到电极（熔滴）整个表面，形成"无斑点"电弧，电弧为敞开型。

以上分析了六种类型的焊条电弧行为，对于每一种焊条来说，总是同时具有其中的三种类型，是连续型还是断续型，是活动型还是非活动型，是敞开型还是集中型，每一种焊条必居其三。例如钛钙型不锈钢焊条，它的电弧类型是断续型、活动型和敞开型，而高钛型不锈钢焊条电弧类型则为连续型、非活动型和敞开型；钛钙型结构钢焊条电弧类型为断续型、活动型和敞开型，低氢结构钢焊条电弧类型为断续型、活动型和集中型。

图 2-41 是电弧稳定性结点图，图中表示出熔滴过渡形态与电弧稳定性的关系。图中横坐标中标示的符号 A、B、C、A′、B′、C′ 分别表示电弧类型，纵坐标符号 Ⅰ、Ⅱ、Ⅲ、Ⅳ 分别表示不同的熔滴过渡形态。图中左下角的虚线框中的 Ⅰ–A、Ⅰ–B、Ⅰ–C、Ⅱ–A、Ⅱ–B、Ⅱ–C 六个结点表示熔滴为喷射过渡和渣壁过渡，同时还具有连续型、非活动型和敞开型电弧，此时电弧的稳定性最好。图中右上角虚线框中的 Ⅲ–A′、Ⅲ–B′、Ⅲ–C′、Ⅳ–A′、Ⅳ–B′、Ⅳ–C′ 六个结点表示焊条具有粗熔滴过渡和爆炸过渡，同时电弧具有断续型、活动型和集中型电弧，此时电弧稳定性最差。

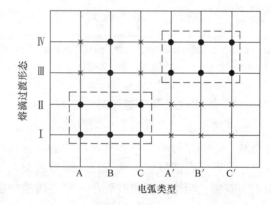

图 2-41　焊条电弧焊电弧稳定性结点图
Ⅰ—喷射过渡　Ⅱ—渣壁过渡　Ⅲ—爆炸过渡　Ⅳ—粗熔滴过渡
A—连续型电弧　B—敞开型电弧　C—非活动型电弧
A′—断续型电弧　B′—集中型电弧　C′—活动型电弧

在两个虚线框中以外还有两个标有黑色圆点的结点，即Ⅳ–B、Ⅲ–B，分别表示具有粗熔滴过渡和爆炸过渡同时具有敞开型电弧，这种情况下电弧稳定性居中。图中画"×"符号的结点表示实际上不可能出现的情况。任何一种焊条，如果知道其熔滴过渡形态和它的电弧类型，便可以通过电弧稳定性结点图找到相应的结点，评估其电弧稳定性。

为了定量地比较各种焊条电弧的稳定性，可以引用电弧稳定性系数的概念，设图 2-41 中左下方框中电弧稳定燃烧区域内各结点电弧稳定性系数为 1，图中右上方虚线框电弧不稳定区域各结点电弧稳定性系数为 −1，两个区域以外的两个黑色的圆点电弧稳定性系数为

0.5，将某种焊条所占有的各结点的系数相加（代数和），得到的数值即为该种焊条的电弧稳定性系数。系数为3的焊条稳定性最好，系数为0电弧稳定性一般，系数小于0则电弧稳定性较差。表2-3列出了几种代表性常用焊条熔滴过渡形态、电弧类型、电弧稳定性结点位置和电弧稳定性系数值。

表2-3　常用焊条熔滴过渡形态、电弧类型、电弧稳定性结点位置和电弧稳定性系数值

焊条型号	熔滴过渡形态	电弧类型	电弧稳定性结点位置	电弧稳定性系数 η_w
E4303	Ⅰ、Ⅱ、Ⅲ、Ⅳ	A′、B、C 或 A′、B、C′	Ⅰ—B、Ⅰ—C、Ⅱ—B、Ⅱ—C、Ⅲ—B、Ⅲ—A′、Ⅳ—B、Ⅳ—A′、Ⅳ—C′	2
E5015	Ⅳ	A′、B′、C′	Ⅳ—A′、Ⅳ—B′、Ⅳ—C′	-3
E5016	Ⅳ	A′、B、C′	Ⅳ—A′、Ⅳ—B、Ⅳ—C′	-1.5
E5010	Ⅰ、Ⅲ、Ⅳ	A′、B、C	Ⅰ—B、Ⅲ—A′、Ⅲ—B、Ⅳ—A′、Ⅳ—B	0
E308-16（A102）	Ⅳ	A′、B、C′	Ⅳ—A′、Ⅳ—B、Ⅳ—C′	-1.5
E308-16（A101）	Ⅱ	A、B、C	Ⅰ—A、Ⅰ—B、Ⅰ—C	3
E308-15（A107）	Ⅳ	A′、B′、C′	Ⅳ—A′、Ⅳ—B′、Ⅳ—C′	-3
P5（绿）	Ⅱ	A、B、C	Ⅰ—A、Ⅰ—B、Ⅰ—C、	3
EZC（Z208）	Ⅳ	A′、B、C	Ⅳ—A′、Ⅳ—B、Ⅳ—C	0
EDPCrMo-A2-03（D132）	Ⅰ	A、B、C	Ⅰ—A、Ⅰ—B、Ⅰ—C	3

注：Z208焊条为粗熔滴过渡，但由于药皮含有多量石墨因而形成非活动型电弧，属于特例。

Ⅰ—喷射过渡　Ⅱ—渣壁过渡　Ⅲ—爆炸过渡　Ⅳ—粗熔滴过渡

A—连续型电弧　B—敞开型电弧　C—非活动型电弧　A′—断续型电弧　B′—集中型电弧　C′—活动型电弧

2.4.2　焊条熔滴过渡形态对飞溅的影响

熔滴过渡形态对飞溅的影响情况见表2-4。由表看出，粗熔滴过渡会发生相当猛烈的电爆炸飞溅、熔滴自身的爆炸飞溅、熔滴的气体逸出飞溅以及电弧力引起的飞溅，由于焊条不同的冶金条件还可能发生熔池飞溅；爆炸过渡时飞溅的情况与粗熔滴过渡时大体相同，电弧力引起的飞溅比粗熔滴过渡时要小一些，熔池中的飞溅可能有所增大；渣壁过渡和喷射过渡时熔滴细小且过渡时不与熔池发生短路，因此以粗大熔滴和短路为条件的短路电爆炸飞溅、熔滴爆炸飞溅、电弧力飞溅等几种飞溅形式都不会发生。以钛型不锈钢焊条为代表的具有渣壁过渡形态的焊条，由于自身的冶金特性，焊接时一般不会发生碳的强烈氧化反应，因而不会出现熔滴的爆炸飞溅和熔滴或熔池的气体逸出飞溅，熔滴的"飘离"飞溅是渣壁过渡时的主要飞溅形式。喷射过渡时强大的气体动力引起喷洒飞溅，是熔滴喷射过渡形态的主要飞溅形式。

2.4.3　熔滴行为对电弧热效率的影响

焊条电弧焊时电弧对焊条的加热有三种方式：一是电弧由极性斑点析出的热对焊芯直接进行加热；二是电弧由极性斑点直接加热熔滴，通过熔滴的热对流间接地对焊芯与药皮加热；三是弧柱的辐射对焊条药皮加热。电弧对焊条三种不同的加热方式中，焊条对电弧热的吸收效率是不同的，其中以电弧极性斑点对焊芯直接加热的吸热效率最高，通过熔滴的热对流间接地对焊芯及药皮加热，其加热的效率最差。

表2-4　焊条电弧焊熔滴过渡形态与飞溅的关系

熔滴过渡形态	飞溅类型							代表性焊条
	电爆炸飞溅	爆炸飞溅	熔滴气体逸出飞溅	熔池气体逸出飞溅	飘离飞溅	喷洒飞溅	电弧力飞溅	
粗熔滴过渡	▲▲	▲▲	▲▲	▲①			▲▲	钛钙型和低氢型不锈钢焊条、低氢型结构钢焊条，钛钙型结构钢焊条②
渣壁过渡	—	—	—	—	▲			钛型不锈钢焊条、高效铁粉结构钢焊条、碳钢芯不锈钢焊条
爆炸过渡	▲▲	▲▲	▲▲				▲	钛钙型、氧化铁型结构钢焊条
喷射过渡	—	—	—	—		▲▲	—	EDP－A2－03（D132）堆焊焊条，高纤维素焊条③

注："▲▲"表示强烈的飞溅，"▲"表示飞溅程度一般，"—"表示基本上不产生飞溅。

① 钛型、钛钙型、氧化铁型结构钢焊条可以出现熔池气体逸出飞溅，钛钙型不锈钢焊条一般不会出现。

② 钛钙型结构钢焊条粗熔滴过渡只占有较小的比例。

③ 高纤维素焊条是以喷射过渡为主要过渡形态，但还会出现滴状过渡和爆炸过渡。

　　电弧对焊条的加热方式与焊条端熔滴行为有关，焊条电弧焊时，不同的熔滴过渡形态焊条对电弧热的吸收率是不同的。图2-42是焊条不同过渡形态电弧对焊条加热机制的影响的示意图。图2-42a 是粗熔滴过渡的情况，这时电弧极性斑点处于熔滴的底部，电弧极性斑点首先对熔滴进行加热，然后过热的熔滴通过热对流对焊芯和药皮进行加热，即使当熔滴脱离焊芯向熔池过渡之后，在焊芯端部仍存在着残留的熔体，就是说在熔滴整个过渡周期内除了熔滴与熔池短路的瞬间外，整个燃弧时间内电弧对焊芯和药皮的加热都是通过液体金属的对流间接进行的，其电弧的热损失于对熔滴的加热，过热熔滴的散热损失，使电弧对焊芯和药皮的加热效率降低。

　　当熔滴为渣壁过渡时（图2-42b），熔滴尺寸减小，熔滴往往不能占满焊芯的整个端面，在这种条件下电弧的极性斑点有机会对焊芯端面直接进行加热，加快了焊芯的熔化速度，使得焊芯更超前于药皮的熔化，而导致深套筒的形成；另外渣壁过渡时形成很深的套筒，使弧柱能够对套筒内侧的药皮进行加热，弧柱通过热辐射也参与对焊条药皮的加热，提高了电弧的热利用率，这是渣壁过渡焊条所独有的电弧加热特征，而短路过渡时弧柱不可能参与对焊条的加热。

　　当焊条熔滴喷射过渡时（图2-42c），药皮中产生的大量气体使焊芯端部的液体金属在套筒内被吹碎，并从套筒内喷射出来，在焊芯端部很少有熔滴金属残留，电弧极性斑点有最多的机会直接对焊芯加热，加热效率很高，焊芯的熔化速度加快，套筒增长，但是由于套筒内气流对电弧的冷却作用，不能像渣壁过渡时那样充分利用电弧柱对药皮的辐射进行加热，显然这一因素又使得焊条对电弧热利用率有所降低。

　　通过以上的分析说明，焊条电弧焊时焊条的吸热效率和焊条熔化效率与熔滴过渡形态有关，渣壁过渡时焊条的热效率最高，喷射过渡其次，粗熔滴过渡和爆炸过渡时焊条的吸热效

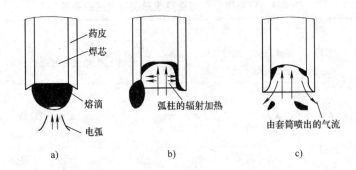

图 2-42　焊条不同熔滴过渡形态电弧对焊条加热机制的影响示意图

a）粗熔滴过渡，极性斑点通过熔滴热对流间接加热焊芯和药皮　b）渣壁过渡，极性斑点对焊芯直接加热、
熔滴热对流间接对焊芯和药皮加热以及弧柱对药皮的辐射加热　c）喷射过渡，电弧极性斑点对焊芯直接加热，
电弧加热效率高，但气流对电弧的冷却作用，电弧热利用率有所降低

率最低。

应该指出，某种焊条的热效率具体地说包括两方面的含意，一是焊条电弧焊时电弧本身的发热效率，二是焊条对电弧热的吸收效率。前者涉及电弧本身发热机制，而本节中讨论的是后者——熔滴过渡形态对电弧热的吸收效率的影响，并不是说焊条的热效率只取决于焊条的熔滴过渡形态。

以上讨论了影响焊条工艺性的焊接电弧的稳定性、飞溅、焊条热效率等三个主要因素，除此之外，焊条工艺性还涉及焊条的工艺稳定性、焊接时的烟雾等诸多方面，焊条的工艺稳定性将在第 4 章不锈钢焊条工艺性中加以讨论，焊接时的烟雾将在第 5 章中进行详细讨论。

2.4.4　熔滴过渡形态与焊条工艺性的关系

表 2-5 归纳了焊条熔滴过渡形态特征，从熔滴尺寸的大小、熔滴过渡的方式、过渡频率、名义电压、波形特征、套筒类型及飞溅形式等方面说明焊条几种熔滴过渡形态的一般特征。焊条熔滴过渡形态与焊条工艺性的关系见表 2-6，其中焊条工艺性包括焊条电弧挺度、电弧连续性、可操作性、飞溅大小、焊接时的烟雾、焊条名义电压、电弧热效率和焊条工艺稳定性等方面。

表 2-5　焊条熔滴过渡形态特征

熔滴过渡形态	熔滴行为特征	熔滴尺寸	名义电压	电弧类型及稳定性	过渡频率 f_{tr}/s^{-1}	波形特征	套筒形式	主要飞溅形式
粗熔滴过渡	大熔滴桥接短路过渡	大于焊芯直径	低	活动型，稳定性差	3～5	周期性 A 型短路	短喇叭形（帽檐型）	短路电爆炸飞溅，气体逸出飞溅
渣壁过渡	沿套筒内壁非短路过渡	小于焊芯直径	高	非活动型，稳定性好	5～9	非短路锯齿状波形	深直套筒	气体吹送飘离飞溅
爆炸过渡	短路和非短路混合过渡	大小不均匀	较低	活动型，稳定性差	30～50	有 A、B 和 C 型短路波形	短喇叭形	短路电爆炸飞溅，熔滴爆炸飞溅
喷射过渡	细滴喷射状非短路过渡	熔滴细小	较高	非活动型，稳定性好	>100	波动很小	深喇叭形	喷洒飞溅

表 2-6　焊条熔滴过渡形态与焊条工艺性的关系

熔滴过渡形态	电弧连续性	电弧挺度	电参数的稳定性	可操作性	飞溅	烟雾	焊条名义电压	焊条熔化效率	焊条工艺稳定性[①]
粗熔滴过渡	不连续	不好	差	差	较大	小	低	低	差
渣壁过渡	连续	好	好	好	小	小	高	高	最好
爆炸过渡	不连续	不好	差	差	大	大	低	低	较差
喷射过渡	连续	最好	最好	好	大	大	中	较高	好

① 指在焊接过程中焊条前、后段工艺性的变化程度。

粗熔滴过渡时熔滴尺寸大，过渡频率低，熔滴以接触短路形式过渡，产生较强烈的电爆炸飞溅；由于熔滴粗大，熔滴在焊条端部往往有较长时间的停留，从而导致熔滴自身的爆炸，还容易产生气体逸出飞溅；熔滴的短路过渡不仅使电弧燃烧不连续，粗大的熔滴使电弧活动性增大，同样不利于电弧的稳定。因此粗熔滴过渡时综合工艺性比较差。

爆炸过渡时，熔滴颗粒大小不均匀，对于电弧稳定十分不利，爆炸过渡除引起熔滴自身的爆炸产生爆炸飞溅外，还会因短路产生电爆炸飞溅，因而严重恶化焊接工艺性。熔滴的行为对电弧的稳定性有重要的影响，熔滴越粗大，电弧斑点的运动越明显，显然粗熔滴过渡和爆炸过渡的焊条，电弧的活动性强，套筒短，电弧挺度差，而且电弧不连续，使操作性变差。因此爆炸过渡工艺性能也是比较差的。

渣壁过渡最主要的特征是熔滴细小，过渡时不发生短路，不形成电爆炸飞溅和熔滴的爆炸飞溅，形成的飘离飞溅对工艺性的危害不大；渣壁过渡时焊条名义电压的提高，对于克服不锈钢焊条焊接时焊条后段的药皮过热的弊端，提高焊条工艺稳定性具有十分重要的意义；由于熔滴十分细小，熔滴不能占据整个焊条端面，因此改变了电弧对焊芯加热的机制，使电弧的极性斑点有更多的机会直接对焊芯进行加热，提高了电弧的热效率；渣壁过渡时具有的深套筒，使电弧挺度增大，提高了电弧的稳定性。由于渣壁过渡带来了一系列意想不到的良好的工艺效果，其综合工艺性能达到了十分理想的状态，因此实现渣壁过渡是焊条工艺性设计优化的目标，不仅仅只对不锈钢焊条，也是许多种焊条设计时追求的目标。

喷射过渡时熔滴细小，电参数的波动最小，喷射过渡时产生定向气流，提高电弧挺度，对稳定电弧，提高电参数的稳定性具有明显的优越性。但喷射过渡时，会形成很强的喷洒飞溅，颗粒十分细小密集，不易清除，成为影响工艺质量的主要问题。另外，喷射过渡焊接时烟尘也较大，也是影响焊条工艺性的主要因素。

2.5　焊条工艺性设计

2.5.1　焊条熔滴过渡的主导力与 $P' - P''$ 关系图

由于焊条的工艺性取决于焊条熔滴过渡形态，因此焊条的工艺性设计实际上是对某种熔滴过渡形态的设计，其目标是通过一定的技术途径得到焊条预想的熔滴过渡形态，实现预期的焊条工艺性。

从两个主导力的观点出发，并根据主导力对焊条熔滴过渡形态影响的试验结果，由主导力的估算公式可以定量地确定主导力与熔滴过渡形态的关系，这一关系可以用 $P' - P''$ 关系图来描述。

决定熔滴过渡形态的两个主导力可以分别用如前所述的第一主导力作用指数和第二主导力作用指数的经验表达式（2-8）和式（2-16）描述：第一主导力作用指数 P' 反映表面张力的作用，而第二主导力作用指数 P'' 则反映气体动力的作用。

图 2-43 是焊条主导力与熔滴过渡形态关系图。横坐标与纵坐标分别表示第一主导力作用指数 P' 与第二主导力作用指数 P''，图中分八个区，Ⓐ、Ⓑ、Ⓒ 和 Ⓓ+Ⓒ+Ⓑ 4 个区分别占据图的四个角，过渡形态分别为 Ⓐ——渣壁过渡区，Ⓑ——粗熔滴过渡区，Ⓒ——喷射过渡区，Ⓓ+Ⓒ+Ⓑ——爆炸过渡、喷射过渡和粗熔滴过渡的混合区，其余不占据四个角的 Ⓑ+Ⓐ、Ⓐ+Ⓑ+Ⓒ+Ⓓ、Ⓓ+Ⓒ、Ⓑ+Ⓓ 四个区，它们均为两种或两种以上的混合过渡形态的区域。由图看出，当第一主导力作用指数 $P' < 20$（表面张力很大）、第二主导力作用指数 $P'' < -4$ 时，处在 $P'-P''$ 关系图中 Ⓑ 区，焊条为粗熔滴过渡；当第一主导力作用指数 $P' > 35$、第二主导力作用指数 $P'' < -4$ 时，在 $P'-P''$ 关系图中处于 Ⓐ 区，熔滴为渣壁过渡；当 $P' > 20$，$P'' > 0$，在 $P'-P''$ 关系图中处于 Ⓒ 区，熔滴为喷射过渡；而当 $P' > 20$，$P'' = -4.0 \sim 0$ 时，在 $P'-P''$ 关系图中处于 Ⓐ+Ⓑ+Ⓒ+Ⓓ 混合过渡形态区。图中各区内标注了代表性的焊条型号或牌号。

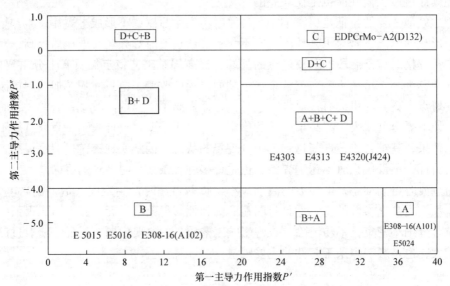

图 2-43　焊条电弧焊熔滴过渡时的主导力与熔滴过渡形态的关系（$P'-P''$ 关系图）
A—渣壁过渡　B—粗熔滴过渡　C—喷射过渡　D—爆炸过渡

焊条电弧焊熔滴过渡时的主导力与熔滴过渡形态的 $P'-P''$ 关系图有其重要的理论意义和实用意义。它不仅在理论上说明了焊条所具有的粗熔滴过渡、渣壁过渡、爆炸过渡和喷射过渡四种典型的熔滴过渡形态和它们的形成规律，而且在实际应用方面可以对焊条的工艺性进行预测和设计。当已知焊条规格、药皮外径、药皮造渣成分、焊芯和药皮组分中碳含量时，就可以计算出 P' 和 P'' 的值，并可以确定该种焊条在 $P'-P''$ 关系图中的区位，近而预测焊条熔滴过渡形态和焊条工艺性。

图 2-44 是预测焊条熔滴过渡形态的程序图。当已知某焊条的原始条件（焊芯的碳含量、焊条药皮成分、焊芯直径和药皮外径）时，可以确定第一主导力 P_I 和第二主导力 P_{II}，进一步确定第一主导力作用指数 P' 和第二主导力作用指数 P''，然后在 P'-P'' 关系图找到该焊条相应的区位，预测出焊条熔滴过渡形态和该焊条的工艺性。

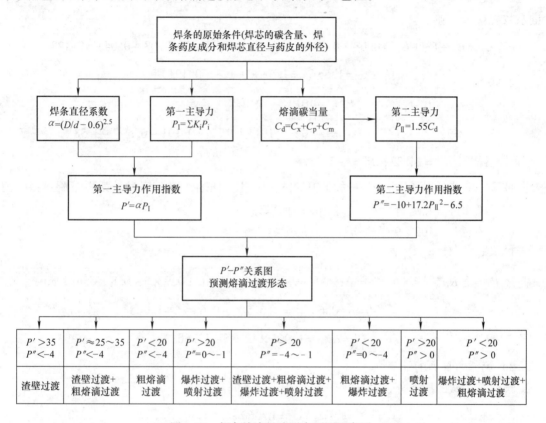

图 2-44　焊条熔滴过渡形态预测程序图

下面举两个实际例子看如何按照图 2-44 所示的程序来预测焊条的熔滴过渡形态。

设计两种试验焊条。第一种为钛钙型结构钢焊条，编号为 J422－33，焊芯为 H08A，规格为 4mm，焊条外径为 6.4mm 药皮质量系数为 0.35。药皮成分的质量分数为：钛白粉 4%，金红石 37%，大理石＋白云石 12%，长石 14%，白泥 3%，云母 6%，中碳锰铁 9%，微晶纤维 1%，锆英石 5%，铁粉 9%。

已知表面张力系数：钛白粉 $K=0.1$，金红石 $K=0.09$，钛铁矿 $K=0.2$，大理石 $K=-0.1$，白云石 $K=-0.1$，萤石 $K=0.1$，长石 $K=1$，云母 $K=0.9$，白泥 $K=0.8$，长石 $K=1$。

第二种为钛钙型不锈钢焊条，编号为 A102－9，焊芯为 H0Cr21Ni10，直径 4mm，焊条外径为 6.5mm，药皮质量系数为 0.4，药皮成分的质量分数为：钛白粉 5%，金红石 45%，大理石 16%，萤石 6%，云母 5%，白泥 6%，金属铬 11%，金属锰 6%。

（1）J422－33 钛钙型结构钢焊条熔滴过渡形态的预测

1）第一主导力指数的计算

$P_I = \sum K_i P_i = 0.1 \times 4 + 0.09 \times 37 - 0.1 \times 12 + 1 \times 14 + 0.8 \times 3 + 0.9 \times 6 = 24.33$

$$\alpha = (D/d - 0.6)^{2.5} = (6.4/4 - 0.6)^{2.5} = 1$$
$$P' = \alpha P_{\mathrm{I}} = 1 \times 24.33 = 24.33$$

2）第二主导力指数的计算

设焊芯 $w(\mathrm{C}) = 0.08\%$，中碳锰铁中 $w(\mathrm{C}) = 1.5\%$，铁合金的利用系数 $\eta = 0.9$，药皮质量系数为 0.35，则

$$C_{\mathrm{d}} = C_{\mathrm{x}} + C_{\mathrm{p}} + C_{\mathrm{m}} = 0.08 + 0.09 \times 0.35 \times 0.9 \times 1.5 + 0 = 0.08 + 0.043 \approx 0.123$$

$$P_{\mathrm{II}} = 1.55 C_{\mathrm{d}} = 1.55 \times 0.123 \approx 0.191$$

$$P'' = -10 P_{\mathrm{II}}^2 + 17.2 P_{\mathrm{II}} - 6.5$$
$$= -10 \times 0.191^2 + 17.2 \times 0.191 - 6.5 \approx -3.58$$

计算结果：$P' = 24.33$，$P'' = -3.58$。

J422 - 33 焊条处于 $P' - P''$ 关系图中的 $\boxed{A + B + C + D}$ 区，预测该焊条为粗熔滴过渡、渣壁过渡、爆炸过渡和喷射过渡共存的混合过渡形态。

（2）不锈钢 A102 - 9 焊条熔滴过渡形态的预测

1）第一主导力的计算

$$P_1 = \sum K_i P_i = 0.1 \times 5 + 0.09 \times 45 - 0.1 \times 16 + 0.1 \times 6 + 0.9 \times 5 + 0.8 \times 6 = 12.85$$

$$\alpha = (D/d - 0.6)^{2.5} = (6.5/4 - 0.6)^{2.5} \approx 1.063$$

$$P' = \alpha P_1 = 1.063 \times 12.85 \approx 13.66$$

2）第二主导力的计算

设焊芯中碳的质量分数为 0.060%

$$C_{\mathrm{d}} = 0.060$$

$$P_{\mathrm{II}} = 1.55 C_{\mathrm{d}} = 0.093$$

$$P'' = -10 P_{\mathrm{II}}^2 + 17.2 P_{\mathrm{II}} - 6.5 = -10 \times 0.093^2 + 17.2 \times 0.093 - 6.5 = -4.986$$

A102 - 9 焊条计算结果：$P' = 13.66$，$P'' = -4.986$，处于 $P' - P''$ 关系图中的 $\boxed{B}$ 区，预测该焊条熔滴为粗熔滴短路过渡形态。

2.5.2　焊条工艺性设计原则

既然熔滴的渣壁过渡是最理想的熔滴过渡形态，那么人们很自然会将实现渣壁过渡形态作为焊条工艺性设计的目标。但事实上为了适应不同的使用条件，必须首先满足相应的物理化学性能的要求，满足焊条焊接条件下具有良好的冶金性能（净化焊缝金属，防止焊接缺陷）的要求，因此焊条的设计实际上是理化性能、焊接冶金性能和工艺性能的综合优化设计。正因为如此，不同渣系不同类型的焊条只能根据其本身的渣系、焊条类型特点，提出相适合的工艺性设计原则，以实现工艺性的优化。

表 2-7 归纳了常用焊条的工艺性设计一般原则。

表 2-7　常用焊条的工艺性设计原则

焊条名称及型号	渣系特征	熔滴过渡形态	设计原则	改善工艺性技术措施
结构钢焊条 E4303、E4313	钛钙型、钛型	粗熔滴过渡、渣壁过渡、爆炸过渡与喷射过渡混合形态	增加渣壁过渡和喷射过渡的份额，减少粗熔滴过渡和爆炸过渡的份额	适当降低焊条碱度，增大药皮成分中的硅铝酸盐的比例，保证 K、Na 等稳弧成分加入量
结构钢焊条 E5015、E5016	低氢型	粗熔滴过渡	在粗熔滴过渡的条件下，增长"弧桥并存"时间，减少飞溅	适当降低大理石与营石的比例；药皮中加入适量的铁粉
不锈钢焊条 E308 – 16	钛型	粗熔滴过渡与渣壁过渡	形成渣壁过渡	增加降低表面张力的成分，细化熔滴；适当增加药皮厚度
纤维素焊条 E5011、E5010	高纤维素	熔滴短路过渡、爆炸过渡、喷射过渡	尽量减少熔滴短路过渡和爆炸过渡，增强喷射过渡	强化造气；提高焊条名义电压，细化熔滴
高效铁粉焊条 E5024	钛型或钛钙型	粗熔滴过渡、渣壁过渡、爆炸过渡、喷射过渡混合形态	形成渣壁过渡与少量喷射过渡	增大焊条重量系数；适当降低碱度
铬 – 钼型系列堆焊焊条 EDPCrMo – A2 – 03	钛钙型	喷射过渡	降低喷射过渡强度，形成渣壁过渡与喷射过渡混合过渡，减少喷洒飞溅	以金属粉取代部分高碳铁合金；降低药皮氧化性

参 考 文 献

［1］安藤宏平，长谷川光雄．焊接电弧现象 ［M］．施雨湘，译．北京：机械工业出版社，1985.

［2］帕豪德涅．焊缝中的气体 ［M］．赵鄂官，译．北京：机械工业出版社，1977.

［3］陆文雄，王宝．焊条金属熔滴过渡形态及工艺特性分析 ［J］．太原工学院学报，1982（3）：19 – 29.

［4］王宝．焊接电弧物理与焊条工艺性设计 ［M］．北京：机械工业出版社，1998.

［5］中国机械工程学会焊接学会编．焊接词典 ［M］．北京：机械工业出版社，1985.

［6］Дятлов В И．Элеметы теории переноса электродная металла при элктродуговой сварке：Сб Новые проблемы свречной механики ［M］．Москова：Издательство Техника，1964.

［7］Amson L C．Analysis of the gas shielded consumable metal arc welding system.［J］．British Journal，1962，41（4）：232 – 249.

［8］王常珍．冶金物理化学测试方法 ［M］．北京：机械工业出版社，1998.

［9］王宝，孟庆森，刘满才，等．一种测试焊条熔滴表面张力的方法：中国，ZL 90 1 08631.2. 8（19）［P］.1992 – 05 – 6.

［10］王宝，孟庆森，刘满才．用连续投影悬滴法测定焊条熔滴的表面张力 ［J］．太原工业大学学报，1990（1）：20 – 26.

［11］Bashforth F，Adams S C．An Attempt to Test the Theories of Capillary Action ［M］．Cambrige：Cambridge

Univ. Press，1883.

[12] 日本金属学会.钢铁冶金［M］.王魁汉，崔传孟，译.北京：冶金工业出版社，1985.

[13] 张文钺.焊接冶金学（基本原理）［M］.北京：机械工业出版社，2004.

[14] Kim Y S，Eagar T W. Analysis of metal transfer in gas metal arc welding［J］.Welding Journal，1993，
(6)：269 – 278.

[15] 孟庆森，王宝，陆文雄.焊条药皮组成物对熔滴表面张力的影响［J］.焊接学报，1993，14（2）：
63 – 68.

[16] 王宝，陆文雄.焊条熔滴过渡形态分析［J］.焊接学报，1991，12（1）：1 – 6.

[17] 王宝.焊接电弧物理与焊条设计的应用（光盘版）［CD］.北京：机械工业出版社，2003.

[18] 松田福久.溶接冶金学［M］.東京：日刊工业新闻社，1972.

[19] 陈伯蠡.焊接冶金学［M］.北京：清华大学出版社，1990.

[20] 王宝.采用图像技术分析焊条熔滴过渡形态的探讨［C］//中国机械工程学会焊接学会.第九届全国
焊接会议论文集.哈尔滨：黑龙江人民出版社，1999：438 – 441.

[21] 王宝，武颖娜，张平则，等.测试焊条金属熔滴过渡形态的方法：中国，ZL 98 1 06797. 2. 17（45）
［P］.2001 – 11 – 7.

[22] 王宝，杨林，王勇.焊条典型熔滴过渡形态的判读［J］.焊接学报，2006，27（11）：95 – 98.

第**3**章 ▶▶▶▶▶

结构钢焊条的电弧物理特性与工艺性

作者与德国汉诺威大学 D. Rehfeldt 教授合作，在 2003 年开始进行"焊接材料工艺质量分析与评估"课题的研究，针对各类焊条和焊丝不同的电弧物理特性，提出相应的工艺性评价判据，对其进行定量评估，取得预期的研究成果[1-3]。从而使焊接材料工艺性由依靠人的直接经验和定性评估，提高到以数据信息为基础定量评价的科学层面上来。本章首先对钛钙型结构钢焊条、低氢型结构钢焊条、纤维素焊条的电弧现象进行描述，进一步对其焊接电弧物理特性及焊接工艺性进行分析，介绍相应的焊接工艺性判据的建立和对各类焊条工艺性进行定量评价的方法。

应该指出这里讨论的焊接材料的工艺性，如焊接材料的熔化与金属的过渡过程、电弧行为、飞溅、烟雾、焊接材料熔敷效率等，归根到底这些现象都是与焊接电弧物理的基础问题联系着，都是焊接电弧物理某些特性的宏观表现，但不涵盖工艺性的全部，不直接涉及如焊缝成形、熔渣黏度流动性等工艺性内容。

3.1 钛钙型结构钢焊条的电弧物理特性与工艺性

3.1.1 钛钙型结构钢焊条熔滴过渡形态

钛钙型结构钢焊条药皮成分中含有大量硅、铝酸盐、钛酸盐和碳酸盐等矿物，长石、云母、白泥等硅、铝酸盐矿物占有较大比重，使熔滴表面张力降低，第一主导力作用较大，有利于熔滴形成渣壁过渡；另外，钛钙型结构钢焊条为保证熔敷金属的力学性能，在焊芯和铁合金中需要有一定的碳含量，钛钙型渣系又有较强的氧化性，在焊接过程中焊芯和铁合金中的碳必然要发生较激烈的氧化，形成 CO 气体的强烈析出，因此碳钢焊条同时也具备第二主导力存在的条件，为喷射过渡和爆炸过渡的形成提供了气体动力源。第一和第二主导力的共同作用决定了钛钙型结构钢焊条具有粗熔滴短路过渡、渣壁过渡、爆炸过渡和喷射过渡共存的混合型过渡形态，在 $P'-P''$ 关系图中处于 $P'>20$、$P''=-4.0\sim0$ 混合过渡形态区（见图 2-43），从理论上回答了钛钙型焊条存在复杂的熔滴过渡形态的必然性。对钛钙型结构钢焊条熔滴行为的观察，证实了钛钙型碳钢焊条具有粗熔滴过渡、渣壁过渡、爆炸过渡和喷射过渡四种类型共存的混合过渡形态，包含了其他各类型焊条熔滴过渡形态某些主要特征。下面将给出几幅高速摄像照片，直观地展示钛钙型结构钢焊条熔滴行为特征。

1. 钛钙型结构钢焊条熔滴的短路过渡

钛钙型结构钢焊条熔滴的短路过渡有不同的情况，按熔滴颗粒大小可区分为粗熔滴短路过渡和细熔滴短路过渡，按短路时间的长短可分为持续性短路和瞬时短路。

（1）粗熔滴短路过渡 粗熔滴短路过渡是钛钙型结构钢焊条熔滴过渡的主要形态之一，图 3-1 为钛钙型结构钢焊条典型短路过渡过程的高速摄像照片，从图中看出，熔滴的直径超过了3mm（焊条规格为3.2mm，药皮外径为5.1mm），从第11帧照片至33帧照片为熔滴短路和熔滴过渡，短路时间约为18.3ms，而图3-2显示的熔滴短路过程的时间约为6.7ms（第8～15帧照片），持续时间都相当长。

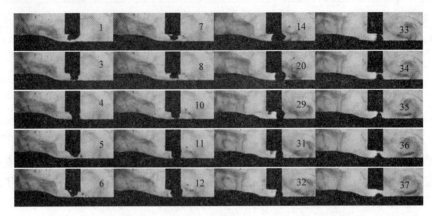

图 3-1 钛钙型结构钢焊条粗熔滴短路过渡的高速摄影照片（一）
焊条样品：J422 焊条，ϕ3.2mm；直流反接，$I = 100 \sim 110$A；拍摄速度：1200f/s。

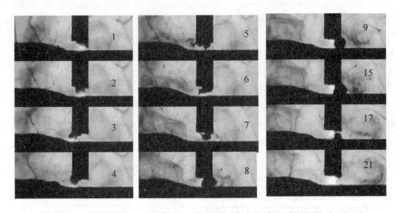

图 3-2 钛钙型结构钢焊条粗熔滴短路过渡的高速摄影照片（二）
焊条样品：J422 焊条，ϕ3.2mm；直流反接，$I = 100 \sim 110$A；拍摄速度：1200f/s。

列举的两个短路过渡实例的共同特点是：熔滴有较大的尺寸，其直径一般接近或超过焊芯直径；由于熔滴直径大，在正常的弧长操作时，熔滴与熔池发生桥接短路，短路过程伴随着液体金属的过渡；过程持续较长的时间，具有持续性的特点；这里将金属过渡持续时间较长的短路形式称为 A 型短路。观察图 3-1 第 3、4 帧照片，看到熔滴与熔池瞬间发生接触短路，但熔滴没有发生过渡，这种短路现象称之为 B 型短路[4,5]。

（2）细熔滴短路过渡 图 3-3 为钛钙型结构钢焊条的另外一种细熔滴短路过渡形态的照片，在图中第 6 帧照片看出短路时间很短，短路后即刻发生了桥接并完成了熔滴的过渡，接着第 7～9 帧照片发现过渡后残留的金属细滴又与熔池发生了短路和金属的过渡，这两次熔滴短路的时间都十分短暂，不到1ms。这种瞬时短路又伴有熔滴过渡的短路形式定义为 C 型短路[4,5]。

图 3-4a 也是一个典型的熔滴 C 型短路的实例，由图看到细小的熔滴在过渡过程中与熔

图3-3 钛钙型结构钢焊条瞬时短路过渡的高速摄影照片(一)

焊条样品:J422焊条,ϕ3.2mm;直流反接,$I = 100 \sim 110A$;拍摄速度:1200f/s。

池发生短暂的接触短路,将熔滴金属过渡到熔池。

图3-4b看到的熔滴短路过程比较复杂,第3帧照片熔滴与熔池发生短暂的接触短路,而后第4帧照片又迅速脱离接触,电弧复燃,紧接着又在第5帧照片熔滴又一次发生瞬时的短路,同时进行了熔滴的过渡,之后电弧复燃。这里接连发生的两次短路行为,前一个熔滴短路没有伴随熔滴的过渡,属于B型短路,而接下来的短路行为则伴随着熔滴金属的过渡,为C型短路。

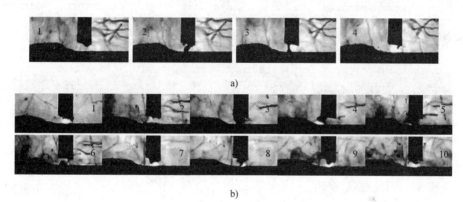

a)

b)

图3-4 钛钙型结构钢焊条瞬时短路过渡的高速摄影照片(二)

a) C型短路 b) B型短路 + C型短路

焊条样品:J422焊条,ϕ3.2mm;直流反接,$I = 100 \sim 110A$;拍摄速度:1200f/s。

(3) 细熔滴非短路过渡 当熔滴进一步细化时,熔滴的过渡不再与熔池发生短路,形成了钛钙型结构钢焊条细熔滴非短路过渡形态(图3-5)。由图中看出,细熔滴过渡时电弧不受熔滴行为的影响,保持在焊条的中心位置稳定地燃烧,同样熔滴基本上也不受电弧力的影响,与熔滴渣壁过渡时受力状态相近,是十分理想的过渡形态。选取的图3-5的视频资料,反映了钛钙型结构钢焊条有代表性的熔滴过渡形式。

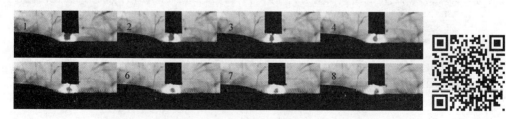

图3-5 钛钙型结构钢焊条细熔滴非短路过渡形态

焊条样品:J422焊条,ϕ3.2mm;直流反接,$I = 100 \sim 110A$;拍摄速度:1200f/s。

2. 熔滴的渣壁过渡

渣壁过渡是钛钙型结构钢焊条的熔滴过渡形态之一，如图3-6a、b所示，在套筒边缘停留的小熔滴向熔池过渡，过程中没有发生熔滴的爆炸行为，也没有出现熔滴的短路，电弧一直燃烧着，熔滴平稳地过渡到熔池。

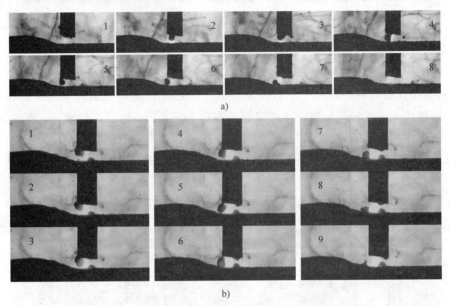

a)

b)

图3-6 钛钙型结构钢焊条熔滴渣壁过渡现象（一）

焊条样品：J422焊条，ϕ3.2mm；直流反接，$I=100\sim110A$；拍摄速度：1200f/s。

图3-7也是一组反映钛钙型结构钢焊条渣壁过渡高速摄影照片，图中展示了熔滴渣壁过渡全过程，仔细观察发现，在套筒边缘停留着两个小熔滴（第1~4帧照片），其中照片右边的那一个更细小的熔滴被套筒喷出的气流吹送出去，形成飘离飞溅（第6~11帧照片），而左边的那一个熔滴过渡到熔池，它的直径约为2.1mm，渣壁过渡过程持续了至少16ms。

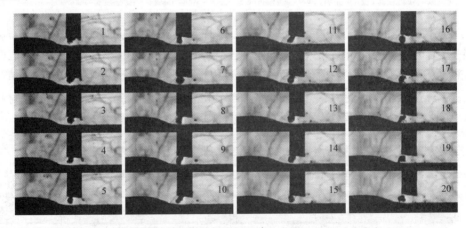

图3-7 钛钙型结构钢焊条熔滴渣壁过渡现象（二）

焊条样品：J422焊条，ϕ3.2mm；直流反接，$I=100\sim110A$；拍摄速度：1200f/s。

　　图 3-8 是选取的 E4324 型高效铁粉焊条熔滴行为照片，从图中可以清楚地看到渣壁过渡的明显特征，在套筒的边缘同时存在着多个熔滴的现象。由于 E4324 型高效铁粉焊条的药皮中加入了大量铁粉，因此药皮重量系数很大。由于药皮厚度大，套筒增长，使其形成完全的渣壁过渡，因此渣壁过渡成为 E4324 型高效铁粉焊条基本的过渡形态。图 3-9 所示为一个熔滴进行渣壁过渡的情景，

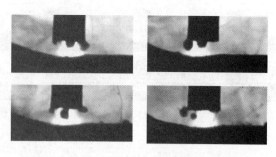

图 3-8　E4324 型高效铁粉焊条熔滴行为照片

对这一样品的观察发现，在熔滴整个过渡过程中电弧的燃烧一直十分稳定，电弧始终处于焊条的中心位置，几乎不发生任何偏斜。

　　普通的 E4303 或钛型 E4313 焊条渣壁过渡形成的概率都不是非常高，对这种焊条来说，完全的渣壁过渡是不可能出现的。

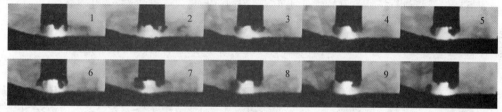

图 3-9　E4324 型高效铁粉焊条渣壁过渡实例

焊条样品：E4324 型高效铁粉焊条，ϕ3.2mm；直流反接，$I=170\sim190$A；拍摄速度：1200f/s。

3. 熔滴的爆炸过渡

　　钛钙型结构钢焊条为保证足够的力学性能，而具有一定的碳含量，钛钙型渣系又具有较强的氧化性，因此焊接过程中碳的氧化比较强烈，产生的 CO 形成熔滴过渡的气体动力，成为钛钙型结构钢焊条发生爆炸过渡和喷射过渡的主要因素。如图 3-10 所示为钛钙型结构钢焊条发生爆炸过渡的实例。在高速摄影照片中看到，停留在焊条端部的熔滴突然发生了爆炸使其破碎（第 3～5 帧照片），破碎的熔体进入熔池，形成爆炸过渡。图 3-11 也是一组典型的爆炸过渡的高速摄影照片，在第 3、4 帧照片看到，悬挂在套筒外的较大熔滴突然发生了爆炸，完全破碎，细碎的熔体一部分进入熔池形成爆炸过渡，而更多的熔体向周围飞散形成爆炸飞溅。这一实例看出，爆炸过渡和爆炸飞溅是同时发生的。

图 3-10　钛钙型结构钢焊条发生爆炸过渡的高速摄影照片（一）

焊条样品：J422 焊条，ϕ3.2mm；直流反接，$I=100\sim110$A；拍摄速度：1200f/s。

4. 熔滴的喷射过渡

　　钛钙型结构钢焊条在焊接时激烈的冶金反应形成的 CO 气体，在套筒内产生强大的 CO 气体动力，使尚未来得及形成大颗粒的熔体被撕碎，从套筒内喷出，形成喷射过渡。

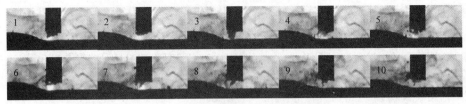

图 3-11　钛钙型结构钢焊条发生爆炸过渡的高速摄影照片（二）

焊条样品：J422 焊条，ϕ3.2mm；直流反接，$I=100\sim110A$；拍摄速度：1200f/s。

图 3-12是结构钢焊条样品用高速摄影拍摄的几幅发生喷射过渡的实物照片。图 3-13 是钛钙型结构钢焊条喷射过渡的高速摄影照片，从图中可以看出细的熔滴从套筒内喷射出来，很快进入熔池，由于在套筒内产生的强大气流，使得滴状的熔体被撕成块状、片状或带状等无规则的形状，向熔池过渡。其中块状和片状的熔体很容易与熔池发生接触，形成 C 型短路。

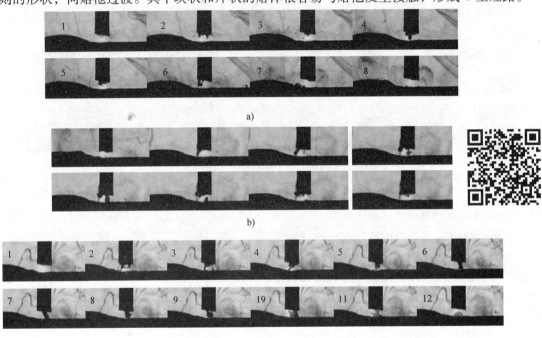

图 3-12　钛钙型结构钢焊条形成喷射过渡的高速摄影照片（拍摄速度：1200f/s）

a）、b）焊条样品：J422 焊条，ϕ3.2mm；直流反接，$I=100\sim110A$；

c）焊条样品：JT 结构钢焊条，ϕ3.2mm；直流反接，$I=100\sim110A$

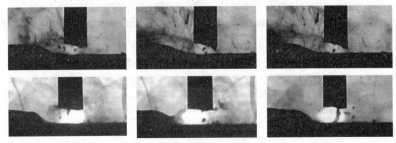

图 3-13　钛钙型结构钢焊条喷射过渡的高速摄影照片

焊条样品：JT 结构钢焊条，ϕ3.2mm；直流反接，$I=100\sim110A$。

　　熔滴喷射过渡的最大优点是电弧挺度好，焊接电压与焊接电流的波动最小，而缺点是密集的喷洒飞溅对焊条的工艺性造成负面影响。对 422 结构钢焊条样品观察时发现，焊接时几乎不发生较大熔滴的短路过渡，爆炸过渡和渣壁过渡也很少出现，主要表现为熔滴的喷射过渡以及掺杂细小颗粒的被撕成块状、片状或带状等无规则形状熔体的过渡，即瞬时 C 型短路过渡或者完全的不短路的细滴过渡，粗略统计焊条喷射过渡的过渡频率超过 $100s^{-1}$。

3.1.2　钛钙型结构钢焊条的飞溅现象

　　焊接时的飞溅现象总是与熔滴的过渡行为紧密联系的，钛钙型结构钢焊条存在熔滴的短路过渡，当然也会发生短路电爆炸飞溅。20 余年来我国厂商对钛钙型结构钢焊条工艺性进行了不断的改进，20 世纪 80 年代常见的粗大熔滴过渡的焊条现在几乎很少见到，尽管尚存在短路过渡现象，但熔滴尺寸比较小，短路时间较短，短路电爆炸飞溅不十分强烈，因此短路电爆炸飞溅已不是当年钛钙型结构钢焊条的主要飞溅形式。由于当今钛钙型结构钢焊条以喷射过渡为主要过渡形态，爆炸过渡的成分也占有一定比例，因而熔滴的爆炸飞溅和喷洒飞溅成为钛钙型结构钢焊条的主要飞溅形式。图 3-14 所示为钛钙型结构钢焊条爆炸飞溅和喷洒飞溅的典型画面，从图中可以看出由于强大的气体动力，形成的细碎飞溅物被喷洒到周边。图 3-15 和前面给出的图 3-11 爆炸过渡的照片显示了熔滴爆炸飞溅的场景，表明飞溅的猛烈和飞溅物十分细碎的特点，对钛钙型结构钢焊条工艺性影响最大。这一特点是钛钙型结构钢焊条操作的人员都会感觉到的。

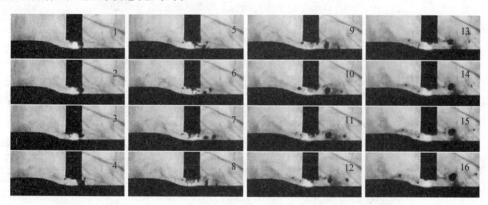

图 3-14　钛钙型结构钢焊条爆炸飞溅和喷洒飞溅的典型画面

焊条样品：J422 焊条，ϕ3.2mm；直流反接，$I = 100 \sim 110A$；拍摄速度：1200f/s。

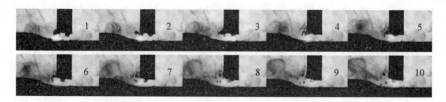

图 3-15　钛钙型结构钢焊条爆炸飞溅的典型画面

焊条样品：J422 结构钢焊条，ϕ3.2mm；直流反接，$I = 100 \sim 110A$；拍摄速度：1200f/s。

　　既然渣壁过渡也是钛钙型结构钢焊条常见的熔滴过渡形态之一，那么飘离飞溅现象也应该是钛钙型结构钢焊条常见的飞溅形式之一。事实上结构钢钛钙型焊条发生熔滴的飘离飞溅现象是比较常见的。图3-16是发生飘离飞溅的典型照片，飘离飞溅是由于套筒内气流的吹送使在套筒边缘的悬滴飞离形成了飞溅（图3-16a），也可能是悬挂在套筒边缘的熔滴由于受到电弧力的作用而飞离（图3-16b第1帧照片显示了电弧力的作用）。

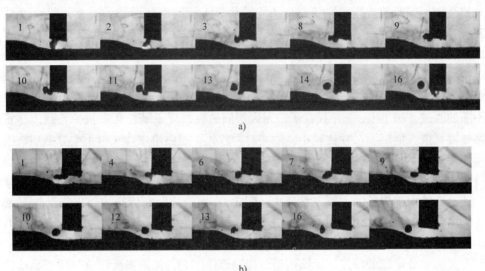

图3-16　钛钙型结构钢焊条发生飘离飞溅的典型画面

a）由于套筒内气流的吹送形成的飞溅　b）由于电弧力的作用形成的飞溅

焊条样品：J422焊条，ϕ3.2mm；直流反接，$I = 100 \sim 110A$；拍摄速度：1200f/s。

3.1.3　钛钙型结构钢焊条的波形特征

电弧电压和焊接电流波形图随机记录焊接过程中每个瞬时焊接参数的数据，反映焊接过程中焊接参数的变化，承载着焊接过程的丰富信息。用汉诺威分析仪对焊接过程电参数进行测试，可直接得到电弧电压和焊接电流波形图，是焊接过程数字化的最简便、直接、快速获取信息的重要手段。掌握波形分析知识对研究焊接材料电弧物理特性和焊接工艺特性以及焊接冶金特性都具有重要意义。

1. 钛钙型结构钢焊条熔滴的短路过渡波形

钛钙型结构钢焊条熔滴的短路有三种不同的类型：A型短路、B型短路和C型短路，相对应的波形也有三种类型：A型短路波形、B型短路波形和C型短路波形。它们分别反映熔滴不同的短路行为特征。图3-17是钛型结构钢焊条有代表性的波形图之一，从图中可以看出其短路十分密集，显示出C型短路特征。

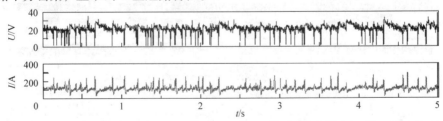

图3-17　钛型结构钢焊条具有C型短路特征的电弧电压和焊接电流波形图

焊条样品：AT-12X钛型结构钢焊条，ϕ3.2mm，直流反接，$I = 113.78A$。

钛钙型、钛型（也包括氧化铁型）结构钢焊条由于熔渣具有较强氧化性，焊接时进行激烈的碳的氧化反应，在熔滴内形成了足够强的气体动力，引起熔滴发生爆炸，使熔体被撕碎成块状、片状、带状和线状等不规则的形状进行过渡，过渡时有的细碎的熔体不短路而直接进入熔池，有的则形成瞬时短路进行过渡，出现在波形图中频繁密集的短路反映的就是瞬时短路的熔体行为，由于每次短路过渡的熔化金属很少，因此过渡前后电弧长度变化很小。这种频繁密集的短路波形称作 C 型短路波形[4,5]。

图 3-18 所示为反映粗熔滴短路过渡特征的波形，由图 3-18a 可以看出电弧电压波形最突出的特点是出现较大的电压起伏（在箭头指处），也就是说在熔滴发生短路前，电压波形处在最低值，而在熔滴过渡后电弧重燃时电压升到高点。这是由于熔滴尺寸大，熔滴的短路和金属的过渡过程时间较长，熔滴过渡前后引起电弧长度的变化十分明显，因此电压波形出现较大的起伏，这种反映较大熔滴金属过渡的波形被定义为 A 型短路波形。

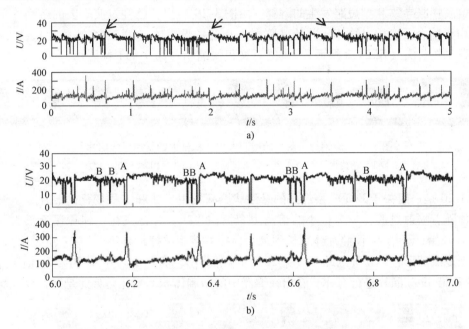

图 3-18　结构钢焊条典具有 A 型和 B 型短路的波形图

a）ALJ422X 钛型结构钢焊条，$I = 113.75A$，$\phi 3.2mm$，直流反接

b）JQJ506－12（E5015）结构钢焊条，$U = 20.23V$，$I = 134.68A$，$\phi 3.2mm$，直流反接

焊接电源：ZXG－300 型弧焊整流器。

在观察钛钙型和低氢型结构钢焊条的波形时，经常看到如图 3-18b 所示的短路波形图，其特征是在较长时间的 A 型短路波形（图中 A 点）前面存在着频繁、密集的短路波形（图中 B 点）。短路时间的统计数据说明，短路具有瞬时特征，图中显示的这种短路行为实际上不伴随着熔滴的过渡，而在其后时间较长的短路——A 型短路，才进行着熔滴的过渡。将这种处于 A 型短路之前发生的频繁、密集、瞬时的并且不伴随着熔滴金属过渡的短路波形定义为 B 型短路波形。

B 型短路的产生可以做以下的解释：当熔滴长大到足够大时，熔滴的动荡越来越激烈，在接近熔池时，弧长很小，这时电弧力很大，力图将熔滴推离，使得熔滴接近熔池的速度降低，这时一旦与熔池发生接触，在接触的瞬间，接触面很小，原来分布在熔滴很大面积上的电流，骤然集中于接触点上，由于过大的电流密度造成接触点过大的电磁收缩力，促使熔滴很快脱离接触，而形成 B 型短路，由于 B 型短路没有发生熔滴的过渡，故短路后熔滴的质量并没有减小，产生 B 型短路的条件依然存在，因此 B 型短路还要重复发生，直到发生 A 型短路完成了熔滴的过渡为止。所以 B 型短路总是在 A 型短路之前发生，短路时间短暂并且频繁出现，在 A 型短路之前频繁发生的短路波形，多数属于 B 型短路波形。

关于 B 型短路形成的机构还有另外的解释[5,6]，认为这种短路是由于金属内部产生的 CO 引起的，CO 气体在熔滴内部产生使熔滴体积膨胀，当熔滴尺寸相当大时，膨胀的熔滴就会与熔池相接触，当熔滴内部的 CO 气泡接近表面时，鼓胀的金属薄膜发生破碎，使熔滴又脱离了接触，电弧又重新燃起，这一过程频繁出现，直到发生熔滴的过渡。

图 3-19 为已经过渡下去的熔滴发生体积长大的高速摄影照片，支持了关于熔滴中 CO 气体使熔滴膨胀导致 B 型短路发生的解释。由图 3-19 看出，已经过渡下去的熔滴（第 1 帧照片）由于冶金反应析出气体，并使其喷射出小的颗粒熔体（第 2～5 帧照片），同时看到它的体积也在长大（第 2～8 帧照片），之后又很快缩小（第 9～11 帧照片）。

图 3-19　碳钢焊条落下的熔滴发生体积长大的高速摄影照片

焊条样品：E4303 结构钢焊条，ϕ4.0mm；直流反接，I = 140～105A；拍摄速度：1000f/s。

图 3-20 是一组关于 E4303 型焊条的悬浮状熔滴发生形状和体积变化的照片，从图中可以看到伴随着喷射过渡，一个很小的熔滴由套筒内飞出，并在飞行中体积逐渐长大，从第 10 帧照片开始，至第 24 帧照片体积长到最大，接着熔滴被拉长（第 26、27 帧照片），之后熔滴又恢复成球形且体积逐渐缩小（第 28～39 帧照片）。将第 10 帧照片和第 24 帧照片以及第 30 帧和第 39 帧照片进行对比，看出在漂浮中的熔滴体积的变化是如此悬殊，令人难以置

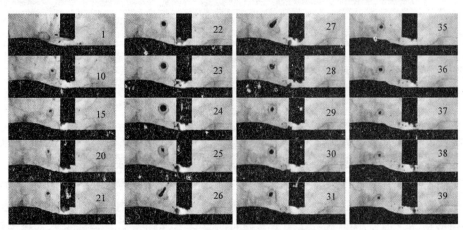

图 3-20　悬浮状熔滴发生形状和体积变化的高速摄影照片

焊条样品：J422 焊条，ϕ3.2mm；直流反接，I = 105～115A；拍摄速度：1200f/s。

信。显然熔滴被拉长和熔滴的膨胀都是气体逸出的结果。这一事实说明熔滴的内部进行着碳的氧化过程，形成的 CO 气体随着其生成和析出过程使熔滴的体积不断膨胀、收缩和改变自身的形状。在熔滴过渡过程中，熔滴体积和形状的变化引起频繁密集短路的发生，B 型短路波形反映了这一现象。

由于熔滴内 CO 气体的产生而导致 B 型短路的观点，有其重要的现实意义，它解释了只有钛钙型和低氢型结构钢焊条才可能出现密集的 B 型短路，而对于某些铝、铜及其合金焊条，则不会发生 B 型短路的事实。由于结构钢焊条波形具有的这种特征，因此实际上可以根据波形判断焊条种类，以及分析某种冶金特性。对于不锈钢焊条，从冶金角度看，焊接时熔滴阶段不会发生明显的碳的氧化过程，然而不锈钢焊条仍然会出现 B 型短路，显然这种情况只能用大熔滴过渡之前发生的频繁振荡造成密集短路来解释。

大熔滴由于内部碳的氧化产生 CO 气体使熔滴膨胀而导致 B 型短路的现象，同样在石墨型焊条的波形测试时见到。图 3-21 是试验编号为 172－53 焊条的波形图，该试验焊条是在 Cr－Mo 型 D172 堆焊焊条配方的基础上加入大量的石墨，还原性很强，它的冶金特性与石墨型铸铁焊条很相似。这是早年作者用 SC－10 示波器测试记录的，波形图中有一段（图 3-21 中椭圆线标定的部分）出现连续频繁的短路，每次的短路时间较长，如果单纯以每一次短路时间长短来判断的话，似乎可以看作是 A 型短路，但是 A 型短路是不可能连续频繁发生的，这样的短路行为显然也不像钛钙型或者低氢焊条那样频繁出现的 B 型短路。石墨型焊条短路波形的特殊表现正是反映了石墨型以及还原性很强的其他类型焊条具有的冶金特性。石墨型焊条的药皮中存在的大量石墨，具有很强的还原性，焊接时大幅度降低了电弧气氛中的氧化势，而熔滴表面又被含有还原剂的熔渣包敷着，这样的冶金条件一方面使熔滴几乎不可能增氧，使熔滴表面张力增大，当粗大的熔滴与熔池接触时，由于熔滴大的表面张力试图使其保持原有的形状，加之在熔滴与熔池接触的瞬间，在接触点突然增大的电磁力的作用，使熔滴难以进入熔池；另一方面还原性很强的熔渣使得焊接过程中碳的氧化难以进行，以及熔滴中碳的氧化进行得很慢。由高速摄影照片也观察到熔滴十分缓慢地变化，可以想象熔滴中一旦形成 CO，无论是 CO 使熔滴体积的膨胀，还是 CO 从熔滴内的逸出，这些过程都会进行得很慢，也使熔滴与熔池重复接触短路的过程进行得十分缓慢。与结构钢焊条熔滴激烈变化的情况完全不同，结构钢焊条形成的瞬时，频繁的 B 型短路特征在还原性强的焊条中不会出现，而代之以较长时间的、连续出现的短路行为，形成多次频繁接触短路后才实现熔滴过渡，这是石墨型焊条出现这种异样波形的原因。显然强还原性的石墨型药皮焊条在焊接时表现出这样的电弧物理特性不是偶然的，它反映了强还原性焊条特有的冶金特性。

图 3-21　石墨型 Z208 焊条发生连续频繁短路的电弧电压、焊接电流波形图
焊条样品：加入多量石墨的 172－53 堆焊试验焊条，$\phi 4.0$mm；直流反接，$I=155\sim165$A

2. 钛钙型结构钢焊条短路波形的特征与解读

在波形图中出现的 A 型、B 型和 C 型短路波形反映了不同的熔滴短路行为，在波形图

中如何根据它们的特征来分析解读和识别，对于认识某种焊条的工艺特性与冶金特性具有实际意义。

图 3-22 是具有 A 型、B 型和 C 型短路的电弧电压、焊接电流波形图。由汉诺威分析仪提取的数据可以统计每一个短路的时间，四个 C 型短路 C1、C2、C3、C4 的短路时间分别为 2.2ms、2.94ms、3.66ms 和 3.78ms。B1、B2 和 B3 三个 B 型短路波形的短路时间分别为 0.42ms、0.84ms 和 0.42ms。A1 和 A2 是两个 A 型短路波形，其中 A2 的短路时间为 5.04ms，而 A1 短路时间是 15.2ms。

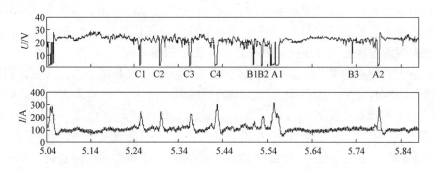

图 3-22　具有 A 型、B 型和 C 型短路的电弧电压、焊接电流波形图

焊条样品：E4303 型结构钢焊条，ϕ3.2mm；直流反接，$U \approx 22.33V$，$I \approx 113.13A$。

不同类型的短路波形的基本特征可以归结为如下几点。

1）从短路时间属性上看，A 型、B 型和 C 型短路的电弧电压、焊接电流波形图的显著特征为：A 型短路是描述大熔滴过渡的过程，由于熔滴比较粗大，过渡的时间较长，不同的焊条短路时间的长短可能有相当大的差别，对于钛钙型结构钢焊条短路时间一般超过 4ms，对于钛钙型不锈钢焊条一般超过 5ms；B 型短路是瞬时短路行为，不反映熔滴过渡，短路时间不大于 2ms，一般小于 1ms，C 型短路反映细熔滴的短路过渡过程，对于钛钙型结构钢焊条短路时间一般为 1～3ms。

2）从外形上看，典型的 A 型短路波形在短路前和短路后电压之间有明显的起伏。大熔滴过渡前的瞬间，弧长最短，弧柱电压几乎接近于零，因此在熔滴短路之前的瞬间，电压波形处于低位，而在熔滴过渡完成液桥断开后，焊条端部与熔池之间出现很大空间，当电弧重燃时弧长最长，电弧电压处于高位，因此在熔滴短路熄弧前和电弧重燃的瞬间电弧电压不会处于一个水平，而是有明显的起伏，这是 A 型短路波形外观的明显特征。而 C 型短路由于反映小熔滴的过渡行为，每一次短路实际过渡的金属熔滴质量比较有限，熔滴过渡前后对弧长的影响不大，因此电压波形在熔滴短路熄弧前和电弧重燃的瞬间电弧电压起伏不大。这是 A 型短路和 C 型短路外形上一个不同点。

3）由于小熔滴的过渡往往是频繁和连续进行的，因此 C 型短路的波形具有频繁和连续出现的特征。B 型短路是发生在大熔滴过渡之前的瞬间短路行为，有时也会频繁和连续出现，这一点与 C 型短路有相似之处，对单独一次 C 型短路与一次 B 型短路的波形进行比较，似乎很难将它们区分开，它们的区别是：B 型短路与 A 型短路之间是相联系的，B 型短路只是发生在 A 型短路之前，而 C 型短路则与 A 型短路没有一定的联系。这是在直观上区别 B

型短路与 C 型短路的主要根据之一。

4）短路特征与焊条类型有关：钛钙型不锈钢焊条具有典型的 A 型短路，B 型短路出现得较少，而 C 型短路不可能出现；钛钙型结构钢焊条存在着熔滴的爆炸行为，可以形成 A 型、B 型和 C 型短路同时存在的波形；纤维素焊条则以 C 型短路为主，还有相当的 A 型短路；低氢型焊条的冶金特点决定此类焊条不会出现 C 型短路，因此波形中短时间的密集的短路只能是 B 型短路，而形成的较大熔滴的短路——A 型短路，在外形上也与不锈钢焊条形成的 A 型短路有所不同，对其特征的分析将在本章第 3 节中提到。

表 3-1 列出焊条电弧焊 A 型短路、B 型短路与 C 型短路波形的特征，从时间属性、焊条类型、外形特征和分布、短路时间频率分布图特征等方面进行了概括。

表 3-1　短路波形的特征和解读

短路类型	时间属性	代表性焊条类型	熔滴过渡	波形外形特征	分布特征	T_1-CFD[①]曲线特征
A 型短路	短路时间长，一般 >4ms	钛钙型不锈钢焊条 钛钙型结构钢焊条 低氢型结构钢焊条	伴随熔滴的过渡	短路前后电压有明显起伏	有一定的周期性	分布分散
B 型短路	短路 < 2ms，一般 <1ms	低氢型结构钢焊条 钛钙型结构钢焊条 钛钙型不锈钢焊条	不伴随熔滴的过渡	频繁、密集出现，短路前后电压无起伏	分布于 A 型短路之前	分布集中于图的左面
C 型短路	短路时间较短，一般 1～3ms	钛钙型结构钢焊条 纤维素焊条	伴随熔滴的过渡	短路前后电压起伏较小	分布比较均匀	分布集中

① 由汉诺威分析仪得到的短路频率分布曲线。

3. 钛钙型结构钢焊条爆炸过渡的波形

焊接时发生碳的氧化，另外熔滴也还必须具有较大的尺寸，这是爆炸过渡需要具备的冶金和物理条件。因此在正常弧长焊接时，具有爆炸过渡的焊条熔滴一定会出现 A 型、B 型和 C 型短路，显然具有 A 型和 B 型短路的混合波形存在爆炸过渡的可能性。当然，严格地说具有 A 型、B 型和 C 型短路的混合波形还不能作为爆炸过渡的典型波形，但其波形特征至少可以对产生爆炸过渡的可能性做出估计。

钛钙型结构钢焊条的冶金特性具备发生爆炸过渡的冶金条件，因此存在产生爆炸过渡的可能，但是钛钙型结构钢焊条的冶金特性不仅满足发生爆炸过渡的冶金条件，同时也具备出现其他过渡形态的条件，事实上钛钙型结构钢焊条四种过渡形态同时存在，也正是如此，大多数钛钙型结构钢焊条往往同时具有 A 型、B 型和 C 型短路。正如不存在完全的爆炸过渡的焊条一样，当然也不能想象存在完全爆炸过渡形态的波形图。

图 3-23 是三组反映这一特征的高速摄影照片。由图 3-23a、b、c 看出，在焊条端部的熔体被撕成线状、条状等不规则的形状与熔池发生接触短路，并进行了过渡。图 3-24 是具有 C 型短路的波形图，其中除了大量的 C 型短路外，还有 A 型和 B 型短路。

4. 钛钙型结构钢焊条喷射过渡的波形

焊接时，当气体动力更强时则形成喷射过渡，由于喷射过渡时熔滴细小，熔滴的过渡不会明显地影响电弧长度的变化，不会引起电参数的激烈波动，因此喷射过渡时电弧电压和焊

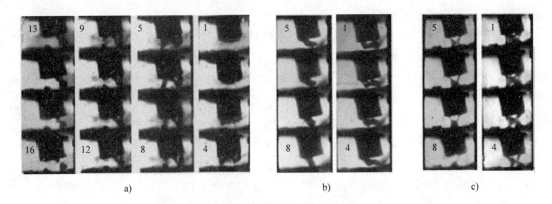

图 3-23　焊接时被气流吹成各种形状的熔体照片

焊条样品：E4320 型结构钢焊条，$\phi5.0$mm；直流反接，$I = 190 \sim 210$A，拍摄速度：1000f/s。

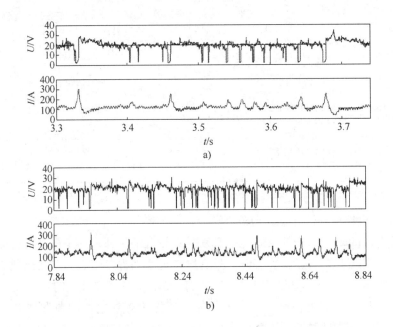

图 3-24　具有 C 型短路的电弧电压、焊接电流波形图

a）E4303 型 THJ422 – 02 结构钢焊条，$\phi3.2$mm，直流反接 $U = 24.70$V，$I = 114.3$A

b）JHJ42201 结构钢焊条，$\phi3.2$mm，直流反接，$U = 21.91$V，$I = 123.72$A

焊接电源：ZXG – 300 型弧焊整流器。

接电流波形近似呈直线，这是其他过渡类型不可能出现的。钛钙型结构钢焊条不会形成完全的喷射过渡，当然也很难举出完全喷射过渡的钛钙型结构钢焊条的波形实例。图 3-25 是钛钙型结构钢焊条出现喷射过渡的波形图，可以看出其中除喷射过渡的波形外还有多次短路波形。TYD132 钛钙型和 TYD172 铬 – 钼型堆焊焊条可以作为喷射过渡波形图的典型代表，因为该系列焊条加入大量高碳铁合金，同时为钛钙型渣系，有较强的氧化性，在焊条电弧焊熔滴过渡的主导力与熔滴过渡形态的 $P' – P''$ 关系图（图 2-43）中处于 $P' > 20$、$P'' > 0$ 喷射过渡形态区。图 3-26 是典型的喷射过渡波形图。由图可以看出电压和电流波动很小，几乎呈一直线，焊条喷射强度越大，波形的波动越小，越逼近直线。

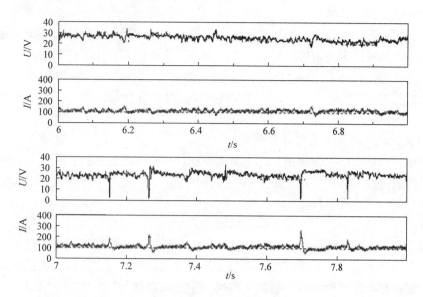

图 3-25　钛钙型结构钢焊条出现喷射过渡的电弧电压、焊接电流的波形图

焊条样品：CHE42201E4303 型结构钢焊条，$\phi 3.2$mm；直流反接，$I = 105 \sim 115$A；焊接电源：ZXG – 300 型弧焊整流器。

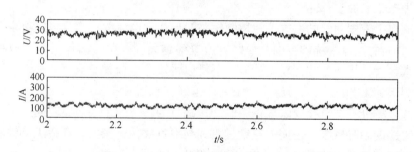

图 3-26　焊条电弧焊喷射过渡的电弧电压、焊接电流的波形图

焊条样品：TYD132 堆焊焊条，$\phi 4.0$mm；直流反接，$U = 26.46$V，$I = 132.31$A；焊接电源：ZXG – 300 型弧焊整流器。

　　渣壁过渡形态也是钛钙型结构钢焊条的熔滴过渡形态之一，但钛钙型结构钢焊条不会出现完全的渣壁过渡形态，当然也不会出现完全的渣壁过渡波形。

3.1.4　钛钙型结构钢焊条的工艺性评价

　　由于粗熔滴短路过渡和爆炸过渡往往引起电弧的激烈动荡，产生较猛烈的电爆炸和熔滴自身爆炸飞溅，使工艺性明显地恶化；而渣壁过渡为非短路过渡，不产生电爆炸飞溅，尤其是渣壁过渡具有优异的综合焊接工艺性，赋予焊条最理想的工艺状态，喷射过渡也具有细熔滴、非短路和电弧稳定性好的特点，同样利于焊接工艺性的改善。因此钛钙型焊条熔滴过渡形态的构成对焊条工艺性有直接的影响，渣壁过渡和喷射过渡所占的份额越大，粗熔滴短路过渡和爆炸过渡所占的份额越少，焊条的工艺质量越好。

　　由于钛钙型碳钢焊条的渣系主要组成物可以在一个较大的范围内变动，配方也会有很大的不同，同时药皮组成物原料选择的余地很大，因此不同厂商的 E4303 型焊条的冶金特性和渣的物理特性会有所不同，对熔滴过渡形态的构成产生一定的影响，从而影响到焊条冶金性能和工艺性能。例如有时为了增强焊条的市场竞争能力、改善焊条工艺性能，不少焊条厂会增加药皮中硅、铝酸盐的加入量，而减小碱性造渣物大理石或白云石的加入量，使得熔滴的表面张力减小，第一主导力作用指数增大，粗熔滴过渡和爆炸过渡倾向减小，焊条工艺性改善。但是这样做的结果是熔渣的碱度降低，焊条力学性能有所下降，有的厂商甚至将大理石等碱性造渣物加入量降到 10% 以下，实际上形成钛型（结 421）结构钢焊条，这是不可取的。因此在对 $TiO_2 - CaO - SiO_2$ 渣系的钛钙型碳钢焊条进行设计时，应注意兼顾冶金性能和工艺性能。

1. 钛钙型结构钢焊条工艺性评价判据

如上所述，钛钙型结构钢焊条熔滴过渡形态的构成对焊条工艺性有直接的影响，这样可以根据不同熔滴过渡形态的构成，由汉诺威分析仪提取反映这种构成的电弧物理特性参数，建立相应的判据，评价焊条的工艺性。

电弧电压概率密度分布图中的小驼峰区域的大小，反映了粗熔滴过渡和爆炸过渡形态所占的份额的大小，反映了熔滴短路的行为特征。这个区域越小，粗熔滴短路过渡和爆炸过渡形态所占的份额就越小，而渣壁过渡和喷射过渡所占的份额就越大，焊条工艺性越好。将小驼峰表示的短路概率进行统计得到的短路概率 $n(U_s)$ 反映焊条的短路特征信息，可以作为评价焊条短路过渡趋势大小的重要依据，$n(U_s)$ 越小，说明粗熔滴过渡和爆炸过渡所占的份额越少，焊条短路过渡趋势越小，焊条工艺性越好。因此可以将短路电压概率的大小 $n(U_s)$ 作为判据评价焊条工艺性。

焊接电流概率密度曲线的右方反映熔滴短路时形成大电流的概率，可以设定以大于平均电流值 1.5 ~ 2 倍的电流为统计范围，短路电流概率越大，表明熔滴较粗大，短路过渡和爆炸过渡的概率越大，焊条工艺性越差。显然还可以将短路电流概率 $n(I_s)$ 作为判据，评价钛钙型结构钢焊条的工艺性，$n(I_s)$ 越小，工艺性越好。

短路时间频率分布图直接反映焊条熔滴的短路行为。熔滴平均短路时间越短，表明熔滴细小，发生短路的趋势较小，说明了渣壁过渡和喷射过渡份额较大，焊接工艺性较好。因此可以将平均短路时间 T_1 作为判据来评价钛钙型结构钢焊条工艺性。

由于渣壁和喷射这两种过渡形态不出现短路，因此它们在焊接时电压和电流的波动比粗熔滴短路过渡和爆炸过渡形态要小得多，于是电压和电流的标准偏差和变异系数也相对小得多。随着渣壁和喷射这两种过渡形态成分的增大，电弧电压和焊接电流的标准偏差和变异系数的值也会减小。反之，如果粗熔滴短路过渡和爆炸过渡形态所占的份额较大，那么标准偏差和变异系数也要增大。因此电压和电流的标准偏差和变异系数也反映熔滴过渡特征，汉诺威分析仪能够生成电弧电压和焊接电流的标准偏差和变异系数的数据，可以方便地提取变异系数来评估钛钙型焊条发生粗熔滴过渡和爆炸过渡的倾向大小。因此电弧电压和焊接电流变异系数 $v(U)$、$v(I)$ 的大小也可以作为判据来评价钛钙型结构钢焊条工艺性。

2. 焊条电弧焊工艺性的分析与评价案例

本案例采用国内不同厂商生产的 E4303 结构钢焊条，试验样品编号为 E422 - 02、H422 - 02 和 Q422 - 02，焊条规格为 3.2mm，长度 350mm，试板为低碳钢板，尺寸为 350nn×120mm×10mm；采用 Kaierda 公司产 ZXG - 300 型弧焊整流器，极性为直流反接，空载电压 65V。

用汉诺威分析仪对焊接过程中的电参数进行测试，试验电流为 120A，采用平板堆焊，每个试样重复三次，每次采样时间为 10s。试验得到电弧电压和焊接电流的概率密度分布曲线，电弧电压、焊接电流波形图，以及相关电弧物理特性参数。

图 3-27、图 3-28 和图 3-29 分别是测试得到的 E422 – 02、H422 – 02 和 Q422 – 02 样品的电弧电压概率密度分布图、焊接电流概率密度分布图和短路时间频率分布图。

由图 3-27 电弧电压概率密度分布图可以看出，该图具有双驼峰形状，表现出钛钙型结构钢焊条的一般特征。但三种焊条样品表现有所不同，E422 – 02 样品小驼峰曲线最靠下，说明 E422 – 02 样品短路概率比 H422 – 02 和 Q422 – 02 更小一些，由分析仪提取的数据对三个样品的短路概率进行统计，得到的 E422 – 02、H422 – 02 和 Q422 – 02 焊条样品短路电压概率 $n(U_s)$ 分别为 0.4344%、3.4678% 和 1.8904%（表 3-3）。H422 – 02 样品的 $n(U_s)$ 最大，Q422 – 02 样品其次，E422 – 02 样品最低。测试得到的焊条样品的名义电压（相当于平均电弧电压），E422 – 02 最高为 24.52V，而 H422 – 02 和 Q422 – 02 分别为 21.00V 和 22.45V。

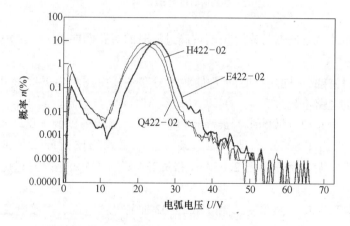

图 3-27　E4303 型焊条三种样品电压概率密度分布图

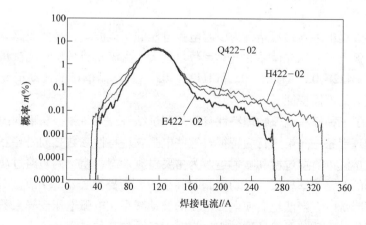

图 3-28　E4303 型焊条三种样品电流概率密度分布图

与电压概率密度分布图相对应，从图 3-28 电流概率密度分布图可以看出，E422 – 02 焊条样品电流分布比较集中，而 Q422 – 02 和 H422 – 02 样品的曲线更向图中大电流方向移动。

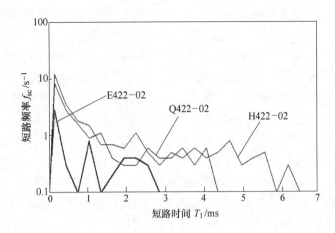

图 3-29　E4303 型焊条三种样品不同短路时间 T_1 的频率分布图

注：短路时间组宽 $\Delta T_1 = 400\mu s$。

电流概率密度分布曲线越向右分布，说明熔滴过渡时的短路倾向越大，由短路引起的大电流的概率越大。

　　图 3-29 是三种样品不同短路时间 T_1 的频率分布图，由图看出 E422－02 样品曲线分布向左集中，最长的短路不超过 3ms，Q422－02 短路时间分布最高达到 4ms，而 H422－02 焊条样品短路时间的分布要分散的多，最高超过了 6ms。测试得到的 E422－02 样品大于 1ms 的平均短路时间 T_1 为 1.800ms，是三种焊条样品中平均短路时间最短的，Q422－02 和 H422－02 样品平均短路时间分别是 2.630ms 和 3.234ms。平均短路时间越短表明焊条熔滴尺寸越小。

　　图 3-30 是 E422－02、Q422－02 和 H422－02 样品电弧电压、焊接电流波形图，由图直观地看出 E422－02、Q422－02 和 H422－02 三种焊条样品短路的频率依次提高，测试得到的三种焊条样品 > 1ms 短路的频率分别是 $2.0s^{-1}$、$5.9s^{-1}$ 和 $9.3s^{-1}$，E422－02 焊条样品的短路频率最低。

　　焊条在焊接过程中熔滴的短路行为引起电弧电压的明显波动，显然短路频率越高，短路的时间越长，电弧电压的标准偏差和变异系数也越大，由汉诺威分析仪测试得到的电弧电压变异系数反映了 E422－02、Q422－02 和 H422－02 三种样品电压的波动情况，间接反映了样品熔滴短路行为的不同特征。

　　表 3-2 列出了三种样品电弧物理特性参数的测试结果，这些数据从不同的方面描述了试验焊条的电弧物理现象——熔滴行为特征。这些电弧物理特性参数之间是相互关联的。钛钙型结构钢焊条在熔滴以渣壁过渡和喷射过渡为主要过渡形态，粗熔滴短路过渡和爆炸过渡形态较少时，熔滴的短路频率较低，平均短路时间变短，短路电压概率和短路电流概率减小。另外当短路频率降低时，当然也会使电弧电压的波动减小，电弧电压变异系数降低。电弧物理特性参数的变化趋势反映了钛钙型结构钢焊条工艺性的某种状态。由表 3-3 的试验结果看出，E422－02 焊条的短路电压概率 $n(U_s)$、短路电流概率 $n(I_s)$、平均短路时间 T_1、平均短路频率 f_{sc} 以及电压变异系数 $\nu(U)$ 是三种焊条中最低的，表明 E422－02 焊条渣壁过渡和喷射过渡的趋势比 H422－02 和 Q422－02 焊条大，因此从电弧物理特性参数上来看，可以

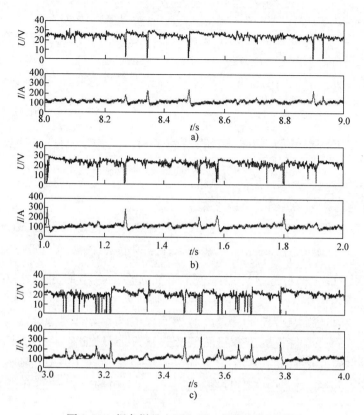

图 3-30　焊条样品电弧电压、焊接电流波形图

a) 焊条样品：E422 - 02；焊接参数：$U = 24.52\text{V}$，$I = 116.16\text{A}$

b) 焊条样品：Q422 - 02；焊接参数：$U = 22.44\text{V}$，$I = 116.43\text{A}$

c) 焊条样品：H422 - 02；焊接参数：$U = 21.00\text{V}$，$I = 117.14\text{A}$

焊条规格：$\phi3.2\text{mm}$；焊接电源：ZXG - 300 型弧焊整流器，直流反接。

判断 E422 - 02 焊条样品工艺性应该比 H422 - 02 和 Q422 - 02 焊条要好。

表 3-2　三种焊条样品焊接电弧物理特性参数的测试结果[①]

试验焊条样品名称	平均电弧电压 U/V	平均焊接电流 I/A	平均短路时间 T_1 >1ms	平均短路频率 f_{sc}/s^{-1} >1ms	短路电压概率 $n(U_s)$(%)	短路电流概率 $n(I_s)$(%)	电弧电压变异系数 $\nu(U)$(%)
E422 - 02	24.52	116.16	1.800	2.0	0.4344	0.0691	10.75
Q422 - 02	22.44	116.43	2.630	5.9	1.8904	0.4164	16.49
H422 - 02	21.00	117.14	3.234	9.3	3.4678	0.8485	20.47

①分析仪设置：短路时间组宽 $\Delta T_1 = 100\mu\text{s}$，短路周期时间组宽 $\Delta T_c = 500\mu\text{s}$，最小短路时间 $T_{1\min} = 1000\mu\text{s}$，阈值电压 $U_{th} = 10\text{V}$。

　　总结本节所述的内容，钛钙型结构钢焊条具有粗熔滴短路过渡、渣壁过渡、爆炸过渡和喷射过渡共存的混合型过渡形态，这是钛钙型结构钢焊条基本的电弧物理特征。钛钙型焊条熔滴过渡形态的构成对焊条工艺性有直接的影响，渣壁过渡和喷射过渡所占的份额越大，粗熔滴短路过渡和爆炸过渡所占的份额越少，焊条的工艺质量越好。渣壁过渡和喷射过渡的倾向大小可以由短路电压概率、短路电流概率、平均短路时间以及电弧电压或焊接电流的变异系数反映出来，据此提出以短路电压概率 $n(U_s)$、短路电流概率 $n(I_s)$、平均短路时间 T_1、电弧电压变异系数 $\nu(U)$ 和焊接电流变异系数 $\nu(I)$ 等电弧物理特性参数为判据，对钛钙型（也包括钛型）碳钢焊条的焊接工艺性进行评价，当短路电压概率 $n(U_s)$、短路电流概率 $n(I_s)$、平均短路时间 T_1、电弧电压变异系数 $\nu(U)$ 和焊接电流变异系数 $\nu(I)$ 等电弧物理特性参数越小时，钛钙型结构钢焊条越接近理想的焊接工艺性。

3.2 低氢型结构钢焊条电弧物理特性与工艺性评价

3.2.1 低氢型结构钢焊条熔滴行为的一般特征

1. 低氢型结构钢焊条熔滴的基本过渡模式

众所周知，低氢型结构钢焊条的渣系为 $CaO - CaF_2$，根据其药皮成分判断 $P' < 20$、$P'' < -4$，在 $P' - P''$ 关系图中处于 B 区，为粗熔滴过渡形态。

图 3-31 为大理石-萤石型结构钢焊条粗熔滴过渡的典型照片，可以看出粗大的熔滴脱离焊条端部整体向熔池过渡，熔滴的尺寸比焊条外径小一些，但接近甚至超过焊芯直径。由于拍摄时电弧拉得较长，过渡时熔滴没有与熔池发生短路。图 3-32 是反映一个较细一些的熔滴过渡过程的高速摄影照片，从 1～56 帧照片中选取了有代表性的 12 帧照片，拍摄时电弧长度不大，照片中看到有多帧照片（第 45～54 帧照片）似乎熔滴与熔池相连形成短路桥，但实际上并没有形成短路，因为电弧一直在燃烧，并没有因为桥接而中断。

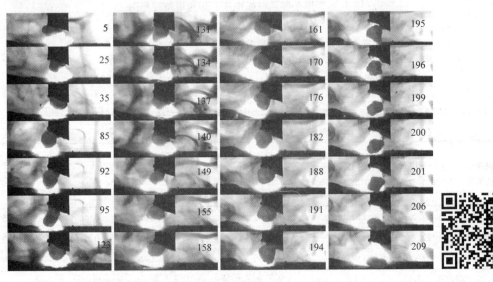

图 3-31 低氢型结构钢焊条粗熔滴过渡的典型照片（拍摄速度：1200f/s）
焊条样品：CHE506 结构钢焊条，ϕ3.2mm；直流反接，$I = 125～135A$。

2. 低氢型结构钢焊条熔滴的特殊过渡形态

粗熔滴短路过渡是低氢型结构钢焊条的基本的过渡形态，但不等于说不存在其他过渡形态，焊条电弧焊过程的复杂性及不同厂商对焊条设计和配料的不确定性，使同属于低氢型结构钢的焊条表现出电弧物理现象的多样性。下面用多幅图片描述低氢型结构钢焊条形态各异

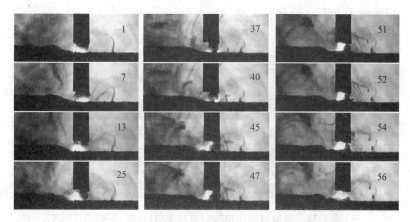

图 3-32　低氢型结构钢焊条发生桥接过渡的高速摄影照片

焊条样品：CHE506 结构钢焊条，ϕ3.2mm；直流反接，$I = 130 \sim 140A$；拍摄速度：1200f/s。

的熔滴行为，以丰富对低氢型结构钢焊条电弧物理现象的认识。

（1）低氢型结构钢焊条的渣壁过渡现象　低氢型结构钢焊条熔滴大小是不均匀的，当较细熔滴进行过渡时，就可能出现熔滴渣壁过渡现象，尽管低氢型结构钢焊条发生渣壁过渡的概率不大。图 3-33 是两组渣壁过渡的高速摄影照片，从熔滴行为特征上看，渣壁过渡的外观形态十分典型。

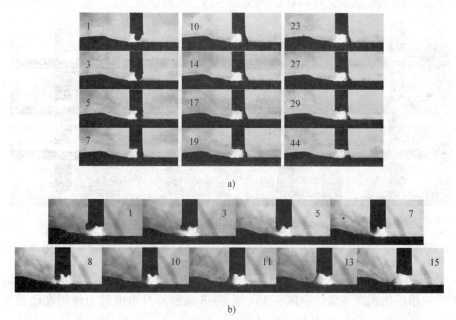

图 3-33　低氢型结构钢焊条发生渣壁过渡的高速摄影照片（拍摄速度：1200f/s）

a）SLJ506 结构钢焊条，ϕ3.2mm；直流反接，$I = 130 \sim 140A$　b）CHEJ506 结构钢焊条，ϕ3.2mm，直流反接，$I = 130 \sim 140A$。

（2）低氢型结构钢焊条喷射过渡现象　既然低氢型结构钢焊条熔滴过渡存在着不均匀性，那么还会因此出现其他异常过渡形态，图 3-34 是发生喷射过渡的单帧照片，反映出低氢型结构钢焊条焊接时进行着碳的氧化的冶金过程，尽管它比钛钙型结构钢焊条微弱，但焊条冶金反应从熔滴行为上看还是有所表现。

低氢型结构钢焊条存在的喷射过渡现象概率很小，由此形成的喷洒飞溅也不大。

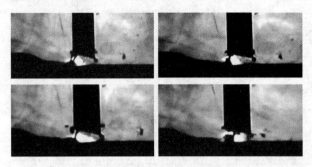

图 3-34　低氢型结构钢焊条出现喷射过渡的单帧照片

焊条样品：SLJ506 结构钢焊条，φ3.2mm；直流反接，$I = 130 \sim 140A$。

3. 低氢型结构钢焊条的飞溅现象

（1）短路电爆炸飞溅　采用正常弧长焊接时粗熔滴将与熔池发生短路，图 3-35 是低氢型结构钢焊条发生短路电爆炸飞溅的高速摄影照片，图中展示短路电爆炸飞溅的典型画面，从第 3 帧照片开始短路，在第 7 帧照片看到熔滴发生了爆炸，爆炸过程经 7~17 帧照片，激起的飞溅物至第 23 帧照片也未能散去。短路电爆炸飞溅进行得十分猛烈，这是大理石 - 萤石型（低氢型）碳钢焊条工艺性不如钛钙型焊条的主要原因之一。

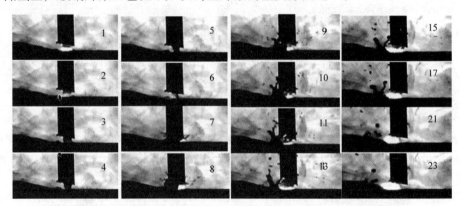

图 3-35　低氢型结构钢焊条发生短路电爆炸飞溅的高速摄影照片

焊条样品：SLJ506 结构钢焊条，φ3.2mm；直流反接，$I = 130 \sim 140A$；拍摄速度：1200f/s。

（2）熔滴的飘离飞溅　大熔滴的过渡还会导致另一种飞溅现象，即在电弧力的作用下引起的大颗粒熔滴的飘离飞溅。由图 3-36a 第 1~8 帧照片看出电弧力作用在已偏离的熔滴底部，使熔滴脱离焊条端（第 9~12 帧照片），而在第 15~36 帧照片看到粗大的熔滴缓慢飘离。图 3-36b 是另一组展示同样飘离飞溅的照片，可以看出电弧力使悬挂在焊条端部的大熔滴飞离。应该注意，图中展示的两种大熔滴飘离飞溅从现象上与渣壁过渡时的飘离飞溅没有什么不同，但是两者在发生的机理不同，前者飘离飞溅的产生主要是由于电弧力的作用，而后者则大都源于套筒内析出强大气流的吹送作用。

（3）细颗粒飞溅现象　当观察采用弱背光高速拍摄的影片时，可以看到由焊接区飞溅

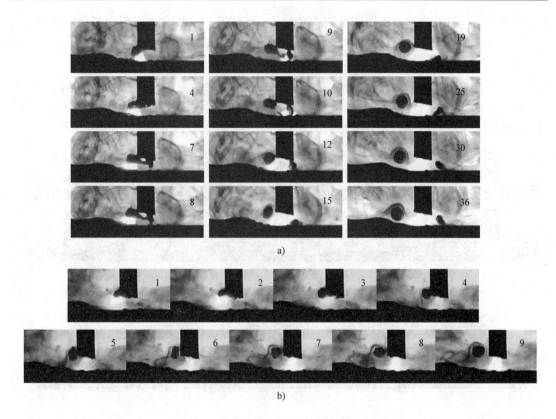

a)

b)

图 3-36　电弧力引起的大熔滴飘离飞溅现象

a）飘离飞溅的产生源于电弧力的作用　b）飘离飞溅的产生源于套筒内析出强大气流的吹送作用

焊条样品：CHE506 结构钢焊条，ϕ3.2mm；直流反接，I = 130 ~ 140A；拍摄速度：1200f/s。

出去的烁亮细颗粒飞溅物以及由飞溅物颗粒燃烧的烟尘形成的飞行轨迹（图 3-37），细颗粒飞溅物实际是由熔滴的喷洒飞溅、熔滴上气体逸出飞溅和熔池中产生的飞溅形成的，而这些细小的飞溅颗粒在强背光下拍摄的影片上往往不容易观察到。

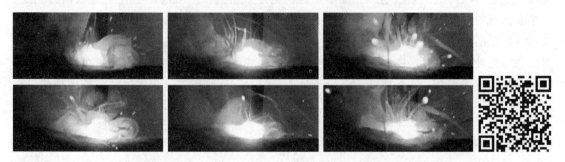

图 3-37　大理石－萤石型焊条细颗粒飞溅现象高速摄影选取的单帧照片

（4）套筒边缘球状悬滴现象　在连续放映低氢型焊条高速摄影的照片时，有时可以看到同时有 2 ~ 3 个小的球状熔体悬挂在套筒边缘，并在套筒周边运动，这是低氢型焊条特有的电弧现象。图 3-38 是低氢型焊条套筒边缘呈现球状悬滴的高速摄影照片，大理石－萤石型焊条套筒边缘球状悬滴并不是偶然出现的现象，而是由于大理石－萤石型熔渣表面张力很大，不易在熔滴表面铺展，很难完全附着在金属熔滴的表面，因此没有附着在金属熔滴表面的熔渣便聚合成小的球状熔体悬挂在套筒的边缘。人们很早就发现碱性焊条的熔渣往往不能完全覆盖在熔滴表面[6]，这一事实支持以上球状悬滴现象的解释。

如图 3-38 所示，悬挂在套筒边缘的小球状熔体由于受到套筒内析出气流的吹送，形成特殊的飘离飞溅现象，既然细小的悬滴是由于熔渣的聚集形成的，那么小球状的熔体形成的飘离飞溅物不是金属熔滴，而是细小的渣粒。

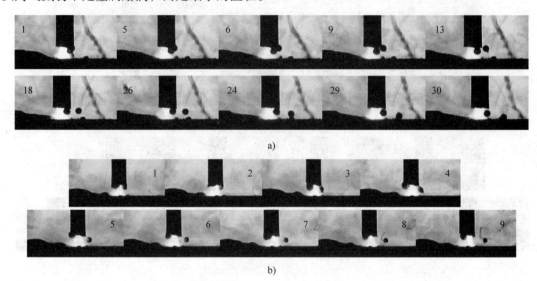

图 3-38　低氢型焊条套筒边缘球状悬滴形成飘离飞溅的照片（拍摄速度：1200f/s）
　　a）焊条样品：CHE506 结构钢焊条，ϕ3.2mm；直流反接，$I = 130 \sim 140$A
　　b）焊条样品：SLJ506 结构钢焊条，ϕ3.2mm；直流反接，$I = 130 \sim 140$A

4. 低氢型结构钢焊条电弧行为

由于低氢型结构钢焊条的造渣成分中存在着多量的萤石，因此焊接时氟化物的分解使得电弧气氛电离度降低，导致电弧燃烧不稳定，这是众所周知的概念。但是更应该指出的是，粗熔滴的行为对低氢型结构钢焊条电弧稳定性产生更大的影响。焊接时电弧一般处于熔滴的底部，在熔滴形成的初期，熔滴尺寸较小，熔滴还处于焊条套筒内，存在于熔滴底部的电弧斑点当然也处于焊条套筒内；随着熔滴的长大，熔滴逐渐露出套筒，而电弧斑点也随着长大的熔滴移出套筒之外；随着熔滴的进一步长大，熔滴的活动加剧，也使电弧激烈地飘动，直到熔滴脱离焊条端部，电弧由熔滴的底部又迅速回到套筒内，接着又重复同样的过程。因此随着熔滴的形成—长大—过渡，电弧总是不停地在套筒内、外进行迁移，同时又偏离焊条中心线做多维度飘动，从而明显影响电弧的稳定。

对焊接时低氢型结构钢焊条电弧过程的观察发现，电弧与熔滴行为往往相互影响，电弧的迁移、飘动和熔滴飘离现象相伴发生。如图 3-39a 所示，第 1 帧照片电弧在套筒内左侧燃烧，并经过第 3～15 帧照片逐渐移动到前方，第 15 帧照片电弧移动到熔滴的底部，从第 17 帧照片开始电弧逐渐偏离焊条的中心，直到第 29 帧照片电弧随熔滴的运动更大程度地偏向一侧，电弧作用力使熔滴更进一步偏离，最终将熔滴推离形成飞溅。这一过程可以看出，粗大的熔滴携带着电弧运动，使电弧偏离中心，而偏斜的电弧力作用于熔滴，使熔滴进一步偏离中心，熔滴与电弧两者之间相互作用，其结果导致电弧的激烈飘动和大熔滴的飘离飞溅的发生。图 3-39b 清楚地显示了电弧力（箭头所指的方向）对熔滴行为的影响，电弧力作用方向的偏斜导致大熔滴的飞离。

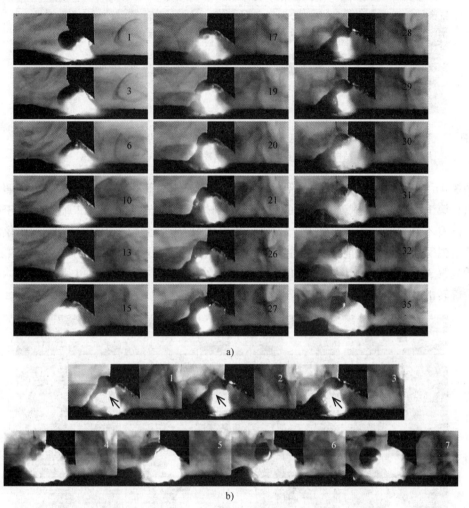

图 3-39　低氢型结构钢焊条电弧与熔滴相互影响引起电弧飘动和熔滴的飘离的现象
焊条样品：CHE506 结构钢焊条，$\phi 3.2$mm；直流反接，$I = 130 \sim 135$A；拍摄速度：1200f/s。

在观察低氢型焊条电弧行为的高速拍摄的影片时，经常可以发现电弧在熔滴周围环绕旋转的现象。由于低氢焊条药皮中存在大量的 CaF_2，在焊接时，熔滴的底部覆盖的熔渣影响电弧极性斑点的存在，于是电弧斑点经常处在套筒内焊芯端部熔化的金属表面，由于大熔滴占据焊芯中部的位置，电弧被排挤到套筒内边缘的地方，电弧与熔滴的相互排挤使电弧围绕着悬挂在焊条端部的熔滴周围旋转，相互交换位置。图 3-40 是低氢焊条发生电弧环绕套筒内侧边缘旋转的高速摄影照片。由图看出，第 1、2 帧照片电弧处于焊条套筒内的右侧，第 3、4 帧照片电弧运动到正面，第 5～9 帧照片电弧运动到套筒的左侧，第 10～12 帧照片电弧运动到熔滴的后面，这时熔滴在电弧亮光的衬托下显得十分清晰，第 14、15 帧照片电弧又运动到套筒的右侧，接着又重复开始同样的过程，至第 20 帧照片时电弧围绕熔滴转了一周半。

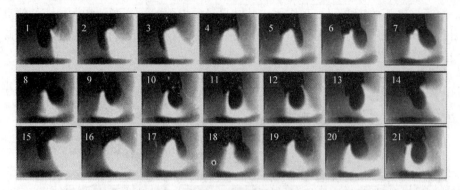

图 3-40　低氢焊条发生电弧环绕套筒内侧边缘旋转的高速摄影照片（一）
焊条样品：E5015 结构钢焊条，$\phi 4.0$mm；直流反接，$I = 170 \sim 180$A；拍摄速度：1000f/s。

　　图 3-41 是另一个低氢型焊条样品发生电弧环绕套筒内侧边缘旋转的高速摄影照片，由图看出，第 1～8 帧照片电弧从熔滴的后面运动到熔滴的前面，第 8～12 帧照片由于弧光的遮挡，已看不到熔滴的影像，第 9～17 帧照片电弧又从前面绕到熔滴的后面，而第 17～29 帧照片电弧又绕到熔滴的前面，接着第 31～37 帧照片电弧又转到熔滴的后面。从第 1 帧照片开始到第 37 帧照片电弧围绕熔滴旋转了两周，约 15ms 转一周。这种电弧在套筒内边缘围绕熔滴旋转的现象是低氢型焊条在长弧焊时电弧行为的普遍现象，绝不是个别案例。

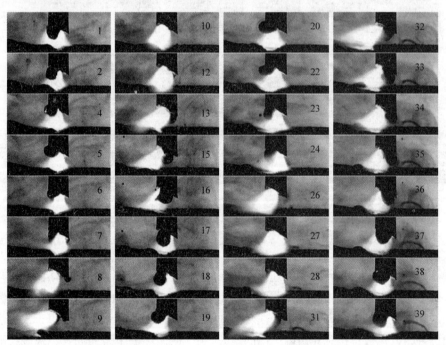

图 3-41　低氢焊条发生电弧环绕套筒内侧边缘旋转的高速摄影照片（二）
焊条样品：CHE506 结构钢焊条，$\phi 3.2$mm；直流反接，$I = 130 \sim 135$A；拍摄速度：1200f/s。

　　当熔滴进一步长大，粗大的熔滴占满焊芯端部（也包括整个套筒端部）的时候，情况将会发生变化。电弧极性斑点不可能在套筒内部存在，当然也不可能出现套筒内侧边缘围绕熔滴旋转的现象，此时呈现电弧覆盖在整个熔滴的下表面的情形。随着这个熔滴过渡过程的结束，电弧又会重新回到套筒内，而随着熔滴的形成和逐渐长大，电弧斑点又会被排挤到套筒边缘，进而重复上述的过程。电弧随着熔滴的长大→被排挤到套筒内侧边缘上旋转→下移到套筒外熔滴的底部→再上移到套筒内侧边缘上旋转，这一过程周而复始地进行，使电弧的稳定性受到破坏。这是低氢型焊条电弧稳定性差的主要原因之一。

图 3-42 是电弧在熔滴周围环绕旋转现象的示意图，显示出弧根在焊芯周边做旋转运动的情形。

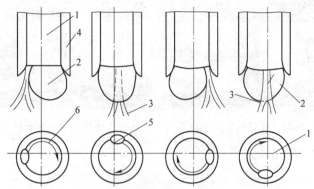

图 3-42　电弧在熔滴周围环绕旋转现象的示意图

1—焊条芯　2—熔滴　3—电弧　4—药皮　5—弧根　6—弧根运动方向

3.2.2　低氢型结构钢焊条的"弧桥并存"现象与工艺性

1. 低氢型结构钢焊条"弧桥并存"现象

作者在以往的研究中发现，低氢型结构钢焊条熔滴过渡时存在特殊的"弧桥并存"现象[4]，就是在焊条熔滴与熔池发生持续桥接时，电弧仍然维持燃烧而不中断的现象。图 3-43 是低氢型结构钢焊条熔滴过渡过程的高速摄影照片，从 90 帧照片中选取的 24 帧基

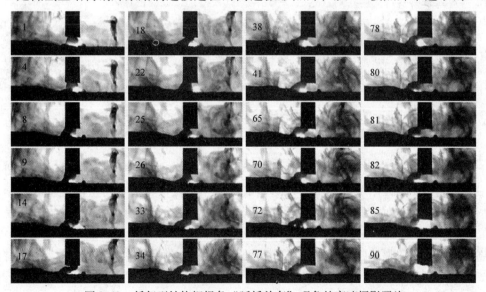

图 3-43　低氢型结构钢焊条"弧桥并存"现象的高速摄影照片

焊条样品：CHE506 结构钢焊条，ϕ3.2mm；直流反接，$I = 130 \sim 140$A；拍摄速度：1200f/s。

本上反映了一个大熔滴的过渡过程。由图看出，悬挂在焊条端部的大熔滴在第4帧照片与熔池发生桥接，桥接的过程中电弧一直在燃烧着并没有熄灭，一直持续到第82帧，弧桥并存的时间约65ms。图3-44是弧桥并存现象的单帧照片，在照片上看渣桥的外形与液体金属桥几乎没有区别。

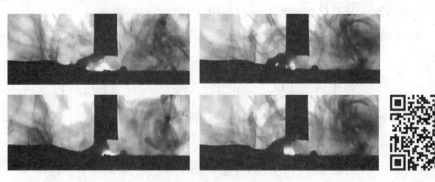

图 3-44　低氢型结构钢焊条"弧桥并存"现象放大的单帧照片

焊条样品：CHE506 结构钢焊条，$\phi 3.2mm$；直流反接，$I = 130 \sim 140A$。

"弧桥并存"现象的形成是由于 $CaO - CaF_2$ 渣系特殊的物理性能使熔渣与液体金属之间形成较大的界面张力，以至两者不易浸润，焊接时熔渣不能完全地包覆着金属熔滴，当电弧较长时，熔渣在重力作用下往往在金属熔滴的底部聚集，形成熔渣滴。在长弧焊时清楚地看到在熔滴的下面聚集着渣滴，形成两个熔滴相互串联的葫芦状的有趣现象。如图3-45所示，电弧处在上面的熔体底部，而由于下面熔体的遮挡而略偏向一侧（第4帧照片）。在放映高速摄影的影片时会清楚地看到，电弧在上面的熔滴底部活动着，但从未看到过斑点处在下面熔体的表面上，这说明上面是金属熔滴，而下面的是熔渣滴。熔渣滴进一步长大后就会出现如图3-46所示的情况，熔渣滴先于金属熔滴与熔池接触，形成渣桥，而此时电弧仍在熔滴与熔池间燃烧着。

图 3-45　相互串联的金属滴与熔渣的高速摄影照片

焊条样品：E347 - 15（A137）低氢型不锈钢焊条，$\phi 4mm$；直流反接，$I = 140A$，拍摄速度：1000f/s。

上述的情况显然只是在长弧时出现，而在正常弧长的条件下焊接时，将会出现另外的情景：沿着金属熔滴表面下坠的熔渣，在熔滴底部尚来不及聚集形成熔渣滴之前就与熔池桥接，形成渣桥，而此时金属熔滴尚未长大到与熔池短路，因此电弧仍然维持着，于是形成"弧桥并存"现象。在图3-43和图3-44上看到的短路桥显然是渣桥，而不是金属桥，而熔渣与熔池的桥接不会形成电气短路，不影响电弧的燃烧，在照片上看渣桥的外形与液体金属桥几乎没有区别。

2. "弧桥并存"现象对焊条工艺性的影响

作者曾对多种低氢型焊条焊接过程高速摄影进行了观察，统计了焊接时电弧过程中

"弧桥并存"维持的时间，发现低氢型焊条的"弧桥并存"现象在熔滴过渡过程中，不是偶然发生的，而是伴随电弧过程频繁反复出现并维持较长时间。根据作者早年对拍摄的低氢型焊条高速摄影胶片进行的分析，对焊条燃弧时间、短路时间、"弧桥并存"时间进行过统计，现举其中的一个实例：在统计的 2949 帧照片中（拍摄速度 1000f/s）燃弧时间为 1667ms，占 56.5%，短路时间 111ms，占 3.76%，"弧桥并存"时间为 1171ms，占 39.7%，显然焊接过程

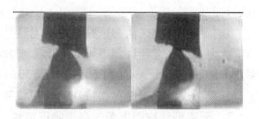

图 3-46　渣滴先于金属熔滴与熔池接触形成渣桥的高速摄影单帧照片

焊条样品：E347 - 15（A137）低氢型不锈钢焊条，$\phi 4 mm$；直流反接，$I \approx 140A$。

中"弧桥并存"现象维持较长时间。焊接时渣桥长时间存在，部分熔滴较长时间被包裹在渣桥中。熔滴与熔渣相接触时其界面张力将大幅度降低，因而处于渣桥内的金属熔滴将得到细化。在焊接过程中，尽管粗大熔滴的短路过渡仍然是大理石 - 萤石型焊条主要的过渡形态，但部分熔滴以较细的颗粒在渣桥内实现过渡，这对于大理石 - 萤石型焊条工艺性的改善起着积极的作用。

　　另外，焊接时渣桥的存在对短路电流起到一定的分流作用，在一定程度上减少了熔滴过渡时发生电爆炸飞溅的概率，这是渣桥利于焊条工艺性改善的另一个重要原因。

　　作者通过对发生短路电爆炸飞溅过程的高速摄影的影片仔细地观察，发现大多数的飞溅不是发生在熔滴刚与熔池短路的瞬间，也不是发生在熔滴短路桥存在的中期，而是发生在短路桥金属过渡基本完成、短路桥变得很细的时候。图 3-47 是焊条电弧焊发生短路电爆炸时的高速摄影照片，由图看出熔滴在形成短路桥后并没有立刻发生爆炸，而是通过短路桥进行过渡（第 4、7 帧照片），当过渡过程即将完成、短路桥已经变得很细时（第 9、10 帧照片），发生了爆炸（第 10、12 帧照片），爆炸过程造成了飞溅。观察熔滴短路爆炸过程的高速摄影照片，测量金属短路桥最大时的截面直径大约为 $\phi 4 mm$，截面积约为 $12.6 mm^2$，而当液体金属桥变得最细时，截面直径还不到 $\phi 1.0 mm$，截面积不到 $0.79 mm^2$，相差 16 倍之多，如按短路时电流 300A 估算，那么通过短路桥的电流密度将分别是 $23.8 A/mm^2$ 和 $380 A/mm^2$，这就是为什么爆炸大都发生在液体金属过渡即将完成且金属桥变得很细的时候，显然电流密度的突然增大是引起电爆炸发生的直接导因。

图 3-47　焊条发生电爆炸飞溅的高速摄影照片

焊条样品：E5015 焊条，$\phi 4 mm$；直流反接，$I \approx 160A$，拍摄速度：1000f/s。

　　既然电爆炸飞溅与短路桥本身通过人的电流密度有关，那么任何减小短路时电流密度的因素都会减小电爆炸飞溅的可能。低氢型结构钢焊条在焊接过程中的较长时间都存在着渣桥，很多情况下当熔滴与熔池发生短路时渣桥还存在着，这时渣桥对流过金属桥的短路电流起着分流的作用，在一定程度上减小了通过短路桥的短路电流密度，因而减小了金属桥发生

电爆炸的概率。

众所周知，历来认为短路电爆炸飞溅是导致 E5015（或 E5016）焊条工艺性恶化的主要因素，但是也注意到许多市售 E5015（或 E5016）焊条飞溅并不一定很大，许多情况其飞溅率比 E4303 焊条小，有的 E5015（或 E5016）焊条飞溅率控制得非常小，焊条工艺性良好，这与低氢型焊条焊接时存在特殊的"弧桥并存"现象有关。

3.2.3 低氢型结构钢焊条的电弧物理特性

1. 低氢型结构钢焊条波形特点

低氢型结构钢焊条熔滴过渡时存在的"弧桥并存"现象赋予低氢型结构钢焊条熔滴过渡的特殊性，这一特点也在电弧电压波形图上表现出来。为了进行对比，先将钛钙型不锈钢焊条的典型短路波形做一分析。图 3-48 是典型的具有明显 A 型短路的钛钙型不锈钢焊条电弧电压、焊接电流波形图，由图看出，当一个短路过程（即一个熔滴过渡过程）之后电弧引燃时，由于这时弧长最长，电弧电压处于高位（图 3-48 中 i 点），随着熔滴的形成和逐渐长大，弧长逐渐缩短，电弧电压逐渐降低，到熔滴与熔池即将接触时，弧长几乎降为零，电弧电压降到燃弧阶段的最低点（图 3-48 中 h 点），接着熔滴与熔池发生短路，电压降至短路电压，熔滴进行过渡，然后开始下一个过渡周期。

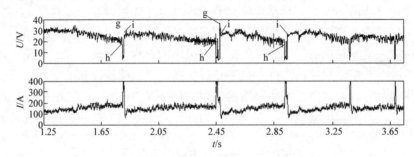

图 3-48　钛钙型不锈钢焊条电弧电压、焊接电流波形图

焊条样品：TYA102 – 6；$U = 23.75$，$I = 159.38A$。

焊条规格：$\phi4mm$，焊接电源：ZXG – 300 型弧焊整流器，直流反接。

如果在短路桥变得很细发生电爆炸飞溅时，或是引弧的瞬间残留的熔化金属被吹走时，短路后的电压会出现跃升（图 3-48 中 g 点）。由图看出典型的短路过渡时的电压波形有如下特征：一是电弧重燃电压明显高于熄弧前的瞬间电压；二是燃弧时有时会出现电压跃升；三是短路过渡的周期较长且具有较明显的周期性。

图 3-49 是低氢型结构钢焊条电弧电压、焊接电流波形图，图中记录了 $1 \sim 7s$ 电弧电压、焊接电流变化过程，波形中存在着 A 型短路和相当数量的 B 型短路，但仔细观察短路波形的时候看到，当短路后电弧重燃时电压波形呈现一段较长的向上拱起的弧形，它与图 3-48 钛钙型不锈钢焊条电弧电压波形在外观上看有明显的区别。

图 3-50 是撷取的一段放大波形图，由图看出：当熔滴短路后电弧重燃时，电弧往往在比较低的电压处燃起（图 3-50 中的 e 点），然后再较缓慢地升高到 f 点，之后再逐渐下降到电弧的正常燃弧电压（图中 d 点），从 e 点到 f 点再到 d 点电压好像画了一个上拱的弧线。这一现象在低氢型结构钢焊条电弧电压波形图中经常见到，在图 3-49 和图 3-50 中可以清楚地看到这一规律。

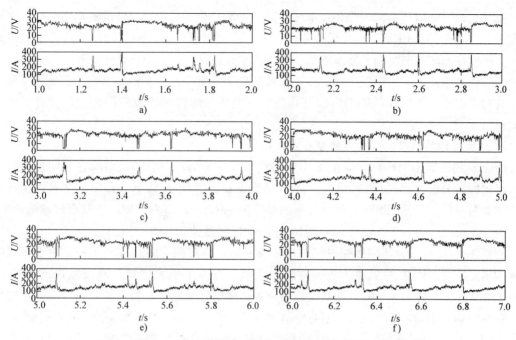

图 3-49 低氢型焊条出现上拱弧线的波形图（一）
焊条样品：CHE50621 低氢型结构钢焊条；焊接参数：$U = 22.83V$，$I = 152.61A$，
焊条规格：$\phi 3.2mm$；焊接电源：ZXG - 300 型弧焊整流器，直流反接。

低氢型焊条所表现出的波形特征与焊接时的"弧桥并存"现象有关。可以设想，当熔滴进行短路过渡时，如果存在渣桥，在熔滴即将过渡完成时，金属桥产生颈缩，此时由于渣桥的分流作用，一方面减小了短路电流对金属液桥的加热，另一方面颈缩处的电磁收缩力也有所减小，使得金属液桥颈缩处比较平缓地断开。另外在熔滴短路电弧熄灭时，由于渣桥的存在，电流通过渣桥形成导电回路，因此电流保持较高的水平（图 3-50 中与 e 点对应的电流波形 e′点可以看出），同时在电压波形上呈现相应的较低的电压降；渣桥的导电有利于电弧的引燃，使电弧在金属液桥断开处立即复燃，由于复燃时弧长没有被拉大，因此引燃后的电压处于低位，与熄弧前的电压大体处于同一水平。而随后在电弧力作用下将液体金属推开，使电弧逐渐被拉长，直至电弧电压升至最高点 f，然后随着熔滴的长大，弧长逐渐缩短，电弧电压降到正常燃弧电压 d 点。图中从 e 点经 f 至 d 点电压波形呈现的弧形曲线，描述了电弧复燃后弧长变化的特征。

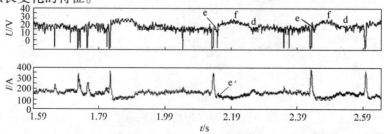

图 3-50 低氢型焊条出现上拱弧线的波形图（二）
焊条样品：CHE50621 低氢型结构钢焊条，$\phi 3.2mm$；$U = 22.83V$，$I = 152.61A$。
弧焊电源：ZXG - 300 型弧焊整流器，直流反接。

总的来说，低氢型结构钢焊条波形图的基本特征与典型的短路过渡的波形图一样，也存在大量的 A 型短路，但当发生"弧桥并存"时，A 型短路外形有所不同，短路后电弧重燃时的电压往往与熄弧前瞬间电压基本处于同一水平，起伏不大；由于渣桥的存在，短路后电弧复燃过程电压波形有时形成上拱的弧形曲线，成为低氢型结构钢焊条有别于其他短路波形的独有的形貌特征；另外低氢型结构钢焊条电弧电压、焊接电流波形图还会较多地出现 B 型短路。

2. 低氢型结构钢焊条短路频率分布图的特点

研究发现低氢型结构钢焊条电弧物理特性参数中最值得注意的是熔滴在不同短路时间 T_1 频率的独特分布[7~10]。图 3-51 展示不同参数下短路时间 T_1 频率分布图。试验样品选用市售的低氢型结构钢 CHE506 焊条，焊条的规格为 $\phi3.2mm$，选用 ZXG-300 型硅整流焊机，极性为直流反接，设置 115A、130A 和 150A 三种焊接参数。

观察图 3-51 发现，不同短路时间频率分布主要集中在两个时间段内：一是由于熔滴的瞬间频繁短路行为形成的 $T_1 \leq 2.0ms$ 时间段区域，再一个是大熔滴短路过渡形成的 $T_1 > 2.0ms$ 的时间段区域，这是低氢型结构钢焊条短路频率分布的明显特点。随着焊接电流的增大，$T_1 > 2.0ms$ 熔滴较长时间短路分布概率逐渐小，时间分布图逐渐向左面移动（图 3-51b、c），但无论如何变化，这一基本分布特征并没有改变。焊条熔滴短路时间 T_1 频率分布的这一特点反映了粗大熔滴的短路过渡和大熔滴在过渡前发生的 $T_1 \leq 2.0ms$ 频繁的短路同时存在的特征。

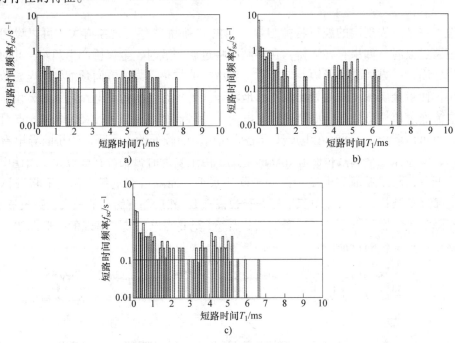

图 3-51　低氢型焊条短路时间 - 短路频率

a）CHE50603，$I = 114.6A$，$U = 20.4V$　b）CHE50613，$I = 133.2A$，$U = 20.8V$　c）CHE50622，$I = 150.8A$，$U = 22.3V$

焊条规格：$\phi3.2mm$；极性：直流反接；分析仪设置：短路时间组宽 $\Delta T_1 = 100\mu s$，短路周期组宽 $\Delta T_c = 500\mu s$，

最小短路时间 $T_{1min} = 2500\mu s$，阈值电压 $U_{th} = 10V$。

低氢型结构钢焊条这一特征为焊条工艺性判据的建立提供了试验依据。

3.2.4　低氢型结构钢焊条工艺性判据的建立

图 3-51 表明短路频率主要分布在 $T_1 \leqslant 2ms$ 和 $T_1 > 2ms$ 两个时间段内，$T_1 \leqslant 2ms$ 的短路时间分布主要是由于熔滴的瞬时频繁的短路形成的，$T_1 > 2ms$ 时间段内熔滴短路频率分布反映了大理石－萤石型焊条大熔滴较长时间短路的特征。如果 $T_1 > 2ms$ 时间段内短路频率越向右分布，则表明焊条粗熔滴过渡的成分越大，这时焊接过程的稳定性越差，同时发生电爆炸的概率也较大，如果 $T_1 > 2ms$ 时间段内短路频率分布越向左靠近，则表明焊条熔滴平均短路时间越短，熔滴越细小，这样焊接过程中发生短路电爆炸的概率会减小，焊接过程越稳定，焊条工艺性也就越好。

为了描述这一分布特征，设计了如图 3-52 所示的熔滴短路时间与累积短路概率关系图。以熔滴短路时间各分组为横坐标，以熔滴每个短路时间分组对应的短路频率百分数为纵坐标，并从最大的短路时间分组对应的频率百分数开始，从大到小依次进行累积，绘出熔滴平均短路时间与累计短路频率百分数的关系曲线。曲线描述了焊条短路时间 $T_1 > 2ms$ 频率分布。取累积短路频率百分数为 50% 时所对应的熔滴短路时间计为 T_{50}，以这一短路时间值表示焊条粗熔滴短路频率分布的特征量，并将此特征量值作为判据，对大理石－萤石型碳钢焊条工艺性进行评价，T_{50} 值越大，表明大熔滴过渡成分较多，短路时间越向右分布，工艺性越差，反之，T_{50} 值越小，则其电弧过程的稳定性越好。

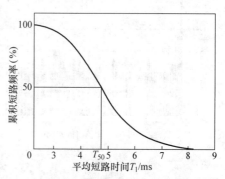

图 3-52　大理石－萤石型焊条熔滴短路时间与累积短路频率关系图

不同参数下 CHE50603、CHE50613、CHE50622 焊条的 T_{50} 数值见表 3-3。由表中统计的数据看出，随着电流的增大，平均短路时间逐渐缩短，由 4.79ms 缩短到 3.42ms；焊条的 T_{50} 数值由 5.40ms、4.65ms 减小到 4.30ms，说明随着电流的增大，$T_1 > 2ms$ 短路时间的分布逐渐向左移动。

表 3-3　不同焊接参数时焊条电弧物理特性参数

试验焊条编号	平均电压 U/V	平均电流 I/A	平均短路时间（ $>1ms$ ） T_1/ms	平均短路频率 f_{sc}/s^{-1}	T_{50}/ms
CHE50603	20.40	114.56	4.79	7.4	5.40
CHE50613	20.83	133.21	3，83	10.0	4.65
CHE50622	22.53	151.30	3.42	7.8	4.30

注：分析仪设置短路时间组宽 $\Delta T_1 = 100\mu s$，短路周期组宽 $\Delta T_c = 500\mu s$，最小短路时间 $T_{1min} = 2500\mu s$，阈值电压 $U_{th} = 10V$。

3.2.5　低氢型结构钢焊条工艺性分析与评价案例

下面将结合具体例子，用汉诺威分析仪对低氢型结构钢焊条进行测试、评价和比较焊条工艺性。

选取市售的两个品牌的 E5016 焊条，两种焊条编号分别为 EQJ506 和 ETJ506，规格为 $\phi 3.2mm$，长度 350mm，测试条件如下：采用 ZXG－300 型硅整流焊机，极性为直流反接，空载电压 64V，预设焊接电流为 120A，测试采样时间设定为 10s。试板材料为 Q235 钢，尺寸为 400mm × 120mm × 10mm。

图 3-53 是由汉诺威分析仪生成的编号为 EQJ50609、ETJ50609 样品焊条短路时间 T_1 的频率分布图。如图 3-53a 所示，EQJ50609 焊条 $T_1 > 2ms$ 时间段内短路概率密度分布整体上较为分散，还存在短路时间 $T_1 > 8ms$ 较为频繁的短路。如图 3-53b 所示，ETJ50609 焊条短路概率密度分布主要集中在 3 ~ 6ms 的时间范围内，没有出现 $T_1 > 8ms$ 的长时间的短路。EQJ50609、ETJ50609 两焊条的平均短路时间分别为 0.40ms 和 0.24ms，EQJ50609 焊条平均短路时间长，说明 EQJ50609 焊条熔滴比 ETJ50609 焊条更粗大一些。

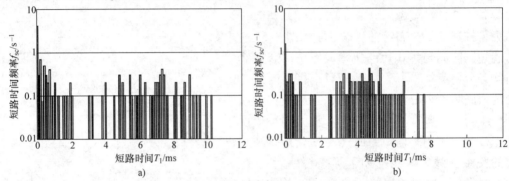

图 3-53　焊条短路时间 T_1 频率分布图

a）焊条样品名称：EQJ50609，$U = 19.48V$，$I = 114.65A$　b）ETJ50609，$U = 22.33V$，$I = 113.13A$

分析仪设置：短路时间组宽 $\Delta T_1 = 100\mu s$，短路周期时间组宽 $\Delta T_c = 500\mu s$，

最小短路时间 $T_{1min} = 2500\mu s$，阈值电压 $U_{th} = 10V$。

为了定量地评价两种焊条的工艺性，现采用 T_{50} 作为判据。T_{50} 这一特征值的确定可按以下具体步骤进行。

首先，为了计算的简单、方便，设定短路时间 T_1 组宽为 0.5ms，对测试焊条 $T_1 > 2ms$ 时间段内短路频率分布重新进行统计。图 3-54 中 EQJ50609 和 ETJ50609 焊条 $T_1 > 2ms$ 时间段短路频率分布统计后的结果见表 3-4。表中平均短路时间一栏的数值取每一统计时间段的中间值，例如 2.0 ~ 2.5ms 取 2.25ms，2.5 ~ 3.0ms 取 2.75ms，3.0 ~ 3.5ms 取 3.25ms 等。

表 3-4　EQJ50609、ETJ50609 焊条 $T_1 > 2ms$ 时间段内短路频率分布统计值[7]

| 平均短路时间 | 短路频率 f_{sc}/s^{-1} | | 平均短路时间 | 短路频率 f_{sc}/s^{-1} | |
T_1/ms	EQJ50609	ETJ50609	T_1/ms	EQJ50609	ETJ50609
2.25	0.5	0.1	8.25	0.3	0
2.75	0.1	0.3	8.75	0.2	0
3.25	0.1	0.7	9.25	0.1	0
3.75	0.1	0.8	9.75	0.2	0
4.25	0.5	1.1	10.25	0.1	0
4.75	0.4	1.2	10.75	0	0
5.25	0	0.8	11.25	0.1	0
5.75	0.8	0.3	11.75	0	0
6.25	0.7	0.5	12.25	0	0
6.75	1	0.2	12.75	0.1	0
7.25	0.6	0.3	13.25	0.1	0
7.75	0.9	0.1	13.75	0	0

根据统计结果求出每组熔滴平均短路时间对应的累积短路频率百分数。假定某平均短路时间段内的短路频率为 F_1，$T_1 > 2ms$ 时间段内总的短路频率为 F，则该时间段内所对应的累积短路频率百分数 $P = \dfrac{F_1}{F} \times 100\%$ 。表 3-4 所列的数据经上述处理后得到的结果见表 3-5。

表 3-5　EQJ506、ETJ506 焊条 $T_1 > 2ms$ 时间段内累积短路频率百分数[7]

平均短路时间 T_1/ms	累积短路频率百分数（×100%）		平均短路时间 T_1/ms	累积短路频率百分数（×100%）	
	EQJ50609	ETJ50609		EQJ50609	ETJ50609
2.25	1	1	8.25	0.1739	0
2.75	0.9275	0.9836	8.75	0.1304	0
3.25	0.913	0.9344	9.25	0.1014	0
3.75	0.8986	0.8197	9.75	0.087	0
4.25	0.8841	0.6885	10.25	0.058	0
4.75	0.8116	0.5082	10.75	0.0435	0
5.25	0.7536	0.3115	11.25	0.0435	0
5.75	0.7536	0.1803	11.75	0.029	0
6.25	0.6377	0.1311	12.25	0.029	0
6.75	0.5362	0.0656	12.75	0.029	0
7.25	0.3913	0.0328	13.25	0.0145	0
7.75	0.3043	0.0164	13.75	0	0

其次，以各组熔滴平均短路时间为横坐标，以每组熔滴短路时间对应的累积短路频率百分数为纵坐标，绘出熔滴平均短路时间与累计短路频率百分数的关系曲线。然后取累积短路频率百分数为 50% 时所对应的熔滴平均短路时间（T_{50}）作为描述焊条粗熔滴短路频率分布的特征量。图 3-54 所示为 EQJ50609、ETJ50609 焊条熔滴平均短路时间与累积短路频率百分数的关系曲线，图中累积短路频率取 50% 时 ETJ50609 和 EQJ50609 焊条对应的 T_{50} 的值分别为 4.7793ms 和 6.8778ms，表明 ETJ50609 焊条工艺性优于 EQJ50609 焊条。

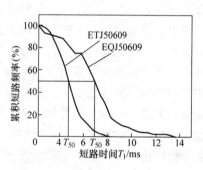

图 3-54　ETJ50609 和 EQJ50609 焊条平均短路时间与累积短路频率的关系

对低氢型结构钢焊条的电弧现象分析可获得以下规律性的认识：

1）低氢型结构钢焊条为短路过渡形态，由于该种焊条熔渣特有的物理性能，因此焊接时存在着"弧桥并存"现象，渣桥的存在使部分金属熔滴得到细化，粗大颗粒短路过渡的成分减少；同时渣桥的存在起着分流短路电流的作用，减小了短路电爆炸飞溅的概率，改善了焊接工艺性。

2）低氢型结构钢焊条短路频率主要分布在两个时间段内：$T_1 \le 2ms$ 和 $T_1 > 2ms$。$T_1 \le 2ms$ 的短路时间分布主要是由于熔滴的瞬时频繁短路形成的，$T_1 > 2ms$ 时间段内熔滴短路频率分布反映大理石－萤石型碳钢焊条粗熔滴较长时间短路的特征。$T_1 > 2ms$ 时间段内短路频率分布越向左集中，表明焊条粗大熔滴短路的平均时间越短，焊接过程中发生短路电爆炸的概率越小，焊条工艺性也就越好。对 $T_1 > 2ms$ 时间段内短路频率分布的描述可以反映低氢型结构钢的工艺性。

3）为了描述这一分布特征，设计了熔滴短路时间与累积短路频率百分数关系图。取累积短路频率百分数为50%时所对应的熔滴短路时间记为 T_{50}，以这一短路时间值表示焊条粗熔滴短路频率分布的特征量，并以此作为判据，对大理石－萤石型碳钢焊条工艺性进行评价。

3.3 高纤维素焊条的电弧物理特性及工艺性评价

高纤维素焊条是输送管道焊接专用焊条，焊条药皮中含有质量分数为30%以上的有机物，焊接时有机物在电弧区分解产生大量的气体，增大电弧吹力和穿透力，适合于全位置单面焊双面成形。高纤维素焊条还具有焊条熔化速度快、效率高等优点，被广泛应用于管道工程建设中。在国外高纤维素焊条开发得较早，20世纪80年代已经有了成熟的技术和相应的产品[11-14]，早年我国主要依赖进口的产品满足市场需求，20世纪90年代国内已开展高纤维素焊条的研发[15-18]，随后见到一些取得应用成果的报道，如2005年发表的论文介绍了综合国内外研究成果创新设计了 $TiO_2 - SiO_2 - MgO - MnO - FeO$ 多元复合渣系，开发成功的高纤维素焊条已在管道焊接工程中应用[19]。

随着长距离输送管道施工的需要，半自动和全自动焊接技术得到发展，然而由于纤维素焊条特有的向下立焊、大熔深、双面成形、抗风能力强、操作简便等特点，以及对厚壁容器及钢管根部进行打底焊时，可以免去清根工序、提高工效并改善劳动条件等优点，仍然用于管道坡口根焊。目前采用的纤维素焊条打底、自保护药芯焊丝半自动焊填充盖面的复合型焊接技术[20-22]已被成功应用于长距离输送管道工程。

尽管我国在纤维素向下焊条研究开发方面做过不少的工作，也有相应的产品应用，但目前我国管道工程焊接所用的纤维素向下焊条，还包括自保护药芯焊丝和气体保护实心焊丝，部分仍为国外产品。随着我国管道建设的发展，各种输油、输气等长距离管线工程量进一步增大，对管道焊接专用焊接材料的市场需求也在日益扩大，加快高纤维素向下焊条和其他向下立焊焊接材料的研发是我国焊接工作者应该着力解决的课题之一。进一步认识高纤维素焊条电弧物理特性和探讨这类焊条工艺性评价方法，对改进、开发高纤维素焊条和在工程中选择优质的纤维焊条具有现实意义。

3.3.1 高纤维素焊条的熔滴过渡现象及工艺性

1. 高纤维素焊条的熔滴过渡形态

为了适应高纤维素焊条向下立焊和打底焊的要求，设计要求电弧吹力比较大，使其在立、仰焊时熔池得以保持不下坠，同时焊根很好熔透，获得良好的双面成形。因此对于高纤维素焊条来说，喷射过渡是高纤维素焊条的主要过渡形态，以便获得最好的工艺效果。对于高纤维素焊条的电弧物理特性的研究，刘海云、王勇和作者较早地进行过这方面的研究[23-24]，拍摄了焊条在立焊时的高速摄影照片，对立焊条件下高纤维素焊条熔滴行为进行了大量的观察分析，发现高纤维素焊条过渡形态是喷射过渡、滴状过渡和爆炸过渡并存的过渡形态。近些年对高纤维素型焊条电弧物理特性的研究，进一步深化了对高纤维素型焊条工艺特性的认识[25-27]。最近的研究工作表明，喷射过渡是高纤维素焊条的主要的过渡形态，作者也注意到近期内发表的研究论文认同这一观点[27]，研究结果与过去的研究结论一致。

为了对比近年来国外出现的一些工艺性能更好的焊条，下面选取四种焊条样品，采用高速摄影和汉诺威分析仪对其进行电弧物理特性的试验分析，并探讨对其工艺性进行评价。选取的焊条样品试验名称是 F-5P、FE6010、KE7010 和 L-60，焊条规格为 $\phi3.2mm$ 和 $\phi4mm$，焊接电源采用 ZXG-300 型硅整流焊机，极性为直流反接，施焊方法为平板堆焊和对接圆碳素钢管开坡口立焊，试板材质为 Q235 低碳钢。

图 3-55、图 3-56 为 FE6010 焊条和 L-60 焊条平焊时细颗粒喷射过渡高速摄影照片，从图中可以看出，熔滴的颗粒特别小，一般不大于 $\phi1mm$，且熔滴过渡频率很高，在作者的试验条件下通过高速摄影统计得到的四个样品焊条测试的过渡频率分别是：FE6010 焊条 $117s^{-1}$，F-5P 焊条 $106s^{-1}$，KE7010 焊条和 L-6010 焊条分别是 $98s^{-1}$ 和 $81s^{-1}$。

图 3-55　细颗粒喷射过渡高速摄影照片（一）
焊条样品：FE6010 焊条，$\phi3.2mm$；直流反接，$I\approx105A$；拍摄速度：2000f/s。

图 3-56　细颗粒喷射过渡高速摄影照片（二）
焊条样品：L-60 高纤维焊条，$\phi4mm$；直流反接，$I\approx135A$；拍摄速度：2000f/s。

喷射过渡时焊条金属熔滴呈细碎的颗粒由套筒内喷射出来，并以喷射状态快速通过电弧空间，向熔池过渡，其熔滴细碎程度比爆炸过渡还要细得多。喷射过渡基本上不会影响电弧的稳定性，所以电弧的连续性和电弧挺度都比较好，焊接的电参数也相当稳定。喷射过渡的频率特别高，可以超过 $100s^{-1}$ 以上，而过渡的熔滴十分细小，$\phi1mm$ 左右的细熔滴占绝大部分。

高纤维素焊条焊接时由于大量纤维素形成的强大气流使熔滴形成喷射过渡形态，但不是说高纤维素焊条的熔滴过渡形态完全是喷射过渡，通过高速摄影观察发现高纤维素焊条的熔滴过渡形态是由喷射过渡、滴状过渡和爆炸过渡三种形式组成的。这是因为焊接时大量的纤维素的分解形成的强大气流，为熔滴的过渡提供了强大的气体动力。但是纤维素形成的气流对熔滴的作用是一种吹送的作用，是通过气流对熔滴表面的摩擦作用使熔滴被吹碎成滴状、片状、带状及各种不规则的形状，并脱离焊条套筒以喷射状向熔池过渡。这种气流的吹力对熔滴来说是来自外部，它还不足以使大的熔滴完全破碎，因此高纤维素焊条除了喷射过渡外还会出现滴状过渡。这一点与在第 2 章提到的含有大量铁合金的堆焊焊条形成喷射过渡的机制不完全相同，后者形成喷射过渡主要是源于在套筒内生成的 CO 气体的强烈、连续释放形成的。显然高纤维素焊条形成喷射过渡的气体动力与其他结构钢焊条所说的气体动力是不同的，在参考文献［3］中讲的气体动力（由碳的氧化形成的 CO 气体）即第二主导力，与纤维素分解形成的气流对熔滴的作用不同。

滴状过渡是高纤维素焊条的熔滴过渡形态之一，和一般焊条粗熔滴过渡的情况相似，只是熔滴的尺寸没有像普通焊条那样可长大到接近焊芯直径，因此在过渡时可能与熔池发生短路，也可能不与熔池短路。图 3-57 是 KE7010 高纤维素焊条滴状过渡过程的高速摄影照片，可以看出，熔滴在过渡过程中与熔池形成了桥接短路，但熔滴的尺寸不很大，此时熔滴金属通过短路桥"平静"地过渡到熔池。图 3-58 是 FE6010 焊条滴状过渡高速摄影照片。由图中第 10~13 帧照片看到，熔滴刚与焊条端部脱离就立刻进入熔池，过渡过程没有形成短路桥，这种情况在弧长较大时更容易出现。为了容易观察，在高速摄影时有意将弧长拉长了，可以想象在正常弧长焊接时，熔滴将与熔池桥接，形成短路过渡。当然较大熔滴的短路过渡是最容易引起电爆炸飞溅的，这一点高纤维素焊条与其他焊条是一样的。

图 3-57　高纤维素焊条短路过渡高速摄影照片

焊条样品：KE7010 高纤维素焊条，ϕ4mm；直流反接，$I\approx$130A；拍摄速度：2000f/s。

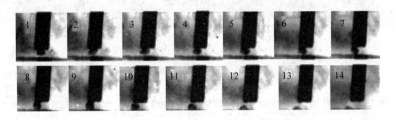

图 3-58　高纤维素焊条短路过渡高速摄影照片

焊条样品：FE6010 高纤维素焊条，ϕ4mm；直流反接，$I\approx$130A；拍摄速度：2000f/s。

通过高速摄影照片对滴状过渡数据进行统计分析，结果是 KE7010 焊条短路过渡频率最高，达到 $9.65s^{-1}$，FE6010 焊条短路过渡频率最小，为 $2.26s^{-1}$，F－5P 焊条和 L－60 焊条短路过渡频率居中，分别为 $6.31s^{-1}$ 和 $7.86s^{-1}$。

高纤维素焊条与结构钢焊条一样含有一定量的碳，药皮中的氧化性也足够大，形成熔滴的爆炸过渡的条件和机制与普通结构钢焊条是一样的，因此爆炸过渡也是高纤维素焊条的一种过渡形态之一。

图 3-59 为 L－60 焊条的爆炸过渡高速摄影照片，由图可以清晰地看到，熔滴开始慢慢地长大，到第 5 帧照片的时候熔滴最大，然后经过第 6、7 帧照片，熔滴发生爆炸，破碎的熔滴最后落入熔池（第 10~18 帧照片）。

对高纤维素焊条四个样品的高速摄影照片进行统计分析得到的熔滴过渡特征参数的统计数据见表 3-6。统计四个焊条样品的爆炸过渡频率是：KE7010 焊条的爆炸过渡频率为

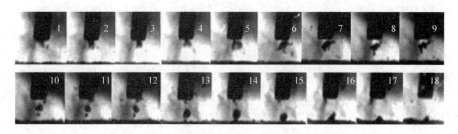

图 3-59　高纤维素焊条爆炸过渡高速摄影照片

焊条样品：L-60 高纤维素焊条，$\phi 3.2mm$；直流反接，$I = 100A$；拍摄速度：2000f/s。

$1.21s^{-1}$ 是四个样品中爆炸过渡频率最高的；F-5P 焊条爆炸过渡频率为 $0.79s^{-1}$，爆炸过渡频率最小；L-60 焊条和 FE6010 焊条爆炸过渡频率分别为 $0.98s^{-1}$ 和 $0.94s^{-1}$，爆炸过渡频率居中。

表 3-6　高纤维素焊条熔滴过渡特征参数统计数据

试验焊条编号	滴状过渡频率 f_{sc}/s^{-1}	爆炸过渡频率 f_{sc}/s^{-1}	喷射过渡频率 f_{sc}/s^{-1}	大熔滴飞溅频率 f_{sp}/s^{-1}
FE6010	2.83	0.94	117	1.87
F-5P	3.94	0.79	106	1.40
L-60	4.91	0.98	98	4.57
KE7010	6.03	1.21	81	2.26

由表 3-6 统计的数据可以看出，高纤维素焊条的主要过渡形态为喷射过渡，同时伴有滴状过渡和爆炸过渡，FE6010 焊条和 F-5P 焊条的喷射过渡频率最高，超过 $100s^{-1}$，而滴状过渡和爆炸过渡频率最小，L-60 焊条滴状过渡频率较大，KE7010 焊条的滴状过渡和爆炸过渡频率都最大，而细颗粒喷射过度频率最小。滴状过渡和爆炸过渡不但影响电弧的连续性，而且电弧挺度和电参数的稳定性也比较差，所以对于高纤维素焊条来说，具有较多的喷射过渡的焊条工艺性较好，反之工艺性比较差。

根据表 3-7 中的数据，可以认为 FE6010 的熔滴过渡形态最为理想，从熔滴过渡形态角度来看，它的工艺性应该是最好的，其次是 F-5P，然后是 L-60，KE7010 焊条是最差的。作者进行的大量的工艺试验也证明，其工艺性与熔滴过渡形态的表现是一致的。

2. 高纤维素焊条的飞溅现象

飞溅是影响焊条工艺性的重要因素，飞溅现象是评价焊条工艺性优劣的一个重要的方面。高纤维素焊条的飞溅主要表现为短路电爆炸飞溅、熔滴爆炸飞溅、喷洒飞溅，也会出现熔池飞溅和飘离飞溅等，这些飞溅现象大都和焊条的过渡形态有关。

（1）喷洒飞溅　喷洒飞溅是伴随喷射过渡出现的一种小颗粒飞溅，高纤维素焊条熔滴在喷射过渡过程中，一些未能进入熔池的金属颗粒喷洒在焊缝的周围，形成喷洒飞溅。由于喷射过渡是高纤维素焊条熔滴过渡的主要形式，所以喷洒飞溅也是高纤维素焊条的一种主要的飞溅形式。喷洒飞溅的密集飞溅物颗粒喷洒在熔池周围，并黏敷在焊件表面，难以清除，这种飞溅也是影响焊条工艺性的一个重要原因。

（2）短路电爆炸飞溅　高纤维素焊条存在着较大熔滴的短路过渡，当然也会因此产生电爆炸飞溅，高纤维素焊条熔滴短路电爆炸飞溅形成条件和机制与普通结构钢焊条是一样的。由于短路电爆炸飞溅的飞溅物的颗粒比较大，过程进行得非常猛烈，波及范围也较大，飞溅物沾污焊件的表面，严重恶化了工作条件，同时它还破坏电弧的稳定性，所以这类飞溅对高纤维素焊条的工艺性影响很大，对于短路滴状过渡较多的高纤维素焊条，这种飞溅形式成为影响焊条工艺性的主要因素之一。

（3）熔滴爆炸飞溅　高纤维素焊条具备碳的激烈反应的冶金条件，在熔滴阶段，熔滴内部产生 CO 气体，使悬挂在焊条端部的熔滴自身发生爆炸，熔滴爆炸飞溅是伴随熔滴爆炸过渡出现的，在爆炸过渡过程中未进入熔池的金属或熔渣颗粒形成了飞溅。

如图 3-60 所示为 KE7010 焊条熔滴引起爆炸飞溅的高速摄影照片。熔滴爆炸飞溅对电弧的稳定性影响最大，而且飞溅颗粒比较大，和短路电爆炸飞溅一样，飞溅非常猛烈，也是影响焊条工艺性的一个重要因素。

图 3-60　高纤维素焊条发生的熔滴爆炸飞溅高速摄影照片

焊条样品：KE7010 高纤维素焊条，$\phi 3.2mm$；直流反接，$I\approx 110A$；拍摄速度：2000f/s。

（4）气体吹送引起的飘离飞溅　高纤维素焊条焊接时，焊条套筒内产生的强大气流通常将悬挂于套筒边缘的熔滴吹离焊条中心而飞离出去，造成飞溅。如图 3-61 所示，悬挂在套筒边缘上的熔滴在气体吹送力的作用下脱离套筒，形成飘离飞溅。这种飞溅形式对于高纤维素焊条并不少见。

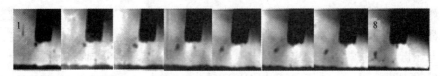

图 3-61　高纤维素焊条飘离飞溅高速摄影照片

焊条样品：F-5P 高纤维素焊条，$\phi 3.2mm$；直流反接，$I\approx 100A$；拍摄速度：2000f/s。

另外，高纤维素焊条焊接时同样会发生熔池飞溅，但熔池飞溅不是高纤维素焊条的主要飞溅形式，这种飞溅比喷洒飞溅和爆炸飞溅要弱一些。

对四个焊条样品飞溅率进行测试，结果是：L-60 焊条飞溅率为 27.43%，远远大于其他三种焊条；其次为 KE7010 焊条；飞溅率为 21.02%；F-5P 焊条飞溅率为 15.15%；FE6010 焊条飞溅最小，为 12.21%。测试的结果表明飞溅率的大小与滴状过渡和爆炸过渡概率大小有关，滴状过渡和爆炸过渡概率较大，不仅削弱了电弧吹力，同是也导致大颗粒飞溅的增大，这正是 KE7010 焊条和 L-60 焊条飞溅率大的原因；而 F-5P 和 FE6010 这两种焊条喷射过渡较强，滴状过渡的概率较小，因此飞溅率也小。飞溅率的测试是在平焊的条件下进行的，在立焊时熔滴受到的力的情况将发生改变，特别是较大颗粒的熔滴在重力作用下容易出现偏飞现象[26]，从而使大颗粒飞溅增大。

3. 高纤维素焊条焊接时的烟雾

烟雾是焊接时伴随电弧过程产生的物理现象之一。焊条电弧焊时产生的烟尘给焊工带来严重的损害，也污染了环境。

形成的烟尘大小与熔滴行为有关，熔滴越小，其比表面积越大，形成的烟雾则越大，因此在焊接过程中粗大的熔滴不易产生大量烟尘，而往往在产生飞溅的瞬间出现浓烟。图3-62是 KE7010 焊条滴状过渡形成飞溅时产生烟尘的高速摄影照片，在图 3-60 的高速摄影照片中同样看出，在熔滴发生爆炸的同时产生的浓烈的烟雾，使得画面十分昏暗。

图 3-62　高纤维素焊条焊接时产生飞溅和烟尘的高速摄影照片

焊条样品：KE7010 高纤维素焊条，$\phi4.0mm$；直流反接，$I\approx135A$；拍摄速度：2000f/s。

由于高纤维素焊条的基本过渡形态为细熔滴的喷射过渡，同时引起喷洒飞溅形成的细小飞溅物，散发着浓烈的烟雾，另外电爆炸飞溅和熔滴自身爆炸飞溅都伴随着烟雾强烈析出，因此高纤维素焊条普遍烟尘比较大，这是高纤维素焊条的主要缺陷之一。

3.3.2　高纤维素焊条电弧物理特性的数字化信息

1. 高纤维素焊条电弧电压概率密度分布图的分析

用汉诺威分析仪对 KE7010、FE6010、F－5P 和 L－60 四个高纤维素焊条样品进行测试。图 3-63 是其中的某一次试验的电弧电压概率密度分布叠加图。由图可以看出曲线有明显的"双驼峰"特征。左边的"小驼峰"描述的是短路电压概率密度分布，中间的"大驼峰"表示的是燃弧时的电压概率密度分布，右边电压较高的部分反映熔滴在短路过渡后电弧重燃时的电压概率密度分布，更靠近右边电压的概率密度分布曲线表示短路结束时电弧未能及时引燃，或是焊接过程偶然出现断弧时产生的高电压概率。

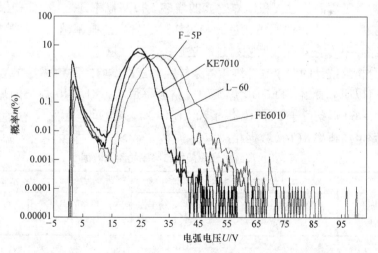

图 3-63　四种高纤维素焊条电弧电压概率密度分布叠加图实例

焊条样品：高纤维素焊条，$\phi3.2mm$；直流反接，$I\approx105\sim115A$。

高纤维素焊条以喷射过渡为主，同时伴有滴状过渡和爆炸过渡。喷射过渡时熔滴不与熔池发生短路，滴状过渡和爆炸过渡主要特征是熔滴较大，过渡时一般要发生短路，因此电压概率密度分布图中的小驼峰正反映了滴状过渡和爆炸过渡的概率，可以用小驼峰对应的短路

概率密度 $n(U_s)$ 值来表示焊条的滴状过渡和爆炸过渡的趋势。$n(U_s)$ 越大，滴状过渡和爆炸过渡概率越大，而喷射过渡的概率越小。

从多次试验的电压概率密度分布图中可以直观看出，KE7010 焊条的小驼峰电压概率明显大于其他三种焊条。统计三次试验短路电压概率 $n(U_s)$ 的数值见表 3-7。

表 3-7　高纤维素焊条短路电压概率 $n(U_s)$ 的统计数据　　　　（%）

焊条牌号	试验 A	试验 B	试验 C	平均
FE6010	0.78	1.077	2.23	1.36
F－5P	2.08	1.74	2.11	1.98
L－60	2.10	2.24	2.33	2.22
KE7010	8.18	5.61	4.16	5.99

注：分析仪设置最小短路时间 $T_{1min} = 1000\mu s$，阈值电压 $U_{th} = 10V$，短路时间组宽 $\Delta T_1 = 100\mu s$，短路周期组宽 $\Delta T_c = 500\mu s$。

由于试验采用平焊，施焊时大都出现断弧现象，试验结果有较大的波动。对三次试验的短路电压概率 $n(U_s)$ 取平均值，基本上可以反映这四个焊条样品 $n(U_s)$ 值大小趋势。由表 3-8 中的 $n(U_s)$ 平均值可以看出，FE6010 焊条最低，为 1.36%，说明焊条的滴状过渡的成分最小，喷射过渡成分最大；F－5P 焊条其次，KE7010 焊条的 $n(U_s)$ 值最大，为 5.99%，表明滴状过渡和爆炸过渡成分最大。

2. 高纤维素焊条短路频率的测试分析

高纤维素焊条具有喷射过渡伴有滴状过渡和爆炸过渡的混合过渡形态，喷射过渡时熔滴不与熔池发生短路，而滴状过渡和爆炸过渡时大都要发生短路。汉诺威分析仪生成的电弧电压、焊接电流波形图可以反映高纤维素焊条熔滴过渡的这一特征。

高纤维素焊条随着滴状过渡和爆炸过渡的增多，短路概率随之增大，短路频率 f_{sc} 也增大。因此短路频率 f_{sc} 越大，说明滴状过渡和爆炸过渡发生的概率越大，则喷射过渡概率越小；反之，短路频率 f_{sc} 越小，说明喷射过渡越强，工艺性越好。

由汉诺威分析仪统计的四个高纤维素焊条样品的三次试验短路频率 f_{sc} 的数据见表 3-8。

由表 3-8 可以明显看出，FE6010 焊条的短路频率最小，KE7010 焊条的短路频率最大，F－5P 焊条和 L－60 焊条位于 FE6010 焊条和 KE7010 焊条之间。短路频率 f_{sc} 的测试结果与表 3-7 中的短路电压概率 $n(U_s)$ 数据相对应。

表 3-8　高纤维素焊条短路频率的测试数据

试验焊条名称	第一次试验		第二次试验	
	短路频率 f_{sc}/s^{-1}	>1ms 短路频率 f_{sc}/s^{-1}	短路频率 f_{sc}/s^{-1}	>1ms 短路频率 f_{sc}/s^{-1}
FE6010	6.75	3.0	9.8	4.4
F－5P	15.5	5.8	19.8	6.8
L－60	19.5	5.5	18.4	8.4
KE7010	53.1	20.5	65.2	21.4

注：分析仪设置最小短路时间 $T_{1min} = 1000\mu s$，阈值电压 $U_{th} = 10V$，短路时间组宽 $\Delta T_1 = 100\mu s$，短路周期组宽 $\Delta T_c = 500\mu s$。

3. 高纤维素焊条短路时间的测试分析

图 3-64 是由汉诺威分析仪统计的 KE7010、F-5P、L-60 和 FE6010 四个高纤维素焊条样品不同短路时间频率分布叠加图。该图是根据提取焊条三次试验中的一次试验数据绘制的。

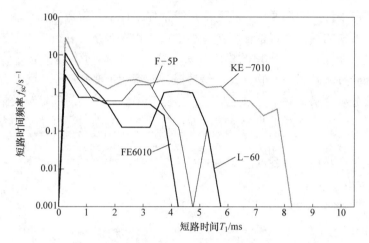

图 3-64　高纤维素焊条样品不同短路时间频率分布叠加图

分析仪设置：最小短路时间 $T_{1min} = 1000\mu s$，阈值电压 $U_{th} = 10V$，

短路时间组宽 $\Delta T_1 = 500\mu s$，短路周期组宽 $\Delta T_c = 500\mu s$。

短路时间 T_1 是重要的电弧物理特性参数，它反映的是当熔滴以短路的形式实现过渡时，熔滴的短路桥存在的时间，也就是熔滴向熔池短路过渡所需要时间。它与熔滴的大小有关，熔滴尺寸越大，短路时间 T_1 越长，T_1 实际上是反映了短路的熔滴尺寸的大小，在一定意义上反映了熔滴过渡形态的某些特征。当短路时间 T_1 频率分布比较集中在图左边时，表明长时间的短路很少，过渡的熔滴细小。从图 3-64 中曲线可以看出：KE7010 焊条的短路时间 T_1 曲线分布得最靠右，表明该焊条出现较长时间短路的概率很大；而 FE6010 样品 T_1 曲线分布得最靠左，表明该焊条出现长时间短路的概率很小，出现短时间的短路概率较大。

由平均短路时间与各时间分组总频率（测试时间内采集的样本数）的乘积，得到在测试时间内总的短路时间 $\sum t(T_1)$（ms）。KE7010、F-5P、L-60 和 FE6010 四个焊条样品测试 10s 的总短路时间 $\sum t(T_1)$ 统计的数据见表 3-9。

表 3-9　高纤维素焊条样品短路时间 $\sum t(T_1)$ 的测试数据

焊条牌号	第一次试验 $\sum t(T_1)$/ms	第二次试验 $\sum t(T_1)$/ms	平均 $\sum t(T_1)$/ms
FE6010	54.6	87.05	70.83
F-5P	127.60	121.4	124.5
L-60	140.36	153.4	146.88
KE7010	615.98	437.2	526.59

注：测试时间 10s。

根据表 3-9 总短路时间 $\sum t(T_1)$ 的值来看，KE7010 焊条的总短路时间比其他焊条都长，FE6010 焊条总短路时间 $\sum t(T_1)$ 最短，短路时间 T_1 曲线分布也靠左。

以上汉诺威分析仪测试得到的四种焊条总短路时间 $\sum t(T_1)$、短路频率 f_{sc} 以及短路电压

概率 $n(U_s)$ 的测试结果，从三个方面描述了高纤维素焊条电弧物理特性，表明 FE6010 和 F－5P焊条样品较为理想。

3.3.3 高纤维素焊条工艺性评价判据

总结以上的分析，高纤维素焊条熔滴以喷射过渡为主要过渡形态，这种过渡形态满足了高纤维素焊条特定条件的使用要求，然而高纤维素焊条还不可避免地伴有滴状过渡和爆炸过渡，这两种过渡方式的存在使焊条在焊接过程中出现频繁短路，并造成大颗粒飞溅和电弧吹力下降。滴状过渡和爆炸过渡出现的概率越大，意味着喷射过渡概率减小，焊条工艺性下降。由于熔滴滴状过渡和爆炸过渡具有短路特征，而喷射过渡是完全不短路的，这样就可以方便地用汉诺威分析仪采集的短路电压概率、短路频率、总短路时间等相关信息，定量地描述熔滴的这种行为，提出高纤维素焊条工艺性评价判据，近而对高纤维素焊条工艺质量进行评价。

高纤维素焊条工艺性评价判据归纳为：

1）短路电压概率 $n(U_s)$；

2）平均短路频率 f_{sc}；

3）总短路时间 $\sum t(T_1)$。

当短路电压概率 $n(U_s)$、短路频率 f_{sc} 和总短路时间 $\sum t(T_1)$ 越小时，高纤维素焊条的工艺性越好。

用以上提出的高纤维素焊条工艺性评价判据，引用文中的相关数据，对四个高纤维素焊条样品工艺性可以做出评价，评价数据及结果见表3-10。

表 3-10 四种高纤维素焊条样品工艺性评价数据及结果

焊条牌号	工艺性评价判据			工艺性评价
	短路电压概率 $n(U_s)(\%)$	平均短路频率 f_{sc}/s^{-1}	总短路时间[①] $\sum t(T_1)/ms$	
FE6010	1.3621	8.28	70.83	最好
F－5P	1.9769	17.65	124.5	好
L－60	2.2236	18.70	146.88	较差
KE7010	5.986	57.65	526.59	差

① 测试时间 10s 内累计的短路时间

应该指出，以上讨论的工艺性问题仅仅是从焊条电弧物理特性角度出发，以反映高纤维素焊条电弧行为特征的相应的电弧物理特性参数作为判据来评价焊条工艺性，并没有考虑焊条熔渣物理特性对工艺性的影响，事实上由于高纤维素焊条特定的工作条件对熔渣物理性能特殊的要求，全位置焊接条件下能形成清晰的熔池，铁液保持不下淌，以及保证焊缝熔深和获得良好的成形等，往往是人们更加关注的。

对高纤维素焊条的电弧物理特性的分析可归结为以下几点：

1）高纤维素焊条是以喷射过渡为主要过渡形态，同时伴随有一定的短路过渡和爆炸过渡。通过工艺试验证实，喷射过渡概率越大的高纤维素焊条，短路过渡和爆炸过渡发生的概率越小，符合高纤维素焊条专用性的要求。

2）高纤维素焊条熔滴过渡特征可以由汉诺威分析仪提取的短路电压概率、平均短路频率以及总短路时间定量地反映出来。据此提出以短路电压概率 $n(U_s)$、平均短路频率 f_{sc} 以及总短路时间 $\sum t(T_1)$ 作为高纤维素焊条工艺性判据，评价纤维素焊条的工艺性。当短路电压概率 $n(U_s)$ 值越小，平均短路频率 f_{sc} 越低，总短路时间 $\sum t(T_1)$ 越短，焊条工艺性越好。

　　3）由于高纤维素焊条特定的工作条件，对高纤维素焊条工艺性的评价应该考虑熔渣物理性能特殊的要求：全位置焊接条件下能形成清晰的熔池，铁液保持不下淌，保证焊缝熔深和获得良好的成形等。讨论高纤维素焊条的工艺性，不能忽视这一点。

参 考 文 献

[1] Marjan suban, Janez Tusek. Methods for the determination of arc stability [J]. Journal of materials processing technology, 2003, 143 (14): 430 – 437.

[2] 王宝，宋永伦，D. rehfeldt，等. 汉诺威焊接材料工艺性分析系统在焊接材料领域中的应用 [J]. 焊接，2006 (10): 15 – 18.

[3] Wang Bao, Song Yonglun, D Rehfeldt. Test and evaluation of the Usability of welding consumables [C]// ISTM/2007, 7th International Symposium on Test and Measurement. Beijing, China, August 5 – 8, 2007. 316 – 319.

[4] 王宝. 焊接电弧物理与焊条工艺性设计 [M]. 北京：机械工业出版社，1998.

[5] 安藤宏平，长谷川光雄. 焊接电弧现象 [M]. 施雨湘，译. 北京：机械工业出版社，1985.

[6] 帕豪德涅. 焊缝中的气体 [M]. 赵鄂官，译. 北京：机械工业出版社，1977.

[7] 高俊华. 基于汉诺威分析系统的焊接材料工艺性分析及评价 [D]. 太原：中北大学材料科学与工程学院，2007.

[8] 高俊华，王宝，宋丽，等. 低氢型结构钢焊条的工艺性判定 [J]. 焊接技术，2006，35 (5): 52 – 54.

[9] 高俊华，王宝，宋丽. 大理石—萤石型碳钢焊条电弧物理特性分析 [J]. 焊接，2006 (10): 51 – 54.

[10] Wang Yong, Wang Bao, Gao Junhua. Analysis and Evaluation for Usability of the Low Hydrogen Type Structural Steel Covered Electrode [J]. Materials Science Forum, 2008, 575 – 578 (4): 684 – 689.

[11] 中岛清. 高セルロ－ス系被覆アーク溶接棒：日本，60 – 162592 [P]. 1985. 08. 24.

[12] 田中治. 高セルロ－ス系被覆ア－ク溶接棒：日本，57 – 44496 [P]. 1982 – 03 – 12.

[13] 门修. 被覆ア－ク溶接棒：日本，54 – 123540 [P]，1979 – 09 – 25.

[14] 成濑省三. 高セルロ－ス系被覆アーク溶接棒：日本，63220994 [P]. 1988 – 09 – 14

[15] 刘海云，王宝. 高纤维素焊条研究评述 [J]. 太原理工大学学报 1998, 20 (5): 504 – 506.

[16] 龚茜萍，韩思恭. 高纤维素焊条研究 [J]. 电焊机，1996 (3): 31 – 33.

[17] 郭大川，任德亮. E4311 高纤维素立向下焊条研制 [J]. 焊接技术，1996 (5): 25 – 26.

[18] 朱丙坤，吴伦发，曹良裕，等. 管道焊接用高纤维素焊条的研制 [J]. 材料开发与应用，2000，15 (5): 29 – 33.

[19] 吴伦发，王明林，朱丙坤，等. 国产高纤维素型焊条的研制 [J]. 管道技术与设备，2005，38 (3): 30 – 31.

[20] 薛振奎，屈涛. 药芯焊丝自保护半自动焊在管道工程中的应用 [J]. 石油工程建设，1998 (1): 12 – 16.

[21] 郑照车. 纤维素焊条向下焊打底、自保护药芯焊丝半自动焊填充盖面焊接技术 [J]. 焊接，2000 (5): 39 – 40.

[22] 杨光发，张德桥，罗志强. 自保护药芯焊丝半自动焊技术在输油管道工程中的应用 [J]. 石油化工建设，2004，26 (5): 30 – 32.

[23] 王宝，刘海云，王勇. 高纤维素型焊条熔滴过渡特性的研究 [J]. 太原理工大学学报，1998，29

(4)：343 - 345.

[24] 刘海云，王勇，王宝. 高纤维素型焊条熔滴过渡形态和工艺性分析 [J]. 焊接学报，2000，21 (2)：51 - 54.

[25] 刘海云. 长输管道焊接材料工艺性和电弧物理特性研究 [D]. 北京：北京工业大学材料科学与工程学院，2010.

[26] 周增. 纤维素焊条工艺性分析评价 [D]. 太原：太原理工大学材料科学与工程学院，2010.

[27] 刘瞿，姚润钢，吴伦发. 高纤维素焊条的电弧物理特性分析 [J]. 热加工工艺，2010，39 (7)：123 - 126.

第 4 章 ▶▶▶▶▶

不锈钢焊条的电弧物理特性与工艺性

　　20 世纪 80 年代以前，我国的酸性不锈钢焊条渣系大都为钛钙型，熔滴过渡形态为粗熔滴短路过渡，综合工艺性能差，特别是在焊接过程中焊条末端焊芯和药皮过热，导致工艺性能变差。随着不锈钢焊条应用面的扩大，酸性不锈钢焊条的工艺质量的问题日益突出。另外随着承接外国化工设备制造而引入的少量外国进口的不锈钢焊条，其优良的工艺性引起了国人的关注，激发了国人对酸性不锈钢焊条工艺性改进的强烈愿望。20 世纪 70 年代末到 80 年代初，几乎在全焊条行业展开了改进酸性不锈钢焊条工艺质量的攻关，以原甘肃工业大学（现兰州理工大学）和原长虹电焊条厂、原太原工学院（现太原理工大学）和国营二四七厂为代表的科研团队，做了出色的工作，从电弧物理基础层面上揭示钛钙型不锈钢焊条根本性的问题所在，对原有钛钙型不锈钢焊条进行了创新改造，并取得了突破，设计了高钛型酸性不锈钢焊条，在理论与实践上基本解决了原酸性不锈钢焊条存在的工艺质量问题，为以后我国酸性不锈钢焊条赶上国际先进水平打下了坚实的基础。

　　当年作者和同事们以及焊接同行们所进行的对不锈钢焊条电弧物理特性的研究，对于之后的焊接材料电弧物理的研究工作影响深远，本章回顾和总结这一研究，对于现今的焊接电弧物理与焊接材料的科研工作仍具有现实意义，其意义不在于简单地接受或机械地继承某些具体成果和研究方法，而是为了使今后电弧物理的创新研究能从中得到有益的启迪。

4.1　不锈钢焊条的工艺稳定性及试验方法

4.1.1　不锈钢焊条工艺稳定性的概念

　　众所周知，不锈钢焊芯的电阻系数比普通碳钢焊芯大得多，焊接时由于焊芯本身通过很大的焊接电流，焊芯产生了很大的电阻热，这个热量传递给药皮，使药皮的温度升高。随着焊接过程的进行，焊芯和药皮的温度逐渐升高，引起焊条末段过热，焊接工艺性能变差，如电弧吹力减小、电弧飘动加剧、熔滴变粗、焊缝成形变差、焊条熔化速度过快等，严重时甚至发生药皮开裂、脱落。在焊接时由于焊芯和药皮被加热，导致焊条末端工艺性发生变化的趋势和程度的大小可以用焊条的工艺稳定性这一术语来描述。焊条的工艺稳定性的概念最早在 20 世纪 70 年代由作者和同事们在研究不锈钢焊条的工艺质量问题时提出[1]，后来在作者发表的专著中[2]做了具体阐述。

　　钛钙型结构钢焊条一般情况下不会产生明显的工艺稳定性的问题，但是当采用较大的焊接电流或者使用 $\phi 3.2mm$ 以下小规格焊条焊接时，工艺稳定性问题也比较突出。从这个意义上说工艺稳定性问题具有一定的普遍性。

4.1.2　不锈钢焊条工艺稳定性的测试方法

　　研究不锈钢焊条工艺稳定性，首先必须解决采用怎样的方法测试和评价焊条工艺稳定性的问题。这里将早年作者曾采用过的一些试验研究方法做一些介绍，其中除了少数一些沿用传统测试方法以外，更多的研究方法是在传统试验方法的基础上做了改进和创新，对于今天研究焊条电弧物理特性仍具有参考价值。

1. 焊条动态温度的测试

既然在焊接过程中焊芯和药皮温度的升高是导致焊接工艺性变化的直接原因，那么实际测量焊条在焊接过程中温度变化趋势的大小可以衡量其工艺稳定性。利用红外线辐射温度计可以测试在焊接过程中焊条末段焊芯和药皮的动态温度的变化。图4-1是焊条动态温度测试装置示意图，该装置由辐射温度计测试探头、主机、控制箱、试板斜升小车和记录仪器等组成。测试前将测试温度计9的探头对准被测试的焊条3的测试点（图4-2），测试点的中心距离焊条末端50mm处，事先将测量点处的药皮磨去6~8mm，为了在测试过程中保持焊条测量点不移动，焊条被夹持在固定架4上，试板随倾斜爬升的小车倾斜上升以维持电弧的正常燃烧和一定的焊接速度，并保持被测焊条位置相对不变，测试过程中控制箱面板上有温度指示仪表实时指示焊条的动态温度，用相应的记录仪器记录温升曲线。

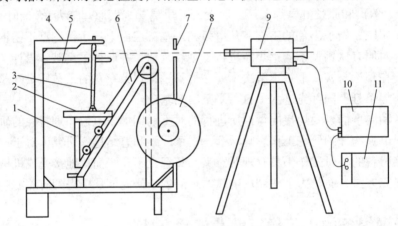

图4-1　焊条动态温度测试装置示意图

1—提升小车　2—试板　3—被测焊条　4—固定支架　5—横遮光板　6—小车轨道　7纵—横遮光板
8—小车提升绞轮　9—红外线辐射温度计　10—控制箱　11—记录仪器

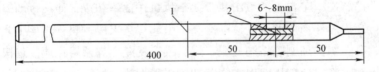

图4-2　焊条动态温度测试焊条尺寸

1—施焊终止点　2—测温点

图4-3所示为用HWF型红外辐射温度计测试的AC-3试验不锈钢焊条的动态温升曲线，由曲线图清楚地看出，当采用较大电流时，温升曲线的斜率增大（图中曲线2），即温升的速度加快，并在缩短施焊时间的情况下，明显提高了焊芯被加热的最高温度。

测试焊条的动态温升也可以采用热电偶进行直接接触式测量。可将热电偶的测热端用储能点焊机直接焊在被测焊条的测温点处，如果要测试焊条药皮温度时，可以将热电偶的测热端用隔热夹子卡紧在药皮上，由热电偶输出的毫伏信号通过记录仪器绘出温升曲线。图4-4

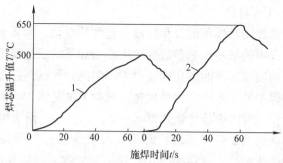

图 4-3　用 HWF 型红外辐射温度计测试的不锈钢焊条的动态温升曲线

1—热电偶固定在药皮，$I = 110 \sim 120A$　2—热电偶固定在焊芯，$I = 130 \sim 145A$

所示为采用热电偶直接进行温升测试的实例。样品是酸性和碱性两种不锈钢焊条，测试时将热电偶分别固定在焊芯和药皮上（图中曲线 1 和曲线 2），焊接时同时记录到焊芯和药皮的动态温升。将图 4-4 中 1、2 两条温升曲线做一比较，可以看出药皮的温升值比焊芯低些，而且在升温的时间上比焊芯滞后。

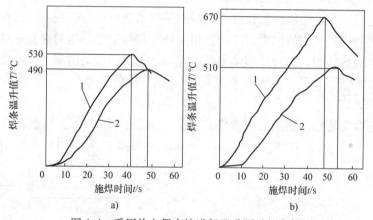

图 4-4　采用热电偶直接进行温升测试的实例

a）GAS 酸性焊条样品 $\phi 4mm$，$I \approx 135A$　$U \approx 29V$　b）GAJ 碱性焊条样品 $\phi 4mm$，$I \approx 145A$，$U \approx 27V$

1—焊芯的温升曲线　2—焊条药皮的温升曲线

由焊条动态温升曲线中得到的最重要的数据是加热的最高温度 T_{max}，用 T_{max} 可以对比各种焊条焊接时焊芯和药皮被加热的程度。

为了比较各种焊条的动态温升，测试工作似乎应该在相同的焊接参数下进行，但这一要求实际上是很难做到的，因为各种焊条不同的电弧物理特性表现为名义电压的差别。实际上焊条的温升在一定意义上正是焊条某些电弧物理特性的反映。从这一观点出发则不能简单地用焊条最大温升值 T_{max} 来反映焊条的温升趋势，而应将最大温升值 T_{max} 和名义电压综合起来考虑，为此引用温升系数的概念，评价和比较焊条的工艺稳定性。

焊条的温升系数 α_t（℃/W）用式（4-1）表示：

$$\alpha_t = T_{max}/IU \tag{4-1}$$

焊条的温升系数 α_t 的意义是：采用规格为 $\phi 4mm$、长度 400mm 的焊条，在正常的焊接参数下，熔化 300mm 焊条时平均每瓦电能在焊芯上产生的温升。焊条的温升系数 α_t 是评价焊条工艺稳定性的重要指标，是某种焊条电弧物理特性的重要表现。

2. 熔化速度不均匀性的测试

既然工艺稳定性表示焊接时焊条前段和后段工艺性的变化，那么显然工艺稳定性也可以通过考核焊条在焊接过程中的某些工艺参数变化来衡量焊条的工艺稳定性。

在焊接过程中焊条前段和后段的熔化速度是不均匀的，测试焊接过程中焊条前段和后段的熔化速度变化能反映焊条的工艺稳定性的优劣。试验方法是将350mm长的焊条分成7段，每隔50mm处做标志，测试时将焊条熔化到50mm处开始计时，记录熔化到每一处标志的时间，然后计算出焊条熔化到第2段（前段）和第6段（即末段）所需的时间，也可以分别求出前段和末段的平均熔化速度，然后用下式计算出前段和末段熔化的时间变化率 Δt 或前段和末段熔化速度变化率 Δv，

$$\Delta t = (t_{前} - t_{后})/t_{前} \tag{4-2}$$

$$或 \ \Delta v = (v_{后} - v_{前})/v_{前} \tag{4-3}$$

3. 熔滴颗粒度不均匀性的测试

熔滴颗粒度是衡量不锈钢焊条工艺稳定性的重要标志之一，不仅熔滴颗粒度大小能反映焊条工艺稳定性，而且焊条前、后段熔滴颗粒度大小的变化（即熔滴尺寸不均匀性）也能反映焊条的工艺稳定性。熔滴的颗粒度也是焊条某些冶金特性的表现。因此对熔滴颗粒度的测试是焊接电弧物理特性的研究手段之一，也是研究焊接冶金问题的重要依据。

熔滴的测试分成两种，一种是熔滴颗粒度的测试，另一种是熔滴尺寸不均匀性的测试。

（1）熔滴颗粒度的测试　熔滴颗粒度的测试分为两个步骤，一是熔滴的收集，二是熔滴尺寸的测量和评定。

传统的熔滴收集方法即熔滴水中收集方法[3]，如图 4-5a 所示。焊条在石墨电极的一侧

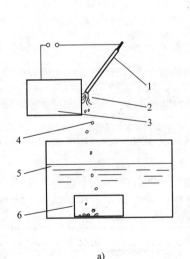
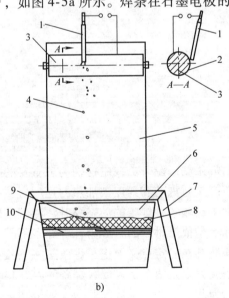

a)　　　　　　　　　　　　　　　　b)

图 4-5　收集熔滴方法示意图

a）水中收集熔滴方法示意图

1—焊条　2—电弧　3—石墨电极　4—熔滴　5—水槽　6—铜网收集器

b）用干法收集熔滴示意图

1—焊条　2—电弧　3—石墨电极　4—熔滴　5—空冷却筒　6—熔滴收集器　7—支架　8—石棉灰层

9—半月形隔板　10—筛网

引燃，焊条熔化后金属熔滴经过一定的空间落入水中，用铜丝网将熔滴收集起来，烘干后用研钵分离熔滴表面的熔渣。如果测试的是碳钢焊条，则可以用磁铁将渣与熔滴分离。

熔滴水中收集方法操作简单，但缺点是：当熔滴落入水中急冷时，往往由于熔滴内部气体溶解度骤然降低，气体从熔滴最后入水的上部（冷却稍慢、温度相对较高的部分）猛烈逸出，熔滴完全冷却后留下气体逸出的痕迹——内部有空洞、外形是带开口的石榴形状的熔滴。因此水中熔滴收集方法往往得不到球形的实心熔滴，给熔滴尺寸的测量和处理数据造成困难。作者和同事们曾对传统的水中收集熔滴的方法进行了改进，由水中收集熔滴改为干法收集，即将熔滴收集到盛有石棉灰的容器中，使熔滴缓慢冷却，从而得到实心致密性较高的球状熔滴[4]。图 4-5b 是作者采用的干法收集焊条熔滴的装置示意图，由图看到焊条在碳极上引燃后，熔滴经过空冷筒落在盛有石棉灰的熔滴收集器中，在石棉灰层下面垫有两片半月形的隔板，施焊完毕后取掉隔板，使混有熔滴的石棉灰落在筛网上，振动收集器使石棉灰通过筛网，将熔滴分离出来。

图 4-6 是既可以用水也可以用干粉收集熔滴的装置示意图，由图 4-6a 看到，焊条电弧在石墨块一侧引燃，熔滴掉落在倾斜放置的厚度为 6mm 的铜板上，熔滴在滚落过程中得到冷却，之后落入收集器中，收集器可以盛水，也可以放入干粉。图 4-6b 也是一种干、湿通用的收集熔滴的装置，这种方法是电弧在旋转的铜盘上引燃，熔滴由铜盘滚落到铜质的收集器内，收集器可以盛水也可以放入干粉。应该说明，当使用图 4-6a 所示的装置采用干法时，为保证熔滴的充分冷却，倾斜放置的铜板长度不少于 60cm，而使用图 4-6b 所示的装置时旋转铜盘的直径不少于 35cm。

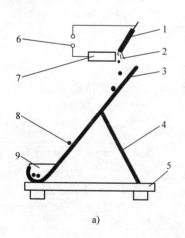
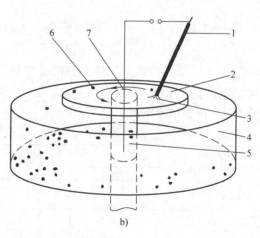

a)　　　　　　　　　　　　　　　　b)

图 4-6　干、湿通用的两种收集熔滴装置示意图

a）使用倾斜的冷却铜板收集熔滴装置示意图

1—焊条　2—电弧　3—冷却铜板　4—支架　5—底座　6—电源　7—石墨　8—熔滴　9—熔滴收集器

b）使用旋转的冷却铜盘收集熔滴装置示意图

1—焊条　2—旋转铜盘　3—电弧　4—熔滴收集器　5—转轴　6—熔滴　7—电源

收集的熔滴尺寸的大小是极不均匀的，为了对其进行分类和评定，石崎敬三等人曾提出一种方法，称作 d_{50} 法[5]。这种方法大体上按以下步骤进行：首先将收集到的熔滴用 $\phi 0.5\,mm$、$\phi 1.0\,mm$、$\phi 2.0\,mm$、$\phi 3.0\,mm$、$\phi 3.5\,mm$、$\phi 4.0\,mm$ 筛孔的标准筛进行筛选，然后根据情况将熔滴分为 4 ~ 5 组，并求出每组熔滴的质量分数（%）；然后又由每组中选

$50 \sim 100$ 粒求出每粒熔滴的平均质量 $\overline{m}_{1 \sim 5}$，再根据球体公式计算出每组平均直径 $d_{1 \sim 5}$，平均直径 $d_{1 \sim 5}$ 可以根据球体公式导出，设熔滴密度为 $7.86 \mathrm{g/cm^3}$，则

$$4/3 \pi r^3 = \overline{m}_{1 \sim 5} 7.86$$

整理后得到熔滴直径计算式

$$d_{1 \sim 5} = 0.624 (m_{1 \sim 5})^{1/3} \tag{4-4}$$

最后以各组熔滴平均直径为横坐标，以每组熔滴由大到小对应的质量分数的叠加值为纵坐标，绘出熔滴平均直径与累计质量分数的关系曲线，取累计质量分数为 50% 时所对应的熔滴平均直径（d_{50}），作为评价这种焊条熔滴颗粒度的数值。

d_{50} 法是评价熔滴颗粒度的比较科学的处理方法，但是分样处理过程比较烦琐，同时，为了对熔滴进行准确分类，对收集的熔滴要求较高，必须得到实心的、近似球形的熔滴。为了提高测试效率，快速地得到某种焊条熔滴颗粒度的相对数据，可以采取相对粗略的处理方法。即首先将收集的熔滴用 $\phi 1.0 \mathrm{mm}$ 筛孔的筛子除去直径不足 1mm 的细熔滴（因为除了喷射过渡为主的焊条外，$d < 1 \mathrm{mm}$ 熔滴可视为飞溅物），再用一个标准筛（规格为 $\phi 4 \mathrm{mm}$ 的焊条一般选择标准筛孔直径 $d = 3 \mathrm{mm}$）将熔滴分成粗细两大类，算出各类熔滴的质量分数，以此作为评价焊条熔滴的颗粒度。

（2）熔滴尺寸不均匀性的测试 熔滴尺寸的不均匀性可以用熔滴颗粒度变化率 Δd 来表示，将规格为 4mm、长度为 350mm 的焊条，分为前 150mm 和后 150mm 两段（除去焊条夹持端留 50mm 长外），前段和后段分别搜集熔滴，根据式（4-5）求出熔滴颗粒度的变化率 Δd_r

$$\Delta d_r = (d_{前} - d_{后})/d_{前} \times 100\% \tag{4-5}$$

式中 $d_{前}$——焊条前段 $d_r > 3 \mathrm{mm}$ 熔滴的平均直径；

$d_{后}$——焊条后段 $d_r > 3 \mathrm{mm}$ 熔滴的平均直径。

熔滴颗粒度变化率 Δd_r 越小，工艺稳定性越好。几种焊条样品熔滴颗粒度 d_r 和熔滴颗粒度变化率 Δd_r 测试结果实例见表 4-1。

表 4-1　不锈钢焊条熔滴颗粒度测试实例

试验焊条样品编号	直径 $d_r > 3 \mathrm{mm}$ 熔滴颗粒度			熔滴颗粒度变化率 Δd_r（%）
	焊条前段 $d_{前}$	焊条后段 $d_{后}$	前后段平均 $d_{总}$	
A102（3）	66.1	47.3	56.7	28.4
A102（4）	58.1	61.6	59.8	-6.0
CH511（高钛型）	40.3	27.1	33.6	33.0
CH5110	24.8	16.8	20.8	32.2
OK61.8I	73.5	76.8	75.1	-4.5

注：焊条规格 4mm，焊接电流 $130 \sim 140 \mathrm{A}$，极性为直流反接。

测试熔滴颗粒度变化率时，对于规格为 4mm 的不锈钢焊条，一般选用 $d_r > 3 \mathrm{mm}$ 熔滴的质量分数为计算依据，但也不是绝对的，当直径 $d_r > 3 \mathrm{mm}$ 熔滴的质量分数比较小时，说明该焊条熔滴比较细小，此时可选择 $d_r > 2.5 \mathrm{mm}$ 熔滴的质量分数为计算依据，得到的熔滴颗粒度的变化率 Δd_r 才比较合理。当焊条的后段熔滴比前段更粗大时，熔滴颗粒度的变化率 Δd_r 出现负值，说明焊条工艺稳定性是较差的。

4. 熔滴表面张力的测试

焊条电弧焊时熔滴的表面张力是影响熔滴过渡形态的主要力之一。为了使焊条得到理想的熔滴过渡形态、提高焊条工艺质量，研究药皮成分对熔滴表面张力的影响规律对指导焊条配方设计十分重要。显然熔滴表面张力测试技术，是研究这一问题的必不可少的手段。

表面张力的测试一般要先测量液体的一些宏观现象，然后通过计算求得。静力学法是测量熔体表面张力的主要方法，该方法的实质是在某种静力学状态下测量由表面张力所决定的液滴形状、高度、接触角、滴重等特征量，然后通过计算求出表面张力。静力学法分为分离法和形状法两种，滴重法是分离法的典型方法，它是利用棒状端头下落的液滴重量与其他表面张力之间的平衡关系进行测量，并通过公式进行计算求得[6]。

国内曾经有文献介绍用滴重法测试焊条熔滴的表面张力的研究工作，具体方法是将焊条悬于石墨坩埚中心处，通过高频加热坩埚使焊条熔化，形成熔滴并长大直到脱离掉入坩埚内，称量试验焊条质量的变化，确定掉落的熔滴质量，然后通过公式计算出焊条的表面张力[7]。滴重法测量熔滴的表面张力是一个很有意义的探索，该方法操作比较简单实用，但是该方法需将被试焊条在氩气保护下的坩锅炉中加热，这与焊条在实际焊接的条件相差较大，测试结果只能作为参考。

在实际焊接条件下，因为焊条端部存在着套筒，所以不仅使相界面的情况变得十分复杂，同时套筒内熔化的熔渣包覆在金属熔滴的表面，很大程度上改变了金属熔滴的界面张力状况。考虑到实际焊接时焊条套筒和熔渣的影响，太原理工大学孟庆森教授曾对焊条电弧焊时熔滴表面张力的测试提出了一种新的方法——连续投影悬滴法。该方法已在第2章2.1.3节中做了详细的介绍[8,9]。

焊条表面张力的测试由于受到多种因素的影响和多种条件的限制，其测试结果很难做到十分精确。无论采取滴重法还是悬滴法，都是对熔滴表面张力测试工作的积极探索，期望焊接工作者在未来的实践中不断完善。

5. 熔渣表面张力的测试

熔渣表面张力的数值是设计焊条药皮成分的重要依据之一，也是对焊条表面张力测试的重要补充。焊接时焊条金属熔滴的表面往往被熔渣包裹着，形成具有金属和熔渣合一的双结构熔体，根据熔滴的这一双结构理论[10-12]，用悬滴法测试得到的熔滴表面张力 γ_D 实际上反映了熔渣表面张力 γ_s 和熔渣与金属界面张力 γ_{ms} 的总和，这一概念可以用下式描述

$$\gamma_D = \gamma_s + \gamma_{ms}$$

熔渣表面张力的测试可以采用卧滴法，测试装置如图4-7所示。试验时首先将熔渣或药皮混合粉制成直径为10mm、高12mm的圆锥形试样，放入管式炉内，向炉内通氩气保护，然后加热试样，至试样软化后升温至液滴形成，并稳定后拍摄试样的影像照片。将液滴照片投影放大，测量影像的形状参数（图4-8），测量液滴影像最大水平直径 $2X_{m1}$ 以及最大水平直径到液滴顶点的距离 Z_m（图4-8b），然后根据式（4-6）计算熔渣的表面张力[6]。

$$\gamma_s = \Delta\rho g b^2 / \beta \tag{4-6}$$

式中　$\Delta\rho$——熔渣密度（g/cm²）；

　　　　g——重力加速度（9.8m/s²）；

　　　　b——液滴顶点 O 处的曲率半径（cm）；

　　　　β——形状修正系数。

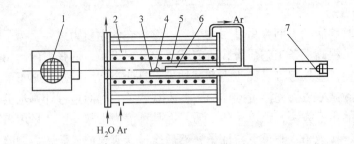

图 4-7　熔渣物理性能测试装置示意图
1—投影屏　2—钼丝炉　3—垫片　4—试样　5—热电偶　6—炉管　7—光源

6. 熔渣软化温度的测试

熔渣的软化温度是熔渣的重要物理性能之一，它对于焊条的冶金过程和焊条的工艺性都有很大的影响，焊条药皮成分或者是熔渣的软化温度是焊条设计的重要依据之一。

熔渣的熔化过程（即由固态转变为液态）实际上是在一定的温度范围内进行的，通常把药皮形成熔渣之后、氧化物开始熔化的温度称为熔渣的熔点，熔渣的熔点与熔渣的组成物的种类、比例和颗粒度有关。熔渣是多种氧化物、氟化物及各种盐类组成的混合物，与单金属的加热及熔化不同，熔渣在加热和冷却的过程中热效应是渐变

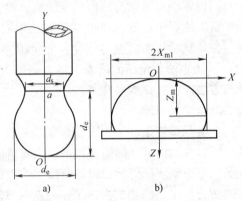

图 4-8　测试熔滴和熔渣表面张力的形状参数
a）悬滴　b）卧滴

的，黏度的增减是一个渐变过程，因此一般熔渣不存在确定的熔点，只存在一个软化温度范围。测定熔渣的熔点实际上是测试熔渣的软化温度区间。

作者使用的锥形试样投影法是测量熔渣软化温度可行的方法，这种方法是将焊条药皮混合粉用水玻璃拌和制成直径 8mm、高 12mm 的圆锥形试样，经低温烘干后送入钼丝管式炉中加热，在炉管的一端放置一个光源，通过透镜将平行光穿过炉管中间的试样，将试样的影像投影在显示屏上，试样随温度变化的影像用照相机记录下来，焊条药皮熔渣（或者是混合粉）的软化温度是以锥形试样尖端开始软化变圆的温度 t_1 至试样下塌到 1/3 高度时的温度 t_2 的温度区间表示的。图 4-9 是某试验焊条药皮混合粉试样加热过程中形状变化的实物照片，其软化温度区间应该是 1170～1230℃。

图 4-9　焊条药皮混合粉试样在加热过程中形状变化的实物照片
注：照片中从左至右加热温度分别为 900℃、950℃、1060℃、1100℃、1150℃、1170℃、1200℃、1230℃、1240℃。

作者和学生们曾经用这种方法测试了多种焊条的熔渣和药皮的软化温度区间，证明采用锥形试样投影法测试焊条熔渣软化温度是可行的。测试焊条熔渣软化温度的另外一种方法是

采用直径为 10mm、高度为 10mm 的圆柱形试样，以 10℃/min 的速度加热，熔渣和药皮的软化温度是以试样高度突然减小时的温度来表示，熔点则以试样高度减小一半时的温度表示[13]。

4.2　不锈钢焊条的电弧物理特性

4.2.1　钛钙型不锈钢焊条熔滴行为的可视化信息

1. 钛钙型不锈钢焊条粗熔滴过渡形态特征

早年的钛钙型渣系 0Cr19Ni10 型不锈钢焊条，由于含有较多量的碱性造渣物，而硅、铝酸盐造渣成分相对较少，熔渣表面张力和金属熔滴表面张力相对较大，焊接时熔滴比较粗大，第一主导力作用指数 $P' < 20$，第二主导力作用指数 $P'' < -4$，处于熔滴过渡形态 $P' - P''$ 关系图 B 区（见第 2 章图 2-43），形成十分典型的粗熔滴短路过渡形态。

高速摄影技术是获取熔滴行为特征的可视化信息的主要手段。图 4-10 是两组典型的钛钙型不锈钢焊条熔滴短路过渡的高速摄影照片，由图 4-10a 看出，第 311～643 帧照片看到粗大熔滴在焊条端面的活动，第 646～664 帧记录了熔滴与熔池短路桥接过渡过程，至第

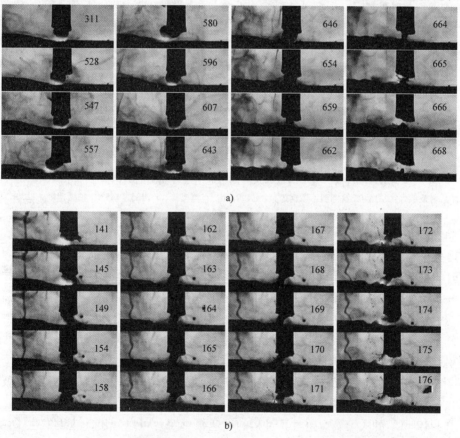

图 4-10　钛钙型不锈钢焊条熔滴短路过渡的高速摄影照片

样品名及编号：GDA102 钛钙型不锈钢焊条，φ3.2mm；直流反接，$I = 110～120A$；拍摄速度：1200f/s。

668 帧照片过渡完成。共拍摄 357 帧照片，历时 0.298s，图中只撷取其中有代表性的 16 帧照片。图中显示的粗熔滴过渡的过程并不是个别的现象，而是这种焊条具有的代表性的粗熔滴过渡实例。应该说明从第 311 帧照片至第 668 帧照片并不是一个完整的过渡周期，因为在第 311 帧照片之前熔滴的长大阶段并没有列示。图 4-10b 选取了另一组钛钙型不锈钢焊条熔滴发生桥接短路过渡过程的图片，可以看出熔滴的桥接过渡为第 149 ~ 170 帧共 21 帧图片，历时约 17.5ms，和前一幅图片短路时间（第 646 ~ 664 帧共 18 帧照片，历时约 15.0ms）差不多，显然这是属于十分典型的 A 型短路。

通过两幅图片可以直观地看出，钛钙型不锈钢焊条熔滴行为有如下几个的特点：一是熔滴十分粗大，超过焊芯的直径，接近焊条的外径；二是熔滴的过渡过程与熔池发生持续性短路，使电弧燃烧不连续；三是熔化速度慢，熔滴过渡周期长，熔滴过渡周期一般在 2 ~ 4s 之间（对该样品实际统计的熔滴过渡的周期约为 2.3s）；还有一点就是短路过渡最容易引起电爆炸飞溅。图 4-11 所示为钛钙型不锈钢焊条短路引起电爆炸飞溅的高速摄影照片，由图看出，熔滴在第 9 帧照片发生短路，短路持续了约 20ms 之后发生了爆炸（第 24、25 帧照片），形成猛烈的电爆炸飞溅。

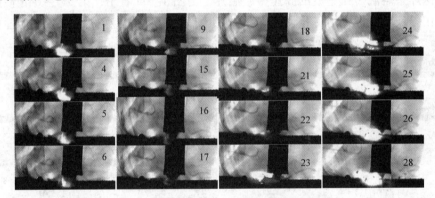

图 4-11　钛钙型不锈钢焊条短路引起电爆炸飞溅的高速摄影照片

样品名及编号：GDA102 钛钙型不锈钢焊条，ϕ4.0mm；直流反接，I = 135 ~ 145A；拍摄速度：1200f/s。

2. 钛钙型不锈钢焊条粗熔滴短路过渡的波形图特征

钛钙型不锈钢焊条是粗熔滴过渡形态的典型代表。图 4-12 是钛钙型不锈钢焊条粗熔滴过渡时的高速摄影照片，记录了一个典型的粗熔滴短路过渡过程：第 1 帧照片熔滴已经长大——第 2、3 帧照片瞬间接触短路——第 6 帧照片迅速脱离接触，再引弧——第 7 ~ 9 帧照片再次与熔池接触，电弧熄灭——第 10 ~ 11 帧照片迅速脱离接触，再引弧——第 14、15 帧照片再次与熔池接触，电弧熄灭——第 16 帧照片又一次迅脱离接触，再引弧——第 17 ~ 24 帧照片与熔池接触形成短路桥，进行金属的过渡——第 25、26 帧照片过渡将完成，短路桥变细——第 27 帧照片发生电爆炸飞溅，短路桥破断，同时再引弧——进行下一个过渡周期。

由图 4-12 所示的大熔滴短路过渡过程的高速摄影照片可以看出，这里发生了两种不同类型的短路：一种是短路后迅速形成短路桥，并进行熔化金属的过渡；另一种短路则是在大熔滴短路之前发生的多次瞬间的短路行为，每次的接触短路不发生金属的过渡。在参考文献 [2，3] 中，将第一种短路称作 A 型短路，将第二种短路称作 B 型短路。这两种短路的行为特征在第 2 章已经做了分析介绍。

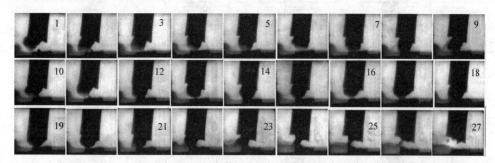

图 4-12　焊条粗熔滴过渡过程的高速摄影照片

焊条样品：A102 钛钙型不锈钢焊条，ϕ4mm；直流反接，$I \approx 140$A；拍摄速度：1000f/s。

图 4-13 是钛钙型不锈钢焊条粗熔滴过渡最具代表性的波形图。由波形的起伏可以想象出每一个熔滴在形成、长大到过渡的全过程，短路的周期性，也就是熔滴过渡周期性，比较明显（图 4-13a）。从图 4-13b 可以清楚地看出，在发生较长时间短路（A 型短路）之前，有时会出现连续的瞬时短路（B 型短路）现象。

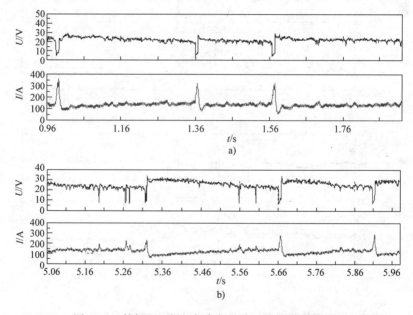

图 4-13　钛钙型不锈钢焊条粗熔滴过渡典型波形图

a）tg102 - B 钛钙型不锈钢焊条，ϕ4mm，直流反接，$U = 22.08$V，$I = 136.07$A

b）CHS102 - 1 不锈钢焊条，ϕ4mm，直流反接，$U = 23.88$V，$I = 124.80$A

焊接电源：ZXG - 300 型弧焊整流器。

仔细观察钛钙型不锈钢焊条熔滴短路过渡行为发现，长时间的桥接短路过程有时会出现如图 4-14 所示的短路不连续现象，由图看到第 4～21 帧照片是熔滴与熔池短路的过程，而在第 11 帧照片看到电弧瞬间复燃，而后又继续短路过程，这一短路不连续现象清楚地反映在电压波形图上。

图 4-15 是钛钙型焊条样品出现不连续短路过程的电弧电压和焊接电流波形图。

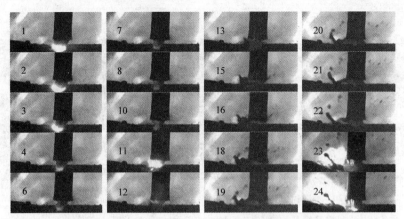

图 4-14 钛钙型不锈钢焊条短路时发生瞬间燃弧现象的高速摄像照片

焊条样品：GDA102 钛钙型不锈钢焊条，ϕ4mm；直流反接，$I \approx 140$A；拍摄速度：1200f/s。

图 4-15c 中标注字母"d"处是发生短路过程中断现象的波形，当放大时间坐标时（图

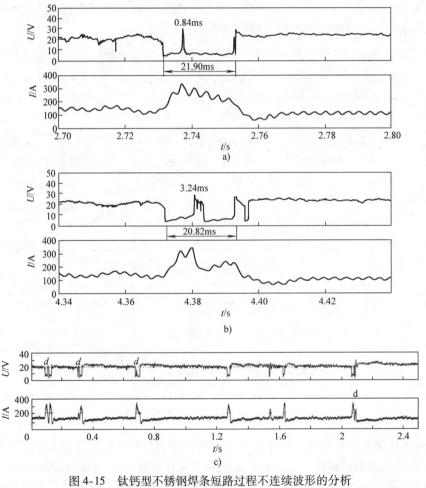

图 4-15 钛钙型不锈钢焊条短路过程不连续波形的分析

a）短路过程中断现象的波形　b）$t = 2.7 \sim 2.8$s 的波形图　c）$t = 4.34 \sim 4.44$s 的波形图

焊条样品：tg102 - B 钛钙型不锈钢焊条；焊接参数：$U = 22.08$V，$I = 136.07$A。

4-15a、b）会清楚地看到电压波形的短路曲线中部出现突然瞬间升高，使短路过程中断，造成短路过程不连续。

实际上这种短路波形的特殊表现在钛钙型不锈钢焊条波形中是比较常见的。在图 4-15a、b 中统计短路中断的时间分别为 0.84ms 和 3.24ms。粗大熔滴出现短路中断现象可以这样解释：粗大熔滴与熔池桥接过渡的过程中，短路大电流产生的电阻热导致液桥过热和局部发生汽化，由于大熔滴形成的液桥有较大的截面，短路过程中的过热与汽化程度尚不足以导致短路桥的爆断和飞溅，只是使短路桥瞬间脱离接触而中断，电弧被瞬间引燃，短路桥积累的热量得到一定的释放，由于没有发生飞溅，熔体的质量并没有明显减小，因此中断的短路桥得以很快修复，继续接触短路过程，电弧熄灭，直到熔滴过渡完成。对于发生的短路过程瞬间中断的现象，在统计短路频率时应该将其忽略，将中断的时间包含在内，视为一次连续的短路过程进行统计（图中统计的连续短路时间分别为 21.90ms 和 20.82ms）。而实际上汉诺威分析仪统计的短路频率是将其分开计算的，这样可能导致统计的短路频率的数值增大。但是如果分析仪设置的 $\Delta T_{min}=1000\mu s$，而短路的中断时间不大于 1ms，（图 4-15a 中为 0.84ms），在统计加权燃弧时间和短路周期时，分析仪会将其视为瞬时短路而加以剔除，不影响短路周期 T_c 的统计数据。但如果对于中断时间大于 1ms 的情况（图 4-15b），统计加权燃弧时间和短路周期时，分析仪会视为两次短路进行统计，这是在测试不锈钢焊条的电弧物理特性参数时应该注意的。

4.2.2　高钛型不锈钢焊条熔滴行为的可视化信息

1. 高钛型不锈钢焊条渣壁过渡形态特征

设计的新型酸性不锈钢焊条渣系为高钛型，也可称为钛酸型，国外更多称作金红石型。根据焊芯和药皮成分计算得到的第一主导力作用指数 $P'>35$，第二主导力作用指数 $P''<-4$，在熔滴过渡形态 $P'-P''$ 关系图中处于 A 区，熔滴呈渣壁过渡。图 4-12 是三组高钛型不锈钢焊条典型的熔滴渣壁过渡时的高速摄影照片。

将图 4-16 高钛型不锈钢焊条渣壁过渡形态与图 4-12 钛钙型不锈钢焊条粗熔滴过渡形态相对照，可知渣壁过渡有如下的特点：一是熔滴尺寸小，一般不超过焊芯直径；二是熔滴过渡过程不与熔池发生短路；三是焊条的熔化速度快，熔滴过渡周期短。第 2 章 2.4.4 节中表 2-5 和表 2-6 对焊条熔滴过渡形态特征和工艺特性做了详细的描述。

2. 高钛型不锈钢焊条渣壁过渡的波形

高钛型不锈钢焊条渣壁过渡时，虽然熔滴与熔池不发生短路，但熔滴的每一次过渡都引起电弧长度的变化，引起波形相应的波动，形成渣壁过渡特有的锯齿状波形。在正常的焊接参数下高钛型不锈钢焊条渣壁过渡频率一般为 $7\sim9s^{-1}$，锯齿状波形波动的频率往往与熔滴过渡的频率相对应。图 4-17 是高钛型不锈钢焊条渣壁过渡时电弧电压、焊接电流波形图，从图中可以看出与其他过渡形态完全不同的明显的锯齿状特征。图 4-17b 是将时间坐标放大的渣壁过渡时电弧电压、焊接电流波形图，仔细观察发现，每一个波动的周期有时会出现电压的跃升现象，图中标出了三处电压跃升的电压值，这也许是导致渣壁过渡时名义电压升高的另一方面原因。至于发生电压跃升现象的机理，可暂不做讨论，但电压跃升现象的客观存在却是渣壁过渡形态电压波形的显著特征之一。当然应该说明的是，电压波形的这种特殊表现与电焊机的特性有关，图中所示的情况是在作者的试验条件下出现的。

渣壁过渡是高钛型不锈钢焊条理想的过渡形态，但实际上不同厂商生产的不锈钢焊条往

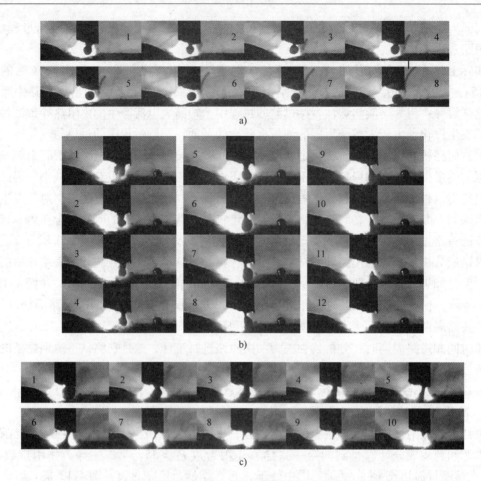

图 4-16　高钛型不锈钢焊条典型的熔滴渣壁过渡时的高速摄影照片

样品名及编号：CHSA102 不锈钢焊条，φ3.2mm；直流反接，$I=110\sim120A$；拍摄速度：1200f/s。

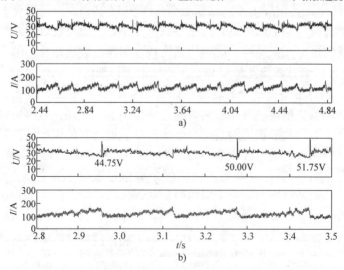

图 4-17　不锈钢焊条渣壁过渡时电弧电压、焊接电流波形图

样品名称；TY102-B，φ4.0mm；$U=21.11V$，$I=136.15A$；焊接电源：ZXG-300 型弧焊整流器，直流反接。

往由于设计或制造方面的缺陷，焊条没能实现理想的过渡形态，而是出现少量的短路过渡的情况，熔滴呈渣壁过渡和短路过渡的混合过渡形态。

概括起来说，不锈钢焊条熔滴过渡形态基本类型有三种：一是钛钙型渣系的粗熔滴短路过渡，二是高钛型渣系的渣壁过渡，三是介于这两者之间的混合过渡形态。

图 4-18 是汉诺威分析仪生成的不锈钢焊条熔滴短路过渡、渣壁过渡和混合过渡的电弧电压、焊接电流波形图。由波形图的对比可以直观地看出不锈钢焊条过渡形态的一些特征：粗熔滴过渡时，熔滴是以短路的形式过渡（图 4-18a），短路过渡的周期大约为 $2 \sim 4 s^{-1}$；而渣壁过渡时熔滴与熔池不发生短路（图 4-18b），形成锯齿状波形，过渡频率一般为 $7 \sim 9 s^{-1}$，比粗熔滴时要高；混合过渡波形图明显地看出具有短路过渡和渣壁过渡两种形态特征（图 4-18c）。

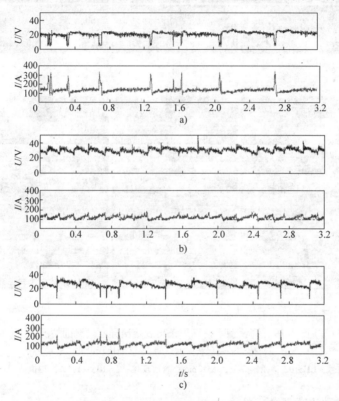

图 4-18　不锈钢焊条短路过渡、混合过渡和渣壁过渡电弧电压、焊接电流波形图

a）TY102 - B，ϕ4.0mm，$U = 21.11V$，$I = 136.15A$，粗熔滴短路过渡波形

b）E308 - 12，ϕ3.2mm，$U = 30.50$，$I = 119.01A$，熔滴渣壁过渡波形

c）E308 - 11，ϕ4.0mm，$I = 122.21A$，熔滴混合过渡波形

焊接电源：ZXG - 300 型弧焊整流器，直流反接。

3. 高钛型不锈钢焊条熔滴的其他过渡形态

高钛型不锈钢焊条具有典型的渣壁过渡形态，对不同厂商高钛型不锈钢焊条样品观察发现，除了渣壁过渡形态以外，熔滴有时也会出现其他异常过渡形态，如熔滴呈喷射状过渡和不规则块状形态的过渡等（见图 4-19a、b）。出现这种异常的过渡形态对高钛型不锈钢焊条电弧过程的稳定性会产生一定的影响。列举如图 4-19 所示的例子对于全面认识不锈钢焊条熔滴过渡形态特征和工艺特性十分必要。渣壁过渡是高钛型不锈钢焊条的基本的、主导的过渡形态，决定了高钛型不锈钢焊条良好的工艺特性。

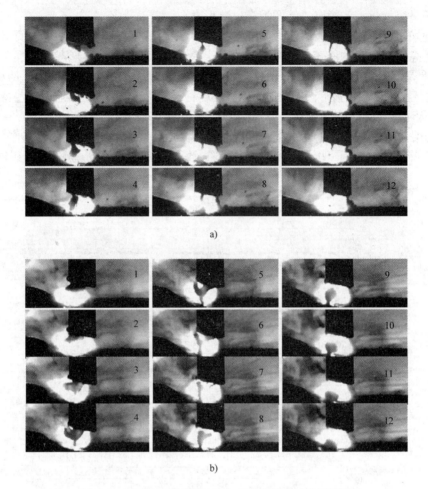

a)

b)

图 4-19　高钛型不锈钢焊条出现熔滴异常过渡的情况

a）熔滴的喷射状过渡　b）熔滴的块状过渡

样品名及编号：CHS102 不锈钢焊条，$\phi3.2mm$；直流反接，$I = 105 \sim 115A$；拍摄速度：$1200f/s$。

4. 渣壁过渡时的飞溅现象

第 2 章曾谈到飘离飞溅是渣壁过渡时主要的飞溅形式。图 4-20 是渣壁过渡发生飘离飞溅的照片，从中可以看出停留在套筒边缘的小熔滴被气流吹离，形成小颗粒飘离飞溅（图 4-20a）。飘离飞溅也可能是由于电弧力的作用引起的，如图 4-20b 所示，第 1 ~ 9 帧照片电弧力作用于熔滴的底部，第 13 ~ 17 帧照片明显地看出在电弧力的作用下，熔滴已偏向焊条端的一侧，接着第 21 ~ 25 帧照片熔滴开始脱离了套筒边缘而飞离，熔滴的飞离过程十分缓慢，根据照片估算的飞行速度大约为 0.28m/s。

由于不同焊条冶金条件的差异，有的不锈钢焊条还保持一定的气体动力，第二主导力具一定的强度，焊接时偶尔也会表现喷射行为，因此由气体动力而形成的断续的喷射过渡或喷洒飞溅也时有发生。图 4-21 是三幅高钛型不锈钢焊条产生喷洒飞溅的照片，从形态上看与碳钢焊条出现的喷射过渡十分相似，只不过不像碳钢焊条那样频繁发生。由于钛钙型不锈钢焊条熔滴有较大的表面张力，熔滴表现出足够的刚性，在熔滴形成和长大的过程中一般情况下都保持整齐的边界，形成完整的大熔滴过渡，不至于散开。而高钛型渣壁过渡时的熔滴表

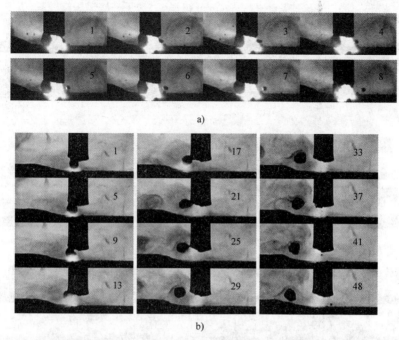

图 4-20　不锈钢焊条渣壁过渡时发生飘离飞溅的照片（拍摄速度：1200f/s）

a）CHS102 不锈钢焊条，ϕ3.2mm，直流反接，$I = 105 \sim 115A$

b）GDA102 钛钙型不锈钢焊条，ϕ4.0mm，直流反接，$I = 135 \sim 145A$

面张力小，熔滴表现得十分松弛，在电弧力等各种力的作用下很容易被解体、破碎，形成飞溅。

5. 高钛型不锈钢焊条的电弧稳定性

电弧稳定性好是渣壁过渡形态突出的特点之一，这是因为：首先，渣壁过渡时电弧属于连续型，熔滴过渡时不与熔池发生短路，电弧保持连续不中断；其次，高钛型的药皮成分具有良好的稳定电弧的作用，电弧为敞开型；再次，从电弧的活动性来看，渣壁过渡电弧的活动性不大，在第 2 章的一些渣壁过渡形态典型照片（图 2-16a 第 61 ~ 77 帧照片）可以清楚地看到，当熔滴滑出套筒外，与熔池发生桥接并进行金属的过渡的整个过程中，电弧仍然从套筒内"伸出"，保持着很好的挺度，由图 2-16b 可以更清楚地看出在整个过渡过程中熔滴行为对电弧行为没有影响，电弧的形态也没有任何改变。

然而也会出现电弧根在套筒内和熔滴底部之间发生转移的情况。如图 4-22 所示，电弧不是一直处于焊条套筒内，有时电弧根随着悬挂在套筒边缘上的熔滴底部移出套筒之外，在熔滴的底部与熔池之间燃烧（第 1 ~ 6 帧照片），这说明此时熔滴在套筒内与焊芯相连形成导电的回路；但这种情况很快发生了变化，随着熔滴的进一步长大，在套筒内液体金属与焊芯脱离，熔滴的导电回路中断，此时在熔滴底部的弧根迅速脱离熔滴而转移到套筒内（第 6 ~ 7 帧照片），之后熔滴的进一步长大、与熔池的桥接以及金属的过渡过程都不改变电弧的行为。像图 4-22 这样发生弧根转移的现象是渣壁过渡比较经常发生的，但是从图中照片看出，弧根转移的现象对电弧挺度的影响程度很小，由此造成的电弧偏摆不是很大，不改变电弧非活动型电弧的属性。但是也会出现十分极端的情况，即弧根的转移引起电弧的激烈飘移。如图 4-23 所示为这种极端飘移的情况，在图中第 1 ~ 7 帧照片看到电弧处于熔滴的底

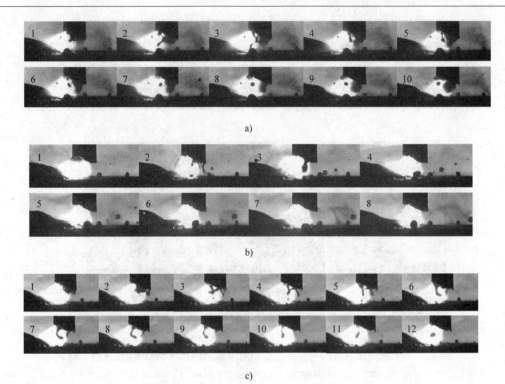

图 4-21 高钛型不锈钢焊条产生喷洒飞溅的照片

焊条样品：JS-308 不锈钢焊条，ϕ3.2mm；直流反接，$I = 105 \sim 115A$；拍摄速度：1200f/s。

部，由于熔滴的偏离，使电弧明显地偏向套筒的右侧，而在第 8 帧照片清楚地看到电弧飞快地转移到套筒内，仔细观察第 8 帧照片还能看出电弧由熔滴底部移走的影像痕迹。如图4-23所示的明显的弧根转移现象是渣壁过渡十分极端的情况，在电弧长度较大的特定条件下才有可能出现，正常焊接条件下这种情况出现的概率很小。

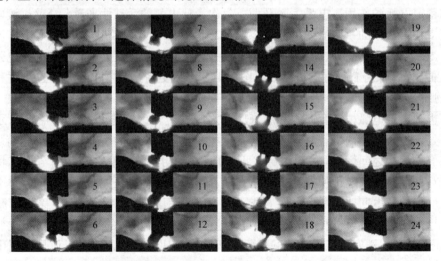

图 4-22 渣壁过渡时弧根发生转移的高速摄影照片（一）

焊条样品：CHS102 不锈钢焊条，ϕ3.2mm；直流反接，$I = 105 \sim 115A$；拍摄速度：1200f/s。

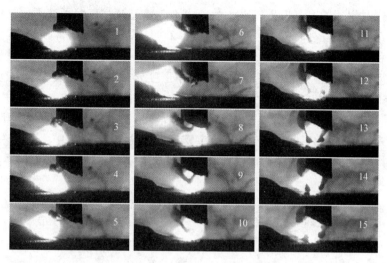

图 4-23　渣壁过渡时弧根发生转移的高速摄影照片（二）
焊条样品：JS－308 不锈钢焊条，ϕ3.2mm；直流反接，$I = 105 \sim 115A$；拍摄速度：1200f/s。

4.2.3　不锈钢焊条电弧物理特性的数字化信息

采用汉诺威分析仪对不锈钢焊条进行测试，得到电弧电压、焊接电流概率密度分布图和短路频率分布图，以获取不锈钢焊条电弧物理特性数字化信息。

1. 不锈钢焊条电弧电压概率密度分布图分析

图 4-24 是汉诺威分析仪测试的三种典型熔滴过渡形态的电弧电压概率密度分布图。试验焊条样品 TY102－B、JS－4 和 E308－12 分别对应不同的熔滴过渡形态，依次为短路过渡、混合过渡和渣壁过渡。从图看出，TY102－B 焊条电压概率密度分布曲线呈双驼峰状，小驼峰状曲线处于较高的位置，并覆盖较宽的范围，说明 TY102－B 焊条熔滴短路概率很大，图中间较大电压范围的驼峰状曲线反映燃弧阶段，其总体上靠近图的左面，表明该种焊条燃弧时电压较低。图中 E308－12 焊条渣壁过渡的电压概率密度分布曲线具有以下特点：短路低电压的小驼峰曲线几乎不出现，大驼峰状曲线处于图的右方，表明渣壁过渡时熔滴基

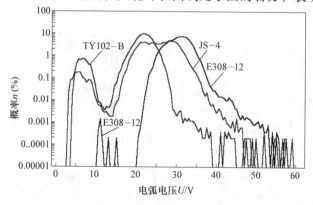

图 4-24　不同熔滴过渡形态的不锈钢焊条电弧电压概率密度分布叠加图
焊条样品：TY102－B、JS－04、E308－12 不锈钢焊条，ϕ4mm。
（本图的彩色图见附录 B 中图 B-1a）

本上不短路，同时焊条的名义电压较高；另外由于渣壁过渡存在熔滴过渡后电弧电压的跃升现象，在图的最右边往往存在着锯齿形高电压曲线，是否具有这些特征以及这些特征的显露程度是识别某种不锈钢焊条是否为渣壁过渡形态或该种不锈钢焊条形成渣壁过渡形态趋势大小的重要标志。JS－4 是具有混合过渡的电压概率密度分布图，其特征介于上述两者之间。

2. 不锈钢焊条焊接电流概率密度分布图分析

图 4-25 是汉诺威分析仪测试的三种典型熔滴过渡形态的焊接电流概率密度分布图。由图看出，渣壁过渡的 E308－12 焊条电流概率密度分布曲线十分集中，而具有混合过渡的 JS－4 和短路过渡的 TY102－B 样品都有大电流的概率密度分布，TY102－B 焊条出现大电流的概率更大一些。

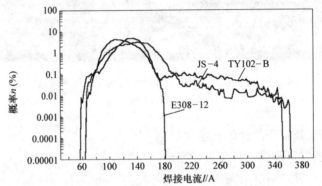

图 4-25   不同熔滴过渡形态的不锈钢焊条焊接电流概率密度分布叠加图

焊条样品：TY102－B、JS－4、E308－12 不锈钢焊条，ϕ4mm。

（本图的彩色图见附录 B 中图 B-1b）

3. 不锈钢焊条短路频率分布图分析

图 4-26 为不锈钢焊条短路频率分布图，它表示在横坐标的各时间段内统计的短路频率分布。图 4-26a 所示为 TY102－B 焊条短路过渡的情况，可以看出短路时间的分布很分散，有 15ms 以上的长时间的短路分布。图 4-26b 所示为 JS－4 焊条混合过渡形态短路频率分布

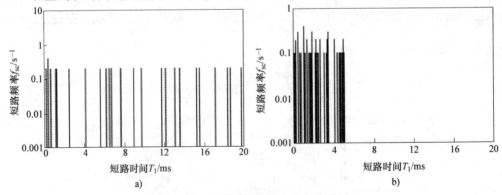

图 4-26   不锈钢焊条短路频率分布图

a）TY102－B ϕ4.0mm，直流反接，$U = 21.11V$，$I = 136.15A$

b）JS－4，ϕ4.0mm，直流反接，$U = 26.98V$，$I = 121.67A$

分析仪设置：短路时间组宽 $\Delta T_1 = 100\mu s$，短路周期时间组宽 $\Delta T_c = 500\mu s$，

最小短路时间 $T_{1min} = 1000\mu s$，阈值电压 $U_{th} = 10V$。

的情况, 与前者不同, 短路过程的时间大都集中在 6ms 以下的范围, 比前者的分布收敛。渣壁过渡时由于不发生短路, 因此不能生成短路频率分布图。

钛钙型不锈钢焊条是具有粗熔滴短路过渡形态的典型代表, 与钛钙型结构钢焊条、低氢型结构钢焊条、高纤维素焊条短路特征不同, 它表现在不同短路时间的频率分布上十分明显。下面对四种焊条样品测试的短路频率分布图进行对比, 解读各类型焊条短路频率分布的不同规律。

图 4-27 为四种不同类型焊条不同短路时间 T_1 的分布图。图 4-27a 是钛钙型不锈钢焊条短路时间分布图, 可以看出短路时间分布相当分散, 由 2ms 到 13ms, 出现 $T_1 < 1$ms 的短路概率很小; 图 4-27b 是钛钙型结构钢焊条短路时间分布图, 可以看出有密集的瞬间 B 型短路和相当数量的 C 型短路, 同时还存在较长时间的 A 型短路; 图 4-27c 为高纤维素焊条的短路频率分布图, 其特点是有大量的 C 型短路, 短路频率集中于图的左边, A 型短路分布最少; 图 4-27d 为低氢型结构钢焊条不同短路时间短路频率分布图, 主要特征是存在大量短路时间很长的 A 型短路和相当集中的 B 型瞬时短路。

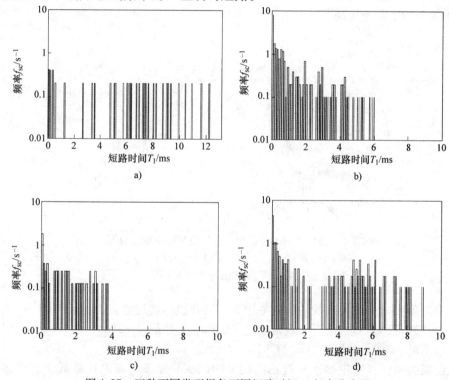

图 4-27　四种不同类型焊条不同短路时间 T_1 频率分布图

a) 钛钙型不锈钢焊条 (样品名称 TY102 – 11, ϕ4.0mm), $I = 160.86$A

分析仪设置: $\Delta T_1 = 100\mu s$, ΔT_2、ΔT_3、$\Delta T_c = 100\mu s$, $T_{1min} = 1000\mu s$, $U_{th} = 10$V。

b) 钛钙型结构钢焊条 (样品名称 JH42203, ϕ3.2mm) $I = 116.53$A

c) 高纤维素型焊条 (样品名称 bole, ϕ3.2mm) $I = 135.76$A

d) 低氢型结构钢焊条 (样品名称 CHE50602, ϕ3.2mm) $I = 114.88$A

分析仪设置 (图 b、c、d 相同): $\Delta T_1 = 100\mu s$, ΔT_2、ΔT_3、$\Delta T_c = 500\mu s$, $T_{1min} = 2500\mu s$, $U_{th} = 10$V。

由分析仪测试的钛钙型不锈钢焊条 $T_1 > 2$ms 的平均短路时间最长, $T_1 = 7.412$ms, 表明钛钙型不锈钢焊条具有典型的粗熔滴过渡, 低氢型结构钢焊条 $T_1 > 2$ms 的平均短路间数值也很大，平均 $T_1 = 5.302\text{ms}$，因此认为低氢型焊条属于粗熔滴过渡是有根据的。钛钙型结构钢焊条和高纤维素型焊条统计的平均短路间（$T_1 > 2\text{ms}$）分别为 $T_1 = 3.535\text{ms}$ 和 $T_1 = 2.850\text{ms}$，比钛钙型不锈钢焊条和低氢型结构钢焊条小得多。

通过对各类型焊条短路频率分布图的解读，可以大体上对焊条渣系的类型做出判断，对焊条工艺特性进行评估。

4. 交流电源焊接时不锈钢焊条电压概率密度分布图

选择 GD102 – 1、JT102 – 1、DQ102 – 1 三种不锈钢焊条样品，分别具有粗熔滴过渡、渣壁过渡和混合过渡形态，采用交流电源进行测试，得到的电弧电压和焊接电流概率密度分布如图 4-28 所示。由图看出：具有短路过渡的 GD102 – 1 焊条（图中曲线 1）电弧电压曲线分布比较集中，大体上在 $-50 \sim 50\text{V}$ 范围，电压最低，这是具有粗熔滴过渡形态的 GD102 – 1 焊条的主要特征之一；具有混合过渡形态的 DQ102 – 1 焊条的电弧电压概率密度曲线最分散（图中曲线 3），在曲线的两端特别是在正半周时有明显的高电压的分布；具有渣壁过渡形态的 JT102 – 1 焊条（曲线 2）电弧电压分布范围大体为 $-60 \sim 60\text{V}$，显然比粗熔滴过渡的 GD102 – 1 焊条的电弧电压高。

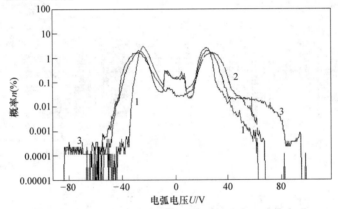

图 4-28　交流焊接时不锈钢焊条电弧电压概率密度分布叠加图

1—GD102 – 1　2—JT102 – 1　3—DQ102 – 1

（本图的彩图见附录 B 中图 B-2a）

对三种焊条实测的焊接参数的数据平均为：具有粗熔滴过渡形态的 GD102 – 1 焊条 $U = 21.85\text{V}$，$I = 134.32\text{A}$；具有混合过渡形态的 DQ102 – 1 焊条 $U = 25.41\text{V}$，$I = 128.75\text{A}$；具有渣壁过渡形态的 JT102 – 1 焊条 $U = 27.91\text{V}$，$I = 125.11\text{A}$。

测试结果表明：具有粗熔滴过渡形态的 GD102 – 1 焊条电弧电压最低，而焊接电流最大；具有渣壁过渡形态的 JT102 – 1 焊条电弧电压最高，而焊接电流最小；具有混合过渡形态的 DQ102 – 1 焊条焊接参数值介于前两者之间。在交流电源条件下测试的焊接参数也证实了渣壁过渡时不锈钢焊条具有名义电压高、焊接电流相应较小的特点。

图 4-29 为焊接电流概率密度分布叠加图，从图中可以看出具有渣壁过渡的 JT102 – 1 焊条（曲线 2）电流的分布范围最小，正半周时分布范围不超过 250A。

5. 交流电源焊接时不锈钢焊条电弧电压、焊接电流波形

在交流电源条件下对 GD102 – 1、JT102 – 1 和 QD102 – 1 三个不锈钢焊条样品进行测试，得到的电弧电压、焊接电流波形如图 4-30、图 4-31、图 4-32 所示，波形反映出不锈钢焊条三种典型的熔滴过渡形态交流波形特征。由图 4-30a 所示的钛钙型不锈钢焊条粗熔滴过渡时

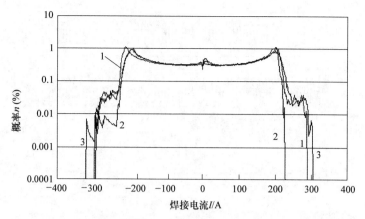

图 4-29　交流焊接时不锈钢焊条焊接电流概率密度分布叠加图

1—GD102-1　2—JT102-1　3—DQ102-1

（本图的彩图见附录 B 中图 B-2b）

的波形可以看出，在撷取的 0.9s 时间内波形出现了两次短路，图 4-30b 和 c 是放大时间坐标的波形，从中可以更清楚地看出交流时电压的短路波形特征。

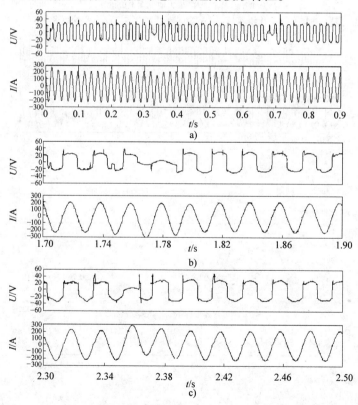

图 4-30　不锈钢焊条交流焊接时粗熔滴过渡的电弧电压、焊接电流波形图

焊条样品：GD102-1；焊接参数：$U=21.85$V、$I=134.32$A；焊接电源：BX3-315-2。

如图 4-31 所示为渣壁过渡的波形，由图看出电压波形有十分明显的周期性起伏，没有出现短路，从图 4-31b 放大时间坐标（撷取 1～1.2s）的波形看出，焊接过程十分稳定。

图 4-32 为混合过渡的波形图，焊条样品名称为 DQ102-1，由图看出，波形中除了有明显的短路特征外，还出现了电压的跃升现象，表明渣壁过渡的存在。

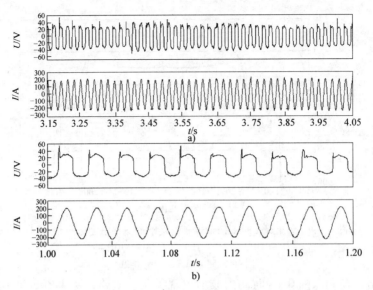

图 4-31　交流焊接时熔滴渣壁过渡不锈钢焊条电弧电压、焊接电流波形图

a) 1s 的波形图　b) 放大时间坐标的波形图

焊条样品名称：JT102 - 1；焊接参数：$U = 27.91V$、$I = 125.11A$；焊接电源：BX3 - 315 - 2。

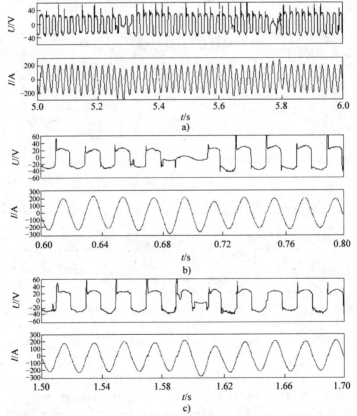

图 4-32　不锈钢焊条交流焊接时熔滴混合过渡电弧电压、焊接电流波形图

a) 1s 的波形图　b、c) 放大时间坐标的波形图

焊条样品名称：DQ102 - 1；焊接参数：$U \approx 25.41V$、$I \approx 128.75A$；焊接电源：BX3 - 315 - 2。

4.3　不锈钢焊条工艺稳定性的影响因素及不锈钢焊条的设计

4.3.1　不锈钢焊条工艺稳定性的影响因素

既然渣壁过渡是高钛型不锈钢焊条基本的、主导的过渡形态，显然高钛型不锈钢焊条的工艺性主要取决于渣壁过渡形态对工艺性的直接影响。第 2 章 2.4.4 节的表 2-5 中列举了焊条工艺性的具体表现，指明了焊条熔滴过渡形态与焊条电弧挺度、电弧连续性、可操作性、飞溅大小、焊接时的烟雾、焊条名义电压、电弧热效率和焊条工艺稳定性等方面的关系。为了从根本上回答高钛型不锈钢焊条实现工艺稳定性的机理，下面还将对影响高钛型不锈钢焊条工艺稳定性的几个因素（焊芯材料的热物理性能、熔化效率和焊条名义电压、熔滴过渡形态与名义电压的关系等）做更进一步分析讨论。

1. 焊芯材料的热物理性能的影响

焊接时不锈钢焊条工艺质量问题主要是由于焊接电流对焊芯加热引起的，焊接电流对焊芯加热的程度越大，焊芯及药皮的过热程度越大，工艺稳定性越差，在焊接电流和施焊时间一定的条件下，焊芯被加热的程度决定于焊芯的热物理性能。几种不锈钢和低碳钢的电阻率 ρ 和线膨胀系数 α_L 的数据见表 4-2[14]。由表 4-2 中的数据看出，不锈钢与耐热钢的电阻率 ρ 比低碳钢大得多，如：18-8 型不锈钢的电阻率 ρ 比低碳钢大 3.8 倍，25-20 型耐热钢的电阻率 ρ 比低碳钢大 4.2 倍，这就是说在焊接电流和施焊时间一定的条件下，不锈钢和耐热钢焊芯产生的电阻热比低碳钢分别大 3.8 倍和 4.2 倍。另外，从表 4-2 还看出 18-8 型不锈钢和 25-20 型耐热钢的线膨胀系数 α_L 分别比低碳钢大 55% 和 41%，就是说在焊接时，由于热膨胀使不锈钢焊条的焊芯与药皮相对位移增大，从而导致药皮剥离和开裂的倾向比低碳钢焊条大。显然，这是不锈钢焊条工艺稳定性问题十分突出的根本原因。

表 4-2　几种不锈钢和低碳钢的热物理性能数据[14]

钢　钟	线膨胀系数 $\alpha_L/10^{-6} \cdot ℃^{-1}$		电阻率
	0 ~ 100	0 ~ 300	$\rho/10^{-6}\Omega \cdot cm$（20℃）
18-8	17.3	17.6	72
18-12Mo	16.0	16.2	74
25-20	14.9	16.2	78
25-13	14.9	16.7	78
低碳钢	11.4	11.5	15

2. 不锈钢焊条熔化速度对工艺稳定性的影响

在其他条件相同的情况下，焊接时焊芯被加热的程度决定于焊条的熔化速度，焊条的熔化速度越快，熔化一定长度焊条所需要的时间越短，焊条被加热的程度越低，焊条工艺稳定性越好。

下面举一个实际例子来说明熔化效率对焊条被加热程度的影响。

有两种熔化特性不同的不锈钢焊条样品，样品 1 的熔化系数 $\alpha_P = 11.8\text{g/A} \cdot \text{h}$，焊条平均熔化速度 $v_r = 4.9\text{mm/s}$，样品 2 的熔化系数 $\alpha_P = 9.29\text{g/A} \cdot \text{h}$，焊条平均熔化速度 $v_r = 3.9\text{mm/s}$，根据两个焊条样品的平均熔化速度计算出熔化 300mm 长焊条所需要的时间。

样品 1：$t_1 = 61.2\text{s}$；样品 2：$t_2 = 76.9\text{s}$。

假如两种样品平均焊接电流 I 相同，两种样品焊芯材质相同，则所产生的电阻热的比值为

$$(I^2Rt_1)/(I^2Rt_2) = t_1/t_2 = 61.2/76.9 = 79.6\%$$

这就是说，焊接时熔化速度较高的样品 1 电阻热对焊条的加热程度，只相当于样品 2 的 79.6%。可见焊条的熔化速度越快，熔化的时间越短，焊条的加热程度越低，越有利于焊条工艺稳定性的提高。

3. 不锈钢焊条名义电压对工艺稳定性的影响

焊芯热物理性能是焊条所固有的，那么要提高焊条的工艺稳定性就要考虑影响电阻热的另一个因素——焊接电流。焊接时焊芯产生的电阻热除了与焊芯电阻率大小有关以外，还与流过焊芯的电流大小有关。众所周知，焊接时焊芯产生的电阻热与流过焊芯的焊接电流平方成正比，因此降低焊接电流成为提高焊条工艺稳定性的重要途径。焊接时为了保证在不降低电弧输出功率的前提下降低焊接电流，则应该提高焊条的名义电压。所谓名义电压是指在正常的焊接条件下，某种焊条的平均电弧电压[15]。焊条电弧焊时由于电焊机具有陡降的外特性，因而当电弧电压提高时，焊接电流则相应降低。

图 4-33 清楚地说明了焊条名义电压与焊接电流的关系。图中曲线 1 和 2 是两种名义电压不同的焊条在焊接时的电弧特性曲线，两种焊条在稳定燃烧时，与电焊机的外特性曲线分别相交于 A、B。电弧电压分别为 U_1 和 U_2，且 $U_1 > U_2$，焊接电流分别为 I_1 和 I_2，而 $I_1 < I_2$，显然名义电压高的焊条 1 比名义电压低的焊条 2 的焊接电流要小，尽管名义电压高的焊条 1 实际焊接电流小，但是由于电弧电压比焊条 2 高，因此焊接时电弧的功率并不小，这是因为在采用直流电源焊接时，电弧的功率等于平均电弧电压与平均焊接电流的乘积，所以焊条 1 与

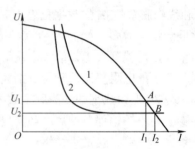

图 4-33　焊条名义电压与焊接电流的关系

焊条 2 的电弧功率可分别以两个四边形的面积 OI_1AU_1 和 OI_2BU_2 来表示，显然在如图所示的条件下，四边形 OI_1AU_1 > 四边形 OI_2BU_2，说明名义电压高的焊条 1 电弧功率大于名义电压较低的焊条 2 功率。这就是说，在正常的焊接参数内，尽管名义电压较高的焊条焊接电流比较小，但电弧功率仍较大，换言之，在功率大体相同的条件下，名义电压较高的焊条比名义电压较低的焊条焊接电流要小。这一规律的实际意义可以通过下面的实例来分析。

选取钛钙型和高钛型两种不锈钢焊条样品——样品 1 和样品 2，其名义电压和焊接电流分别为：$U_1 = 30\text{V}$，$I_1 = 130\text{A}$；$U_2 = 26\text{V}$，$I_2 = 150\text{A}$。

两样品的电弧功率为：

$$P_1 = U_1I_1 = 30\text{V} \times 130\text{A} = 3900\text{W}$$

$$P_2 = U_2I_2 = 26\text{V} \times 150\text{A} = 3900\text{W}$$

计算得到的两种焊条样品电弧功率相同，但由于两样品的焊接电流不同，因此两样品焊接时在焊芯上产生的电阻热不同，即

$$Q_1 = 0.24I_1^2R_1t_1 = 0.24 \times 130^2R_1t_1$$

$$Q_2 = 0.24I_2^2R_2t_2 = 0.24 \times 150^2R_2t_2$$

式中　Q——焊芯上产生的电阻热；

R_1、R_2——两种样品焊芯的电阻；

t_1、t_2——两种样品焊接时间。

设两种样品的焊芯电阻和焊接时间相同，则两种样品焊芯产生的电阻热之比

$$Q_1/Q_2 = 130^2/150^2 = 75\%$$

计算结果表明焊接时，名义电压较高的高钛型不锈钢焊条（样品 1），焊芯产生的电阻热仅为钛钙型不锈钢焊条（样品 2）焊芯电阻热的 75%。

以上说明的是焊条的名义电压与焊接电流对焊芯加热的影响。此外，还应当注意到，名义电压对焊条的熔化速度的影响。

众所周知，名义电压与熔化系数成正比的关系[15]：

$$\alpha_P = 864\eta U/(H_K - H_{CK})$$

式中　α_P——焊条熔化系数；

U——焊条名义电压；

η——电弧功率利用率；

H_K——熔滴的焓；

H_{CK}——焊芯在熔化前的焓。

显然，名义电压越高，焊条的熔化速度越快，焊接时电流对焊芯的加热时间越短，从而降低了焊芯和药皮被加热的程度。这就是说，由于减小焊接电流和缩短焊接时间两个因素的共同作用，使名义电压高的焊条焊芯被加热的程度降低。因此得到如下的结论：焊条名义电压的高低影响着焊接电流的大小和焊条的熔化速度，进而影响着焊条被加热的程度，从而改善高钛型不锈钢焊条的工艺稳定性。

4. 不锈钢焊条熔滴过渡形态与名义电压的关系

为了弄清影响焊条名义电压的主要因素，下面选择熔滴过渡形态分别为粗熔滴过渡和渣壁过渡的钛钙型和高钛型两种不同的不锈钢焊条样品进行测试，测试方法是：在这两种焊条的高速摄影照片上测量熔滴过渡过程中电弧长度（指露在套筒外面可见部分的长度）和焊条套筒平均实际长度，利用电弧电压波形图测试电弧阴极和阳极电压降之和，通过实际烧焊测试焊条的平均电弧电压。测试结果见表 4-3。表中的弧柱电压降和弧柱电位梯度是通过平均电弧电压、平均实际弧长与电弧阴极和阳极电压降之和的数据计算得出的。

表 4-3　钛钙型和高钛型不锈钢焊条电弧物理特性参数的测试数据

试验焊条名称、编号	熔滴过渡形态	套筒长度 L/mm	实际弧长[①] L/mm	焊条名义电压 U/V	阴、阳极电压降之和 $U_a + U_b$/V	弧柱电压降 U/V	弧柱电位梯度 /(V/mm)
A102 – 90（钛钙型）	粗熔滴过渡	1.29	3.29	25.20	13.90	11.30	3.43
A101 – GP41（高钛型）	渣壁过渡	2.62	4.62	31.30	14.3	16.90	3.96

① 套筒外部可见平均弧长与套筒平均长度之和为实际弧长。

由表中的测试数据看出，渣壁过渡时焊条的名义电压比粗熔滴过渡的焊条高得多，两种

焊条的阴、阳极电压降之和的数据分别为 13.90V 和 14.3V，相差不大，而两种焊条的弧柱电压降分别为 11.3V 和 16.90V，相差 5.6V，显然两种焊条名义电压的主要差别在于弧柱电压降的明显不同，而弧柱电压降不但取决于弧柱电位梯度，更主要取决于电弧长度。显然，由于焊条渣壁过渡时的长套筒使电弧实际长度增大，从而导致焊条名义电压的提高。

那么为什么渣壁过渡会形成深套筒？

焊条套筒的形成是由于药皮的熔化滞后于焊芯造成的，因而人们自然想到，提高药皮组成物的软化温度可以形成深套筒。然而提高药皮软化温度在实际焊条设计时往往是做不到的，因为设计焊条时主要是以满足冶金特性和工艺特性的要求为基础，选择药皮成分的合理组合，而不可能充分照顾到药皮组成物的软化温度。事实上很多情况下药皮套筒的性状受到熔滴行为的影响，重要的是熔滴过渡形态对深套筒的形成往往起着决定性的作用。作者早年进行的试验证实了这一重要的规律。

为了搞清楚影响焊条套筒长度的主要因素，设计了一组试验焊条，分别为 $P-A$、$P-B$ 和 $P-C$，使其熔滴过渡形态分别为渣壁过渡、混合过渡和粗熔滴过渡，测试这三种试验样品的药皮软化温度、焊条的套筒长度，其测试结果如图 4-34 所示。由图看出，当焊条为粗熔滴过渡时（$P-C$ 焊条），药皮的软化温度很高，但是套筒却最短，而当焊条为细熔滴渣壁过渡时（$P-A$ 焊条），虽然药皮的软化温度较低，但焊条套筒深度却增大了。试验结果表明，熔滴过渡形态对形成深套筒有决定性的影响，细熔滴过渡使套筒增长了。

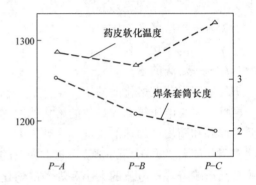

图 4-34　试验焊条熔滴过渡形态和
药皮软化温度与套筒长度的关系
$P-A$—渣壁过渡　$P-B$—混合过渡
$P-C$—粗熔滴过渡

图 4-35 是渣壁过渡的高钛型不锈钢焊条和粗熔滴过渡的钛钙型不锈钢焊条端部套筒和焊芯端部残留熔滴的照片。从图可以清楚地看出：渣壁过渡时套筒的长度几乎相当于焊芯直径（约 4mm），在焊芯尾部残留的熔滴很小，不超过焊芯直径（图 4-35a）；粗熔滴过渡时，

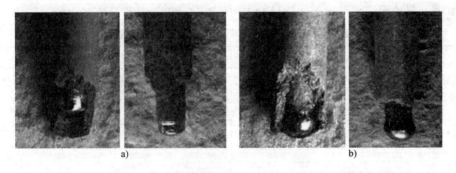

a)　　　　　　　　　　　　　b)

图 4-35　焊条渣壁过渡与粗熔滴过渡时焊条端部套筒和残留熔滴的照片
a) 高钛型不锈钢焊条，渣壁过渡　b) 钛钙型不锈钢焊条，粗熔滴过渡
焊条规格　$\phi4.0mm$，药皮外径 $\phi6.7mm$。

悬挂在焊条端部的熔滴很大，而套筒很短，焊后在焊芯尾部残留的半球状熔滴明显超过焊芯直径（图 4-35b）。

试验结果表明焊条名义电压与熔滴过渡形态有关，渣壁过渡显著地增长了焊条的套筒，提高了焊条的名义电压。由于任何焊条在正常的焊接条件下具有确定的过渡形态，因而也具有大体确定的名义电压。因此某种焊条的名义电压成为不锈钢焊条重要的电弧物理特性参数，它是该种焊条电弧物理特性的表现，是该焊条的重要属性。

应该说明的是，这里讨论了焊条名义电压与熔滴过渡形态的关系，但并不是说焊条名义电压只决定于熔滴过渡形态。事实上焊接时某种焊条的电弧电压取决于电极材料的逸出功和电弧气氛电离度等物理因素，而这些物理因素是由焊芯材料与药皮成分这些固有的物理因素决定的。确切地说，由试验证实的焊条名义电压受熔滴过渡形态影响的规律，是在这些固有物理因素确定的条件下得出的。

细熔滴过渡时为什么会使套筒增长？这是因为熔滴的行为直接影响到电弧对焊芯的加热方式，也影响到焊条吸收电弧热的效率。粗熔滴过渡时，在整个燃烧阶段电弧是通过熔滴的热对流间接地对焊芯和药皮进行加热的，大熔滴较长时间占据焊条的端部，"吞噬"了药皮使套筒变短。而焊条渣壁过渡时，熔滴尺寸小，电弧有充分的时间对焊芯直接进行加热，焊芯吸热效率提高，焊芯熔化速度加快，导致深套筒的形成，深套筒又使得弧柱参与对焊芯的加热，使焊芯的熔化能够更大程度地超前于药皮，这在第 2 章 2.4.3 节中做了详细的分析。

由以上分析提到影响焊条工艺稳定性的因素，除去焊芯热物理性能这一因素外，焊条的熔滴过渡形态、名义电压、焊条的熔化速度、深的套筒等因素都会对焊条的工艺稳定性产生影响。提高焊条名义电压、提高焊条熔化速度、形成深套筒和实现渣壁过渡都会有利于提高焊条的工艺稳定性。

4.3.2　提高不锈钢焊条工艺稳定性的根本途径及不锈钢焊条的设计

1. 提高不锈钢焊条工艺稳定性的根本途径

总结影响不锈钢焊条工艺稳定性的各种因素，可以归纳出这样的关系：细熔滴过渡时，容易使焊条形成深套筒，深套筒的形成不仅提高了电弧的热效率，使焊条的熔化速度加快，更重要的是深套筒提高了焊条的名义电压，而名义电压的提高一方面降低了焊接电流，另一方面又提高了焊条的熔化速度，两者都减弱了焊芯被加热的程度，从而提高了焊条的工艺稳定性。由此可见，影响不锈钢焊条工艺稳定性的因素是多方面的，但是起决定作用的因素是熔滴过渡形态。大量研究表明，不锈钢焊条工艺质量最终取决于熔滴过渡形态，粗熔滴的短路过渡是导致不锈钢焊条工艺质量降低的主要因素，而实现渣壁过渡是解决焊条工艺稳定性的根本途径。

图 4-36 是影响高钛型不锈钢焊条工艺稳定性的各因素之间的关系图，图中每一个方框之间的箭头表示相关联两个因素之间的因果关系，整个图从左到右描述了不锈钢焊条实现工艺稳定性的原理，它不仅说明了影响不锈钢焊条实现工艺稳定性的各因素，包括表面张力、熔滴颗粒度、熔滴过渡形态、焊条套筒、焊条名义电压、焊条熔化速度、焊条温升等因素之间相互作用及其因果关系，同时也指出了不锈钢焊条提高工艺稳定性的途径。图 4-36 为高钛型不锈钢焊条的工艺性设计提供了理论依据，也为其他类型焊条的工艺性设计提供理论指导。

由图 4-36 看出，当采用同质的 H0Cr20Ni10 不锈钢焊芯时，不锈钢焊条工艺性设计可以有两条途径：第一条途径是在药皮中加入氧化性的成分使熔滴增氧，降低其表面张力 r，而使熔滴尺寸 d_r 细化，熔滴的细化一方面促进渣壁过渡的形成，另一方面形成深套筒，而深套筒又促进形成渣壁过渡，渣壁过渡与深套筒相互影响，互为因果关系，同时渣壁过渡促进了焊条熔化速度 v_m 的提高，从而使烧焊时间 t 缩短，而名义电压 U_n 的提高使焊接电流减小，这两个因素都会降低焊条的温升 T_e，从而提高焊条工艺稳定性 S_t；另一条途径是在药皮中加入稳定电弧的成分，电弧变成敞开型电弧，或称其为无斑点电弧[15]，熔滴底部大面积接受电弧的加热使熔滴温度升高，导致表面张力减小，接下来则与第一条途径一样，细化熔滴尺寸，形成深套筒和形成渣壁过渡，使名义电压提高，焊接电流的减小和焊条熔化速度的加快，最终导致焊条温升的降低，工艺稳定性的改善。当然这两条途径完全可以结合起来综合采用，即一方面采取加入氧化物和其他降低表面张力的手段，同时又结合采取加入稳弧成分的技术措施，进行工艺性优化设计。这是不锈钢焊条工艺性设计主要的技术路线。

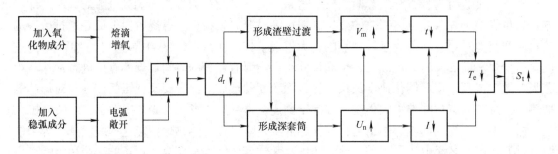

图 4-36　影响高钛型不锈钢焊条工艺稳定性的各因素之间的关系图

r—表面张力　d_r—熔滴尺寸　U_n—焊条名义电压　t—焊条熔化时间　I—焊接电流　T_e—焊条温升

V_m—焊条熔化速度　S_t—焊条工艺稳定性

注：方框内箭头朝上表示增大，箭头朝下表示减小。

2. E0Cr19Ni10 - 16 型不锈钢焊条的工艺性设计

设计工艺性优良的 E0Cr19Ni10 - 16 型不锈钢焊条时可以采取两种设计方案：一是采用与熔敷金属同质的 0Cr21Ni10 型不锈钢焊芯设计高钛型不锈钢焊条；二是采用异质焊芯（用普通 H08A 焊芯或其他高合金焊芯）通过药皮过渡合金设计高效不锈钢焊条。

（1）同质焊芯不锈钢焊条的设计　设计 19 - 10 型不锈钢焊条时，采用同质 0Cr21Ni10 型不锈钢焊芯，遵循上述的技术途径可以获得工艺稳定性好、药皮抗发红开裂性强、焊接效率高、综合工艺性优良的高钛型不锈钢焊条。在具体设计焊条时加入适量的氧化性成分，例如长石、云母等硅铝酸盐矿物，可以提高熔渣与金属熔滴的氧化性，同时加入其他有利于降低金属和熔渣表面张力的成分，适当减少如大理石、白云石等增大熔滴和熔渣表面张力的碱性造渣成分；另一方面，长石、云母等硅铝酸盐矿物的加入增加了药皮中的钾、钠低电离成分，能够改善电弧形态和提高电弧温度，利于熔滴表面张力的减小。综合这几方面的作用使得熔滴表面张力降低，熔滴得到细化，最终使焊条由粗熔滴短路过渡形态转变为渣壁过渡形态。这样的调整使焊条的渣系发生了改变，由钛钙型转变为高钛型。高钛型不锈钢焊条由于造渣成分中加入大量金红石，国外多称作金红石型不锈钢焊条。

（2）异质焊芯不锈钢焊条的设计　采用异质焊芯配合多量合金成分的药皮是不锈钢焊条工艺性设计的另一条技术路线。

从根本上说不锈钢焊条的工艺稳定性是由于不锈钢焊条焊芯过大的电阻系数和大的线膨胀系数引起的，显然，焊芯材料的热物理性能对焊条工艺稳定性产生根本性的影响。当采用普通 H08A 低碳钢焊芯配合有大量铁粉和合金粉的药皮制造的高效不锈钢焊条时，可以从根本上克服同质不锈钢焊条工艺稳定性差的弊病。这种焊条在药皮中加入大量的金属铬和金属镍粉，增大了药皮的重量系数，焊条熔敷效率可以超过 150%。如瑞典生产的 OK63 · 32（合金系统为 18Cr12Mo2）、OK67 · 62 焊条（合金系统为 Cr25Ni13）不仅熔敷效率高，而且飞溅很小，焊缝成形十分美观，在船形焊时显示了突出的优越性。

异质焊芯的设计还可以采用另外的方案，如采用 H0Cr14 型焊芯配合含有合金粉的药皮设计的高效不锈钢焊条[16,17]，由于 H0Cr14 型不锈钢的电阻系数比 18 – 8 型不锈钢材质低很多，因此可以使不锈钢焊条工艺稳定性差的弊端得到很大程度的克服。这种焊条熔敷金属中的一部分金属铬和全部金属镍要通过药皮来过渡，使药皮的重量系数增大，焊条熔敷效率可能超过 120%。

在参考文献 [18] 中作者总结了 20 多年来在奥氏体不锈钢焊条设计理论和工程应用方面的研究成果，阐明了不锈钢焊条工艺性设计原理，提出了解决不锈钢焊条工艺质量问题完整的技术路线：采用同质焊芯或者采用低碳钢焊芯配合高合金药皮以及高合金焊芯配合合金药皮的技术途径，实现不锈钢焊条工艺性的最优化设计。

3. 不锈钢焊条的设计与焊缝中的气孔的控制

与钛钙型不锈钢焊条相比，高钛型不锈钢焊条气孔敏感性增强了，因此如何控制焊缝的气孔成为不锈钢焊条设计和生产中不能回避的实际问题。作者根据早年进行的大量研究掌握了高钛型不锈钢焊条发生气孔的机理，发现了药皮含水量对焊缝产生气孔的影响规律性[2,19]。图 4-37 所示为焊条药皮原始含水量与气孔敏感性的关系曲线，从图中可以看出：曲线存在一个含水量 $w(H_2O)$ 为 0.4% ~ 1.5% 的气孔敏感区，而且存在在药皮含水量 $w(H_2O) \approx 0.4\%$ 附近气孔特别敏感的峡窄区域；当药皮含水量 $w(H_2O) < 0.4\%$ 或 $w(H_2O) > 1.5\%$ 时，焊缝不出现气孔。焊接过程中，随着焊接过程的进行，焊条温度逐渐升高，药皮含水量会随温度的升高而逐渐减小，当药皮含水量进入到气孔敏感区时，即所对应的某一段焊条含水量处在气孔敏感区时，则和这一段焊条相对应的焊缝就会出现气孔。图 4-38 所示为焊条药皮实际含水量（即焊接过程中药皮实际含水量的变化）与气孔敏感性的关系曲线，图中标示的气孔敏感区对应的药皮实际含水量 $w(H_2O)$ 的范围为 0.4% ~ 0.7%。从图中列举了五种原始含水量不同的焊条在焊接过程中药皮含水量与气孔敏感性的关系可以看出，在焊接过程中，焊条样品 1 和 5 的含水量变化始终处在无气孔区，焊缝不产生气孔，而焊条样品 2、3 和 4 的含水量变化线的前段、中段和末段会进入气孔敏感区，因此与其相对应的焊缝的前段、中段和末段会出现气孔。

多年来，我国不锈钢焊条生产厂家，采取选择不含结晶水的敷料和在实际焊条制造中提高烘焙温度等技术措施来控制药皮含水量，克服焊缝的气孔，从而证实了这一规律性的可信性。作者还曾利用药皮含水量与气孔的这一规律（图 4-37），研发了高含水量的抗湿不锈钢焊条[20]，还有的焊条生产厂家成功开发了高水分高钛型不锈钢焊条，这种焊条在药皮中加入多量的云母等含结晶水的矿物原料，并采取低温烘焙的方法在螺旋机生产线上制造高水分高钛型不锈钢焊条。

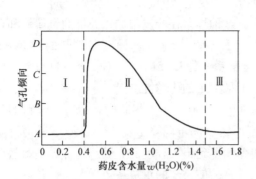

图 4-37 钛型不锈钢焊条药皮原始
含水量与气孔敏感性的关系
Ⅰ、Ⅲ—无气孔区　Ⅱ—气孔敏感区

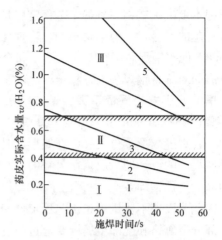

图 4-38 钛型不锈钢焊条药皮实际
含水量与气孔敏感性的关系
Ⅰ、Ⅱ—无气孔区　Ⅲ—气孔敏感区
1、2、3、4、5—不同药皮含水量的焊条样品

为了解决气孔敏感问题，参考文献［21，22］提出双层药皮的不锈钢焊条设计构想，可以在实现理想的渣壁过渡的同时，又能发挥强烈的冶金去氢作用，以克服焊缝气孔。

4.4　不锈钢焊条工艺稳定性评价

为了对不锈钢焊条工艺性进行定量评估，在对不锈钢焊条电弧物理特性参数进行分析的基础上，提取反映渣壁过渡行为的特征信息，建立相应的判据，以判断不锈钢焊条的工艺稳定性。作者在近期发表的论文中总结了这方面的研究工作[23,24]。

4.4.1　以短路电压概率评价不锈钢焊条工艺稳定性

电弧电压概率密度分布图中的小驼峰范围反映了焊接过程中熔滴发生短路时电压概率密度分布，这个区域概率的大小反映短路过程在整个焊接测试过程中所占比重大小。以小于阈值电压（如设置为10V）的概率作为短路电压概率的统计范围，记作 $n(U_s)$。$n(U_s)$ 越小，说明熔滴渣壁过渡的倾向越大，焊条工艺稳定性越好。显然短路概率 $n(U_s)$（%）可以作为评价焊条渣壁过渡趋势大小的判据。

4.4.2　以短路频率评价不锈钢焊条工艺稳定性

焊条熔滴为短路过渡时，在测试时间内统计的短路频率比较高；焊条为混合过渡时，随着渣壁过渡成分增大，短路频率逐渐减少；当焊条为完全的渣壁过渡时，短路频率为零。焊接时统计得到的短路频率越低，说明渣壁过渡的倾向越大。当焊条熔滴为完全的渣壁过渡时，平均短路时间 T_1 趋于零，短路频率也趋于零。由于在测试时间内统计的短路频率 f_{sc} 反映了焊条熔滴过渡特征信息，因此 f_{sc} 也可作为判据来评价焊条渣壁过渡趋势。

表4-4是测试的不锈钢焊条部分样品熔滴过渡形态、短路过渡概率 $n(U_s)$ 和短路频率 f_{sc} 的数据，测试的焊条样品有的是在国内市场销售的不同厂商的焊条样品，有的是为试验需要自行压制的。

由表 4-4 的数据看出：熔滴为短路过渡时，短路概率 $n(U_s)$ 值都超过 2%；渣壁过渡的短路概率 $n(U_s) \approx 0$，实际上统计的最大值都不超过 0.2%；混合过渡的 $n(U_s)$ 大体在 0.2% ~ 2% 这一范围。由表 4-4 还看出：熔滴短路过渡时统计的短路频率 $f_{sc} > 7.0s^{-1}$，混合过渡时 $f_{sc} \approx 0.8 ~ 7.0s^{-1}$，而渣壁过渡时理论上 $f_{sc} \approx 0$，实际统计的短路频率 $f_{sc} < 0.8s^{-1}$。

表 4-4　不锈钢焊条样品焊接电参数的统计数据

试验焊条 名称代号	熔滴过渡形态	短路电弧电压概率 $n(U_s)$（%）	短路频率 f_{sc}/s^{-1}
A102 – 1	短路过渡	2.7024	11.4.
A102 – 2	短路过渡	2.9731	9.4
AS102 – 3	短路过渡	2.7913	10.8
AP132 – 3	短路过渡	3.1764	7.0
AP132 – 4	短路过渡	2.3364	9.4
AP132 – 6	短路过渡	2.085	11.6
AJS308 – 01	渣壁过渡 + 粗熔滴过渡	0.3769	2.8
AJS308 – 02	渣壁过渡 + 粗熔滴过渡	1.8142	6.6
AJS308 – 03	渣壁过渡 + 粗熔滴过渡	0.5318	3.2
AJS308 – 05	渣壁过渡 + 粗熔滴过渡	0.9116	4.9
AJS308 – 06	渣壁过渡 + 粗熔滴过渡	1.6536	6.4
AJS308 – 09	渣壁过渡 + 粗熔滴过渡	0.9948	5.1
TA102 – 4	渣壁过渡 + 粗熔滴过渡	0.2378	0.8
AP132 – 7	渣壁过渡 + 粗熔滴过渡	0.8886	5.4
TA102 – 5	渣壁过渡	0.0364	0.2
TA102 – 1	渣壁过渡	0.0564	0.6
TA102 – 2	渣壁过渡	0	0

总结本章关于不锈钢焊条电弧物理特性和对焊条工艺性的讨论，可以概括以下要点。

1）不锈钢焊芯的电阻系数较大，焊接时导致焊条末段过热，焊接工艺性能明显变差。熔滴过渡形态对不锈钢焊条工艺稳定性产生决定性的影响。研究表明，熔滴的短路过渡是影响不锈钢焊条工艺质量降低的主要因素，而实现渣壁过渡是解决不锈钢焊条工艺稳定性的根本途径。

2）不锈钢焊条工艺稳定性诸因素之间关系图（图 4-36），描述了不锈钢焊条熔滴表面张力、熔滴颗粒度、熔滴过渡形态、焊条套筒、焊条名义电压、熔化速度、焊条温升等因素之间相互作用及其因果关系。同时该图还指出了改善不锈钢焊条工艺稳定性的原理和途径，其核心是使熔滴细化，熔滴的细化一方面利于形成深套筒，促进渣壁过渡的形成，另一方面深套筒带来了名义电压的提高。名义电压的提高一方面增大焊条熔化速度，缩短电流对焊芯的加热时间，同时使焊接电流减小，明显降低对焊条的加热，这两个因素都会降低焊条的温升，从而提高焊条工艺稳定性。图 4-36 为高钛型不锈钢焊条的工艺性设计提供理论依据，对其他类型焊条的工艺性设计同样具有指导意义。

3）不锈钢焊条工艺性设计可以分别采取两条不同的技术路线：一是采用同质焊芯设计不锈钢焊条的技术路线；二是采用异质焊芯设计不锈钢焊条的技术路线，如低碳钢焊芯配合高合金药皮、高合金焊芯配合合金药皮，实现不锈钢焊条工艺性的优化设计。

当采用同质的 H0Cr20Ni10 不锈钢焊芯时，不锈钢焊条工艺性设计可以有两条途径：第一条途径是在药皮中加入氧化性的成分使熔滴增氧，降低其表面张力，从而使熔滴细化；另一条途径是在药皮中加入稳定电弧的成分，使电弧变成敞开型电弧，导致熔滴底部大面积接受电弧的加热，使熔滴温度升高，表面张力减小，细化熔滴尺寸。实际上这两条途径可以结合起来综合采用，这是同质焊芯不锈钢焊条工艺性设计主要的技术路线。采用异质焊芯设计不锈钢焊条是不锈钢工艺性设计的另一条技术路线，如采用低碳钢焊芯或 H0Cr14 型焊芯，配合含有大量铁粉和合金粉的药皮，通过焊芯和药皮共同过渡合金，从根本上克服了同质不锈钢焊条工艺稳定性差的弊病。该焊条不仅熔敷效率高，而且飞溅很小，焊缝成形十分美观，在平角焊时显示了突出的优越性。

4）不锈钢焊条的短路电压概率、短路频率等电弧物理特性参数反映了焊条渣壁过渡倾向大小，可以以短路电压概率 $n(U_s)$、短路频率 f_{sc} 作为评价焊条渣壁过渡趋势大小的判据。短路电压概率 $n(U_s)$ 和短路频率 f_{sc} 越小，焊条渣壁过渡趋势越大，焊条工艺稳定性越好。

参 考 文 献

[1] 陆文雄，王宝，王嘉玲，等. 不锈钢焊条熔滴过渡形态及工艺稳定性的研究 [J]. 太原工学院学报，1980（01）：4-16.

[2] 王宝. 焊接电弧物理与焊条工艺性设计 [M]. 北京：机械工业出版社，1998.

[3] 安藤宏平，长谷川光雄. 焊接电弧现象 [M]. 施雨湘，译. 北京：机械工业出版社，1985.

[4] 王宝. 焊接电弧物理与焊条设计的应用 [CD]. 北京：机械工业出版社，2003.

[5] 罗崇墉，陈剑虹. 手弧焊过渡熔滴尺寸的研究 [J]. 焊接，1982（10）：3-6.

[6] 王常珍. 冶金物理化学测试方法 [M]. 北京：机械工业出版社，1998.

[7] 陈剑虹，樊丁，何正强，等. 影响焊条熔滴过渡过渡力学因素的研究 [J]. 甘肃工业大学学报，1985，（2）：31-38.

[8] 王宝，孟庆森，刘满才. 用连续投影悬滴法测试熔滴的表面张力 [J]. 太原工业大学学报，1990，21（1）：20-26.

[9] 王宝，孟庆森，刘满才，等. 一种测试焊条熔滴表面张力的方法：ZL 90 1 08631.2.8（19）[P]. 1999-5-6.

[10] Дятлов В И. Элеметы теории переноса элктродная металла при элктродуговой сварке：Сб Новые проблемы сврочной механики [M]. Москова：Издательст во Техника，1964.

[11] Kim Y S，Eagar T W. Analysis of metal transfer in gas metal arc welding [J]. Welding Journal，1993，72（6）：269-278.

[12] 孟庆森，王宝. 焊条药皮组成物对熔滴表面张力的影响 [J]. 焊接学报，1993，14（2）：63-68.

[13] Yukio Hirai，等. 窄间隙埋弧焊工艺研究 [J]. 吴祖乾，译. 国外焊接，1984（1）：35.

[14] 张文钺. 焊接冶金学（基本原理）[M]. 北京：机械工业出版社，1995.

[15] 帕豪德涅. 焊缝中的气体 [M]. 赵鄂官，译. 北京：机械工业出版社，1977.

[16] 王宝，陆文雄，刘满才，等. 高效 E0-19-10-16 型不锈钢焊条的研究 [J]. 太原工业大学学报，1991，22（2）：1-6.

[17] 王宝，陆文雄，刘满才，等. 奥氏体不锈钢焊条及其制备方法：ZL 90 101679.9.9（27）[P]. 1993-7-7.

[18] 王宝，孙咸，张汉谦. 奥氏体不锈钢焊条工艺性设计 [C]. 中国机械工程学会第十届焊接会议论文集：第一册. 哈尔滨：黑龙江人民出版社，2001，330-333.

[19] 王宝. 焊条设计时气孔的控制 [J]. 电焊机，2009，39（1）：64-68

[20] 王宝，陆文雄，刘满才，等. 抗湿奥氏体不锈钢焊条：ZL 90 1 01679.9（27）[P]. 1993-7-7.

[21] Sun Xian，Ma Chengyong，Wang Bao，et al. Dropler Transfer Behavior of the Stainless Stell Coatet Electrde With Double-Layer Coating [J]. China Welding，2002，11（2）：124-129.

[22] 孙咸. 不锈钢焊条熔滴过渡形态的控制 [J]. 中国机械工程，1988，9（8）：65-69.

[23] 王宝. 不锈钢焊条熔滴过渡形态和工艺性评价 [J]. 焊接，2008（8）：43-46.

[24] 王勇，王宝. 不锈钢焊条工艺稳定性分析与评价 [J]. 中国机械工程，2008，19（2）：245-248.

第 5 章

▶▶▶▶▶▶

药芯焊丝 CO_2 气体保护焊的电弧现象

5.1 药芯焊丝 CO_2 气体保护焊的熔滴过渡形态

药芯焊丝是 20 世纪 50 年代发展起来的高效焊接材料，与实心焊丝相比，它可以通过粉芯添加物灵活地调整合金成分，设计和制备多品种焊接材料，适应各种类型钢材构件焊接的需要，在工艺性方面比实心焊丝飞溅小，工艺性能好，且具有生产效率高、焊接质量好、焊接成本低等优点。随着焊接自动化水平的提高，我国药芯焊丝已经取得了突飞猛进的发展，药芯焊丝电弧物理特性的研究对改进药芯焊丝工艺性能和冶金性能、提高产品品质、开展创新性研究、开发新产品都有实际意义。

药芯焊丝 CO_2 气体保护焊的熔滴过渡形态是药芯焊丝电弧物理现象最主要的特征表现，在第 2 章阐述了焊条熔滴过渡形态的特征，指出对于一定规格的焊条，由于使用的焊接电流大体上限制在不大的范围内，因此焊条的熔滴过渡形态主要决定于焊条自身的因素，如渣系、药皮组成物成分及物理化学性质、药皮的厚度等。而药芯焊丝则不同，由于同一规格的焊丝可以在很大的范围内调整焊接电流的大小，因此药芯焊丝的熔滴行为除了焊丝本身的因素外，很大程度上取决于焊接电参数。

国内外已经发表了一些研究药芯焊丝熔滴过渡行为的文献，对药芯焊丝在 CO_2 气体保护条件下的熔滴行为做了分析和描述。在参考文献 [1] 中作者认为药芯焊丝的熔滴过渡形态有如下几种情况：当电流较小、电压较高，如 30V、160A（焊丝直径 1.2mm）时，形成大滴排斥过渡，熔滴直径可以达到焊丝的 $2 \sim 2.5$ 倍，而在较小电流和低电压情况下出现短路过渡；随着电流增加至 240A 时，斑点面积增大，熔滴所受到的等离子体流力和电磁力增大，熔滴过渡频率提高，熔滴直径减小到相当于焊丝直径的 1.5 倍，形成细颗粒过渡。细颗粒过渡时焊接过程稳定、飞溅小、焊缝成形良好、生产效率较高，因此细颗粒过渡应是药芯焊丝熔滴过渡的主要形式。在使用 Ar 气或混合气体保护的条件下，药芯焊丝可以出现射滴过渡和射流过渡。

参考文献 [2] 认为，酸性渣系药芯焊丝 CO_2 气体保护时，在不同的参数下熔滴过渡类型分为三种：在小焊接电参数（19V、160A）条件下焊接时为短路过渡；当采用 26V、240A 中等参数时，熔滴为大颗粒过渡；在强参数（即大电流、高电压）条件下焊接时（36V、300A），熔滴沿着非轴向路径形成细颗粒过渡。并指出：与其他弧焊方法相比，药芯焊丝有周向旋转、非轴向过渡、药芯滞熔和分离过渡等特征。参考义献 [3] 认为，随着焊接参数增大，酸性、碱性、金属芯药芯焊丝均依次出现短路过渡、大滴排斥过渡、细颗粒过渡，均未发生喷射过渡。孙咸、王红鸿等发表多篇论文[4-8]，认为药芯焊丝的熔滴过渡形态基本属于非轴向细颗粒滴状过渡形态，并发现了大角度排斥过渡现象和小角度排斥过渡现象及对工艺性的重要影响。焊丝以大角度排斥过渡为主时，工艺性较差，焊丝以平稳的小角度排斥过渡为主时，工艺性得到改善。文献还阐述了改善熔滴过渡特性的新观点，即控制熔滴尺寸是必要条件，而控制"熔滴大角度过渡次数""熔滴存在时间和过渡间隔均匀性""熔滴依附渣柱过渡次数"等参数是充分条件，二者缺一不可。

参考文献［9］用图表较具体地注明了实心焊丝、药芯焊丝在不同的焊接参数下熔滴过渡的形态，指出药芯焊丝当电流较小（约150A）时，熔滴为短路过渡，当电流超过170A，一直增加到350A时，以上熔滴为排斥过渡。

根据作者的研究[10]，药芯焊丝 CO_2 气体保护焊的熔滴过渡形态分为三种：在小焊接参数条件下为粗大熔滴排斥过渡；在中等参数条件下焊接时，送丝速度增大，电磁收缩力对熔滴过渡的影响增强，使得熔滴在没有长大到很大尺寸时便与熔池接触短路，在熔池的表面张力作用下迅速向熔池过渡，过渡形态由排斥过渡向表面张力过渡转变；当电流加大到320A（焊丝直径1.2mm）以上时，由于电流的增大，电磁收缩力起更大的作用，促使熔滴在未能长大之前从焊丝端部脱离，同时电流的增大，还使熔滴温度升高，表面张力进一步减小，熔滴进一步变细，逐渐形成细颗粒过渡。这三种熔滴过渡形态反映了钛型药芯焊丝熔滴过渡的基本情况。

5.1.1 药芯焊丝 CO_2 气体保护焊熔滴的排斥过渡

1. 药芯焊丝 CO_2 气体保护焊熔滴排斥过渡时力的分析

早在20世纪60年代，国内外对熔滴过渡理论进行了十分详尽的研究，发表了大量的论文[11-13]。论文认为：在熔化极电弧焊时，金属熔滴受到多种力的作用，这些力大致有表面张力、气体动力、电磁力、电弧斑点的压力、等离子体流力和重力等；熔滴以怎样的形态过渡，最终取决于这些力的综合作用；当作用在熔滴上的静态分离力大于静态保持力时，熔滴从焊丝端部脱离而实现过渡。

用不同的熔焊方法焊接时熔滴的受力情况有所不同，焊条电弧焊时由于电流密度较小，与焊接电流有关的各种力，如电磁力、等离子体流力、电弧斑点的压力等，不起主要作用，熔滴所受到的力主要是由焊条渣系和药皮成分决定的表面张力和气体动力，就是说它主要是由焊条本身的因素决定的，当焊条渣系和药皮成分确定之后，在正常的焊接参数下，该种焊条的熔滴过渡形态就已经确定了。因此某一类型焊条的熔滴过渡形态是确定的，它是该种焊条本身的属性[14]。

药芯焊丝在 CO_2 气体保护焊条件下，金属熔滴所受到的作用力要复杂一些，不同的熔滴过渡形态熔滴的受力状态不相同。当熔滴呈排斥过渡时，焊丝端部的熔滴受到的主要的作用力除了上面提到的电磁收缩力、电弧斑点压力、表面张力和重力等以外，还应该考虑 CO_2 保护气体产生的排斥力的作用。图5-1是 CO_2 气体保护焊排斥过渡熔滴处于悬滴状态时的受力状况示意图，在排斥过渡时，已经长大的熔滴处于焊丝的一侧，其上分布的主要力有电磁收缩力 F_e、熔滴表面张力 F_σ、电弧斑点的压力 F_a、重力 F_g，此外还有保护气体形成的排斥力 F_r 等。

电磁收缩力是电流流过导体时产生的电磁力，其作用是使导体受到压缩，在图5-1所示的情况下，电流在通过焊丝与熔滴连接处时，由于连接处截面积较小，电流密度相对较大，因此产生很大的电磁收缩力 F_e，电磁收缩力的大小与电流平方成正比，其作用是使熔滴与焊丝连接处产生颈缩，促使熔滴与焊丝脱离，同时，在颈缩处电磁力产生的轴向分力由小截面指向大截面，促使熔滴的过渡。电流增大时，电磁收缩力急剧增大，往往对熔滴的过渡起着主要作用，成为影响熔滴过渡形态的主要力。

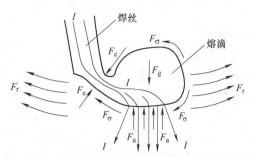

图 5-1　CO_2 气体保护焊排斥过渡熔滴处于
悬滴状态时的受力状况示意图
F_r—CO_2 气体排斥力　F_e—电磁力　F_a—电弧斑点的压力
F_σ—表面张力　F_g—重力　I—电流方向

熔滴上电弧的极性斑点将承受电子（反接）或正离子（正接）的撞击力，如果采用直流反接，焊丝接正极，则在焊丝端部电弧阳极区存在高速运动的电子流，对阳极斑点形成电子流的压力，它给予熔滴向上的推力，阻止熔滴的过渡；另一方面 CO_2 气体保护焊时，由于 CO_2 气体的冷却作用，极性斑点面积被压缩得很小，斑点处电流密度很高，将使金属强烈地蒸发，金属蒸发时对金属熔滴表面产生很大的反作用力，对熔滴造成压力。这两方面的作用构成电弧斑点对熔滴的压力 F_a，它成为阻碍熔滴过渡的主要力之一。

表面张力 F_σ 主要是由焊接材料本身的因素决定的，CO_2 气体保护焊时，药芯焊丝渣系、药芯成分、实心焊丝表面状态等因素都将对熔滴表面张力产生影响。一般情况下熔滴表面张力 F_σ 的作用是使熔滴尽可能保持大的尺寸，并使其保持在焊丝端部，阻止熔滴的过渡，表面张力 F_σ 越大，熔滴尺寸越大。当电流较小时，熔滴上的电磁收缩力 F_e 较小，不足以使熔滴脱离焊丝端部而落向熔池，这时作用于熔滴上的表面张力 F_σ 会更明显地表现出来，阻止熔滴过渡。

在气电焊时，通常还存在等离子体流力的作用。由于电弧的外形通常呈圆锥形，断面上下不等的电弧，其内部的电磁力是不一样的，上边的压力大，下边的压力小，形成压力差，使电弧产生轴向等离子气流，它造成从焊丝端部向工件的气体流动，电流较大时，高速等离子体流将对熔滴产生很大的推力[15]。当 CO_2 气体保护焊熔滴为排斥过渡时，由于电流还不很大，等离子体流力对熔滴过渡的作用还不十分明显，因此在图 5-1 中也未表示，当大电流细颗粒过渡时，等离子体流力对熔滴过渡的作用将会较明显地体现。至于气体动力，有的文献中曾肯定气体动力对 CO_2 气体保护焊熔滴过渡的作用，事实上气体动力在焊条电弧焊时是形成爆炸过渡和喷射过渡的动力源，当 CO_2 气体保护焊熔滴为排斥过渡时，熔滴内部产生的气体的析出造成气体逸出飞溅或爆炸飞溅，实际中难以体现它对熔滴过渡的作用。平焊时重力对悬挂在焊丝端部的粗大熔滴起着促进熔滴过渡的作用，但是其影响是有限的。

作者认为不能忽视 CO_2 气体膨胀形成的对熔滴的排斥作用，它力图使熔滴被推离焊接电弧区以外。CO_2 保护气体之所以对熔滴产生排斥作用，首先是由于在高温下 CO_2 气体分解时体积的增大。在高温下 CO_2 气体产生如下分解并处于平衡状态：

$$2CO_2 = 2CO + O_2$$

O_2 高温下进一步分解为氧原子：

$$O_2 = 2O$$

当电弧温度达到 5000K 时，O_2 的解离度高达 99%，以上过程使 CO_2 气体的体积增大。另一方面 CO_2 气体密度较大，从喷嘴出来后容易堆积在熔池上部，不会很快飘散，CO_2 气体被电弧加热时体积膨胀较大，堆积在熔池上部的 CO_2 气体的膨胀也会对电弧区的熔滴产生向外排斥的作用[16,17]。

综合上述原因，焊接过程中 CO_2 保护气体有热分解，也有热膨胀，其进入电弧空间后体积会迅速增大，从而形成将电弧空间内的熔体排斥出电弧空间以外的作用力场，加上作用在熔滴上的电弧斑点压力，加剧了对熔滴的排斥作用。

应该特别指出，药芯焊丝在焊接时熔滴受力状况与焊接参数大小有关，随着焊接电参数的变化，各种力的大小和方向将可能发生变化，致使熔滴过渡的参数不断改变[8]。事实上不仅是焊接参数对熔滴受力产生影响，药芯焊丝 CO_2 气体保护焊排斥过渡时，熔滴受力状况也不是静态的，在熔滴形成、逐渐长大直到将脱离焊芯向熔池过渡前的不同阶段，熔滴的受力状况都会发生变化，对熔滴的行为产生影响，决定熔滴过渡的趋势。图 5-2 是药芯焊丝 CO_2 气体保护焊一个熔滴从形成、长大到过渡全过程的高速摄影照片，是从 170 帧照片中选取有代表性的 28 帧。由第 1、11 帧照片看到熔滴尚处在形成的阶段，熔滴位于焊丝中部，稍有偏斜；之后熔滴逐渐进入长大阶段，熔滴处在焊丝的一侧，一直长大至第 160 帧，这一阶段作用在熔滴上的力维持着相对平衡状态；第 162 帧之后为熔滴从焊丝端部脱离与过渡阶段，作用于熔滴上的力发生了变化，促使熔滴过渡的力起了主导地位，到第 170 帧发生了熔滴的过渡。

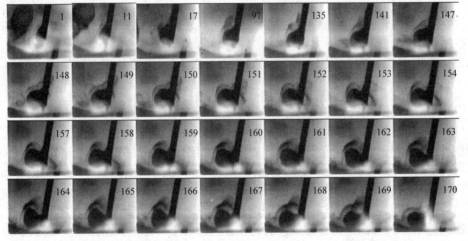

图 5-2　药芯焊丝 CO_2 气体保护焊一个熔滴从形成、长大到过渡全过程的高速摄影照片

焊丝样品：KFX – 71T 03.04.27；焊接参数：25V/160A，ϕ1.2mm；拍摄速度：3000f/s。

药芯焊丝 CO_2 气体保护焊排斥过渡时，熔滴的形成、长大到过渡的不同阶段受力情况见表 5-1。

在熔滴形成初期，因为熔滴大都是在前一个熔滴过渡后的基础上形成的，如果前一个熔滴出现颈缩后分离，过渡后会有明显的熔体残留，于是在焊丝下端残留的熔体便成为新熔滴形成的基础；如果前一个熔滴是在焊丝的根部脱离，整体进行了过渡，焊丝端部很少有熔体残留，这时在熔滴从焊丝端部脱离的瞬间，电弧会在焊丝的下端立即引燃并较均匀地使其熔化，从而在焊丝的下端形成新的熔滴。不管是上述哪一种情况，在熔滴的形成阶段，处在焊丝底部的熔滴体积很小，重力对熔滴的作用不大，熔滴悬挂在焊丝端部基本不偏离或很少量偏离焊丝的中心线（图 5-2 中第 1、11 帧照片），焊丝与熔滴的接触面较大，因此流经这一截面的电流密度并不大，电磁收缩力 F_e 较小，对熔滴从焊丝端部的脱离和过渡的推动力很小，而此时熔滴的表面张力 F_σ 和作用在熔滴底部的电弧力 F_a 形成强大的阻碍熔滴过渡的合力，其远大于推动熔滴过渡的力，于是熔滴会保持在焊丝端部并逐渐长大。

随着熔滴的长大（图 5-2 中第 97 ~ 162 帧照片），长大的熔滴出现明显的动荡，在熔滴底部的电弧斑点也会随着熔滴的动荡而飘移，电弧力的方向不可能稳定维持在焊丝的中轴线上，电弧力方向的偏斜使熔滴偏向焊丝的一侧，并附着在焊丝端部的侧面。由于熔滴与焊丝接触面还比较大，此处熔滴的表面张力较大，而在接触面上受到的电磁收缩力并不十分大，此时作用在熔滴上的力的分布情况是：熔滴的表面张力 F_σ 与电弧力 F_a 形成的阻碍熔滴过渡的合力，其略大于推动熔滴过渡的重力 F_g（在平焊状态下）和电磁收缩力 F_e 的合力（表5-1 中熔滴长大阶段），因此熔滴不会脱离焊丝端部进行过渡，于是熔滴将继续长大。

表 5-1　药芯焊丝 CO_2 气体保护焊排斥过渡时熔滴形成、长大的不同阶段受力情况分析

熔滴在形成、长大和过渡各阶段的行为特征		熔滴过渡阻力	力的平衡关系	熔滴过渡动力	状态
熔滴形成阶段		$F_\sigma^+ + F_a^+$	$\gg$	$F_e + F_g$	熔滴保持在焊丝端部长大
熔滴长大阶段		$F_\sigma^+ + F_a^+$	$\geq$	$F_e + F_g$	熔滴保持在焊丝端部继续长大
熔滴过渡阶段		$F_\sigma + F_a$	$<$	$F_e^+ + F_\sigma^+ + F_a' + F_r + F_g$	熔滴脱离焊丝端部进行熔滴的过渡

F_σ—表面张力　F_σ^+—更强表面张力　F_a—电弧斑点压力　F_a^+—更强电弧斑点压力　F_a'—向外倾斜的电弧斑点压力
F_e—电磁收缩力　F_e^+—较强电磁收缩力　F_g—重力　F_r—保护气体的排斥力

随着熔滴的继续长大，进入熔滴的脱离和过渡阶段，此时熔滴的上部出现颈缩，从图 5-2 中第 167 ~ 169 帧照片看到，其截面有时比焊丝断面更小，因此电流密度会很大，产生更大的电磁收缩力 F_e，促使熔滴在这里断开；在这一阶段电弧力的作用也会出现新的情况，随着熔滴的进一步偏离，电弧力 F_a 的作用方向由向上阻碍其从焊丝脱离，转变为指向外侧，从图 5-2 中第 163 ~ 169 帧照片看到，电弧力对熔滴的作用方向逐渐转变为指向朝外，促使熔滴从焊丝端部分离；另外熔滴表面张力 F_σ 对熔滴的收缩作用也形成对颈缩处的熔滴金属的牵拉，促使其断开，于是 F_σ 的作用由原来阻止熔滴过渡，转变为促进熔滴的过渡；而且气体排斥力 F_r 对偏斜的大熔滴的排斥作用也会显现出来，力图将熔滴排斥出焊接区。因此这种情况下，电弧力 F_a、电磁收缩力 F_e、熔滴表面张力 F_σ 和保护气体的排斥力 F_r 组成的合力促使熔滴从细颈处断开，显然此时作用在熔滴上的力分布已不可能达到平衡，于是熔滴会从颈缩处发生分离，形成大熔滴的过渡或大颗粒飞溅。

通过以上对药芯焊丝 CO_2 气体保护焊排斥过渡条件下熔滴排斥过渡过程不同阶段受力状况和对熔滴行为影响的分析，说明作用于熔滴上的力不是静态的，而是一个动态的过程，随着熔滴的长大，不仅力的大小会改变，而且有的力的作用方向也会改变，认识这一点后，才可能正确解释熔滴行为的种种表现和行为特征，把握熔滴过渡形态的变化规律，从而优化其行为。

药芯焊丝 CO_2 气体保护焊排斥过渡时，一直认为熔滴的表面张力 F_σ 是使熔滴保持在焊

丝端部并阻止熔滴过渡的力，这种认识只是在熔滴形成和成长阶段、熔滴尺寸还没长得很大的时候才成立。但是当熔滴长得很大、熔滴已经产生明显的颈缩时，情况将会发生改变，此时表面张力 F_σ 表现出两个方面的作用，除了使熔滴的收缩而起着阻碍熔滴的过渡外，另一方面是熔滴自身收缩作用而促使熔滴的颈缩处断开，而后者在熔滴产生颈缩时表现得更明显，在表5-1中用 F_σ^+ 表示，它是推动熔滴过渡的力，可以促进熔滴的过渡。因此表面张力 F_σ 对熔滴行为的影响在熔滴形成、长大的不同阶段会发生改变。

一般认为作用于熔滴底部的电弧力 F_a 是阻止熔滴的过渡的，但由于长大的熔滴产生明显的动荡，电弧也随之激烈飘动，因此电弧力 F_a 的作用方向往往发生偏斜，产生与焊丝轴线垂直的向外的分力（表5-1中用 F_a' 表示），此时电弧力将促进熔滴的脱离。另外，CO_2 气体保护焊时保护气体形成的排斥力 F_r 对熔滴行为的影响也会随着熔滴的长大表现出来。更显而易见的是电磁收缩力的作用变化，随着熔滴的进一步长大，熔滴发生颈缩，电磁收缩力迅速增强（表5-1中用 F_e^+ 表示），促使熔滴在颈缩处断开，此时电磁收缩力 F_e 更体现出它推动熔滴的脱离和过渡的作用。

2. 药芯焊丝 CO_2 气体保护焊熔滴排斥过渡特点

排斥过渡是 CO_2 气体保护焊具有的主要的熔滴过渡形态之一，这一术语在国际焊接学会（IIW）熔滴过渡形态分类资料中提及[18]。图5-3是作者选取的钛系药芯焊丝 CO_2 气体保护焊和碱性药芯焊丝混合气体保护焊排斥过渡时典型熔滴行为的高速摄影单帧照片，从图中可以看到一个很大的熔滴悬挂在焊丝端部的一侧，熔滴尺寸一般可以长大到焊丝直径的 2.5 倍，电弧在熔滴的底部燃烧，有时可以在焊丝的下端看到伸向熔池的渣柱（图5-3a、e、f），但有时渣柱因被悬垂的大熔滴包裹着而看不到，在焊丝端部悬垂着特大的熔滴是排斥过渡的最直观的表现，显然熔滴颗粒大是排斥过渡的突出特点。

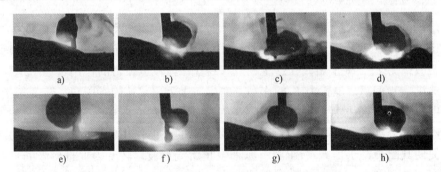

图5-3　药芯焊丝排斥过渡时悬垂状熔滴单帧照片

a）、b）KFX-71 药芯焊丝，$\phi 1.2mm$，21V/60dm/min　c）、d）DW100 药芯焊丝，21V/60dm/min

e）ESAB 碱性药芯焊丝，24V/45dm/min，$\phi 1.6mm$，80% Ar + 20% CO_2

f）LIN 药芯焊丝，$\phi 1.4mm$，125V/45dm/min，80% Ar + 20% CO_2

g）、h）DQ-A1 碱性药芯焊丝，23V/55dm/min，$\phi 1.6mm$，80% Ar + 20% CO_2

图5-4是编号 DW100 的焊丝样品在预置电压 25V、送丝速度 90dm/min 焊接时的高速摄影照片，拍摄速度为 1200f/s，焊丝直径为 $\phi 1.2mm$，一个熔滴过渡的全过程共 95 帧照片，图5-4选取了其中的一部分。由图可看出：大熔滴较长时间悬挂在焊丝端部，并偏向焊丝的一侧；当熔滴长到足够大的时候，它与熔池刚一接触则电弧熄灭（第 83 帧照片），熔滴的

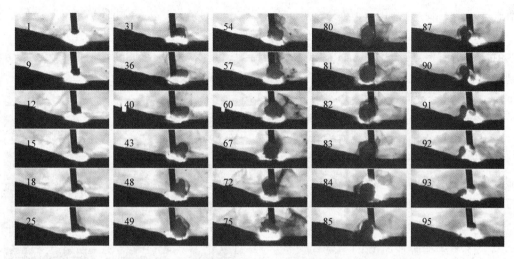

图 5-4　药芯焊丝 CO_2 气体保护焊排斥过渡时熔滴行为的高速摄影照片（一）

焊丝样品：DW100 药芯焊丝，$\phi1.2mm$；焊接参数：26V/90dm/min，直流反接；拍摄速度：1200f/s。

整体在熔滴与焊丝端部连接处断开；当熔滴脱离焊芯的一刻电弧即刻重燃，从焊丝端分离的熔滴，在远离焊丝轴线的熔池边缘的地方先与熔池接触，然后在熔池的表面张力作用下将熔滴逐渐拉入熔池（第 85～95 帧照片），完成了熔滴的一个过渡周期。照片反映了大熔滴排斥过渡时熔滴的整体从焊丝端部脱离这一特征。计算得到它的过渡周期约为 79ms，按照一个过渡周期的时间估算，这一案例排斥过渡的频率大体为 $12.7s^{-1}$。

图 5-5 是 KFX –71T 药芯焊丝样品 CO_2 气体保护焊排斥过渡时随机选取的高速摄影照片，拍摄速度为 3000f/s，可以看出过渡周期从第 3 帧开始至 161 帧结束，共 158 帧照片，历时约 53ms。这幅照片同样是典型的大熔滴排斥过渡的实例，按这一过渡周期估算其过渡频率约为 $18.9s^{-1}$。显然，过渡频率低也是排斥过渡的特征之一。

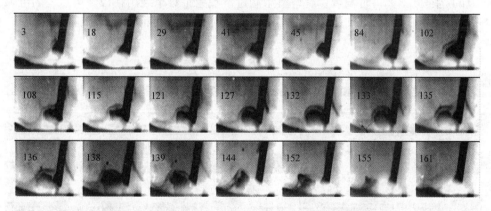

图 5-5　药芯焊丝 CO_2 气体保护焊排斥过渡时熔滴行为的高速摄影照片（二）

焊丝样品：KFX –71T 03.04.27；焊接参数：25V/160A，直流反接；拍摄速度：3000f/s。

从图 5-5 还看出：熔滴的形成阶段，处在焊丝底部的熔滴体积很小，熔滴悬挂在焊丝端部，基本不偏离或稍微偏离焊丝的中心线；熔滴附着在焊丝的某一侧长大，有时沿焊丝周边运动，直到脱离焊丝端向熔池过渡，都不是在焊丝的中间位置进行的。在照片上看到的似乎是熔滴平稳地过渡，然而连续放映照片时会看到另外的情景：大熔滴不停地自身旋转、摇摆、动荡，熔滴离开焊丝后，先是与熔池接触，随后接触面迅速扩大；当它还没有完全进入熔池前，熔滴由于自身的惯性仍然在剧烈旋转翻滚；进入熔池后它的转动惯性甚至造成熔池的剧烈翻动。从以上几个案例看出，熔滴的自身旋转和剧烈翻动、熔滴的偏离和非轴向过渡是排斥过渡的重要特征。

很多研究者将排斥过渡的形成归结为电弧斑点压力对熔滴的排斥作用，因为在 CO_2 气体保护焊条件下，CO_2 气体高温分解吸热反应对电弧的冷却作用使电弧电场提高，电弧的收缩和弧根面积的减小增加了斑点的压力，因而阻碍熔滴的过渡[1]。当熔滴偏向一侧时，电弧斑点压力不仅明显地阻碍熔滴的过渡，而且还力图将其推离焊丝的轴线。如图 5-6 所示的 Hobart 焊丝在小参数下 CO_2 气体保护焊的高速摄影照片支持了这种解释。从图看出，第 8、9 两帧照片中大熔滴在焊丝的一侧悬挂着，电弧处于熔滴的底部，显然这是电弧力的作用（第 8、9 两帧照片中箭头标示的方向）使熔滴维持在焊丝的端部的一侧继续长大，并最终脱离焊丝，向焊丝的一侧远离焊丝轴线方向飘离（第 10、11 帧照片）。这幅照片显示出电弧斑点压力对形成排斥过渡的重要作用。

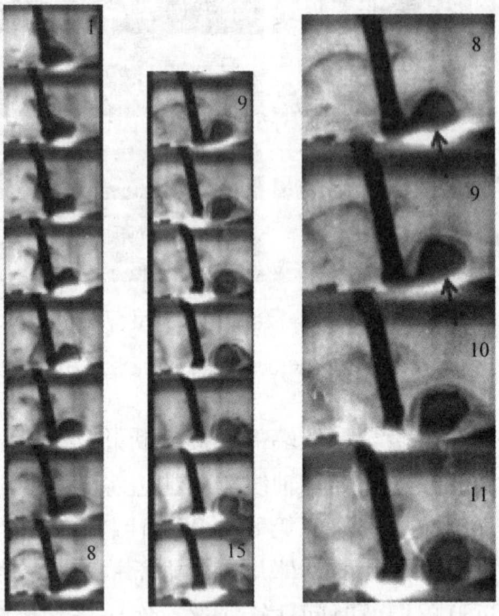

图 5-6　药芯焊丝 CO_2 气体保护焊排斥过渡时熔滴行为的高速摄影照片（三）
焊丝样品：Hobart 03.03.19；焊接参数：25V/160A，直流反接；拍摄速度：2000f/s。

当作者观察了大量的 CO_2 条件下药芯焊丝熔滴过渡的高速摄影资料时发现，有许多熔滴过渡现象很难单纯用在极性斑点上的电弧压力来解释。例如在图 5-7 中看到的，当熔滴由于电弧力的作用被推离焊丝端部后（第 8、9 帧照片），并没有进入熔池，而是被推得更远（第 21~41 帧照片）。

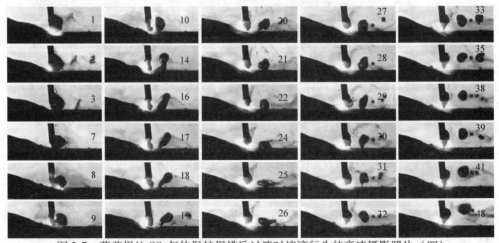

图 5-7　药芯焊丝 CO_2 气体保护焊排斥过渡时熔滴行为的高速摄影照片（四）
焊丝样品：KFX-71 药芯焊丝；焊接参数：21V/60dm/min，直流反接；拍摄速度：1200f/s。

上述案例中如果熔滴脱离焊丝前的瞬间受电弧力作用的话，那么当熔滴完全脱离焊丝后电弧力的作用就不存在了，之后熔滴被推离和飘浮的现象显然不能用受到电弧压力的作用来解释，那么除了电弧极性斑点对熔滴产生压力之外，在 CO_2 气体保护焊条件下，在电弧区存在着电弧极性斑点压力以外的某种排斥力的作用，这个力最可能的是前面谈到的由 CO_2 体积的增大膨胀在电弧周围形成的排斥力场的作用。

CO_2 气体保护焊时由于 CO_2 气体密度比较大，因此往往在熔池表面有一定时间的覆盖和聚集，提高了 CO_2 气体对熔池的保护效果。同时 CO_2 气体的热膨胀和热分解会引起其体积的增大，造成气体由靠近电弧中心区向周围膨胀和扩张，在焊接区形成了排斥作用力场。在靠近中心部位产生的排斥作用最强，熔滴颗粒越大，熔滴受到的排斥力越大，强大的排斥力将熔滴推向焊丝的一侧。当熔滴脱离焊丝后，熔滴有时会被排斥力推离电弧区，并飘浮得很远。大熔滴的飘浮现象在粗熔滴过渡时十分常见，它不仅出现在 CO_2 气体保护焊时，在混合气体保护焊时也会发生。

关于排斥过渡时熔滴是否与熔池短路有不同的说法，按国际焊接学会（IIW）熔滴过渡形态分类资料提出的概念[18]，排斥过渡（Repelled Transfer）属于自由过渡（Free Flight Transfer）分类范围，焊接时熔滴应该是不与熔池短路的。而实际焊接时，短路过渡和不短路过渡两种情况都有可能，当电压设置比较低时，排斥过渡的短路概率增大，当电压较高而电流不太大时，熔滴不易与熔池短路，排斥过渡的短路概率减小。

图 5-8 和图 5-9 是作者早年用高速摄影仪器拍摄的反映 CO_2 气体保护焊排斥过渡时发生短路和不短路过渡的照片。可以看出当电流为 140A、预置电压为 28.5V 时，熔滴为不短路过渡（图 5-8）；当电流同样为 140A 而电压预置为 26V 时，熔滴为短路过渡（图 5-9）。

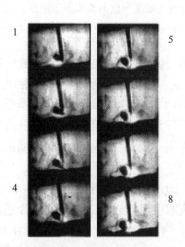 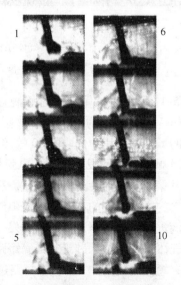

图 5-8　药芯焊丝 CO_2 气体保护焊排斥过渡时不发生短路的高速摄影照片（拍摄速度：2000f/s）
焊丝样品：YC502Q 04.07.02；
焊接参数：28.5V/140A。

图 5-9　药芯焊丝 CO_2 气体保护焊排斥过渡时发生短路过渡的高速摄影照片（拍摄速度：3000f/s）
焊丝样品：KFX-71T 02.03.18；
焊接参数：26V/140A。

　　排斥过渡时熔滴的短路行为有两种情况，一种是大熔滴的非桥接过渡，熔滴的整体从焊丝端部脱离进行过渡，另一种情况是熔滴与熔池短路，发生桥接过渡。

　　大熔滴的非桥接过渡有时也会发生瞬间的短路，但不形成短路桥。图5-10是典型的大熔滴非桥接过渡照片，可以看到在短路尚未形成短路桥时，熔滴从焊丝端的熔滴根部与焊丝分离（图5-10a第3帧照片、图5-10b第8帧照片），熔滴的整体向熔池过渡，在分离的瞬间电弧在焊丝端与分离的熔滴之间重新燃起。这种过渡方式的特点是：熔滴从焊丝端的熔滴根部与焊丝整体脱离进行过渡，过渡过程瞬间完成，过渡时不发生熔滴与熔池的桥接，熄弧时间很短。

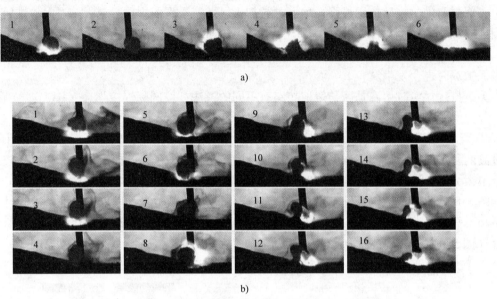

图 5-10　药芯焊丝 CO_2 气体保护焊熔滴排斥过渡时发生瞬间短路的高速摄影照片

焊丝样品：DW100 药芯焊丝，$\phi 1.2mm$；焊接参数：26V/90 dm/min；拍摄速度：1200f/s。

　　图5-11所示为排斥过渡时熔滴短路桥接过渡的实例。焊接参数为21V，送丝速度为60dm/min，焊丝样品为DW100。该图是一个熔滴从形成、长大、桥接短路过渡和电弧重燃全过程的119帧照片中选取的30帧照片，可以看出：第1~104帧照片熔滴在逐渐长大，第105~116帧照片熔滴发生短路，电弧熄灭，熔滴进行了过渡，短路和过渡过程进行了不到10ms，从第117帧照片开始电弧重新引燃。熔滴的过渡周期大约100ms。显然熔滴的过渡是通过桥接的方式实现的，短路的熄弧时间相当长。

　　熔滴进行桥接短路过渡时存在发生短路电爆炸的风险。图5-12所示为KFX-71药芯焊丝 CO_2 气体保护焊排斥过渡时熔滴短路行为的案例。从图中看到在第3~12帧照片熔滴与熔池短路，短路时间约8.3ms，在短路过渡完成后只发生了轻微的飞溅（第13帧照片）。

　　然而也有短路过渡引起强烈的电爆炸飞溅的情况。图5-13、图5-14是排斥过渡短路引起强烈电爆炸飞溅的照片，这两个案例的共同特点是发生短路延续时间比较长，当摄影速度为1200f/s时，图中记录的短路过程分别为3~10帧照片和4~12帧照片，约6.0ms。应该指出测试的样品发生强烈的电爆炸飞溅的概率并不很大，统计的发生强爆炸飞溅的频率相当于熔滴过渡频率不到15%。

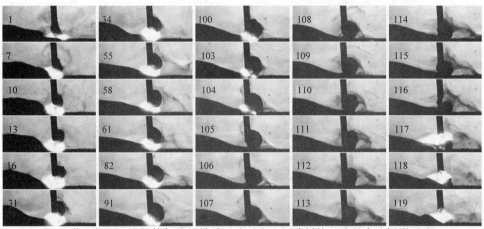

图 5-11　药芯焊丝 CO_2 气体保护焊排斥过渡时发生短路桥接过渡的高速摄影照片（一）

焊丝样品：DW100 药芯焊丝，$\phi 1.2mm$；焊接参数：21V/60dm/min；拍摄速度：1200f/s。

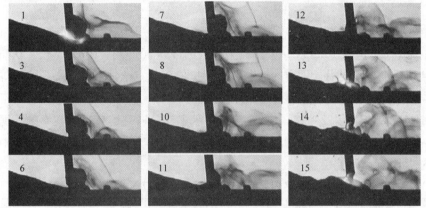

图 5-12　药芯焊丝 CO_2 气体保护焊排斥过渡时发生短路桥接过渡的高速摄影照片（二）

焊丝样品：KFX-71 药芯焊丝，$\phi 1.2mm$；焊接参数：21V/60 dm/min，直流反接；拍摄速度：1200f/s。

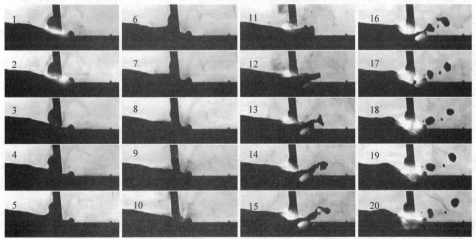

图 5-13　药芯焊丝 CO_2 气体保护焊排斥过渡时短路引发强烈电爆炸飞溅的高速摄影照片（一）

焊丝样品：DW100 药芯焊丝，焊丝直径：$\phi 1.2mm$；焊接参数：26V/90 dm/min，直流反接；拍摄速度：1200f/s。

通过高速摄影照片统计的排斥过渡时熔滴相关的过渡参数见表 5-2。试验采用

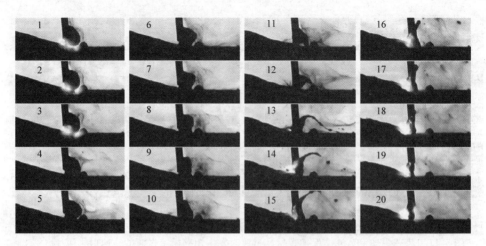

图 5-14　药芯焊丝 CO_2 气体保护焊排斥过渡时短路引发强烈电爆炸飞溅的高速摄影照片（二）

焊丝样品：KFX－71 药芯焊丝，焊丝直径：$\phi1.2mm$；焊接参数：21V/60dm/min，直流反接；拍摄速度：1200f/s。

Petazent－16型德国产高速摄影机，焊丝直径为 $\phi1.2mm$，采用时代公司产 NB－500 型电焊机，CO_2 保护气体流量为 18mL/min。试板为内径 $\phi113mm$、壁厚 10mm、长 450mm 的钢管，将其置于自动行走小车上沿长度方向运动，在焊枪位置固定条件下实现平焊位置焊接。试验表明，当焊丝直径为 1.2mm、焊接电流为 150～200A 时，钛系药芯焊丝 CO_2 气体保护焊熔滴的排斥过渡频率大体为 $12～25s^{-1}$。表 5-2 列示了部分样品熔滴过渡频率的数据，看出在设定参数下，所测试的药芯焊丝样品熔滴过渡频率大体上为 $20s^{-1}$ 左右。表 5-2 中还统计了发生飞溅的情况。

表 5-2　CO_2 气体保护焊排斥过渡时熔滴过渡参数统计表

试验焊丝样品编号	预置电压 U/V /预置电流 I/A	熔滴过渡频率 f_{tr}/s^{-1}	飞溅频率 f_{sp}/s^{-1}	电爆炸飞溅 频率 f_{sp}/s^{-1}	飞溅情况
8 DW100 03.05.01	25.1/154	18.26	11.60	2.50	出现三次大熔滴的上飘飞溅
0 DW100 04.03.22	24.6/160	22.27	11.99	1.70	发生熔滴与熔池的飞溅
3 DW100 04.03.22	24.6/160	21.60	10.44	1.49	—
0 DW100 04.04.23	24.6/190	19.62	9.81	3.27	熔池和熔滴飞溅；渣柱飞溅
4 DW100 04.04.23	24.6/190	19.62	9.81	1.63	发生熔滴与熔池的飞溅
6 DW100 03 05.17	24.7/190	19.20	9.14	0.91	—
5 DW100 04 04.04	24.7/190	23.61	8.17	5.45	发生熔池飞溅

通过对诸多案例的观察与测试，对熔滴排斥过渡过程可做这样的描述：当一个熔滴过渡之后，新的熔滴可能在前一个熔滴过渡后的残留液滴的基础上生成，此时熔滴处于焊丝的中心轴线；随着熔滴的逐渐长大，电弧力很容易发生偏斜，将熔滴推向焊丝的一侧，由于药芯焊丝断面结构的特点（特别是"O"形结构），熔滴更容易在钢皮上附着；电弧在熔滴的底部燃烧，强烈地加热熔滴，过热的熔滴通过热对流对焊丝加热，新熔化的金属融入已经形成的熔滴中，使熔滴在焊丝的一侧逐渐长大，偏斜的熔滴与电弧力的作用相互影响，使熔滴的偏斜程度加剧，更明显地偏向焊丝的一侧；强烈的热对流使得附着在焊丝一侧的钢皮上的熔

滴快速旋转，由于电弧对钢皮的加热和熔化是通过偏离一侧的熔滴实现的，因此电弧对焊丝加热是不均匀的，必然导致熔滴在焊丝端面沿周边运动；当熔滴进一步长到足够大、相当于焊丝直径 2~2.5 倍（焊丝直径 1.2mm）时，在熔滴的根部与焊丝端部之间有时会产生颈缩，电流流过细颈时产生的电磁收缩力促使熔滴与焊丝端部脱离，此时表面张力对熔滴的收缩起着对熔滴的牵拉作用，促进熔滴从细颈处分离，并偏离焊丝轴向中心线过渡；在平焊状态下，重力的作用促使熔滴过渡；大颗粒飘动的熔滴过渡时往往由于保护气体产生的排斥力的作用，使熔滴有时在偏离焊丝较远处进入熔池，当熔滴脱离焊芯后还没来得及完全进入熔池时，存在着被排斥力推出去的可能性，熔滴越大，活动性越强，被排斥出电弧区的可能性越大。存在这种可能：即大熔滴在排斥力的作用下，没能完全进入熔池，而飞离出电弧区，形成大颗粒飞溅；熔滴特别粗大，熔滴过渡频率低，在正常的焊接参数下，熔滴过渡频率大体为 $12~25s^{-1}$。以上所述是钛型药芯焊丝 CO_2 气体保护焊排斥过渡时熔滴行为的主要特征。

5.1.2　药芯焊丝 CO_2 气体保护焊熔滴的表面张力过渡

1. 药芯焊丝 CO_2 气体保护焊熔滴的表面张力过渡的特点

当电流较小时药芯焊丝 CO_2 气体保护焊形成典型的排斥过渡，而当焊丝送进速度增大、电流进一步增大时，如果此时电压设置较低，则熔滴在没有长大到很大尺寸时便与熔池接触短路，在熔池的表面张力作用下，迅速向熔池过渡，这就形成了表面张力过渡。当然在形成金属桥之后大的短路电流所产生的电磁收缩力也会促使金属桥破断，促进表面张力过渡的实现。图 5-15 是表面张力过渡时熔滴的受力状态示意图，可以看出当熔滴与熔池接触时，在焊丝与熔池之间形成金属液桥，由于熔池金属表面张力的作用，会使颈缩以下液桥金属被拉入熔池，完成熔滴的过渡。

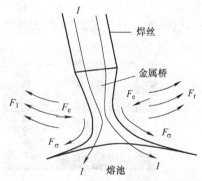

图 5-15　CO_2 气体保护焊熔滴表面张力过渡过程受力示意图
F_r—CO_2 气体排斥力　F_e—电磁力
F_σ—表面张力　I—电流方向

与排斥过渡时的短路过渡不同，表面张力过渡是在熔滴没有长大的条件下形成的短路过渡，即熔滴在没有长大到自由尺寸时，与熔池形成桥接短路，之后在表面张力的作用下实现过渡。因而表面张力过渡时具有较低的电弧电压、足够大的送丝速度、很高的过渡频率等特征。

表面张力过渡可以看作是介于大熔滴的排斥过渡与细熔滴过渡二者之间的一种过渡形态，下面将举若干实例说明表面张力过渡的形成条件。表面张力过渡现象同样可以发生在实心焊丝 CO_2 气体保护焊过程中。图 5-16 是实心焊丝表面张力过渡过程的高速摄影照片，可以看出第 3、4 帧照片熔滴与熔池发生短路，很快形成液桥（第 5~8 帧照片），进行熔滴的过渡，至第 10 帧图片熔滴过渡完成，接着电弧重新引燃。熔滴从短路到过渡完成约经过 3~4ms。

图 5-17 是药芯焊丝表面张力过渡的高速摄影照片。试验焊丝样品编号 7 DW100，预置电压为 24.7V，焊接电流为 210A，拍摄速度为 2000f/s，测试的熔滴过渡频率 $f_{tr}=25.6s^{-1}$。由图看出这是一个平稳的表面张力过渡过程，熔滴在第 12 帧照片与熔池接触，到第 15 帧照片完成了过渡，过渡时间不到 2ms，过渡时没有发生电爆炸飞溅。

通过高速摄影对该焊丝焊接过程进行的观察表明，在电弧电压 24.7V、焊接电流 210A 的条件下，虽然熔滴过渡形态已经出现表面张力过渡，但是整个测试过程中大熔滴排斥过渡的特征仍然十分明显，排斥过渡仍然是基本的过渡形态。这时过渡频率还不够高，为 $25 \sim 28 s^{-1}$，熔滴存在的时间较长，熔滴尺寸较大，同时由于电流较小，送丝速度还不够快，较大的熔滴在刚一接触熔池表面时，没有能快速地进入熔池，在熔池表面发生爆炸，造成飞溅，图 5-18 就是这样的例子，由图看到，在熔滴与熔池相接触的瞬间（第 4 帧照片），熔滴很快发生电爆炸，爆炸和产生的飞溅过程（第 7~18 帧照片）持续了约 6ms，电爆炸过后，熔滴接着进行了过渡（第 19~24 帧照片）。

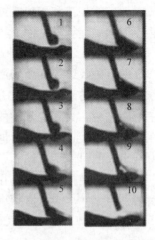

图 5-16 CO_2 气体保护焊熔滴表面张力过渡
形态的高速摄影照片（拍摄速度：2000f/s）
焊丝样品：实心焊丝 HT 04.07.02，ϕ1.2mm；
焊接参数：24.6V/134A。

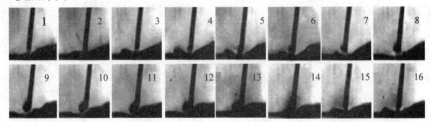

图 5-17 药芯焊丝 CO_2 气体保护焊表面张力过渡的高速摄影照片
焊丝样品：7 DW100 04.03.18，ϕ1.2mm；焊接参数：24.7V/210A；拍摄速度：2000f/s。

看来熔滴在由排斥过渡向表面张力过渡转变时，有时还经过一个不稳定的表面张力过渡阶段，它是属于粗熔滴排斥过渡与表面张力过渡之间的状况，这时由于较大熔滴与熔池的频繁接触，增大了发生电爆炸的机会。

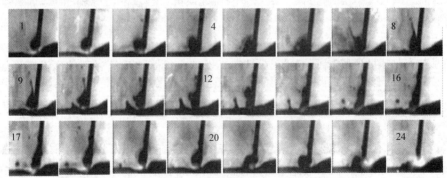

图 5-18 药芯焊丝 CO_2 气体保护焊表面张力过渡时发生电爆炸飞溅的高速摄影照片
焊丝样品：7 DW100 03 03 18，焊丝直径：ϕ1.2mm；焊接参数：24.7V/210A；拍摄速度：2000f/s。

图 5-19 是 15 DW100 样品在 31V/210A 条件下试验的高速摄影照片，与图 5-18 相比可知：电流相同，电压由 24.7V 提高到 31V，熔滴在焊丝端部停留时间增长，尺寸增大，排斥过渡特征更加明显，表面张力过渡形态进一步减少，排斥过渡成为主要的过渡形态，测试的过渡频率仅为 $25.7s^{-1}$。

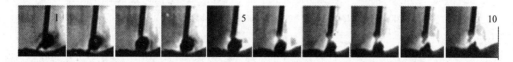

图 5-19　药芯焊丝 CO_2 气体保护焊时具有排斥过渡特征的高速摄影照片

焊丝样品：15 DW100 04.05. 21，ϕ 1.2mm；焊接参数：31V/210A；拍摄速度：2000f/s。

进一步增大电流时，可观察到熔滴以表面张力过渡为主。12 DW100 样品在 28V/240A 的条件下测试，熔滴过渡频率增大了，达到 $37.1s^{-1}$，飞溅频率为 $13.4s^{-1}$。图 5-20 是该样品表面张力过渡的高速摄影照片，看出过渡过程由第 35 ～ 70 帧照片，大约为 17.5ms，然而在这一参数下，还不能说实现了表面张力过渡的最稳定状态，因为在这过程中也经常会出现不稳定的过渡。

图 5-20　药芯焊丝 CO_2 气体保护焊形成不稳定的表面张力过渡高速摄影照片 （一）

焊丝样品：12 DW100 04 06 09，ϕ1.2mm；焊接参数：28V/240A；拍摄速度：2000f/s。

在 31V/240A 条件下测试编号为 16 DW100 的药芯焊丝样品，得到的结果是：熔滴过渡形态主要为表面张力过渡，过渡频率为 $39.1s^{-1}$，但尚未实现较为完全的表面张力过渡，仍然有相当多的排斥过渡；飞溅形式以熔池飞溅为主，熔滴与熔池接触时偶然发生电爆炸飞溅，统计的飞溅频率为 $19.9s^{-1}$。图 5-21 是该样品表面张力过渡的高速摄影照片，照片中看出从第 3 帧照片开始发生桥接，至第 7 帧照片完成了过渡，第 8 帧照片电弧重新引燃，过渡过程只有约 2.5ms。

图 5-21　药芯焊丝 CO_2 气体保护焊表面张力过渡的高速摄影照片

焊丝样品：16 DW100 04.06.23；ϕ1.2mm；焊接参数：31V/240A；拍摄速度：2000f/s。

在 31V/240A 的条件下进行的试验表明：尽管这时熔滴过渡形态基本上是以表面张力过渡为主，电爆炸飞溅也较少发生，但是试验的电弧电压较高，弧长较大 （图 5-22），可以观察到在焊丝的熔化过程中，形成的熔滴仍然比较粗大，增大了焊接过程的不稳定性。

图 5-22　药芯焊丝 CO_2 气体保护焊形成不稳定的表面张力过渡高速摄影照片（二）

焊丝样品：16 DW100 04. 05. 23，焊丝直径：$\phi1.2mm$；焊接参数：31V/240A；拍摄速度：2000f/s。

　　作者从 21V/260A 参数下进行的试验看到：由于电压的设定比较低，电流比较大，送丝速度较快，熔滴在远未长大到自由尺寸前就与熔池短路桥接，并在表面张力的作用下被拉向熔池，形成高频率的表面张力过渡，过渡频率高达 $41.1s^{-1}$。在这一参数下尽管实现了表面张力过渡，但电压的设置较低，参数匹配不合理，短路电爆炸飞溅较多，还出现一次强烈的电爆炸飞溅，焊接过程同样不十分稳定，没有形成表面张力过渡的最好状态。

　　在更大电流的条件下理想的表面张力过渡才明显地表现出来。作者曾用 2 DW100 焊丝样品分别在 30V/320A 和 32V/300A 进行试验，证实熔滴形成了稳定的表面张力过渡。图 5-23 是 2 DW100 焊丝样品在 30V/320A 较大参数下形成表面张力过渡的高速摄影照片，图中引用了 36 帧照片，记录了 18ms 过程，发现其间进行了两次表面张力过渡，分别发生在第 2~4 帧和第 22~26 帧照片，每次过渡时间不大于 3ms，熔滴发生短路过渡过程时间短暂。

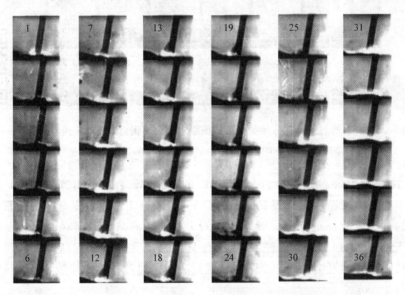

图 5-23　药芯焊丝 CO_2 气体保护焊稳定的表面张力过渡的高速摄影照片（一）

焊丝样品：2 DW100 07. 05. 27，$\phi1.2mm$；焊接参数：30V/320A；拍摄速度：2000f/s。

　　由图 5-23 看出，在大焊接参数下，熔滴的尺寸已经非常小了，当其长到不太大尺寸时就与熔池桥接，并在很短的时间内完成了熔滴过渡。对这一样品摄影全过程 0.5s 统计的熔滴过渡频率超过 $40.5s^{-1}$，电爆炸飞溅的概率也很小，实现了稳定的表面张力过渡形态。

　　图 5-24 是两幅典型表面张力过渡的高速摄影照片，对样品拍摄时统计的熔滴过渡频率超过 $50s^{-1}$，估计熔滴平均直径不超过 1.5mm。

　　以上关于药芯焊丝 CO_2 气体保护焊表面张力过渡的试验结果见表 5-3。由以上的试验可

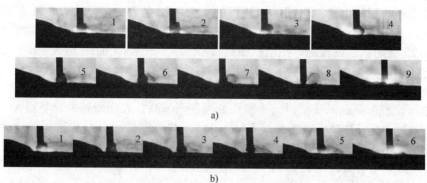

图 5-24　药芯焊丝 CO_2 气体保护焊稳定的表面张力过渡的高速摄影照片（二）

焊丝样品：$\phi1.2mm$；焊接参数：21V/60dm/min；拍摄速度：2000f/s。

以得到这样的规律：在作者的试验条件下，对于直径为 $\phi1.2mm$ 的药芯焊丝，在合适的电压条件下，焊接电流增大到 200A 以上时，熔滴出现表面张力过渡；但电流不超过 240A 时，熔滴过渡的基本形态还是以排斥过渡为主，这时的熔滴过渡频率一般为 26～35s^{-1}；当电流增大到 240A 以上时排斥过渡逐渐降低到次要的地位，表面张力过渡成为熔滴过渡的主要形态，但是这时熔滴尺寸还不够细小，熔滴在短路时引起的熔池激烈动荡或电爆炸飞溅，影响表面张力过渡过程的稳定性。在 30V/300A 或更大的参数下，熔滴进一步细化，熔滴过渡频率超过 40s^{-1}，过程稳定，飞溅减小，形成完的表面张力过渡。

表 5-3　药芯焊丝 CO_2 气体保护焊表面张力过渡的试验结果

试验焊丝编号	电弧电压/焊接电流	熔滴过渡频率 f_{tr}/s^{-1}	飞溅气体情况	过渡形态
7 DW100 04.03.18	24.7V/210A	25～28	有明显的电爆炸飞溅	排斥过渡为基本形态，偶然出现少量的表面张力过渡
15 DW100 04.05.21	31V/210A	26～27	有明显的电爆炸飞溅	电弧较长，熔滴存在时间长，排斥过渡为基本形态，偶然出现少量的表面张力过渡
12 DW100 04.05.09	28V/240A	35～38	有明显的电爆炸飞溅	表面张力过渡为主，过程不够稳定
16 DW100.04.05.23	32V/240V	35～39	熔池飞溅为主，偶然发生短路电爆炸飞溅	表面张力过渡为主，少量排斥过渡，过程不够稳定
2 DW100.04.03.19	21V/260V	≈40	熔池飞溅为主，偶然发生短路电爆炸飞溅	电压偏低，表面张力过渡，但过程不稳定
2 DW100 07.05.27	32V/300A	>40	熔池飞溅为主，偶然发生短路电爆炸飞溅	实现稳定的表面张力过渡
2 DW100 07.05.27	30V/320A	>40	熔池飞溅为主	实现稳定的表面张力过渡

2. 药芯焊丝 CO_2 气体保护焊焊接参数对形成表面张力过渡的影响

由以上的分析可知：当焊接电流增大到一定值时，是否形成表面张力过渡还要取决于设置的焊接电压；如果当电流较大而电压的设置比较高，则不能形成表面张力过渡。显然焊接参数的合理设置，对表面张力过渡形成至关重要。

作者的学生杨林曾做过如下试验[19]：选择 KFX 焊丝为样品，设置焊接电流 240A，电弧电压由 28V 逐渐增大至 37V，采用汉诺威分析仪进行测试。图 5-25～图 5-27 分别为当预置的电弧电压在 28～37V 变动时，得到的 KFX 药芯焊丝电弧电压、焊接电流的概率密度分布图和电弧电压、焊接电流波形图。当预置的电弧电压在 28 ~ 37V 变动时，得到的平均电压、平均电流、不同短路时间的频率及平均短路时间 T_1 等相关电弧物理特性参数见表5-4。

由图5-25看出：当设置的电弧电压很高（如35V、36V）（曲线 KFX – 28、KFX – 29）、实际电弧电压超过31V 时（表5-4），焊接时不发生短路，小驼峰曲线处于很低的位置，表5-4 中显示短路频率趋于零。图5-26 中电流概率密度分布曲线十分集中。图5-27 中没有短路波形；电压设置由高逐渐变低时，小驼峰曲线逐渐增高，表明短路的趋势增大，当电压设置为31V、实际电压 27.75V 时（曲线 KFX – 24），波形图显示只有少量短路；而当电压设置为30V、实际电压为 26.97V 时（曲线 KFX – 23），表面张力过渡的趋势明显增大，从表5-4 中看出短路频率增高，图5-27 中显现出短路波形特征；设置的电压再降低，短路频率进一步增高，波形图中短路十分密集，至设置电压28V、实际电压为 25.28V 时（曲线 KFX –21）实现了完全的表面张力过渡。

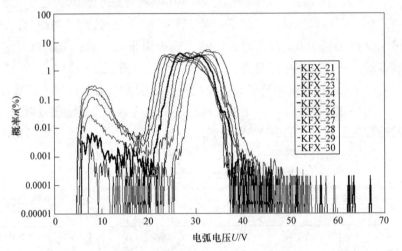

图 5-25　药芯焊丝 CO_2 气体保护焊电弧电压概率密度分布叠加图

焊丝样品：KFX，$\phi1.2mm$；设置焊接参数：$I = 240A$，$U = 28 ~ 37V$。

（本图的彩色图见附录 D 中图 D-2a）

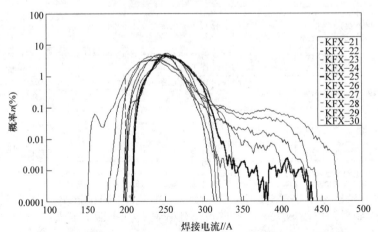

图 5-26　药芯焊丝 CO_2 气体保护焊焊接电流概率密度分布叠加图

焊丝样品：KFX，$\phi1.2mm$；设置焊接参数：$I = 240A$，$U = 28 ~ 37V$。

（本图的彩色图见附录 D 中图 D-2b）

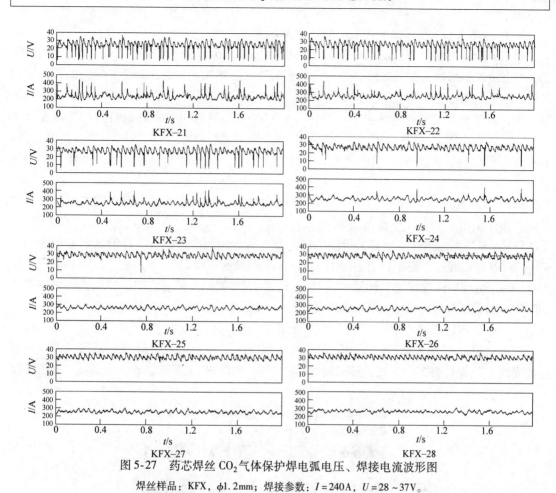

图 5-27　药芯焊丝 CO_2 气体保护焊电弧电压、焊接电流波形图

焊丝样品：KFX，$\phi 1.2mm$；焊接参数：$I = 240A$，$U = 28 \sim 37V$。

表 5-4　KFX 焊丝预置焊接电压 28V ~ 37V 时得到的相关的电弧物理特性参数

测试焊丝名称和编号	预置电压 U/V	实际平均电压 U/V	电弧电压标准偏差 $s(U)$	实际平均电流 I/A	焊接电流标准偏差 $s(I)$	短路次数[1]	>1ms 短路短路次数[1]	平均短路时间 T_1/ms	>1ms 平均短路时间 T_1/ms
KFX – 21	28	25.28	5.18	241.98	35.27	273	90	1.084	2.799
KFX – 22	29	25.06	4.6	244.71	28.71	241	68	0.822	2.281
KFX – 23	30	25.97	3.72	241.78	22.07	159	32	0.584	2.102
KFX – 24	31	27.75	2.91	258.61	19.53	64	8	0.345	1.886
KFX – 25	32	28.93	2.55	258.46	17.76	19	1	0.262	2.705
KFX – 26	33	29.72	2.43	259.84	18.92	3	0	0.285	0
KFX – 27	34	30.24	2.27	254.99	15.7	1	0	0.045	0
KFX – 28	35	31.42	2.12	253.68	15.86	1	0	0.065	0
KFX – 29	36	31.99	1.8	245.88	15.23	2	0	0.160	0
KFX – 30	37	33.27	1.84	244.90	15.8	0	0	0	0

[1]　测试时间 5s。分析仪设置：分析仪设置短路时间组宽 $\Delta T_1 = 10\mu s$，燃弧时间、加权燃弧时间、短路周期时间组宽 ΔT_2、ΔT_3、$\Delta T_c = 500\mu s$，最小短路时间 $T_{1min} = 2000\mu s$，阈值电压 $U_{th} = 16V$。

3. 药芯焊丝 CO_2 气体保护焊表面张力过渡的波形分析

本书第 2 章提到在焊条电弧焊条件下熔滴的短路行为分为 A 型、B 型和 C 型短路，指出：A 型短路是熔滴正常的短路行为，即短路时伴随着熔滴的过渡，特征是短路的持续时间较长，熔滴与熔池形成桥接，过渡的熔滴较大；B 型短路是持续时间较短、不大于 1ms 的短路行为，通常把 B 型短路认为是瞬时短路，瞬时短路是熔滴在非常短的时间与熔池相接触而不发生熔滴金属的过渡[20,21]，B 型短路是出现在 A 型短路之前的瞬间频繁的短路行为；而 C 型短路则具有 A 型和 B 型两种短路的特征，既有短时间频繁短路特征，又伴有熔滴的过渡。

图 5-28 是药芯焊丝 CO_2 气体保护焊表面张力过渡时的高速摄影与波形同步测试结果对照图，图中记录了 CO_2 气体保护焊表面张力过渡时的一次典型短路过程，描述了 $0.277 \sim 0.285s$（8ms）内由燃弧、短路、熔滴的过渡及电弧重燃的全过程。照片的最上方标注的是第 1、5、9 帧和第 12 帧照片对应的时间点，由于拍摄速度为 2000f/s，照片之间的时间间隔为 0.5ms，由此可以确定每一帧照片的时间点。图中每帧照片所对应的波形位置可以由照片的时间点的数值和波形图中时间坐标确定，电压波形图中各重要的时间点所对应的照片用箭头指示。由高速摄影照片第 1~3 帧看到，电弧保持燃弧状态，从波形图上看这一段时间是 $0.277 \sim 0.279s$，从第 5 帧照片开始，熔滴与熔池发生短路，随之熔滴开始进行过渡，直至过渡完成，照片是第 5~13 帧，其时间段是 $0.280 \sim 0.284s$，过程约 4ms。由电压、电流波形

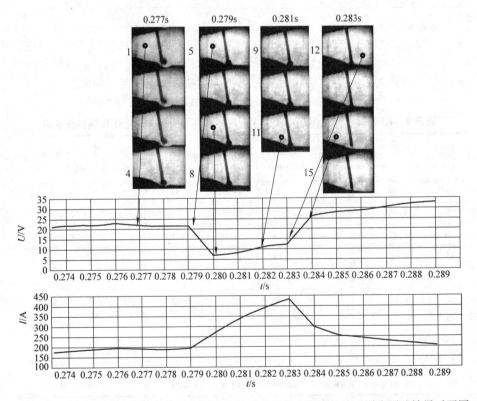

图 5-28 药芯焊丝 CO_2 气体保护焊表面张力过渡时的高速摄影与波形同步测试结果对照图

焊丝样品：No4 DW1000；焊接参数：24V/210A；拍摄速度：2000f/s。

看到，在 0.279s 处电压曲线陡降，而电流的波形则开始上升，经 0.004s 后至 0.283s 处电流曲线上升至最高点后又迅速下降，而电压则迅速提升，至 0.284s 时电压基本上又恢复到短路前的水平。

由测试结果看出，电压波形具有典型的 A 型短路特征，在测试的时间段内，短路过程持续了 4ms，熔滴进行了平稳的表面张力过渡，过程中未产生电爆炸飞溅。可以说明表面张力过渡是以 A 型短路为基础的。

图 5-29 为一组 A 型和 B 型短路同时存在的短路波形图，看到波形图中有三次短路，分别发生在 0.355～0.356s、0.362～0.363s 和 0.369～0.373s。从选取的对应高速摄影单帧照片看出，前两次的短路熔滴与熔池只是发生了短暂的接触，但都未发生熔滴的过渡，而第三次短路过程时间约 2ms，此时熔滴进行了过渡。图 5-29 的短路现象表明前面的两次短路是属于瞬时 B 型短路，而最后的短路是 A 型短路。这一幅短路波形图片与 E5015 焊条电弧焊时波形特征很相似。

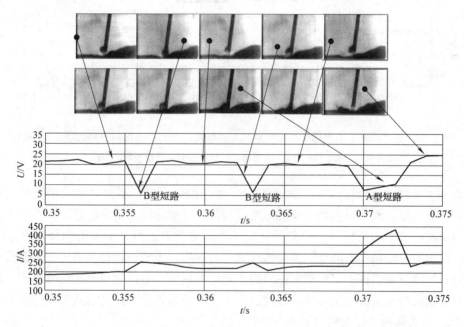

图 5-29　具有 A 型和 B 型短路的波形与高速摄影同步测试结果对照图

焊丝样品：No4 DW1000；焊接参数：24V/210A；拍摄速度：2000f/s。

图 5-30 是 No4 DW－100 焊丝样品熔滴行为高速摄影与电压、电流波形同步测试结果对照图。从图中电压波形看出，焊丝在测试的时间内发生两次瞬间短路，分别为 0.792～0.794s 和 0.795～0.797s，时间都没超过 1ms，熔滴的两次过渡都没有发生电爆炸飞溅。由对应的高速摄影照片看出：前面的一次短路，熔滴先是与熔池接触（第 4 帧照片），电弧中断，至第 8 帧照片电弧重新引燃，在这一期间焊丝端部的熔滴只是与熔池接触了一下，并没有发生过渡；而熔滴的第二次短路过程虽然波形上看与前者很相似，但在第 9 帧照片看到熔滴与熔池发生了接触短路并开始熔滴的过渡，至第 12 帧过渡完成，电弧重新引燃。显然，波形图中显示的短路行为，前者属于 B 型短路，而后者即实现了熔滴的过渡，从时间属性上又具有瞬时性的特征，很像是 C 型短路。这里的 B 型短路与 C 型短路在波形图上看很难

区别，这也许正是 CO_2 气体保护焊波形的特点。

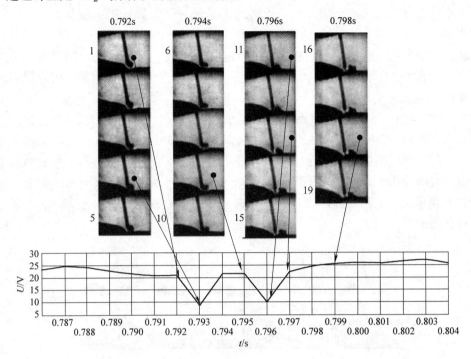

图 5-30　药芯焊丝 CO_2 气体保护焊短路波形与熔滴行为高速摄影同步测试结果对照图

焊丝样品：No4 DW - 100；焊接参数：24V/210A；拍摄速度：2000f/s。

图 5-30 的波形分析实例说明，对于 CO_2 气体保护焊来说，不能简单地用波形图判断是 C 型还是 B 型短路，因为哪怕是瞬间的短路过程都有可能伴随着熔滴的过渡，照片中两次的瞬间短路却发生了不同的情况，前者没有发生熔滴的过渡过程，而后者则伴随有熔滴的过渡。波形图中的短路频率不能反映实际的熔滴过渡频率，或者说用短路波形图不能准确统计实际的熔滴过渡频率。这不仅由于有些短路不意味着过渡，更因为更多的时候熔滴的过渡在波形图中未能反映出来，在实际熔滴过渡过程中，并不是每次熔滴的过渡都发生了短路。

4. 熔滴的表面张力过渡的形成条件

通过以上的叙述，对表面张力过渡的形成条件可以做这样的归纳：药芯焊丝 CO_2 气体保护焊要想实现表面张力过渡，首先是要采用较大焊接电流，以保证形成足够大的电磁收缩力，为熔滴从焊丝端部脱离和熔滴的过渡提供强大动力，同时大电流能有效地细化熔滴尺寸，使桥接短路过渡过程尽可能缩短，保持熔体的平稳过渡，减小飞溅发生的概率；其次要有足够大的送丝速度，保证对熔化金属供给，促使形成短路过渡；另外要设置比较低的电压，压缩熔滴过渡的空间，促使熔滴在没来得及长得最大时与熔池桥接短路。显然表面张力过渡时送丝速度、熔滴过渡频率、熔滴颗粒大小及较低电压的设置至关重要，它们之间存在一定关系。

假定焊丝为实心焊丝，熔化的焊丝全部形成熔滴过渡到熔池，熔滴呈圆球形，这时送丝速度、熔滴过渡频率、熔滴颗粒大小之间的关系可以用下式描述，它表示焊丝送进的金属量与过渡的金属量的平衡：

$$(d_w/2)^2\pi v = (4/3)\pi(D_m/2)^3 f_{tr}$$

式中　d_w——焊丝直径（mm）；

　　　D_m——熔滴直径（mm）；

　　　v——送丝速度（mm/s）；

　　　f_{tr}——熔滴短路频率（s^{-1}）。

上式描述的是实心焊丝的情况，如果是药芯焊丝，则应考虑填充率 ψ 和焊接过程中的金属的损失率 η，则上式写成

$$(1-\psi)(1-\eta)(d_w/2)^2\pi v = (4/3)\pi(D_m/2)^3 f_{tr}$$

设药芯焊丝填充率 $\psi \approx 15\%$，焊接过程中的金属的损失率 $\eta \approx 10\%$，焊丝直径为 $\phi 1.2mm$，化简后的表达式为：

$$v = 0.36 D_m^3 f_{tr}(dm/min)$$

由以上公式推算出当过渡频率 $f_{tr} \approx 40 \sim 45 s^{-1}$、熔滴直径 $D_m \approx \phi 1.5 \sim \phi 1.9mm$ 时，送丝速度 $v \approx 55 \sim 98 dm/min$。熔滴直径、过渡频率、送丝速度之间关系的计算数据见表 5-5，作为表面张力过渡形成条件的参考，例如熔滴直径为 1.7mm，熔滴过渡频率为 $45 s^{-1}$，则送丝速度应为 80.0 dm/min。

为了保证形成表面张力过渡，要求电弧长度小于熔滴直径，如熔滴平均直径为 $\phi 1.9mm$，那么电弧长度不应大于 1.9mm，而电压的设置是保证得到合适的弧长、实现表面张力过渡的重要条件。由于熔滴在焊丝端部受着排斥力的作用，熔滴往往偏离焊丝的轴线，使得弧长增大，考虑熔滴偏斜这一因素，设置的电压显然要更低一些。

表 5-5　表面张力过渡时熔滴直径、过渡频率、送丝速度之间关系的计算值

熔滴平均直径 D_w/mm	1.5	1.6	1.7	1.8	1.9
熔滴平均过渡频率 f_{tr}/s^{-1}	50	45	45	40	40
送丝速度 v/(dm/min)	60.8	66.4	80.0	84.0	98.8

5.1.3　药芯焊丝 CO_2 气体保护焊细熔滴过渡

1. 药芯焊丝 CO_2 气体保护焊细熔滴过渡形成机制

众所周知，当电流流过一个导体时，其产生的磁场作用力指向导体的中心，使流过电流的导体被压缩，它力图使导体的截面积缩小。电磁收缩力 F_e 的大小与流过导体的电流密度有关，随着导体电流密度的增大，导体受到的压缩力呈平方关系增大。对于焊丝而言产生的电磁压缩力对它没有什么意义，但对于液态的熔滴情况则不同，电磁力会使液滴被压缩变形，以致被压扁掐断。在排斥过渡时，由于电流较小、熔滴尺寸较大，而粗大熔滴的截面积很大，因此电流密度较小，电磁收缩力不能体现出它对熔滴过渡的贡献。由于熔滴近似鼓形的不规则形状，与电流方向垂直的各横截面的面积都不相同，因此在熔滴的各横截面上受到的电磁收缩力的大小不同，显然在熔滴截面最小处的电磁收缩力 F_e 最大，熔滴截面最小处往往出现在熔滴自身发生颈缩的地方，这里电流密度最大，因此在排斥过渡条件下，当熔滴自身发生颈缩时，电磁收缩力的作用促使熔滴从这里断开向熔池过渡。

药芯焊丝 CO_2 气体保护焊时，对于同一规格的焊丝，根据焊件的板厚、焊接位置和焊接工艺条件的不同，选取的电流可以在很大的范围变动，因此随着焊接参数的增大，熔滴受力的平衡关系也在发生变化，电磁收缩力的决定性作用便凸显出来，电磁收缩力成为影响熔滴

过渡形态的最主要的因素。电磁收缩力对熔滴的行为产生的决定性影响体现在电磁收缩力将改变焊丝的熔滴过渡形态，即熔滴由排斥过渡向细颗粒过渡转变。而电弧斑点压力、熔滴表面张力和气体的排斥力以及重力的作用都随着电流的增大逐渐降低为次要的地位。

电流的增大使得电磁收缩力增强，熔滴在没有长大到很大时便被电磁力掐断，使熔滴在十分细小的情况下就脱离焊丝端部向熔池过渡，形成熔滴的颗粒过渡；随着电流的增大，熔滴温度升高，熔滴表面张力减小，熔滴进一步变细，使细熔滴过渡的趋势进一步增强；由于电流增大，等离子体流力也得到增强，即增大了熔滴过渡的推力，对形成细熔滴过渡同样起着促进作用。

细熔滴过渡与表面张力过渡的不同点在于：后者是在较低的电压设置下发生的桥接短路过渡，熔滴的过渡借助于表面张力的拉动；而细熔滴过渡完全是由于电磁力主导的动力推动，它不依赖于短路桥表面张力的拉动，也不依赖于送丝的强制过渡。

2. 药芯焊丝 CO_2 气体保护焊焊接参数对形成细熔滴过渡的影响

钛系药芯焊丝 CO_2 气体保护焊时，当电流加大到 340~350A 时（焊丝直径 1.2mm），由于电流的增大，电磁收缩力起到了更大的作用，促使熔滴在未长大之前从焊丝端部脱离，熔滴由表面张力过渡转变为细熔滴过渡，此时熔滴直径不大于 2mm，熔滴过渡时不与熔池短路。

为了说明焊接参数对药芯焊丝 CO_2 气体保护焊形成细熔滴过渡的影响，作者进行如下的试验；选用 TWE-711、SQJ501、K-71TLF、ESAB、DW100 等五种钛型药芯焊丝样品，焊丝直径均为 ϕ1.2mm，设置 24.5V/190A、28V/240A、32V/300A、35V/340A 四个不同焊接参数进行水平位置焊接试验。

利用汉诺威分析仪对焊接过程电弧物理特性参数进行测试，用高速摄影观察熔滴过渡过程，并从影片中统计不同参数下各焊丝的熔滴过渡频率。

图 5-31 是改变焊接参数时由高速摄影统计的熔滴过渡频率的变化图。由图看出：当电流为 190~240A 时，熔滴过渡频率大体上为 20~30s^{-1}，熔滴为典型的排斥过渡；随着焊接电流增大至 300A，熔滴过渡频率可达 40~50s^{-1}，熔滴呈表面张力过渡；当电流进一步增大、达到 340A 以上时，焊丝熔滴过渡频率超过 50s^{-1}，多数焊丝可以实现完全的细熔滴过渡形态。

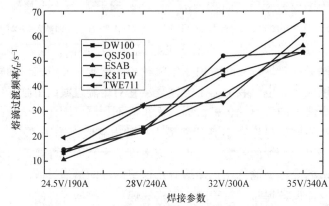

图 5-31 药芯焊丝 CO_2 气体保护焊焊接参数对熔滴过渡频率的影响

注：ZB-500 型 CO_2 气保焊机，直流反接，气体流量 18~20L/min，焊丝伸出长度 20mm。

为了获得理想的细熔滴过渡，又对 KFX-71 和 DW100 两种药芯焊丝样品进行了焊接参数对熔滴过渡形态影响的试验，与图 5-32 的规律一样，表明随着焊接参数的增大，熔滴过渡频率增大。当焊接参数为 32V/150dm/min 时两种焊丝的熔滴过渡频率平均分别为 $49.2s^{-1}$ 和 $48.5s^{-1}$，从高速摄影照片看出电弧过程十分不稳定。由图 5-32a 看到 KFX-71 药芯焊丝样品在 32V/150dm/min 这一参数下过渡的熔滴比较粗大，较粗大的熔滴从焊丝端部脱离向熔池过渡，具有明显的排斥过渡的特征；图 5-32b 还看出在熔滴过渡时还引发了飞溅，表明 KFX-71 样品在这一焊接参数下不能实现真正的细熔滴过渡。

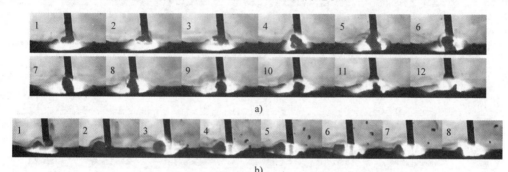

图 5-32　药芯焊丝 CO_2 气体保护焊熔滴不稳定过渡的高速摄影照片（一）

焊丝样品：KFX-71，$\phi1.2mm$；焊接参数：32V/150dm/min，直流反接；拍摄速度：1200f/s。

图 5-33 是 DW100 焊丝样品在 32V/150dm/min 焊接参数下拍摄的高速摄影照片，可以看出：与 KFX-71 药芯焊丝样品一样，此参数下的焊接过程同样也是十分不稳定，熔滴较粗大，熔滴的活动十分激烈，看不出清晰的边界，过渡时还发生了爆炸飞溅。

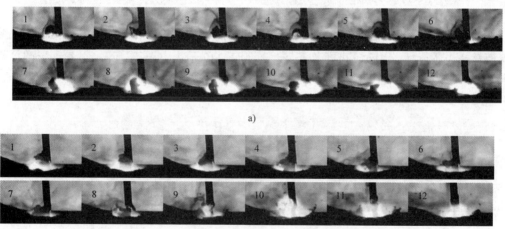

图 5-33　药芯焊丝 CO_2 气体保护焊熔滴不稳定过渡的高速摄影照片（二）

焊丝样品：DW100，$\phi1.2mm$；焊接参数：32V/150dm/min，直流反接；拍摄速度：1200f/s。

当进一步增大焊接参数至 36V/200dm/min 时，发现两种焊丝熔滴明显地变细，都出现了细熔滴过渡的典型画面（图 5-34 和图 5-35），可以清楚地观察到细熔滴过渡的情况，此时看到熔滴细小，活动性很小。从图 5-34a 看出，细小的熔滴从焊丝端部脱离，过渡到熔池，熔滴过渡时没有偏离焊丝的中心轴线（第 10 帧照片）。对其仔细观察发现，在熔滴过渡后看到沿焊丝轴线方向存在的渣柱（图 5-34c 第 7~10 帧照片）。

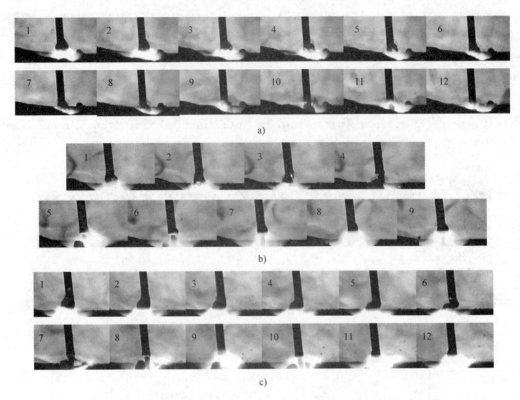

图 5-34　药芯焊丝 CO_2 气体保护焊细熔滴过渡的高速摄影照片（一）

焊丝样品：KFX－71，$\phi1.2mm$；焊接参数：36V/200dm/min，直流反接；拍摄速度：1200f/s。

在如图 5-35 所示的 DW100 药芯焊丝样品细熔滴过渡照片中看到同样的情况，即在熔滴过渡后暴露出来渣柱（图 5-35a 第 7 帧照片和图 5-35b 第 5～8 帧照片），这是细熔滴过渡具有的普遍特征。渣柱对熔滴行为产生有利影响，它使得过渡的熔滴不发生大的偏离，还会对熔滴的过渡起着导向作用，使熔滴的过渡过程趋于稳定。

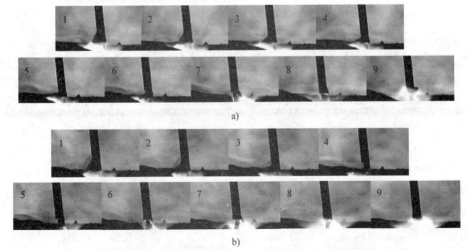

图 5-35　药芯焊丝 CO_2 气体保护焊细熔滴过渡的高速摄影照片（二）

焊丝样品：DW100 药芯焊丝，$\phi1.2mm$；焊接参数：36V/200dm/min，直流反接；拍摄速度：1200f/s。

　　焊接参数为 36V/200dm/min 时，除了观察到上述两种焊丝出现的如图 5-34、图 5-35 所示的典型细熔滴过渡的画面，也同时发生如图 5-36 所示的情况。此时熔滴略大于焊丝直径，熔滴并不是完全处于焊丝轴线中心的位置，而是有一定程度的偏离，过渡的熔滴也会偏离到熔池的侧面（图 5-36a 照片表现得最明显），看起来还是带有排斥过渡的"痕迹"；由于熔滴尺寸小，熔滴偏离焊丝中心轴线的程度不很大，过渡过程不与熔池发生短路，电弧不中断，熔滴过渡过程也较平稳，对电弧的稳定燃烧影响很小，但这种情况无论如何也不能说是细熔滴过渡的理想状态。可以肯定的是当采用更大一些的焊接参数时会出现更理想的细熔滴过渡的状况。

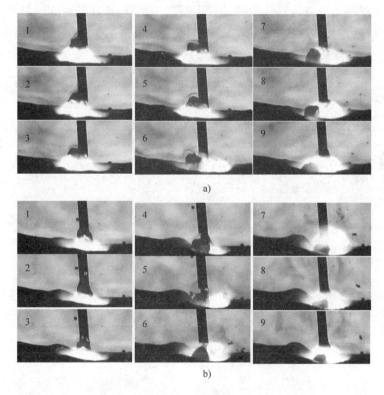

图 5-36　药芯焊丝 CO$_2$ 气体保护焊细熔滴过渡的高速摄影照片（三）
a) KFX - 71　b) DW100
焊接参数：36V/200dm/min，直流反接；拍摄速度：1200f/s。

　　图 5-37 是 2DW100 07.05.27 样品在设置更大焊接参数条件下（35V/340A）形成完全的细熔滴过渡的高速摄影照片。可以看出熔滴还来不及长大时，电磁力使熔滴在焊丝与熔滴相连处断开（第 5、6 帧照片），并迅速向熔池过渡，看不到一点熔滴发生偏斜的情况，熔滴过渡过程从第 4 帧到第 8 帧，约为 2.0ms，统计的熔滴过渡频率超过 $60s^{-1}$，由于设置的电压比较低，在照片上看，熔滴似乎与熔池接触，但实际上电弧一直存在着，熔滴比较细小，过渡过程不发生短路，一般不出现典型的电爆炸飞溅，显然这是理想的细熔滴过渡的情况。

　　以上的试验说明焊接电流是形成细熔滴过渡的关键因素。作者曾进一步对细熔滴过渡电弧物理特性进行研究，发现电压与电流的合理匹配对细熔滴过渡的形成同样有重要的影响。

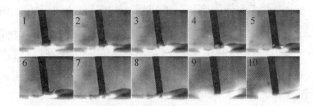

图5-37 药芯焊丝 CO_2 气体保护焊细熔滴过渡的高速摄影照片（四）

焊丝样品：2DW100 07.05.27；ϕ1.2mm；焊接参数：35V/340A，直流反接；拍摄速度：2000f/s。

当采用 ϕ1.2mm 焊丝、电流达到甚至超过 350A 时，细熔滴过渡是否能够形成还要看焊接时电压的设置是否合适。当送丝速度在 195～210dm/min 范围变动、实际电流不小于 350A 时，不同的电压设置对电弧物理特性参数的影响见表5-6。

表5-6 不同焊接参数对电弧物理特性参数的影响

试验焊丝编号	预置电压 U/V /送丝速度 /(dm/min)	实际电压 U/V /实际电流 I/A	平均电压 U/V /平均电流 I/A	电弧电压变异系数 $\nu(U)$(%)	电弧电压变异系数平均值 $\nu(U)$%	焊接电流变异系数 $\nu(I)$(%)	焊接电流变异系数平均值 $\nu(I)$(%)	熔滴过渡频率① f_{tr}/s^{-1}	飞溅频率① f_{sp}/s^{-1}
DW100 – 01 – 1	40/195	38.46/358.06	38.45 /358.65	4.01	4.07	5.93	5.58	60.8	44.6
DW100 – 01 – 2		38.44/359.25		5.14		5.23			
DW100 – 02 – 1	38/195	36.36/359.64	36.34 /362.55	4.38	4.42	5.97	5.07	54.8	39.0
DW100 – 02 – 2		36.32/365.47		4.47		5.18			
DW100 – 03 – 5	38/210	36.22/360.09	36.37 /359.19	4.06	4.32	4.8	5.49	55.2	13.6
DW100 – 03 – 7		36.53/355.66		4.43		5.57			
DW100 – 03 – 8		36.24/359.48		4.63		5.84			
DW100 – 03 – 9		36.50/360.56		5.17		5.73			

注：焊接电源为 ZB-500 型 CO_2 气保焊机，直流反接，气体流量18L/min，焊丝伸出长度20mm。

① 由高速摄影照片统计。

由试验结果看出，在设置的几种焊接参数下，熔滴过渡频率都已超过 $50s^{-1}$，熔滴过渡形态似乎应该是细熔滴过渡，但是通过高速摄影观察后发现，这一判断并不正确。如编号为 DW100-01 的焊丝，焊接电压设置为40V，送丝速度为195dm/min，实际测试的焊接参数为 38.45V/358.65A，此时电流值并不小，熔滴过渡频率已达到 $60.8s^{-1}$，但由于电压设置偏高，通过高速摄影观察到这时熔滴仍有明显的排斥过渡倾向，并没有真正实现细熔滴过渡。如图5-38所示，熔滴的尺寸较大，而且悬挂在焊丝的一侧（图中第3、4帧照片），大熔滴脱离焊丝端部向熔池过渡时，偏离焊丝轴线进入熔池（图中第6～13帧照片），这一行为表明了熔滴仍具有排斥过渡的一些特征。由于较大颗粒的飞溅较频繁地出现，在统计高速摄影照片时（表5-5），得到的飞溅频率竟达到 $44.6s^{-1}$，在统计的0.915s时间内较大颗粒飞溅有五次，大颗粒飞溅频率达到 $5.46s^{-1}$。

图5-39是发生大颗粒飞溅的高速摄影照片，由图看出：悬挂在焊丝端部的大熔滴脱离焊丝，当熔滴的下面部分已经接触了熔池、但还没有完全进入熔池时（第10帧照片），由于排斥力的作用而被推离焊接区（第19、20帧照片）；飞离的熔滴在飞行过程中分裂成两

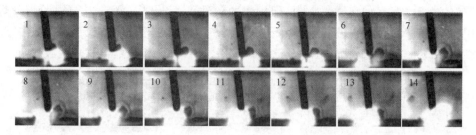

图 5-38　药芯焊丝 CO_2 气体保护焊在大电流和较高电压时出现排斥过渡倾向的高速摄影照片
焊丝样品：DW100－01，$\phi1.2mm$；焊接参数：38.45V/358.65A，直流反接；拍摄速度：2000f/s。

个圆形的熔滴（第 20～24 帧照片）；从第 11～13 帧照片来看，在竖立的熔滴侧面有烁亮的电弧，可以判断熔滴可能是受到电弧力的排斥作用。

较高的电压形成较大的电弧空间，为排斥力场提供了有利的作用空间，无论是电弧力的作用还是 CO_2 的气体排斥力所为，其结果都导致在大电流的条件下不能形成细熔滴过渡，而是表现为排斥过渡的行为特征。

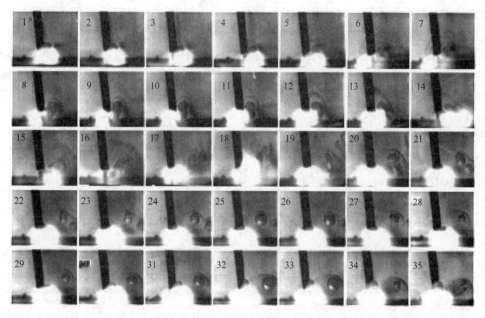

图 5-39　药芯焊丝 CO_2 气体保护焊在大电流和较高电压时发生大颗粒飞溅的高速摄影照片
焊丝样品：DW100，$\phi1.2mm$；焊接参数：38.45V/358.65A，直流反接；拍摄速度：2000f/s。

试验表明，在作者的试验条件下，细熔滴过渡出现在 DW100－03 的试验参数下（表 5-6），这时焊接参数是预置电压 38V，送丝速度 210dm/min，实际平均电弧电压 36.37V，实际平均焊接电流 359.19A，焊接电流的变异系数 5.49%，是试验的几种参数中最低的。由高速摄影照片统计的飞溅频率为 13.6s^{-1}，也是试验的几种参数中最低的。在这一试验的基础上，送丝速度不变，即便略为提高预置电压，也会发现焊接过程的稳定性有所下降。

以上讨论的是当 CO_2 气体保护焊药芯焊丝直径为 $\phi1.2mm$、设置电压为 38V、焊接电流达到 330～350A 时，熔滴过渡频率可以达到 50s^{-1} 以上，形成细颗粒过渡。熔滴更高频率的过渡只有在混合气体（如富 Ar 气体）保护焊的条件下才出现。图 5-40 是试验焊丝焊接参数为 30V/280A、95% Ar + 5% CO_2 混合气体保护焊时拍摄的高速摄影照片，拍摄速度 2000f/s，照片统计的熔滴过渡频率超过 240s^{-1}，这时已经形成喷射过渡状态。

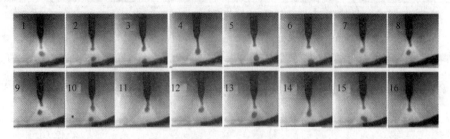

图 5-40　试验焊丝混合气体保护焊时高速摄影照片

焊丝样品：HFT1 08.12.06 实心焊丝；ϕ1.2mm；焊接参数：30V/280A；

保护气体：95% Ar + 5% CO_2，拍摄速度：2000f/s。

以上的试验说明钛系药芯焊丝 CO_2 气体保护焊时焊接参数对熔滴过渡形态有决定性的影响。如图 5-41 所示为钛系药芯焊丝 CO_2 气体保护焊焊接参数对熔滴过渡形态的影响。由图看出：当电弧电压为 25V 左右、焊接电流超过 150A 时会出现排斥过渡；当电压超过 30V、电流一直到 280A 时熔滴仍主要为排斥过渡；当电弧电压大于 33V、焊接电流超过 330A 时为细熔滴过渡。在图中看到，图中所标示的排斥过渡和表面张力过渡点是交错的，这是因为某种焊丝在同一电参数下排斥过渡和表面张力过渡往往是交替进行的，并没有明显的界限；另外试验用的焊丝虽然为同一型号的钛系焊丝，但样品来源于不同厂家，电弧物理特性也会有一定差别。该图只是大体反映出焊接参数对熔滴过渡形态的影响规律。

从图 5-41 中还看出，当电弧电压不大于 24V、电流很小时，在图的左下角，标示为熔滴短路过渡。在低电压小电流条件下，由于熔滴十分粗大，自然会出现短路过渡，

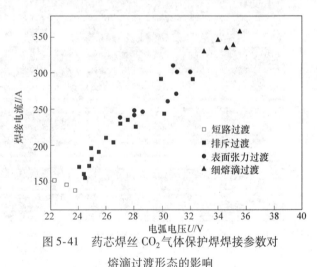

图 5-41　药芯焊丝 CO_2 气体保护焊焊接参数对熔滴过渡形态的影响

在本文中没有专门将其作为一种过渡形态对它进行讨论，是因为短路过渡本质上应包括在排斥过渡的范畴，也可将其看作是排斥过渡的特殊表现。

5.2　药芯焊丝 CO_2 气体保护焊时熔渣的滞熔现象分析

5.2.1　药芯焊丝 CO_2 气体保护焊时渣柱的形成及特征

渣柱是药芯焊丝在 CO_2 气体保护焊过程中特有的电弧物理现象。在药芯焊丝 CO_2 气体保护焊时，由于电弧在钢皮上燃起，金属先于渣熔化并形成熔滴，而熔渣的熔化相对滞后，熔

融状态的熔渣体在焊丝的下面形成熔渣滴，或在焊丝的底部延伸下来，形成半熔化状态的柱形熔渣体，在渣柱的末端是呈熔化状态的熔渣，这就是药芯焊丝 CO_2 气体保护焊时"滞熔"现象。

当采用较高电压焊接时，电弧长度较大，可以看到渣柱末端熔化状态的渣聚集成球形，形成熔渣滴。有时它与金属熔滴相连形成一对"孪生"的熔滴（图 5-42a、b）。当渣滴长大到与熔池金属相接触后，熔池与熔渣间的表面张力的作用使其形成渣柱（图 5-42c、d）。从图 5-42 可以看出，粗大熔滴偏向一侧，渣柱稳定地处于焊丝的轴线上，这是渣柱的一个明显特征。渣柱的存在对熔滴的过渡形态、飞溅现象、焊接过程的稳定性等方面都产生重要影响。

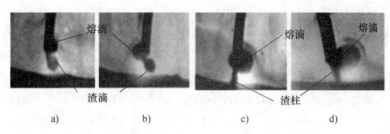

图 5-42　药芯焊丝焊接时形成熔渣滴和渣柱的照片

使用 $\phi 1.2mm$ 的药芯焊丝在 $150 \sim 160A$ 条件下进行 CO_2 气体保护焊，当焊接过程突然中断时，冷却后熔化的焊丝端部的状态被保留下来。图 5-43 是冷却后在焊丝端部凝固的熔滴与熔渣的照片。如图 5-43a、b 所示为 DW100 焊丝端部的照片，可以看出这显然是排斥过渡时的情况，金属熔滴尺寸很大很圆，并偏向焊丝的一侧，而熔渣则处于熔滴的侧表面，渣没有完全覆盖着熔滴，从焊丝端部开始一直延伸到焊丝的下部，略超出熔滴，可以推断在焊接状态下渣柱大概也不会很长，伸出来的渣柱稍微偏离焊丝的中心线。

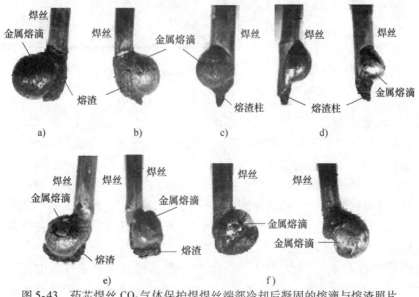

图 5-43　药芯焊丝 CO_2 气体保护焊焊丝端部冷却后凝固的熔滴与熔渣照片

a）DW100 – 13　b）DW100 – 21　c）DW100 – 22　d）DW100 – 21、DW100 – 23

e）HYJ502Q – 33　f）GHT309 – 31、GHT309 – 33

在图 5-43c、d 中可以看到大熔滴的下端向下伸出凝固的渣柱，渣柱处于焊丝中心线上基本上不偏离，熔渣与熔滴之间相互不融合。而在图 5-43e 中看到的渣却与之不同，由焊丝端部延伸出来的熔渣没有形成渣柱，长长的熔渣附着在熔滴下端并缠绕在熔滴的底部周边，没有看到凝固的渣柱。这是由于 HYJ502Q-33 焊丝样品的渣柱与其他焊丝的渣柱不同，试验时当电弧熄灭后，在其熔滴的底部拖着 1~2cm 长的熔融的渣柱，冷却过程中一部分渣贴敷在熔滴的表面，剩下很长的一段渣柱凝固后断开，照片中看到的只是贴敷在熔滴表面的、与药芯相连的一段渣柱。当温度下降很快时，这种渣凝固得很慢，表现为长渣的性质。这是很不正常的情况，因为该样品为钛系的焊丝，其熔渣的性质应属于短渣，在温度下降时渣应该很快凝固。

图 5-43f 所示为 GHT309-31、GHT309-33 两个不锈钢药芯焊丝的样品，在其熔滴的表面局部覆盖着熔渣，看不到凝固的渣柱。不锈钢药芯焊丝在焊接时发现渣柱较短，这可能是由于不锈钢焊丝钢皮的熔点较低的缘故，在焊丝停弧冷凝后固态的渣包敷在熔滴表面，看不到伸出来的固态渣。

关于药芯的滞熔程度，作者同意这样的观点：最理想的渣柱是焊接时渣柱刚好在接触熔池时完全被熔化。因为这种情况下形成的渣柱其端部与熔池接触的同时刚好完全熔化，熔化的液态渣随即流入熔池，于是渣柱形成一个稳定的渣桥。如果药芯形成长渣，则容易造成熔渣过度滞熔，形成比较长的渣柱，渣柱伸向熔池，使熔渣的部分冶金过程在熔池中发生，反应过程中产生大量气体，容易引发熔池的飞溅。而严重的滞熔使渣柱伸入熔池底部，在熔池中过热爆炸，这也是造成飞溅的重要原因之一。熔渣在熔池中的反应很难进行完全，还容易造成焊缝的夹杂[22-24]。

图 5-44 所示为 8RD502 焊丝样品在 24V/190A 的条件下焊接时出现严重滞熔的渣柱实例，可以看到在大熔滴过渡之后存在的长长的渣柱直接接触熔池（第 2、3 帧照片）。

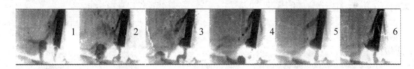

图 5-44　药芯焊丝 CO_2 气体保护焊时出现严重滞熔的渣柱实例

焊丝样品：8RD502 03.05.08，ϕ1.2mm；焊接参数：24V/190A；拍摄速度：3000f/s。

影响药芯焊丝熔渣滞熔的最直接的因素主要有以下几个方面：首先是焊丝药芯成分，药芯成分不同，其热物理性能不同，药芯的软化温度也会有不同，从而影响熔渣的滞熔程度；其次渣的滞熔程度还与焊接参数有关。因为药芯的导电性差，焊接时药芯焊丝主要是通过钢皮导电，电流增大对钢皮的熔化速度影响很大，但对药芯的熔化速度影响较小，因而电流增大使焊丝的外皮熔化速度加快，药芯滞熔程度相对增大，所以电流增大使药芯更容易产生滞熔；而提高电弧电压可以降低滞熔程度，因为电压的增高使电弧拉长，渣柱有足够的存在空间，所以渣柱不容易插入熔池[24,25]。

作者观察了 DW100 药芯焊丝（ϕ1.2mm）熔渣的滞熔现象，发现在电压 24.7V、电流 190A 时便发生了滞熔现象，当电压增加到 31V 时，电流只有达到 260A 以上才会发生较严重的滞熔现象。YJ502Q 焊丝样品在电压 24.7V、电流 160A 的条件下便发生明显的滞熔现象。不同的药芯焊丝发生药芯滞熔的程度不同，因此滞熔与药芯成分有很大关系。增加药芯的导电性，使药芯通过的电流增加，产生的电阻热增加，提高药芯的熔化速度，则可以减小药芯的滞熔程度，显然金属型药芯焊丝一般不会发生明显的滞熔。

5.2.2　药芯焊丝 CO_2 气体保护焊时渣柱行为对熔滴过渡的影响

焊接时，在熔滴形成、长大和过渡的过程中渣柱始终存在着，当弧长较大、电压设置较高时，渣柱特别容易被观察到。在大熔滴排斥过渡的情况下，最容易观察到熔渣形成的渣柱，观察熔滴排斥过渡时的高速摄影照片时，经常看到在焊丝端部停留着偏向一侧的一个大的熔滴，而在焊丝端下面中心线上停留着渣柱。图 5-45 是在较高的电压和小电流条件下出现大颗粒排斥过渡的高速摄影照片，此时可以清楚地看到熔滴过渡前和熔滴过渡后渣柱一直存在着。

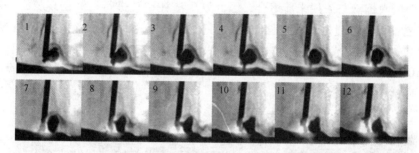

图 5-45　药芯焊丝 CO_2 气体保护焊大熔滴排斥过渡的高速摄影照片

焊丝样品：2YC502 04.7.2，ϕ1.2mm；焊接参数：28.5V/140A；拍摄速度：2000f/s。

有时在熔滴形成初期能明显看到伸在下面的渣柱（图 5-46 第 1～24 帧照片），但随着熔滴的长大，大熔滴将其包裹起来，渣柱隐匿在大熔滴中而无法观察到（图 5-46 第 30～42 帧照片）。还有这样的情况，如图 5-47 所示，起初在焊丝端部只看到悬挂着的大的熔滴，看不到渣柱，熔滴在脱离焊丝端部向熔池过渡后，才看到在焊丝的端部保持着渣柱（第 13 帧照片），这说明熔滴在过渡前，实际上渣柱已经存在，显然渣柱是被熔滴包裹着的。由图 5-47 第 12、13 帧照片看出，熔滴附着在渣柱上滑向金属熔池。

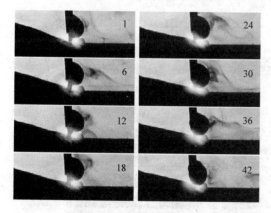

图 5-46　排斥过渡时显现的渣柱（从 42 帧照片擷取的 8 帧）

焊丝样品：KFX - 71 药芯焊丝，ϕ1.2mm；

焊接参数：21V，60dm/min；拍摄速度：1200f/s。

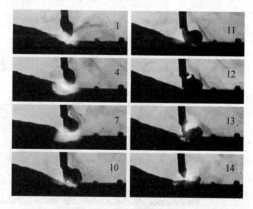

图 5-47　药芯焊丝 CO_2 气体保护焊时渣柱对熔滴导向作用实例

焊丝样品：KFX - 71 药芯焊丝，ϕ1.2mm；

焊接参数：21V/60dm/min；拍摄速度：1200f/s。

观察如图 5-48 所示的情况，看到好像熔滴与熔渣之间相互不融合，熔滴被排斥到焊丝的一侧，使熔滴与渣柱彼此分开，显然渣柱和粗大熔滴之间直接机械接触程度不大，看不出渣柱对熔滴过渡时的导向作用。

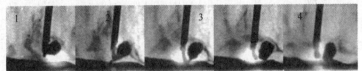

图 5-48　药芯焊丝 CO_2 气体保护焊时形成渣柱与熔滴不相融合的照片

焊丝样品：2YC502 04.7.2，ϕ1.2mm；焊接参数：28.5V/140A；拍摄速度：2000f/s。

排斥过渡时大熔滴与渣柱未能熔合，因此发生渣柱单独进行过渡的现象，从图 5-49 第 1~6 帧照片看出渣柱在慢慢长大、伸长，从第 7 帧照片开始伸长的渣柱与熔池接触并进行过渡，至第 11 帧过渡完成，渣柱变短。在图 5-50 中同样观察到在渣柱的末端有渣滴过渡，看到第 1~10 帧照片渣柱与熔池桥接进行熔渣的过渡过程，在第 10 帧照片熔滴过渡完成，第 11~12 帧照片中残留变短的渣柱。

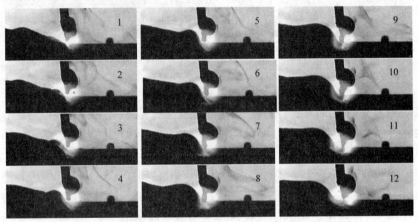

图 5-49　药芯焊丝 CO_2 气体保护焊时在渣柱末端渣滴过渡的实例（一）

焊丝样品：KFX-71 药芯焊丝，ϕ1.2mm；焊接参数：21V/60dm/min，直流反接；拍摄速度：1200f/s。

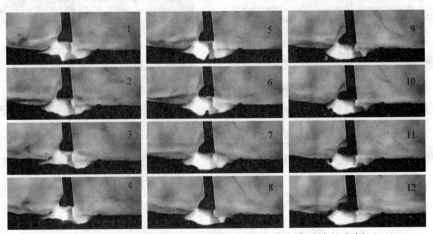

图 5-50　药芯焊丝 CO_2 气体保护焊时在渣柱末端渣滴过渡的实例（二）

焊丝样品：KFX-71 药芯焊丝；焊接参数：32V/150dm/min，直流反接；拍摄速度：1200f/s。

　　如图 5-51 所示为一个显示熔滴与熔渣分别进行过渡的实例。在图中看到第 1~8 帧照片熔滴还处在焊丝端部，熔滴下端伸出熔融的渣柱，从第 9 帧照片开始金属熔滴脱离焊芯进行过渡，过渡完成后，可看到一个小的渣滴在焊丝端部停留着（第 20 帧照片），从渣柱逐渐分离出来（第 26、27 帧照片），向熔池过渡，至第 33 帧照片渣滴完全进入熔池。

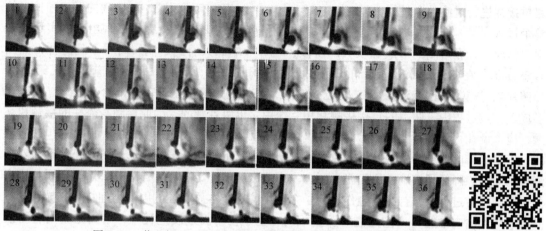

图 5-51　药芯焊丝 CO_2 气体保护焊时熔滴与熔渣分别过渡的实例（一）

焊丝样品：2YC502 04.07.0.2，ϕ1.2mm；焊接参数：28.5V/140A；拍摄速度：2000f/s。

　　图 5-52 所示同样为熔滴与渣柱分别进行过渡的情景。由图看到，第 1~3 帧照片悬垂的熔滴处于长大的过程中，尚未与熔池接触，第 4~10 帧照片熔滴形成短路桥，并进行金属的过渡，此前渣柱一直被包裹在大熔滴和短路桥内，而外面看不到。当熔滴过渡完成后，在第 12 帧照片才看到裸露的渣柱，此时开始了渣柱自身的过渡过程，从第 16 帧照片开始渣柱的末端与熔池相接触，通过桥接的形式使渣流入熔池中，至第 21 帧完成了过渡。熔渣过渡后在焊芯端部残留的液渣呈锥形（第 23 帧照片），仔细看可发现在锥形渣柱的上部悬挂着小的刚刚形成的金属熔滴。在渣柱过渡的同时电弧始终维持着，电弧的燃烧不受影响（第 22~25 帧照片）。以上列举了诸多发生熔滴与熔渣分别进行熔化与过渡的实例，说明熔滴与熔渣分别进行熔化与过渡是药芯焊丝电弧物理普遍现象之一。有的研究论文对这一特殊现象进行了描述，并对其发生机理进行了探讨[25]。

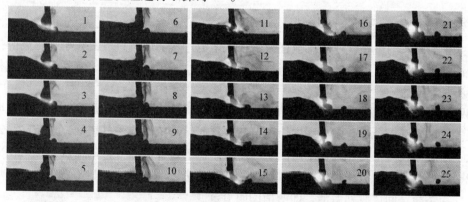

图 5-52　药芯焊丝 CO_2 气体保护焊时熔滴与熔渣分别过渡的实例（二）

焊丝样品：KFX－71 药芯焊丝，ϕ1.2mm；焊接参数：21V~60dm/min；拍摄速度：1200f/s。

　　药芯焊丝 CO_2 气体保护焊时出现熔滴与熔渣两者分别独立进行过渡的现象，很容易被解读为金属熔滴与渣的不融合，实际上多幅照片表现出的两者不相融合只是从已经长大的熔滴与渣柱之间相互接触程度而言，由此得到在排斥过渡时渣柱对粗大熔滴的过渡影响不大的结论有失偏颇。对图 5-52 进一步解读，可以发现熔滴形成和长大以及液体金属与熔池形成短路桥接并进行过渡的全过程，只在图中第 1~10 帧照片中有所反映，而熔滴的形成和长大的整个过程在第 1 帧照片之前就已经进行，这一点在图 5-52 中没有完全展现出来。实际上在很多情况下，在熔滴的形成和长大的阶段，在焊丝端部只看到熔滴，而看不到渣柱，如图 5-53 所示，在熔滴脱离焊丝端部向熔池过渡后，才看到在焊丝的端部保持着渣柱（第 8、9 帧照片），这说明在熔滴过渡前渣柱已经存在，渣柱被熔滴包裹着。在排斥过渡时，熔滴在形成、长大过程中，两者的直接接触和相互作用是毋庸置疑的，因此熔滴与渣柱的接触和互融，应该说在很大程度上是充分的，这里说的接触与融合不仅是指机械的，而且也包含冶金的。正是这样的接触与融合使渣柱对熔滴的行为发生重要的影响，其影响首先是熔滴附着在渣柱的周围，降低了熔滴的界面张力，在一定程度上减小熔滴尺寸；另外，熔滴金属与渣充分接触与融合过程中进行的冶金作用赋予金属熔滴更具本质特征的电弧物理特性，导致其不同渣系焊丝冶金性能与工艺性能的明显不同。至于在熔滴过渡过程中，熔滴是否附着于渣柱，渣柱对熔滴过渡产生怎样的直接影响，则是有随机性的，两种不同的情况都可能出现，有时候表现为熔滴依附于渣柱向熔池过渡，更多的情况是金属熔滴偏离焊丝中心线，与滞熔的渣柱分离，两者分别进行过渡。

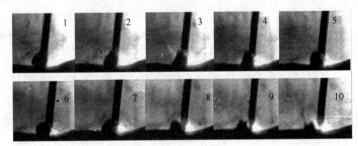

图 5-53　药芯焊丝 CO_2 气体保护焊金属熔滴与渣柱相互作用的实例

焊丝样品：15 DW100 04.05.21，ϕ1.2mm；焊接参数：31V/210A；拍摄速度：2000f/s。

　　当熔滴依附于渣柱进行过渡时，渣柱对熔滴的过渡起着引导作用，它使得熔滴在过渡过程中不太偏离焊丝的中心线，顺着渣柱滑落进入熔池，增加熔滴过渡的频率，提高焊接过程的稳定性，也减少熔滴飞溅的机会。当然这是排斥过渡时理想的情况，实际上出现这种情况的概率不是非常大。

　　细颗粒过渡时，在强大电磁收缩力的作用下，熔滴被排斥力推向焊丝一侧的情况明显减少，很多情况是熔滴沿焊丝中心线向熔池过渡，这时熔滴依附在渣柱表面，熔渣在一定程度上降低了熔滴的表面张力并细化了熔滴，同时对熔滴的过渡起着导向的作用。这时由于熔滴处于中心线的位置，与渣柱是彼此相融合的，在高速摄影照片上很难把两者区分开。熔滴依附于渣柱与熔渣一同过渡到熔池，即所谓的附渣过渡[26,27]。

　　参考文献［28］的作者在研究用碳钢带制造的 CO_2 气体保护焊 SQA102 不锈钢药芯焊丝的熔滴过渡形态时发现，这种焊丝端部熔滴具有由碳钢外皮组成的外部熔滴和由药芯成分组成的内部熔滴分别进行过渡的复合过渡的模式。作者认为文献中提到的熔滴复合过渡的模式与图 5-51 中熔滴与熔渣滴分别进行过渡的行为在形式上很相似，但本质上有所不同，SQA102 不锈钢药芯焊丝的药芯中加入了多量的合金粉，药芯中的非金属成分很少，只占 18%，显然文献中所说的由药芯成分构成的内部熔滴主要不是熔渣滴而是金属，而图 5-51 中的焊丝样品是普通钛系的药芯焊丝，药芯主要成分是在焊接时形成的熔渣。

图 5-54 是这种不锈钢药芯焊丝进行复合过渡的高速摄影照片，可看出在第 3、4 帧照片发生外部熔滴的过渡，接着在第 5～7 帧又进行内部熔滴的过渡。通过对高速摄影照片分析发现该样品在本试验条件下，钢皮形成的外部熔滴的过渡频率为 $25.4s^{-1}$，而药芯形成的内部熔滴过渡频率比外部熔滴要大得多，但具体的数据很难进行统计。

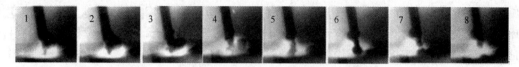

图 5-54　药芯焊丝进行复合过渡时的高速摄影照片（一）

焊丝样品：TFW309，$\phi1.6mm$；焊接参数：28.5V/190A；拍摄速度：2000f/s。

药芯中存在多量合金粉与渣共同组成的内部熔滴或液柱，较容易地对钢皮形成的外部熔滴的过渡起到引导作用。图 5-55 是另一组这种不锈钢药芯焊丝熔滴过渡的高速摄影照片，图中第 4～6 帧照片进行了外部熔滴的过渡，这时看到渣柱对外部熔滴良好的导向作用，当外部的熔滴依附在渣柱进行过渡时，渣柱中合金成分显然应该与外部的熔滴的合金成分相融合，实现过渡；第 5、6 帧照片看到的渣柱应该是药芯中造渣成分形成的渣柱；接下来看到第 7～12 帧照片形成了渣滴和熔渣的飞溅。

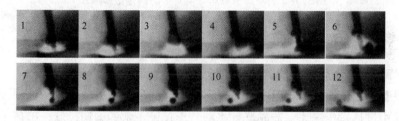

图 5-55　药芯焊丝进行复合过渡时的高速摄影照片（二）

焊丝样品：TFW309，$\phi1.6mm$；焊接参数：28.5V/190A；拍摄速度：2000f/s。

含有多量合金粉的内部熔滴与外部金属熔滴很容易相互融合，合并形成一个熔滴后进行过渡。有的文献也曾经提到关于渣滴基本上与金属熔滴融为一体的概念。图 5-56 是同一焊丝的另一组高速摄影照片，显示了内外熔滴相互融合形成一个熔滴的情形。在照片中看到，第 1～3 帧照片焊丝端部的大熔滴进行过渡，然后焊丝一侧的熔滴与药芯形成的内部熔滴两者合并（第 4、5 帧照片），并进行过渡（第 6、7 帧照片）。无论是药芯成分形成的液柱（包括合金成分和熔渣）对钢皮形成的外部熔滴的过渡发挥了明显的引导作用，还是药芯形成的内部熔滴与钢皮形成的外部熔滴融合成为一个熔滴，其结果不仅使得外部熔滴在焊丝一侧的停留时间缩短，提高了熔滴的过渡频率，而且减少了外部熔滴的偏离程度，有利于焊接过程的稳定。药芯中加入多量合金粉的不锈钢焊丝所表现的熔滴行为特征，可以解释金属粉型的药芯焊丝具有优良焊接工艺性的重要原因。

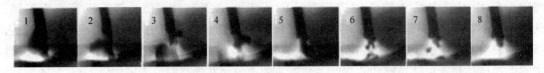

图 5-56　含有多量合金粉的药芯焊丝熔滴过渡时的高速摄影照片

焊丝样品：TFW309，ϕ1.6mm；焊接参数：28.5V/140A；拍摄速度：2000f/s。

可以想象，含有多量合金粉的药芯焊丝具有一定的导电性，对熔滴和电弧行为都会产生影响，由于药芯的导电性使电弧不完全依附于外层的钢皮，减少了电弧的偏斜程度，提高了电弧稳定性。图 5-57 所示为一个药芯焊丝渣柱表现导电功能的例证，由图看出，第 1～3 帧照片中电弧在焊丝及熔滴底部燃烧，但在第 4 帧照片显示，当熔滴已脱离焊丝后仅与渣柱相连时，电弧斑点仍处于熔滴上，说明电流通过渣柱与已下落的熔滴相连，使得焊丝、渣柱、熔滴、电弧之间形成导电通道，直至第 5 帧照片电弧也没完全移开熔滴。这个例子表明，熔滴是导体，而渣柱也同样具有导电功能。

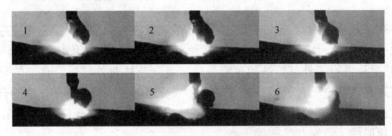

图 5-57　表现熔渣具有导电行为的高速摄影照片

焊丝样品：YC507 碱性药芯焊丝，ϕ1.6mm；焊接参数：25.4V/52dm/min；

保护气体：80% Ar + 20% CO_2；拍摄速度：2000f/s。

5.2.3　药芯焊丝 CO_2 气体保护焊时熔渣的行为对飞溅的影响

不少文献都谈到，熔渣软化温度过高时形成熔渣的过度滞熔，以致渣柱深入到金属熔池底部，在熔池中过热发生爆炸，造成严重飞溅，干扰了正常的熔滴过渡，破坏了焊接过程的稳定性[22,24]。

有不少的例子说明熔渣自身过渡也会引起飞溅。图 5-58、图 5-59 所示为熔渣过渡引发熔池飞溅的现象。图 5-58 是将图 5-51 中第 25、30、32、34、36 和 37 帧放大，显示熔渣的过渡引发熔池飞溅的情景，由图可见，当渣滴过渡完成后，渣滴进入熔池的瞬间激起了熔池的飞溅。

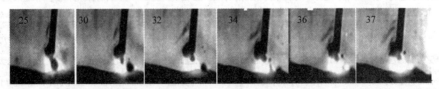

图 5-58　药芯焊丝 CO_2 气体保护焊时熔渣的过渡引发熔池飞溅的高速摄影照片（一）

焊丝样品：2YC502 04.07.02，ϕ1.2mm；焊接参数：28.5V/140A；拍摄速度：2000f/s。

图 5-59 也反映的是同样的飞溅现象，第 6 帧照片看到在熔滴的下面悬挂着熔渣滴，第 13 帧照片显示熔渣滴与渣柱脱离，向熔池过渡（第 13 ~ 15 帧照片），当渣滴过渡后进入熔池的瞬间，由熔池泛起了飞溅物（第 19 ~ 20 帧照片）。

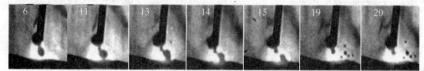

图 5-59　药芯焊丝 CO_2 气体保护焊时熔渣的过渡引发熔池飞溅的高速摄影照片（二）

焊丝样品：KFX – 71T，ϕ1.2mm；焊接参数：28.5V/140A；拍摄速度：2000f/s。

图 5-60 反映的是在熔渣尚未过渡之前，直接由停留在焊丝端部的熔渣体中分离出渣滴而形成飞溅的例子。在第 1 帧和第 2 帧照片中看到在熔滴下面活动的渣柱，在渣柱的尖端分离出一个小的熔渣滴向外飞离出去（第 3 ~ 7 帧照片），造成熔渣的飞溅。

图 5-60　药芯焊丝 CO_2 气体保护焊时熔渣形成飞溅的高速摄影照片（一）

焊丝样品：KFX – 71T 03.05.29，ϕ1.2mm；焊接参数：26V/150A；拍摄速度：3000f/s。

由焊丝端部的熔渣直接分离出渣滴而造成飞溅的例子还有很多，图 5-61 是 2YC502 焊丝样品渣柱形成飞溅的高速摄影照片。由照片看到，第 1 ~ 6 帧照片金属熔滴逐渐脱离焊丝进入熔池，这时清楚地看到保持在焊丝端部的渣柱，接着一颗小的渣滴由渣柱逐渐被分离出来（第 7 ~ 14 帧照片），并被排斥出电弧区而形成飞溅（第 15 – 21 帧照片）。熔渣滴由渣柱末端分离，以及飞离出焊接区形成熔渣的飞溅，最有可能是由于 CO_2 在电弧区的排斥作用所致。熔渣的飞溅除了熔渣的过度滞熔造成的飞溅比较严重，其他由于熔渣自身的过渡引发的飞溅不十分严重，对焊接工艺稳定性的影响不很大。

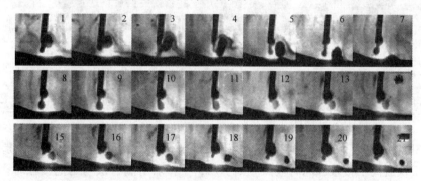

图 5-61　药芯焊丝 CO_2 气体保护焊时熔渣形成飞溅的高速摄影照片（二）

焊丝样品：2YC502 04.07.02，ϕ1.2mm；焊接参数：28.5V/140A；拍摄速度：2000f/s。

5.3　药芯焊丝 CO_2 气体保护焊的飞溅现象

飞溅是药芯焊丝 CO_2 气体保护焊重要的工艺现象之一，对焊接工艺过程的稳定性、焊缝成形都有着重要的影响，严重的飞溅成为焊丝 CO_2 气体保护焊的突出问题。为了减少焊接过程中的飞溅，焊接工作者无论在飞溅机理方面还是在焊接电源输出特性的控制方面，对飞溅现象都进行了大量的研究[29-34]。作者通过高速摄影和汉诺威分析仪重点对药芯焊丝 CO_2 气体保护焊发生的飞溅现象的形式、种类和发生的机理等做了观察、分析和研究。根据作者的观察，CO_2 气体保护焊时飞溅现象主要有如下几种形式：熔滴的瞬时短路电爆炸飞溅、熔滴持续短路电爆炸飞溅、再引弧飞溅、熔滴爆炸飞溅、熔滴气体逸出飞溅、飘离飞溅、焊接熔池中的飞溅、渣滴的飞溅等。

5.3.1 药芯焊丝 CO_2 气体保护焊熔滴电爆炸飞溅

无论是焊条电弧焊还是 CO_2 气体保护焊，短路电爆炸飞溅现象都是主要的飞溅形式。电爆炸飞溅过程非常剧烈，产生的飞溅物数量多，颗粒大，飞溅颗粒散布的范围较大，造成的危害比较严重，还严重影响电弧的稳定性。短路电爆炸飞溅分为两种情况，一种是短路初期形成的瞬时短路电爆炸飞溅，另一种是熔滴短路末期由颈缩的金属桥发生爆炸形成的飞溅。

1. 熔滴瞬时短路电爆炸飞溅现象

CO_2 气体保护焊排斥过渡时熔滴的瞬时短路电爆炸飞溅往往发生得十分频繁，是影响焊接工艺性的重要因素。药芯焊丝的飞溅与实心焊丝飞溅的规律大体上相近。图 5-62 是实心焊丝样品在 CO_2 气体保护焊时发生激烈的瞬时短路电爆炸飞溅的高速摄影画面。由照片看到，在熔滴与熔池刚一接触的瞬间（图中第 2~3 帧照片），时间不到 1.0ms，熔滴便发生了爆炸，大熔滴与熔池相接触的部分进入了熔池（图中第 7~9 帧照片），而熔滴上面的部分被分离出去（图中第 9~14 帧照片），造成大颗粒飞溅。

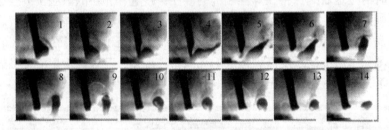

图 5-62　实心焊丝 CO_2 气体保护焊时短路瞬时电爆炸飞溅的高速摄影照片

样品名称：WH50 实心焊丝 01 07.07.16；预置焊接参数：28V/220A；拍摄速度：2000f/s。

图 5-63 所示为实心焊丝在混合气体保护焊时发生瞬时短路电爆炸飞溅的实例。由图 5-63a 看出，第 5 帧照片熔滴与熔池发生短路，接着发生了电爆炸飞溅（第 7~13 帧照片）。而在图 5-63b 看到，在第 3 帧照片刚刚发生了熔滴与熔池的短路（实际上只是接触了一下），但是很快脱离了接触，同时电弧立刻引燃，紧接着熔滴再次与熔池接触时，立即发生了爆炸（第 6~7 帧照片）。

图 5-64 所示为药芯焊丝排斥过渡时发生瞬时电爆炸飞溅的案例。由图看到第 3~5 帧照片发生短路，接着第 6 帧照片发生爆炸飞溅，同时引燃电弧。图 5-65 所示为药芯焊丝排斥过渡时发生瞬时电爆炸飞溅的另一个案例，看出粗大的熔滴刚与熔池接触，电磁力将大熔滴很快推离并发生飞溅（第 3~7 帧照片）。图 5-66 也是瞬时短路电爆炸行为的实例，第 3~5 帧照片熔滴短路后发生了爆炸，从第 5 帧照片看到，短路桥的上部与焊丝的连接处截面最小，爆炸就发生在这里，发生爆炸的同时，电弧立即在焊丝端部与尚未完全进入熔池的熔滴

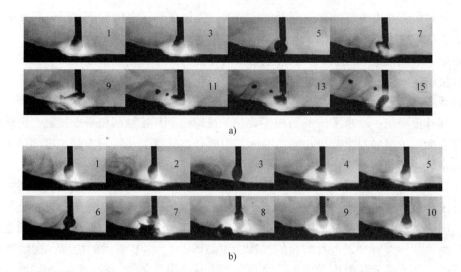

图 5-63　实心焊丝混合气体保护焊瞬时短路电爆炸飞溅的高速摄像照片
样品名称：常州华通 HT50 实心焊丝，$\phi1.2mm$；预置焊接参数：25V/50dm/min，直流反接；
保护气体：80% Ar + 20% CO_2；拍摄速度：1200f/s。

之间引燃。以上举出的三个案例短路时间都不大于 2.5ms。

图 5-64　药芯焊丝 CO_2 气体保护焊时发生瞬时电爆炸飞溅高速摄影照片（一）
样品名称：DW100 药芯焊丝，$\phi1.2mm$；预置焊接参数：21V/60dm/min，直流反接；
保护气体：100% CO_2；拍摄速度：1200f/s。

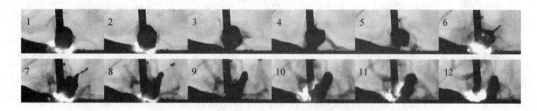

图 5-65　药芯焊丝 CO_2 气体保护焊时发生瞬时电爆炸飞溅高速摄影照片（二）
样品名称：DW100 药芯焊丝，$\phi1.2mm$；预置焊接参数：21V/60dm/min，直流反接；拍摄速度：2000f/s。

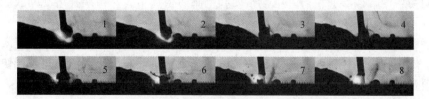

图 5-66　药芯焊丝 CO_2 气体保护焊时发生瞬间电爆炸飞溅高速摄影照片（三）
样品名称：DW100 药芯焊丝，$\phi1.2mm$；预置焊接参数：26V/90dm/min，直流反接；拍摄速度：2000f/s。

以上所举的都是 CO_2 气体保护焊时发生瞬时短路电爆炸飞溅的例子。瞬时短路电爆炸飞溅发生的机理:一方面是由于熔滴与熔池刚发生接触,接触点短路电流瞬间增大,熔滴往往来不及在熔池表面铺展和过渡,就被迅速增长的电磁力排斥推离而形成飞溅;另一方面,熔滴与熔池接触的瞬间还有可能造成局部金属过热汽化,突然产生的气体对熔滴形成很大的推力,使熔滴脱离接触而形成飞溅。

一个球状液滴与一个水平的液面相接触时,在理论上其接触部位是点接触,圆球状的熔滴与熔池表面刚一接触时形成极小的接触面,因而必然导致上述瞬间短路飞溅的结果,然而实际上大多数熔滴与熔池发生的短路并不都引发电爆炸飞溅。

熔滴在短路时出现瞬时飞溅的概率与短路次数相比毕竟总是少的。这是因为实际上在焊接的条件下,熔滴总是在不停地激烈运动,熔滴不会保持圆球的形状,熔池也总是激烈地波动起伏,因此熔滴与熔池接触的瞬间有更多机会形成较大的接触面,在熔池的表面张力的作用下,熔滴迅速铺展开来,进行熔滴的过渡。正如图 5-67a、b 所示的情况,在熔滴与熔池发生短路的瞬间,由于接触面较大,并没有发生瞬时电爆炸飞溅,随后熔滴在熔池表面张力作用下较快地铺展开,使熔滴很快融入熔池(第 3~5 帧照片)完成了熔滴的过渡。这一过程实质是表面张力过渡,熔滴的过渡过程十分平稳。这一平稳过渡的案例实际反映了大多数熔滴的短路行为。

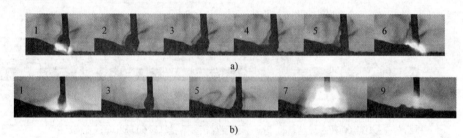

图 5-67　药芯焊丝气体保护焊时表面张力过渡的高速摄影照片(拍摄速度:1200f/s)
a) 样品名称:DW100 药芯焊丝,$\phi1.2mm$;预置焊接参数:21V/60dm/min,直流反接;保护气体:100% CO_2
b) 样品名称:HT50 实心焊丝,$\phi1.2mm$;预置焊接参数:25V/50 dm/min,直流反接;保护气体:80% Ar + 20% CO_2

熔滴与熔池刚一接触的瞬间(如果不考虑接触点被迅速加热汽化这一因素),在接触的部位存在着两个力:一是强大的电磁力,对熔滴起着排斥作用,力图把熔滴排斥出去并极易造成飞溅;另一种力是熔池对熔滴的表面张力,它力图将熔滴拉入熔池。熔滴在接触熔池后是否会发生飞溅,取决于这两个力共同作用。当熔滴与熔池的接触面大时电流密度减小,在接触面处电磁力相应减小,熔池对熔滴的表面张力可以迅速增大,有利于熔滴的平稳过渡。相反当熔滴与熔池的接触面小时,电流密度和电磁力很快增大,熔滴在熔池的表面还来不及铺展开时,飞溅就发生了。

熔滴接触熔池时的速度对瞬时短路电爆炸飞溅的发生有重要的影响。熔滴进入熔池时的速度越大,熔滴与熔池接触面增加得越快,熔池金属对熔滴表面张力增加得也越快,电磁力还没有来得及增大到十分大的时候,熔滴在熔池表面迅速得到铺展,形成表面张力过渡。相反熔滴在与熔池接触的速度较慢时,接触面还没来得及扩大,迅速增长的电磁力就会引发飞溅,使接触面断开。显然当采用不大的焊接电流和相对较高的电弧电压的时候,较容易发生熔滴进入熔池的速度较慢的情况,形成瞬时短路电爆炸飞溅机会增大。图 5-68 所示为药芯焊丝在小电流 160A 和较高电压 28V 时熔滴发生瞬时短路电爆炸飞溅的例子。图中的高速摄影照片显示，在熔滴刚一短路（第 3 帧照片），甚至不到 0.5ms 的时间飞溅过程就发生了。也许由于短路时间极短，爆炸行为进行得不充分，熔滴并没有被完全破碎，但是已发生了强烈无规则变形，熔滴被拉长，它的下端已与熔池接触（第 4~5 帧照片），大部分熔滴金属被很快拉入熔池，这一过程使在熔滴尖端部位的金属被分离出小的金属颗粒（第 6 帧照片），由于焊接区排斥力场的作用使它飞离出去，形成飞溅，飞溅物在飞离的过程中燃烧着，后面拖着浓烈的烟尘（第 9~14 帧照片）。显然采用大电流焊接时熔滴进入熔池的速度就会增大，形成瞬时短路电爆炸飞溅的机会减小。这也就解释了熔滴以大电流表面张力过渡时发生瞬时短路电爆炸飞溅较少的原因。

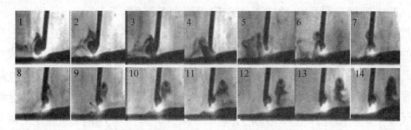

图 5-68　药芯焊丝 CO_2 气体保护焊小电流高电压条件下熔滴发生瞬时短路电爆炸飞溅的例子

样品名称：10 SDW100 03.05.07，ϕ1.2mm；预置焊接参数：28V/160A，直流反接；拍摄速度：2000f/s。

2. 熔滴持续短路电爆炸飞溅现象

图 5-69 引用的是持续短路引起电爆炸飞溅的例子，由图中照片看出，第 3 帧照片熔滴与熔池发生短路，形成短路桥，桥接经过较长的时间（约 7.5ms，第 3~11 帧照片）后发生爆炸，引起强烈的电爆炸飞溅。显然这个案例与前面引述的瞬间短路电爆炸飞溅不同，熔滴短路持续的时间较长，显然它不属于瞬时短路飞溅。

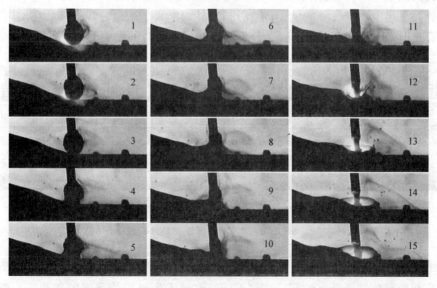

图 5-69　药芯焊丝 CO_2 气体保护焊持续短路电爆炸飞溅的高速摄影照片（一）

样品名称：KFX-71 药芯焊丝，ϕ1.2mm；预置焊接参数：21V/60dm/min；拍摄速度：1200f/s。

对 CO_2 气体保护焊时电爆炸飞溅现象的观察表明，持续短路电爆炸飞溅发生的概率比瞬时短路飞溅小。作者曾对 4S DW100 药芯焊丝样品在 CO_2 气体保护焊时进行过测试，当采用预置焊接参数 24.6V/190A 时，由高速摄影照片统计出发生各种形式的飞溅 12 次，其中瞬时短路飞溅 3 次，占飞溅总数的 30.5%，而持续短路电爆炸飞溅 1 次，占飞溅总数的 10.2%。对其他样品进行过类似的统计，得到大体相近的结果。可见瞬时短路电爆炸飞溅发生的概率较大，而持续短路电爆炸飞溅的概率要小一些。

一般认为，在短路过程的后期，液体金属过渡即将完成，液桥变细，截面变小，当大电流通过颈缩的液体小桥时，短路电流密度急剧增大，一方面由于短路形成的过剩的能量积累此时达到顶峰，导致液桥金属的汽化，另一方面短路液桥受到的电磁收缩力也急剧增大，使液桥被掐断，两方面因素导致液桥的爆炸，造成强烈的飞溅。

参考文献［14］中曾经详细地阐述了焊条电弧焊时短路电爆炸飞溅这一过程，指出焊条电弧焊时的短路电爆炸飞溅一般不发生在熔滴与熔池相接触的瞬间，也不是发生在短路过程的中期，而往往是发生在短路过渡的末期、短路桥液体金属过渡将完成、短路桥变得很细、电流密度变得非常大的时候。参考文献［14］中对焊条电弧焊发生短路电爆炸飞溅的阐述与 CO_2 气体保护焊时发生持续短路电爆炸飞溅的情况是一样的。图 5-70 是在 CO_2 气体保护焊条件下发生持续短路电爆炸飞溅的实例，在图中第 13 帧照片看到熔滴的过渡即将完成，此时短路桥变得很细，接着发生了爆炸飞溅。

CO_2 气体保护焊的持续短路电爆炸飞溅现象虽然在本质上与焊条电弧焊是相同的，但在表现形式上有所不同：CO_2 气体保护焊时熔滴尺寸小，与熔池形成的短路桥颈缩的部位截面积很小，而电流密度很大，导致在更短时间发生液桥金属的汽化；由于 CO_2 气体保护焊时电流密度大，在熔滴与焊丝接触横截面上施加的电磁收缩力比焊条电弧焊时大得多，因此 CO_2 气体保护焊时液桥发生电爆炸飞溅的概率比焊条电弧焊时大；另外 CO_2 气体保护焊时从熔滴与熔池短路到发生电爆炸飞溅的持续时间要比焊条电弧焊时短。作者曾对 E5015 和 E4303 焊条某一样品发生电爆炸飞溅的例子进行分析统计，结果是这两种焊条样品在发生电爆炸前的短路桥存在时间分别为 9ms 和 8ms，比 CO_2 气体保护焊时的短路时间一般要长一些。

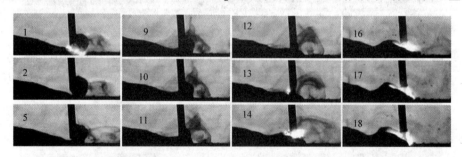

图 5-70 药芯焊丝 CO_2 气体保护焊持续短路电爆炸飞溅的高速摄影照片（二）

样品名称：DW100 药芯焊丝，ϕ1.2mm；预置焊接参数：21V/60dm/min；拍摄速度：1200f/s。

既然电爆炸飞溅往往发生在熔滴过渡即将完成、短路桥变细的时候，那么显然可以这样推断，凡是在短路桥截面最小的部位，都可能存在着发生电爆炸飞溅的危险。由图 5-71 和图 5-72 看到熔滴的过渡过程并没有完成，短路桥还没有出现明显的颈缩，但在焊丝与熔滴的连接处的相对截面较小，（图 5-71 第 6 帧照片、图 5-72 第 2 帧照片）于是在那里发生了电爆炸（图5-71第7~9帧照片、图5-72第3帧照片），形成十分猛烈的飞溅，爆炸后电弧立即在焊丝端部与脱离焊丝的尚未完全进入熔池的熔滴之间燃起。

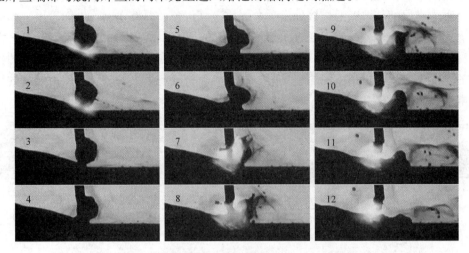

图5-71 药芯焊丝 CO_2 气体保护焊电爆炸飞溅的高速摄影照片（一）

样品名称：KFX-71药芯焊丝，φ1.2mm；预置焊接参数：21V/60dm/min，直流反接；拍摄速度：1200f/s。

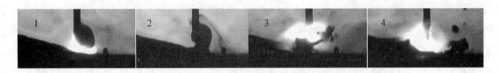

图5-72 药芯焊丝气体保护焊电爆炸飞溅的高速摄影照片（二）

样品名称：DQ-A1碱性药芯焊丝，φ1.2mm；预置焊接参数：23V/55dm/min，直流反接；

保护气体：80%Ar+20%CO_2；拍摄速度：1200f/s。

类似的情况在图5-73中也清楚地呈现，由图可以看到，在熔滴与熔池短路和过渡过程中，熔滴未能在熔池表面得以铺展，由于熔滴表面张力的作用使自身收缩，力图使其与熔池脱离接触，当熔滴即将脱离熔池的瞬间，由于熔滴下面与熔池相连接的地方接触面积很小（第10帧照片），于是在这里发生了爆炸。

图5-73 药芯焊丝 CO_2 气体保护焊持续短路电爆炸飞溅的高速摄影照片（三）

样品名称：KFX-71药芯焊丝，φ1.2mm；预置焊接参数：21V/60dm/min，直流反接；拍摄速度：1200f/s。

3. 燃弧状态下熔滴电爆炸飞溅

排斥过渡时,在燃弧状态下也有时会出现大熔滴形成的电爆炸飞溅现象。图5-74所示为燃弧过程中在焊丝与熔滴的连接处发生电爆炸飞溅现象的典型实例,由图看出,第2帧照片在熔滴的上部与焊丝相连接处产生了颈缩,于是此处发生了爆炸,使熔滴与焊丝之间断开。这种电爆炸飞溅现象虽然与一般所说的短路桥的爆断在形式上不同,但它发生的机理却是相同的,即当电流流过小截面的熔体时,高的电流密度产生大的电磁收缩力及高的热能量而引发电爆炸飞溅。

图5-74 药芯焊丝燃弧状态下电爆炸飞溅的高速摄影照片
样品名称:YC507碱性药芯焊丝,ϕ1.2mm;预置焊接参数:24V/45dm/min,直流反接;
保护气体:80%Ar+20%CO_2;拍摄速度:1200f/s。

对以上所述的熔滴的电爆炸飞溅现象可做以下的归纳总结。

CO_2气体保护焊条件下,电爆炸飞溅现象主要有两种情况:一种情况是发生在短路初期的瞬时短路飞溅,是熔滴与熔池刚一发生接触,短路电流突然上升,熔滴来不及在熔池表面铺展和过渡就被迅速增长的电磁力排斥出去而形成的飞溅,短路时间一般不超过3ms。这种瞬时短路飞溅是CO_2气体保护焊条件下短路过渡时飞溅的主要形式之一。电爆炸飞溅的第二种情况是在持续短路过程的末期,熔化金属过渡即将完成,短路桥变得很细的时候,由于金属液桥通过大的短路电流时的热积累导致液桥过热汽化,加之短路电流形成的强大的电磁收缩力的共同作用,引起的短路桥爆炸。同样在熔化金属桥接过渡的过程中,在短路桥截面最小的部位也存在着发生电爆炸飞溅的危险。还存在燃弧时在悬垂熔滴的较小截面处发生爆炸的现象。

无论是瞬时短路电爆炸飞溅还是持续性短路形成的电爆炸飞溅都比较强烈,对工艺性的影响较大。为了防止短路引起的飞溅,焊接工作者在电源的设计上进行了大量的研究工作[35-39],基本思路是:降低短路电流水平,限制短路电流的上升速度,以及在液态小桥产生颈缩时抑制小桥爆断的发生。可以通过改进电源动、静特性和采用波控技术等手段实现。在焊接工艺和焊丝冶金方面,可以采取以下措施控制飞溅,采取富Ar气体保护,改善电弧和熔滴行为;增强焊丝的脱氧效果,适当降低焊丝的碳含量,减少CO气体的生成;采用活化焊丝,降低熔滴表面张力,细化熔滴,缩短液桥存在时间,活化剂可以使得弧根面积扩展,增强电磁力向熔池方向的轴向分力,增大熔滴过渡的推动力。这些因素都将有利于飞溅的控制。

5.3.2 药芯焊丝CO_2气体保护焊再引弧飞溅

短路引起的飞溅还有另一种情况就是再引弧飞溅,即熔滴短路过渡完成后,电弧在很细的短路桥断开处复燃的瞬间,在突然产生的电弧力的作用下,将电弧下熔池金属或焊丝端部残留的熔化金属抛出焊接区,引起飞溅。

参考文献[40]对再引弧飞溅进行了描述,认为再引弧飞溅是由于电弧力的作用引起的,熔滴以短路桥的方式进行过渡时,当过渡完成、短路桥断开时,电弧将在呈线状的短路桥断开处的熔化金属顶端产生，在这个区域突然产生的电弧力把焊丝端头残留的液体金属吹散，造成再引弧飞溅。

对图 5-75 所示的现象进行分析可以说明再引弧飞溅产生的机理。熔滴金属以短路桥接的形式过渡之后，在焊丝下面熔池中聚集着大量的熔滴金属尚未来得及扩散开，当电弧瞬间引燃时弧长很短，电弧压力集中在电弧下小的面积上，使作用面的熔池金属形成凹坑，凹坑处的液体金属被排挤到周边，使电弧力作用面周围来不及扩散的液体金属涌起。图 5-75 中第 11～18 帧照片显示了表面张力过渡之后出现的液面涌起现象。显然液体金属剧烈地涌起将存在飞溅的危险，由图 5-76 看到，在熔池表面隆起的液柱几乎造成飞溅（第 9～14 帧照片）。在图 5-77 所示的案例中显示出十分强烈的再引弧飞溅，熔池中大的金属颗粒被排挤出去。

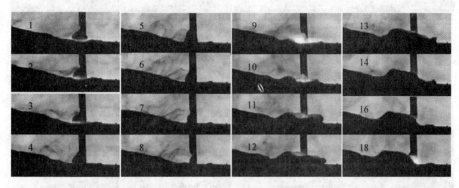

图 5-75　药芯焊丝 CO_2 气体保护焊表面张力过渡之后出现熔池液面涌起现象的高速摄影照片（一）
样品名称：SQJ50 药芯焊丝，$\phi1.2mm$；预置焊接参数：25V/60dm/min，直流反接；拍摄速度：1200f/s。

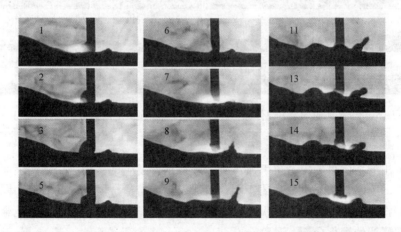

图 5-76　药芯焊丝 CO_2 气体保护焊表面张力过渡之后出现熔池液面涌起现象的高速摄影照片（二）
样品名称：SQJ50 药芯焊丝，$\phi1.2mm$；预置焊接参数：25V/60dm/min，直流反接；拍摄速度：1200f/s。

再引弧时飞溅大都发生在熔池，但也有可能发生在焊丝端部残留的熔滴金属上。图5-78表现了与上述几个案例不同的再引弧飞溅的场景，电弧重燃后电弧力不是将熔池中的金属排出，而是将焊丝端部残留的液体金属熔滴吹出去，形成颗粒状飞溅（第 14～20 帧照片）。在图 5-79 所示的案例中显示出更猛烈的再引弧飞溅，其飞溅物有残留的金属熔滴，也有熔

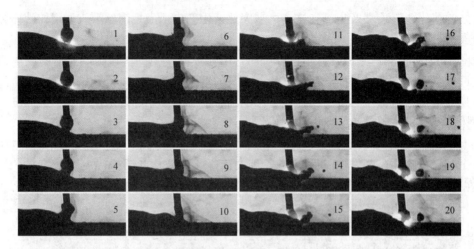

图 5-77 药芯焊丝 CO_2 气体保护焊时发生再引弧飞溅的高速摄影照片（一）

样品名称：KFX-71 药芯焊丝，$\phi1.2mm$；预置焊接参数：21V/60dm/min，直流反接；拍摄速度：1200f/s。

池金属。

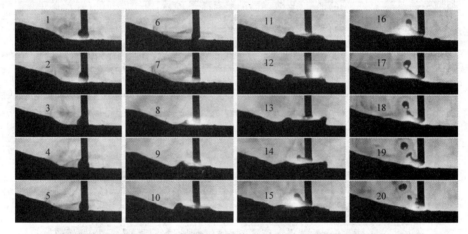

图 5-78 药芯焊丝 CO_2 气体保护焊时发生再引弧飞溅的高速摄影照片（二）

样品名称：SQJ50 药芯焊丝，$\phi1.2mm$；预置焊接参数：25V/60dm/min，直流反接；拍摄速度：1200f/s。

从以上举出的案例可看出，再引弧飞溅一般是这样发生的：当一个熔滴表面张力过渡完成后，电弧立即引燃，由于电弧力的作用，引弧处出现熔池金属涌起的液浪，同时从熔池泛起细颗粒飞溅物，激烈的涌浪往往引发较大颗粒的飞溅，飞溅物大都源于熔池金属，也有可能是焊丝端部残留的熔化金属。

再引弧飞溅现象区别于短路电爆炸飞溅，也不同于熔池中的飞溅，它是表面张力过渡时引发的特有的飞溅现象。这种飞溅现象尽管与熔滴的短路行为有联系，但毕竟不是由于熔滴的短路直接造成的，而是在电弧重燃时由电弧力的作用引起的。

再引弧飞溅与短路电爆炸飞溅在画面上有时不太好分辨，尤其是拍摄速度不太高时。如图 5-80 所示的飞溅现象很像是短路电爆炸飞溅，但实际上它是再引弧飞溅，因为激烈的飞溅发生在燃弧之后，是先看到电弧被引燃，而后才看到飞溅过程。由开始电弧被引燃再发展

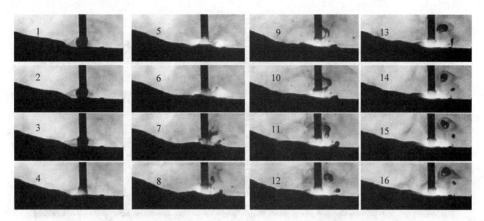

图 5-79　药芯焊丝 CO_2 气体保护焊时发生再引弧飞溅的高速摄影照片（三）

样品名称：SQJ50 药芯焊丝，ϕ1.2mm；预置焊接参数：25V/60dm/min，直流反接；拍摄速度：1200f/s。

到飞溅，飞溅过程是在电弧形成之后发生，这是再引弧飞溅区别于短路电爆炸飞溅的主要根据。如图 5-81 所示的飞溅现象也与电爆炸飞溅相似，其实它也应该属于再引弧飞溅。

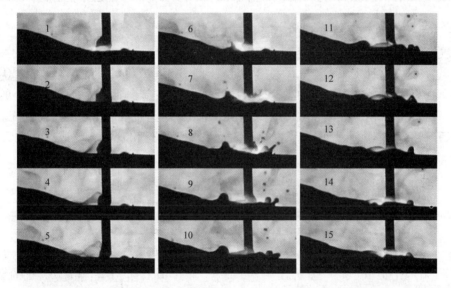

图 5-80　药芯焊丝 CO_2 气体保护焊时发生再引弧飞溅的高速摄影照片（四）

样品名称：SQJ50 药芯焊丝，ϕ1.2mm；预置焊接参数：25V/60dm/min，直流反接；拍摄速度：1200f/s。

再引弧飞溅与持续短路电爆炸飞溅的区别：首先是两者发生的机理不同，前者是在表面张力过渡后电弧重燃时，由于电弧力的作用而引起的，而短路电爆炸飞溅是由于强大的电磁收缩力和大的短路电流在液桥产生过剩的能量积累的共同作用而产生的；在发生飞溅的时间维度上有差别，前者发生在液体金属过渡已经完成、电弧重燃时，而后者则发生在桥接短路过渡过程中，在短路桥存在的末期、短路过渡即将完成、液桥变得很细的时候；飞溅发生的部位也有所不同，再引弧飞溅源于电弧相对应的熔池金属或焊丝端部的残滴，而短路电爆炸飞溅则源于短路液桥。

图 5-81　药芯焊丝 CO_2 气体保护焊时发生再引弧飞溅的高速摄影照片（五）

样品名称：KFX–71 药芯焊丝；$\phi 1.2mm$；预置焊接参数：21V/60dm/min，直流反接；拍摄速度：1200f/s。

5.3.3　药芯焊丝 CO_2 气体保护焊的熔滴中气体逸出飞溅

焊接过程中，熔滴阶段进行着强烈的碳的化学反应，生成的 CO 气体在熔滴的某个部位逸出而引起飞溅，这种飞溅称作气体逸出飞溅。图 5-82 是 2YC502 药芯焊丝样品 CO_2 气体保护焊时熔滴中发生气体逸出飞溅的高速摄影照片，由第 1、2 帧照片看到，一个小的金属滴由熔滴的右侧表面逸出，形成飞溅。图 5-83 是 DW100 焊丝样品气体逸出飞溅的高速摄影照片，可以看到第 2~4 帧照片中在大的熔滴表面发生气体逸出现象，形成小颗粒飞溅（第 3~4 帧照片）。

图 5-82　药芯焊丝 CO_2 气体保护焊时熔滴发生气体逸出飞溅的高速摄影照片（一）

样品名称：2YC502 04.07.02.，$\phi 1.2mm$；预置焊接参数：28.5V 140A，直流反接；拍摄速度：2000f/s。

图 5-83　药芯焊丝 CO_2 气体保护焊时熔滴发生气体逸出飞溅的高速摄影照片（二）

样品名称：DW100 药芯焊丝，$\phi 1.2mm$；预置焊接参数：26V/90dm/min，直流反接；拍摄速度：1200f/s。

熔滴中气体逸出飞溅现象的本质与熔滴爆炸飞溅是一样的，都是由于熔滴内冶金反应形成的 CO 气体的逸出而引发的飞溅，区别是其冶金过程进行的激烈程度不同。熔滴爆炸飞溅的冶金过程进行得十分猛烈，大量反应产物 CO 气体瞬间强烈释放，导致熔滴的爆炸破碎；而熔滴中气体逸出飞溅现象，则是由于熔滴内局部发生的反应不十分强烈，其反应产物 CO 气体由熔滴内部以气泡的形式逸出，因此逸出的过程较前者相对缓慢，其逸出的范围一般只在熔滴的局部，逸出过程一般也不会引起熔滴总体的明显变形，更不会造成熔滴的破碎。

图 5-84 所示为焊接过程中熔滴气体逸出飞溅现象的特殊例子。在熔滴阶段进行的冶金过程不仅在熔滴处于焊丝端部时发生，而且即使熔滴已经脱离焊丝并在接触到熔池之后，这一过程还在进行着。照片中看到，在熔滴已脱离焊芯、并接触到熔池（第 3 帧照片），但还没有完全融入熔池的时候，可以看出熔滴先是发生体积的膨胀（第 1 ~ 5 帧照片），而后随着气体的强烈逸出，在熔滴的上部喷溅出细碎的、形状不规则的熔体（第 7 ~ 9 帧照片），与此同时熔滴的体积随之减小（第 7 ~ 9 帧照片）。这个现象证明了熔滴的气体逸出飞溅是由于在熔滴内部进行的冶金过程所致。

图 5-84 药芯焊丝 CO_2 气体保护焊时与熔池相接触的熔滴气体逸出飞溅的照片

样品名称：YC507 碱性药芯焊丝，$\phi1.2mm$；预置焊接参数：24V/45dm/min；拍摄速度：1200f/s。

5.3.4 药芯焊丝 CO_2 气体保护焊的熔池中气体逸出飞溅

CO_2 气体保护焊时在熔池阶段同样进行着强烈的碳的氧化反应，生成的 CO 气体由熔池中强烈逸出，导致熔池沸腾，CO 气体强烈逸出往往在熔池表面形成柱状隆起，在液柱的尖端飞离出金属小颗粒，导致熔池中的气体逸出飞溅。

图 5-85 是一组典型的熔池中气体逸出飞溅的高速摄影照片，可以清楚地看到在熔池中形成柱状隆起，处在液柱尖端的金属颗粒被分离出去。这是熔池中产生气体逸出飞溅最具代表性的例子。图中右面是第 5 帧照片的放大。关于气体逸出飞溅的概念和产生机理在第 2 章 2.2.3 节已做了详细的分析。

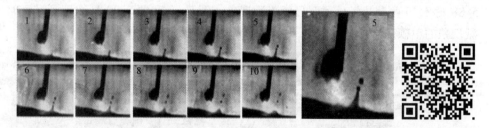

图 5-85 药芯焊丝 CO_2 气体保护焊时熔池中气体逸出飞溅的照片

样品名称：3YC502 04.07.08.，$\phi1.2mm$；预置焊接参数：28.5V/110A；拍摄速度：3000f/s。

熔池中气体逸出飞溅现象有时是由于熔滴的过渡行为引起的。在图 5-86 所示的案例中，当熔滴与熔池短路发生电爆炸时（第 6 ~ 7 帧照片），在爆炸力的冲击下，熔池泛起金属颗粒，形成了飞溅，这种飞溅与其说是熔池的飞溅，还不如说是短路电爆炸飞溅的一部分。图 5-87 显示的是由再引弧引起的熔池飞溅，由图看出，第 2 ~ 5 帧照片发生桥接短路，第 6 帧照片电弧重燃，接着在电弧力的作用下，熔池金属表面隆起了液柱，形成飞溅（第7～12帧照片）。这种形式的熔池飞溅现象是与熔滴的短路行为过渡相伴发生，无论是在 CO_2 气体保护焊时还是在焊条电弧焊时都十分常见。

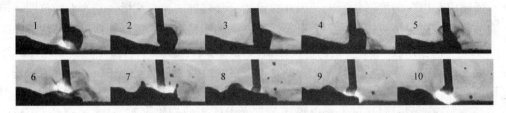

图 5-86　药芯焊丝 CO_2 气体保护焊时由短路引起熔池飞溅的照片

样品名称：DW100 药芯焊丝，$\phi1.2mm$；预置焊接参数：26V/90dm/min，直流反接；拍摄速度：1200f/s。

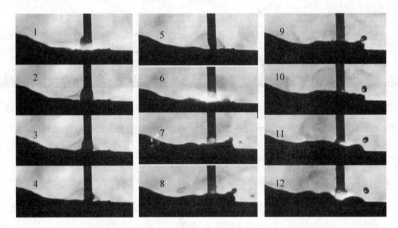

图 5-87　药芯焊丝 CO_2 气体保护焊时由再引弧引起熔池飞溅的照片

样品名称：SQJ50 药芯焊丝，$\phi1.2mm$；预置焊接参数：25V/60dm/min，直流反接；拍摄速度：1200f/s。

熔池中的飞溅现象在细熔滴过渡时最为常见，实际上它是细熔滴过渡时主要的飞溅形式。图 5-88 和图 5-89 所示为 CO_2 气体保护焊细熔滴过渡时熔池中的飞溅现象，可以看出图 5-88 第 8、9 帧照片发生了明显的飞溅现象。图 5-89 和图 5-90 是细熔滴过渡时发生熔池飞溅现象的单帧照片。

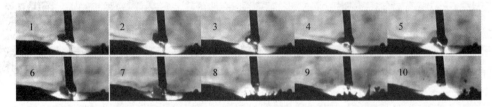

图 5-88　药芯焊丝 CO_2 气体保护焊细熔滴过渡时发生熔池飞溅的高速摄影照片

样品名称：DW100 药芯焊丝，$\phi1.2mm$；预置焊接参数：36V/200dm/min，直流反接；拍摄速度：1200f/s。

5.3.5　药芯焊丝 CO_2 气体保护焊的熔滴飘离飞溅

排斥过渡时，悬挂在焊丝端部的熔滴在排斥力的作用下被推离焊丝，并向远离电弧区域飞出去，由于大熔滴飞行的速度相对于电爆炸飞溅物颗粒飞行速度慢得多，在放映高速摄影

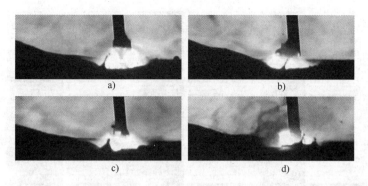

图 5-89　药芯焊丝 CO₂ 气体保护焊细熔滴过渡时发生熔池飞溅的高速摄影单帧照片（一）

样品名称：DW100 药芯焊丝，ϕ1.2mm；预置焊接参数：32V/150dm/min，直流反接。

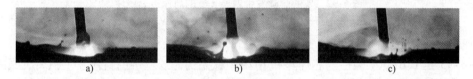

图 5-90　药芯焊丝 CO₂ 气体保护焊细熔滴过渡时发生熔池飞溅的高速摄影单帧照片（二）

样品名称：KFX-71 药芯焊丝，ϕ1.2mm；预置焊接参数：32V/60dm/min，直流反接。

的影片时，看到大熔滴缓慢地飘离，故作者曾在参考文献 [14] 中将它形象地称作"飘离"飞溅。

从熔滴力的因素分析，飘离飞溅有两种情况：一种是由于焊接过程中析出的气流的吹送作用，使悬挂在焊条端套筒边缘的熔体（熔滴，也有可能是熔渣滴）被吹离，形成飘离飞溅，这种情况发生在焊条电弧焊时比较多；另一种是在 CO₂ 气体保护焊或者是混合气体保护焊时，由于电弧力的作用，使焊丝端部的大熔滴脱离焊丝端，并在电弧空间排斥力的作用下飘离。图 5-91 是气体保护焊时钛型药芯焊丝发生飘离飞溅的高速摄影照片，看出在焊丝端部的较大熔滴在电弧力的作用下分离出一个小熔滴，这个小熔滴被推向一侧形成了明显的飘离飞溅。

图 5-91　电弧力引起熔滴飘离飞溅的例子

样品名称：KFX-71 药芯焊丝，ϕ1.2mm；预置焊接参数：

21V/60dm/min，直流反接；拍摄速度：1200f/s。

飘离飞溅的现象在实心焊丝 CO₂ 焊时发生得更频繁。图 5-92 是实心焊丝发生飘离飞溅的高速摄像照片，这是从 41 帧照片中撷取的 20 帧，拍摄速度为 1200f/s，图中显示由电弧力的作用，使大熔滴脱离焊丝端部而飞离（第 6~10 帧照片），第 11~39 帧照片记录了大熔滴飞离过程，约 23ms，飞离过程十分缓慢。

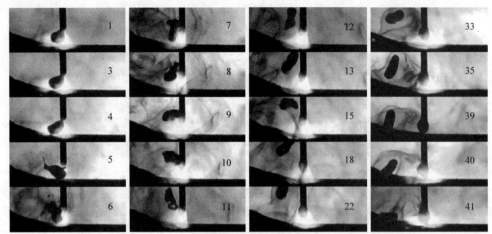

图 5-92 实心焊丝发生飘离飞溅的高速摄影照片

样品名称：HT50 实心焊丝，ϕ1.2mm；预置焊接参数：25V/50dm/min，直流反接；

保护气体：80% Ar + 20% CO_2；拍摄速度：1200f/s。

图 5-93 是 12RD507 碱性药芯焊丝和 RD502 钛系药芯焊丝熔滴整体发生飘离飞溅的单帧照片，焊丝直径为 ϕ1.2mm。从图中看出钛系药芯焊丝熔滴直径大约为焊丝直径的 1.5 倍（图 5-93a），而碱性药芯焊丝熔滴直径不小于焊丝直径的两倍（图 5-93b、c）。

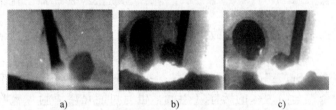

a)   b)   c)

图 5-93 药芯焊丝 CO_2 气体保护焊熔滴飘离飞溅的单帧照片

a) 样品名称：RD502 03.04.17，ϕ1.2mm，预置焊接参数：26V/150A

b)、c) 样品名称：12 RD507 03.04.09，ϕ1.2mm，预置焊接参数：24.7V /160A

5.3.6 药芯焊丝 CO_2 气体保护焊熔滴过渡形态对飞溅的影响

药芯焊丝熔滴过渡形态对飞溅的类型和飞溅频次有直接的关系。图 5-94 是四种不同焊丝焊接参数与飞溅频率关系图，纵坐标表示的飞溅频率，是由高速摄影照片进行统计得到的，横坐标表示试验所选用的焊接参数。当参数较小时，熔滴为大颗粒排斥过渡，随着焊接参数的增大，熔滴过渡形态逐渐向表面张力过渡转变，当电参数增大到 35V/340A 时熔滴为细颗粒过渡。由图中曲线看出，各样品焊接参数（对应于熔滴过渡形态）对飞溅率的影响是不相同的，其中曲线 1 焊丝样品测试的结果说明，在大参数下细熔滴过渡时的飞溅频率最小；而样品 2 却相反，大参

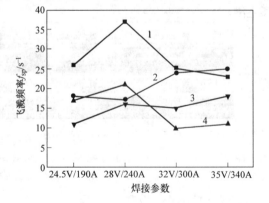

图 5-94 药芯焊丝 CO_2 气体保护焊时不同焊接参数对飞溅频率的影响

注：1、2、3、4 表示不同的样品焊丝。

数下细熔滴过渡时的飞溅频率增大了，这似乎与实际情况和书中对细熔滴过渡工艺性分析的讨论是相悖的。显然，飞溅频率大小不能完全反映飞溅对焊接工艺性的影响程度，因为不同的飞溅形式其飞溅的激烈程度相差很大，对焊接工艺性的影响程度也不同。短路电爆炸飞溅、瞬时短路飞溅、熔滴的爆炸飞溅的飞溅过程进行得比较猛烈，对焊接电弧过程的稳定性影响较大，而熔滴气体逸出飞溅、熔池飞溅、飘离飞溅对焊接过程的稳定性的影响较小。

　　不同熔滴过渡形态表现出来的主要飞溅形式不相同。当熔滴为大颗粒排斥过渡时，其飞溅形式有短路电爆炸飞溅、瞬时短路飞溅、熔滴爆炸飞溅、熔滴气体逸出飞溅、熔池飞溅、飘离飞溅，以及熔渣的飞溅等，几乎包括了所有的飞溅形式，这时飞溅对焊接工艺性的影响很大；当熔滴为表面张力过渡时，其飞溅形式包括瞬时短路飞溅、短路电爆炸飞溅和熔池气体逸出飞溅，其他飞溅形式，如熔滴爆炸飞溅、熔滴气体逸出飞溅大熔滴飘离飞溅，则明显减少；当熔滴为细颗粒过渡时，短路电爆炸飞溅和熔滴的爆炸飞溅已经不会出现，主要飞溅形式是熔池飞溅，它对焊接工艺性的影响相对最小。尽管有的焊丝在细熔滴过渡时统计的飞溅频率比排斥过渡时还高，但是由于细熔滴过渡时主要为熔池飞溅，飞溅颗粒十分细小，对工艺性的影响并不十分大；而对于排斥过渡，虽然有的飞溅频率并不高，但它的飞溅颗粒较大，实际上对焊接过程稳定性的影响最大。

　　图 5-95 和图 5-96 所示分别是试验编号为 SDW100 和 ES－1B 的焊丝样品焊接参数对飞溅形式的影响曲线，飞溅形式是根据高速摄影的影片资料得到的。由图看出，随着焊接参数的增大，也就是熔滴过渡形态由排斥过渡逐渐向表面张力过渡和细熔滴过渡转变时，熔池飞溅增加了，熔滴气体逸出飞溅和短路电爆炸飞溅减少。试验结果与以上所做的分析是吻合的。

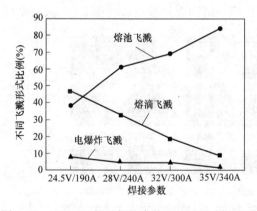 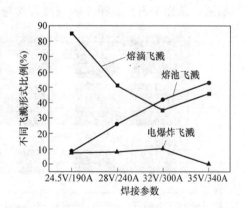

图 5-95　SDW100 焊丝焊接参数对飞溅形式的影响　　图 5-96　ES－1B 焊丝焊接参数对飞溅形式的影响

5.3.7　药芯焊丝 CO_2 气体保护焊焊接过程不稳定时的飞溅现象

　　如果药芯焊丝 CO_2 气体保护焊时选择的焊接参数不合理，会引起飞溅的增大，导致焊接过程不能稳定进行。图 5-97 是焊接过程不稳定时的电弧电压、焊接电流波形图，是一个由于焊接参数选择不合理造成焊接过程不稳定的案例。如采用直径为 1.2mm 的药芯焊丝，预置电压为 20V，预置电流为 260A，焊接时由于电流很大，焊丝的送进速度很快，而设置的电压较低，弧长较短，因此焊丝在电弧空间还来不及熔化便与熔池相接触，使焊丝甚至与熔池底部未熔化的金属直接接触短路，形成所谓固体短路。根据对高速摄影照片的观察，焊丝与熔池接触持续时间最大约为 12ms，较长时间的短路，焊丝被短路大电流加热并顶弯，随后发生爆断，常出现整段的焊丝发生爆断的情况，造成大的飞溅，统计的电爆炸飞溅占过渡次数的比率达到 76.92%。

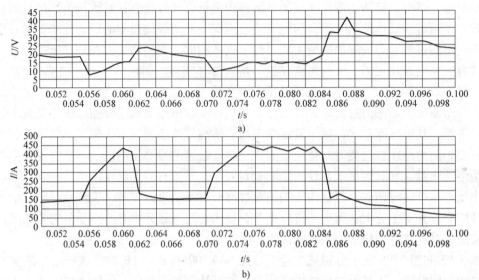

图 5-97　药芯焊丝 CO_2 气体保护焊过程不稳定时的电弧电压、焊接电流波形图

a）电弧电压波形图　b）焊接电流波形图

样品名称：9 SDW100 04.03.20；实际焊接参数：20V/278A。

图 5-98 是焊接参数选择不当时一次短路过程的高速摄影照片和同步测试的电弧电压波形对照图，从图中看出，第 1 帧照片焊丝与熔池短路，随即焊丝被顶弯（第 2~4 帧照片），

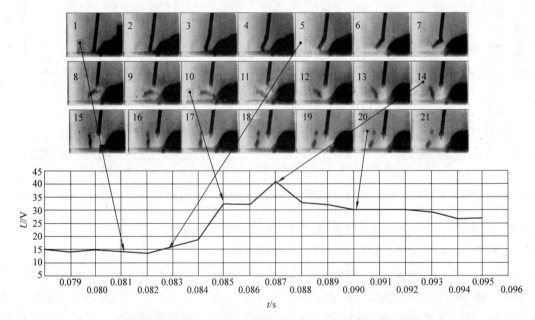

图 5-98　焊接参数设置不当时一次短路过程的高速摄影照片和同步测试的电弧电压波形图

样品名称：10 SDW100 04.03.20，ϕ1.2mm；预置焊接参数：20V/278A；拍摄速度：2000f/s。

电弧引燃后从第 8 帧照片开始发生爆炸，产生飞溅，其飞溅过程一直到第 21 帧照片尚未结束。上述实例中出现的短路行为不是正常的熔滴短路，而是焊丝插入熔池底部的持续短路。然后焊丝发生的爆断，造成焊接过程的不稳定和产生明显的飞溅，其飞溅物并不是熔滴，也不是熔渣的颗粒，而是尚未完全熔化的半熔化状的焊丝。在观察另外一段高速摄影照片时更清楚地证实了这一分析。

图 5-99 是撷取的另一段高速摄影照片，在图中看到，从第 1 帧照片起焊丝插入熔池，第 7 帧发生焊丝的爆断，并迸发出细碎的小颗粒飞溅物，随后在第 18 帧看到有一个小棒状物飞溅出去，它应该是未被完全熔化的一段焊丝，显然这不是已熔化的熔滴或熔渣，因为熔化状态的飞溅物飞行过程中应该是呈球状的，而且在飞行中会有烟尘笼罩着。

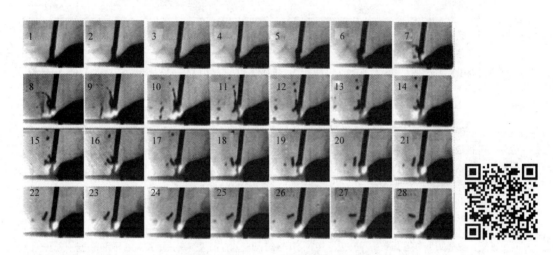

图 5-99　药芯焊丝 CO_2 气体保护焊焊接过程不稳定时的飞溅现象

样品名称：10SDW100 04.03.20，ϕ1.2mm；预置焊接参数：20V/278A；拍摄速度：2000f/s。

5.3.8　焊条电弧焊与 CO_2 气体保护焊时飞溅现象的总结

表 5-7 列出了焊条电弧焊和 CO_2 气体保护焊飞溅类型、导因、形成条件及对工艺性的影响。飞溅形成的基本因素包括物理因素和冶金因素。由物理因素形成的飞溅包括：电流产生的电阻热、电磁收缩力和电弧力导致短路电爆炸飞溅、瞬时短路飞溅和再引弧飞溅等。CO_2 气体保护焊时，由碳的氧化形成的 CO 气体在熔滴内瞬时强烈释放时，形成熔滴的爆炸飞溅；熔滴或熔池内局部区域的 CO 气体逸出，形成熔滴和熔池的气体逸出飞溅；焊条电弧焊时，伴随着喷射过渡形成喷洒飞溅；CO_2 气体保护焊和焊条电弧焊时熔池中氢和氮的强烈析出，引起熔池的飞溅；熔池的沸腾形成细颗粒密集的火花飞溅；处于焊条套筒边缘的小熔滴被套筒内喷出的气流吹送形成飘离飞溅；在 CO_2 气体保护焊时，由电弧力的作用和电弧区的气流的排斥作用形成大颗粒飘离飞溅和渣滴单独过渡时造成的熔渣的飞溅等均属于冶金因素引起的飞溅。

图 5-100 是焊条电弧焊和 CO_2 气体保护焊飞溅类型示意图。

表 5-7 焊条电弧焊与 CO_2 气体保护焊飞溅类型、导因、形成条件及对工艺性的影响

飞溅形成的基本因素	飞溅形成的直接导因	飞溅类型	飞溅形成条件的特征	飞溅对工艺性的影响程度
物理因素	电阻热及电磁力	短路电爆炸飞溅	大电流通过短路桥使其细颈处产生大的电磁收缩力，以及过大的电阻热和过剩的能量积累而汽化	很大
	电磁力	瞬时短路飞溅	熔滴与熔池刚一接触，在接触点上受到迅速增长的电磁力的排斥作用	很大
	电弧力	再引弧飞溅飘离飞溅	当熔滴过渡完成，再引弧时，残留的熔化金属被电弧力吹散	较大
冶金因素	碳的氧化产生 CO 气体的强烈释放和逸出	熔滴的爆炸飞溅	熔滴内的 CO 气体瞬时强烈释放	很大
		熔滴的气体逸出飞溅	熔滴内局部区域的 CO 气体逸出	一般
		熔池的气体逸出飞溅	熔池内局部区域的 CO 气体逸出	一般
		喷洒飞溅	焊条电弧焊时 CO 气体持续性强烈释放使熔体被吹碎，与熔滴的喷射过渡相伴形成	很大
	碳的氧化产生 CO 和造气成分产生的气体	飘离飞溅（焊条电弧焊）	处于焊条套筒边缘的小熔滴由套筒内喷出气流的吹送	不大
	碳的氧化产生的 CO 或由焊接材料中的水分形成的 H_2 的逸出	细小颗粒的火花飞溅	在熔滴或在熔池中以沸腾形式的气体逸出	一般
	电弧力和 CO_2 保护气体排斥作用	飘离飞溅（CO_2 气体保护焊）	处于焊丝端部的大熔滴由电弧力的作用和电弧区的气流排斥作用引发	较大
	药芯焊丝 CO_2 气体保护焊形成渣柱	熔渣的飞溅	药芯焊丝 CO_2 气体保护焊排斥过渡时，渣柱末端形成的渣滴单独进行过渡时引起熔渣的飞溅	不大

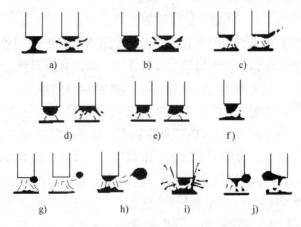

图 5-100 焊条电弧焊和 CO_2 气体保护焊飞溅类型示意图

a) 短路电爆炸飞溅 b) 瞬时短路飞溅 c) 再引弧飞溅 d) 熔滴的爆炸飞溅 e) 熔滴的气体逸出飞溅
f) 熔池气体逸出飞溅 g) 焊条电弧焊飘离飞溅 h) CO_2 气体保护焊飘离飞溅 i) 细颗粒火花飞溅 j) CO_2 气体保护焊的熔渣飞溅

5.4　药芯焊丝 CO_2 气体保护焊时的电弧行为

5.4.1　药芯焊丝 CO_2 气体保护焊排斥过渡时的电弧行为

在 CO_2 气体保护焊排斥过渡时，粗大熔滴的活动对电弧的稳定性产生很大的影响，成为影响 CO_2 气体保护焊工艺性的重要因素之一。

图 5-101 为排斥过渡时一个熔滴过渡过程的高速摄影照片（从 170 帧照片中选取了有代表性的 7 帧），显示了熔滴在一个正常的过渡周期内电弧的活动情况。由图看出，在熔滴形成的初期，熔滴还没有长大，还处于焊丝的下端，而电弧基本上处于焊丝的中心位置（第 1、60 帧照片）；当熔滴长得很大时，熔滴处在焊丝的一侧，电弧处在熔滴的底部，偏离焊丝的轴线（第 105、125 帧照片）；当熔滴进一步长大并从焊丝端部脱离后，弧根转移到焊丝端部，电弧在焊丝与熔池间燃烧（第 150 帧照片），并处于焊丝的中心位置；但当熔滴与熔池接触还未来得及融入熔池时，电弧的阴极斑点移动到熔滴的侧表面，并且电弧偏离了焊丝轴线位置，转移到焊丝与熔滴、熔池之间燃烧（第 160、170 帧照片）。作者统计了图 5-101 原有的 170 帧高速摄影照片，发现其中 110 帧照片电弧处于明显偏离状态。如果把熔滴开始形成到图 5-101 第 1 帧照片熔滴成长初期这一段时间（电弧处于中心位置）也统计在内的话，电弧处在中心位置的时间也不超过熔滴整个过渡周期的一半，就是说在一个正常的熔滴过渡周期内，随着熔滴形成、长大与过渡，电弧偏离中心状态的时间超过熔滴整个过渡周期的一半。

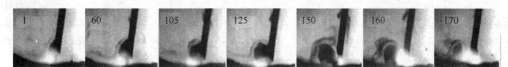

图 5-101　药芯焊丝 CO_2 气体保护焊排斥过渡时电弧行为的高速摄影照片（一）

焊丝样品：KFX－71T 030429 , ϕ1.2mm；焊接参数：26V/150A；拍摄速度：2000f/s。

显然电弧的行为与熔滴的活动相关，图 5-102 是钛型药芯焊丝 CO_2 气体保护焊排斥过渡时电弧行为的高速摄影照片，特别清楚地描述了已经长大的熔滴的活动及过渡过程对电弧行为的影响。从图可见大熔滴的过渡干扰了电弧的正常燃烧。

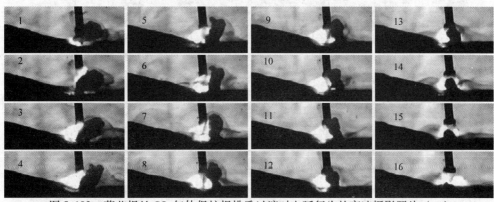

图 5-102　药芯焊丝 CO_2 气体保护焊排斥过渡时电弧行为的高速摄影照片（二）

焊丝样品：DW100 药芯焊丝，ϕ1.2mm；焊接参数：26V/90dm/min，直流反接；拍摄速度：1200f/s。

当进一步增大送丝速度至 29V/120dm/min 时熔滴变细，电弧的活动受熔滴活动影响相应减小；当熔滴脱离焊丝向熔池过渡时，并没有明显地影响电弧的挺度，电弧基本上保持焊丝中心位置（图 5-103 第 8～14 帧照片）。

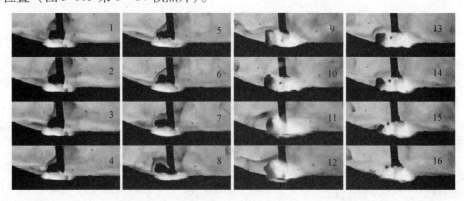

图 5-103　药芯焊丝 CO_2 气体保护焊排斥过渡时电弧行为的高速摄影照片（三）

焊丝样品：KFX－71 药芯焊丝，ϕ1.2mm；焊接参数：29V/120dm/min，直流反接；拍摄速度：1200f/s。

5.4.2　药芯焊丝 CO_2 气体保护焊细熔滴过渡时的电弧行为

当细熔滴过渡时，熔滴十分细小，过渡频率很高，熔滴的过渡对电弧行为几乎不产生影响。图 5-104 是显示细熔滴过渡时电弧行为特征的高速摄影照片，看出在熔滴长大和过渡过程中，电弧始终处于焊丝的中心轴线。但不能认为细熔滴过渡不会发生任何电弧偏离的情况，实际上在预设焊接参数 36V/200dm/min 的条件下，不同的焊丝未必都能形成理想化的细熔滴过渡，在图 5-105 第 4～6 帧照片中就看到了由于熔滴的过渡引起电弧的偏离。事实上任何一种过渡形态下也会出现某些极端的情况，例如观察如图 5-106 所示的细熔滴过渡时的电弧行为，在第 1～10 帧照片看到电弧十分坚挺，而在第 11～16 帧照片发生了飞溅，电弧稳定燃烧遭到破坏，当电弧重燃时才恢复正常燃烧（第 17～19 帧照片）。

图 5-104　药芯焊丝 CO_2 气体保护焊细熔滴过渡时稳定的电弧行为

焊丝样品：DW100 药芯焊丝，ϕ1.2mm；焊接参数：36V/200dmmin，直流反接；拍摄速度：1200f/s。

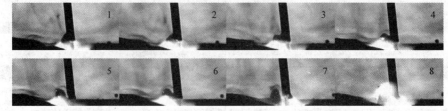

图 5-105　药芯焊丝 CO_2 气体保护焊细熔滴过渡时由于熔滴的过渡引起电弧的偏离

焊丝样品：KFX－71 药芯焊丝，ϕ1.2mm；焊接参数：36V/200dm/min，直流反接；拍摄速度：1200f/s。

通过对钛型焊丝 CO_2 气体保护焊排斥过渡时电弧行为特点的分析，可以做这样的归纳：

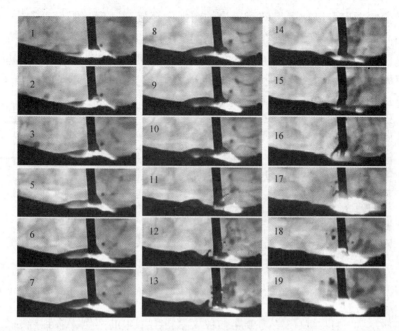

图 5-106　药芯焊丝 CO_2 气体保护焊细熔滴过渡时由于飞溅破坏电弧的稳定燃烧

焊丝样品：DW100 药芯焊丝，$\phi1.2mm$；焊接参数：36V/200dmmin，直流反接；拍摄速度：1200f/s。

钛型药芯焊丝由于其渣系特征，电弧基本是稳定的；大熔滴过渡行为对电弧形成一定的干扰，从而引起电弧的偏离摇摆；当实现理想的细熔滴过渡时，由于熔滴十分细小，在熔滴长大和过渡过程中，电弧一般处于焊丝的中心轴线，熔滴的过渡对电弧行为影响不大，电弧十分稳定，但有时熔滴也会在一定程度上使电弧发生偏离，特别是在出现飞溅等十分极端的情况下，电弧的稳定性也会受到影响。

5.5　药芯焊丝 CO_2 气体保护焊时的烟尘

5.5.1　药芯焊丝 CO_2 气体保护焊烟尘的形成

焊接时的烟尘是药芯焊丝 CO_2 气体保护焊时突出的问题之一，药芯焊丝焊接时的烟尘可能来自液体金属和非金属物质高温蒸气被迅速氧化和冷凝，生成所谓"一次粒子"，直径在 $0.01 \sim 0.4\mu m$ 范围，以 $0.1\mu m$ 左右居多，随着温度的迅速下降，几十或几百个粒子通过熔合与聚集成"二次粒子"，形成包围熔滴或飞溅物的金属颗粒周围可见的"烟雾"。由于尺度为 $0.1 \sim 1.0\mu m$ 的粒子对人体影响较大，而药芯焊丝 CO_2 气体保护焊时焊接烟尘颗粒直径均分布在 $0.1 \sim 1.0\mu m$ 之间，因此几乎全部都能被人体吸收[41,42]。

焊接烟尘的成分和形成机制是相当复杂的，我国焊接工作者做了不少的研究工作[41-48]，发现钛型药芯焊丝 CO_2 气体保护焊时烟尘的主要成分是氧化铁，约占析出烟尘总量的 50%，其次有硅和锰的氧化物；酸性焊条的烟尘中氧化铁的质量分数几乎占 50%。

焊接时的烟尘是药芯焊丝 CO_2 气体保护焊时重要的电弧物理现象之一。作者从大量的影像资料中观察焊接过程中烟尘析出的诸多现象，注意到电弧的活动与熔滴行为以及焊接参数对焊接烟尘的影响，本节对此进行定性分析，为焊接烟尘的研究工作提供参考。

焊接时烟尘的析出可以从大量熔滴行为的图像中直接观察到。图 5-107 是一组排斥过渡时产生烟雾的高速摄影照片，看到在焊丝端部的大熔滴的周围始终笼罩着烟雾，当出现小的颗粒飞溅时，飞溅的金属颗粒周围也被烟雾包围着（第 8～12 帧照片）。可以想象在电弧的高温和 CO_2 气体保护焊的强氧化气氛中，熔滴金属周围笼罩的烟尘不可能是金属微粒，而最有可能主要是氧化铁。

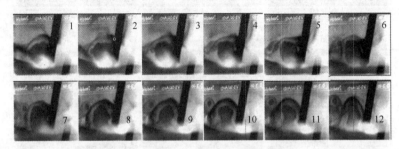

图 5-107　药芯焊丝 CO_2 气体保护焊时析出烟尘的现象

样品名称：Hobart 03.05.08，$\phi1.2mm$；焊接参数：25.5V/150A，直流反接；拍摄速度：2000f/s。

图 5-108 所示为一组反映飞溅的金属颗粒大量析出烟尘的案例，看到当一个金属熔滴刚刚飘离时（第 2～4 帧照片），烟雾还不很大，但在其飞行过程中，逐渐在飘离的熔滴周围析出烟尘，从第 4 帧照片开始，析出的烟雾越来越浓，在第 9、10 帧照片看到浓烈的烟尘完全包裹了飞行的熔滴，形成一个烟团飞离焊接区，由于浓烟的遮挡，以致完全看不到熔滴的轮廓。

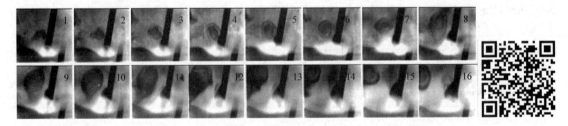

图 5-108　药芯焊丝 CO_2 气体保护焊飞溅的颗粒周围析出浓烈烟尘的照片（一）

样品名称：Hobart 03.05.08，$\phi1.2mm$；焊接参数：25.5V/150A，直流反接；拍摄速度：2000f/s。

图 5-109 是另一幅药芯焊丝 CO_2 气体保护焊时析出烟尘的照片，看到焊丝端部的一个熔滴脱离（第 1 帧照片）之后飞行了一段时间，至第 33 帧照片后才逐渐看到飘浮熔滴周围的黑色烟尘，析出过程在第 33～59 帧照片十分清晰可见，直到第 63 帧照片时烟尘消散。为什么在熔滴刚从焊丝端分离出来的瞬间看不到可见的烟尘，而在稍后的一段时间才观察到？这是因为：在熔滴刚刚脱离焊丝端呈飘浮状态的一段时间，熔滴自身温度很高，此时析出的高温金属蒸气及被氧化的产物还处于气体状态，因此不能用肉眼观察到，而当飘浮的熔滴飞行一段时间后，蒸发的气体温度逐渐降低，冷凝后形成的氧化铁的液体微粒才呈现出来，人们观察到的"烟尘"实际上主要是氧化铁的液滴或是已凝固的微粒（即前面提到的"二次粒子"）。在熔滴周围可见的氧化铁微粒不是很快地散去，而是包围在熔滴的周围，这可能是由于熔滴自身的高速旋转，在它的周围产生负压区，使烟尘不易很快散去。看到的熔滴周围

的烟尘似乎不是紧紧包围它，而是在它的周围有一圈"空白"，使飘浮状态的熔滴看上去很像鱼眼（在图 5-109 的第 45 ~ 59 帧照片中看得非常清楚），这一圈"空白"其实最可能是还没来得及液化的氧化铁蒸气。

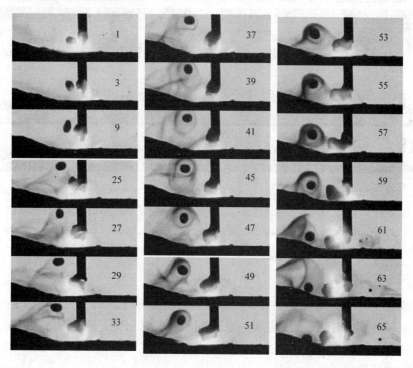

图 5-109　药芯焊丝 CO_2 气体保护焊飞溅的颗粒周围析出浓烈烟尘的照片（二）

样品名称：YC507 药芯焊丝，$\phi 1.2mm$；焊接参数：24V/45dm/min，直流反接；拍摄速度：1200f/s。

5.5.2　影响烟尘的电弧物理因素分析

焊接时烟尘的大小与铁液的温度、蒸发表面的大小以及蒸发过程进行的时间有关。凡是影响这三个条件的焊接电弧物理因素都会对烟尘的析出产生直接影响，另外烟尘的形成还与气体介质的氧化性有关。

1. 铁液的温度对烟尘的影响

图 5-110 是两组药芯焊丝大熔滴排斥过渡的高速摄影照片，可以作为烟尘的产生与温度有关的证据。众所周知，熔滴的温度与熔滴存在的时间有关，在排斥过渡时，电弧斑点处于大熔滴的底部，电弧直接对熔滴进行加热，随着熔滴存在时间的延长，大熔滴温度逐渐升高，熔滴金属的蒸发也逐渐加剧，因此烟尘不是在熔滴开始形成时就立即产生，而是随着熔滴存在时间的延续、电弧的加热时间的延长、熔滴的温度逐渐升高，烟尘的析出也逐渐增强。在图 5-110a 中看到，在熔滴存在的初期，析出的烟尘很少（第 1 ~ 6 帧照片），而在第 7 帧照片以后烟尘逐渐变浓，到第 10 ~ 13 帧照片析出更浓烈的烟尘，直到第 15、16 帧照片熔滴过渡到熔池，烟尘消散。在图 5-110b 中看到，当熔滴刚一与熔池接触时只有很少的烟尘（第 2 ~ 3 帧照片），但随着熔滴与熔池桥接短路过程的延续，熔滴的温度会迅速升高，析出的烟尘也越来越浓（第 5 ~ 13 帧照片）。

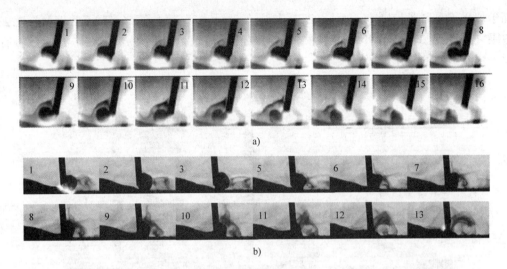

图 5-110　药芯焊丝 CO_2 气体保护焊排斥过渡时熔滴的周围析出越来越浓的烟尘

　a) 样品名称：Hobart 03.05.08 药芯焊丝；$\phi1.2mm$；焊接参数：25.5V/150A；拍摄速度：2000f/s

　b) 样品名称：DW100 药芯焊丝，$\phi1.2mm$；焊接参数：21V/60dm/min；拍摄速度：1200f/s

2. 熔滴过渡频率对烟尘的影响

既然熔滴存在时间与焊接烟尘有关，那么当过渡频率很高时，熔滴存在的时间将会缩短，减少了金属蒸发的时间；另外熔滴存在时间的缩短也减少了电弧对熔滴的加热时间，因此也会使熔滴的温度降低，这两方面的因素都会减少烟尘的析出，所以熔滴高频率过渡时，在熔滴表面析出的烟尘将会减少。

图 5-111 是药芯焊丝 CO_2 气体保护焊表面张力过渡时析出烟尘情况的高速摄影的单帧照片。可以看出熔滴在与熔池形成桥接过渡之前和整个桥接过渡过程中没有明显的烟尘析出，统计的该焊丝的过渡频率超过 $40s^{-1}$，过渡周期平均不大于 25ms，熔滴存在时间不大于 20ms。这一实例说明，当熔滴以高频率进行表面张力过渡的时候，熔滴存在时间十分短暂，往往在来不及形成大量烟尘的时候，熔滴已经完成了过渡，因而减少了烟尘的析出。可以想象当过渡频率更高的细熔滴过渡时，析出的烟尘也许会更少。

3. 飞溅对烟尘的影响

既然析出的烟尘与熔滴金属比表面积和温度有关，那么很容易解释为什么当发生飞溅时会析出浓烈烟尘。显然当形成飞溅，特别是电爆炸飞溅时，金属液桥因过热瞬间发生爆炸而被分裂成大大小小细碎的金属颗粒，处于过热状态的金属颗粒的比表面积突然增大了几十倍，为蒸发和氧化过程提供了极好的条件，因此发生电爆炸飞溅的瞬间，烟尘几乎也同时涌出。

图 5-112 显示药芯焊丝 CO_2 气体保护焊时发生大颗粒飞溅时析出烟尘的场景，在图 5-113b、c 和 d 以及在本章前面图 5-107 和 5-108 中照片看出，在形成大颗粒飘离飞溅时，大熔滴无论是在与熔池刚一接触，或者是在形成飘离飞溅呈飘浮状态飞行过程中，熔体总是显示十分杂乱无序的边界，表明熔滴特别激烈地活动，在它的周围弥散着浓烟。说明熔滴在剧烈动荡或者是发生飞溅时都会猛烈地析出烟尘，这是因为一方面杂乱的边界增大了熔体的蒸发表面，另一方面熔滴的激烈活动增强了蒸发表面与气流相对的运动，更促进蒸发过程的

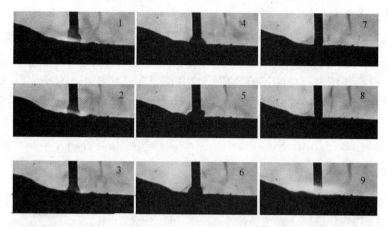

图 5-111　药芯焊丝 CO_2 气体保护焊表面张力过渡时烟尘析出情况的高速摄影照片

样品名称: SQJ50 药芯焊丝 $\phi1.2mm$；焊接参数: 23V/165A, 60dm/min, 直流反接；拍摄速度: 1200f/s。

进行。与大颗粒飞溅物析出烟尘的情况不同，细小的飞溅物颗粒具有更大的比表面积，且数量多，因此在发生强烈电爆炸飞溅的时候，正如在图 5-112a 中所看到的将伴随着烟尘瞬间大量地涌出。

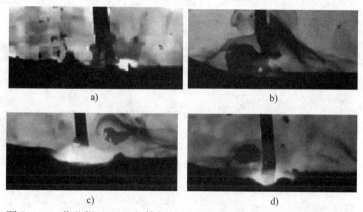

图 5-112　药芯焊丝 CO_2 气体保护焊熔滴发生飞溅时产生烟尘的照片

a）KFX 钛型药芯焊丝 32V/150dm/min　b）KFX 钛型药芯焊丝 26V/90dm/min

c）钛型药芯焊丝 29V/120dm/min　d）钛型药芯焊丝 32V/150dm/min

图 5-113 所示的是一个飞溅物颗粒析出烟尘的情景，从图中看到燃烧着的飞溅物颗粒在飞行中拖着浓烟，不过图中飞溅物的颗粒尺寸不算小，更小的飞溅物则在飞行过程中完全被烧掉，生成的氧化铁烟尘冷却后形成粉状的黑灰。在放映高速摄影的影片时可以观察到这些细小颗粒在飞行中析出烟尘的轨迹，但几乎看不到这些细小颗粒的实际轮廓。

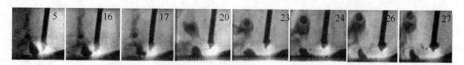

图 5-113　药芯焊丝 CO_2 气体保护焊时飞溅颗粒在飞行中析出浓烟的高速摄影照片

焊丝样品：15DW100 04.06.21；焊接参数：31V/ 210A；拍摄速度：2000f/s。

5.5.3　药芯焊丝烟尘异常析出现象

观察大量药芯焊丝 CO_2 气体保护焊的高速摄影影片资料时经常看到，在距熔滴的根部 4.5~6mm 的焊丝周围（大约 4~5 倍焊丝直径）有由焊丝析出的浓浓烟尘。图 5-114 是 8RD502 药芯焊丝样品析出烟尘的 4 帧照片，图中看到在开裂处析出的烟柱，产生这一现象的原因是药芯焊丝在制造成形过程中存在着较大的内应力，当焊丝被加热到一定温度时，应力释放使得焊丝在原接缝处开裂，这种开裂现象使药粉中敷料反应产物的烟尘（细小颗粒物）从开裂处喷射出来。在第 2 帧照片中还发现从焊丝的开裂处向外喷射出可见的较大的颗粒，尽管这一现象是个别的。

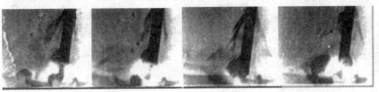

图 5-114　药芯焊丝样品在焊丝下部析出烟尘的照片

焊丝样品：8RD502 03.05.08；焊接参数：24V/190A；拍摄速度：3000f/s。

应该说明的是，药芯焊丝在焊接时，虽然像照片里看到的如此严重的情况是个别的，但出现裂口并析出烟尘的现象并不少见，在国内外的少数焊丝样品的影片资料中也曾发现过。

图 5-115 是在焊接过程中突然使电弧中断时得到的焊丝端部照片，它保留焊接时焊丝端部的状态。在图 5-115a 8RD502 焊丝的端部照片中明显地看到焊丝出现了开缝，在图 5-115b 不锈钢 GHT309 焊丝样品端部的照片中，看出焊丝开缝的情况也十分严重，这可能是由于不锈钢的热膨胀系数较大造成的。

a)　　　　　　　　　b)

图 5-115　药芯焊丝样品焊丝端部出现焊丝开缝的照片

a) 焊丝样品：8RD502 03.05.08，$\phi1.2mm$；焊接参数：24V/190A

b) 焊丝样品：GHT309，$\phi1.2mm$；焊接参数：24V/160A

焊接时药芯焊丝烟尘异常析出现象的危害不仅仅是增大了烟尘的析出量，而且由于药芯某些成分在进入电弧区和熔化之前跑掉，在一定程度上引起参与反应的药芯成分的变化，从而影响焊丝的冶金性能和工艺性能。

焊丝烟尘异常析出现象的发现给药芯焊丝生产制造商以重要的启示，特别对于普遍采用截面"O"形结构的药芯焊丝，力图减小焊丝的残余应力，避免焊丝焊接过程中出现开缝。

参 考 文 献

[1] 李桓，曹文山，陈邦固，等. 气保护药芯焊丝熔滴过渡的形式及特点 [J]. 焊接学报，2000，21（1）：13–16.

[2] 赵丽，张富巨. 药芯焊丝电弧焊的熔滴过渡与相关技术特性 [J]. 焊接技术，2002，31（增刊）：36–39.

[3] 张富巨，王燕，张晓昱，药芯焊丝电弧焊电弧形态与熔滴过渡行为的研究 [J]. 焊接技术，2004，33

(4)：11 – 13.

[4] 孙咸，王红鸿，张汉谦，等．国内外典型药芯焊丝的熔滴过渡及其工艺特性 [J]．焊接，2007 (6)：7 – 10.

[5] 王红鸿．钛型气保护药芯焊丝熔滴过渡及其工艺性研究 [D]．太原：太原理工大学，2005.

[6] 孙咸，王红鸿，张汉谦，等．药芯焊丝的熔滴过渡特性及其影响因素 [J]．石油工程建设，2007，33 (1)：49 – 53.

[7] 孙咸．气保护药芯焊丝熔滴过渡形态的选择与应用 [J]．现代焊接，2011，(8)：23 – 26.

[8] 孙咸，王红鸿，张汉谦．基于熔滴过渡理论的药芯焊丝工艺质量控制 [J]．电焊机，2006，36 (11)：5 – 10.

[9] Shun Izutani, Hiroyuki Shimizu, Keiichi Suzuki et al．Observation and Classification of Droplet Transfer in Gas Metal Arc Welding [A]．IIW Doc. 212 – 1090 – 06.

[10] 王宝，杨林，王勇．药芯焊丝 CO_2 焊熔滴过渡现象的观察与分析 [J]．焊接学报，2006，27 (7)：77 – 80.

[11] Amson J C. An analysis of the gas – shielded consumable metal arc welding system [J]．Welding Journal，1962，41 (4)：232 ~ 249.

[12] Waszink J H, Graat L J. Experimental investigation of the forces acting on a drop of weld metal [J]．Welding Journal，1983，62 (2)：108 ~ 116.

[13] Kim Y S, Eagar T W. Analysis of Metal Transfer in Gas Metal Arc Welding [J]．Welding Journal.，1993，72 (6)：269 ~ 278.

[14] 王宝．焊接电弧物理与焊条工艺性设计 [M]．北京：机械工业出版社，1998.

[15] 姜焕中．电弧焊与电渣焊 [M]．北京：机械工业出版社，1988.

[16] 殷树言．气体保护焊工艺基础 [M]．北京：机械工业出版社，2007.

[17] 陈伯蠡．焊接冶金原理 [M]．北京：清华大学出版社，1991.

[18] Anon, Classification of Metal Transfer [A]．IIW Doc. XII – 636 – 76.

[19] 杨林．焊接电弧物理与焊接材料工艺性分析及评价 [D]．太原：中北大学材料科学与工程学院，2006.

[20] Cooksey C J, Milner D R. Metal transfer in gas – shielded arc welding [C] The Welding Institute. Proc Symp Physics of the Welding Arc. London：1962：123 – 132.

[21] Budai P. Measurement of droplet transfer stability in weld process with short circuiting drop transfer [J]．Computer Technology in Welding，1988，13 (6)：149 – 155.

[22] 陈邦固，雷万钧．"滞熔"现象对碱性气保护药芯焊丝飞溅的影响 [J]．焊接技术，1995 (6)：4 – 5.

[23] 陈邦固，曹文山，雷万钧．药粉预熔对改善药芯焊丝滞熔现象的作用 [J]．焊接，1998 (3)：16 – 18.

[24] 张晓昱，张富巨．药芯焊丝电弧焊"滞熔"现象影响因素的研究 [J]．焊接.2003 (7)：10 – 14.

[25] 张富巨，张建强，姚兵印．药芯焊丝电弧焊时一种金属/熔渣分离过渡现象 [C] //中国机械工程学会焊接分会．第九次全国焊接会议论文集：第 2 册：1999：538 – 541.

[26] 栗卓新，皇甫平，陈邦固，等．自保护药芯焊丝熔滴过渡的控制 [J]．机械工程学报，2001，37 (7)：108 – 112.

[27] 栗卓新．自保护药芯焊丝及其冶金过程的研究 [D]．天津：天津大学材料学院，1994.

[28] 孙小兵，张文钺，陈邦固．复合过渡模式——药芯焊丝的一种新的熔滴过渡方式 [J]．焊接学报，1999，(S1)：66 – 71.

[29] 严小生，区志明，丁江平，等．降低 CO_2 气体保护焊飞溅的研究 [J]．焊接，2005 (5)：12 – 16.

［30］田松亚, 李婧, 龙火军. CO_2 气体保护焊飞溅问题的研究 ［J］. 电焊机, 2005, 35 （10）: 30 – 33.

［31］杨立军, 李桓, 李俊岳. CO_2 气体保护焊飞溅问题的研究 ［J］. 电焊机, 2004, 34 （3）: 4 – 2.

［32］张红军, 张晓囡, 黄石生, 等. CO_2 气体保护焊波形控制法的研究现状与发展 ［J］. 电焊机, 1999, 29 （1）: 5 – 8.

［33］江淑园, 郑晓芳, 陈焕明, 等. 外加磁场对 CO_2 焊飞溅的控制机理 ［J］. 焊接学报, 2004, 25 （3）: 65 – 67.

［34］薛勇, 张健勋. 减小 CO_2 气体保护焊飞溅的研究现状与展望 ［J］. 电焊机, 2004, 32 （6）: 1 – 4.

［35］Stava E K. The Surface – tension – transfer power source: A new low – Spatter are welding machine ［J］. Welding Journal, 1993, 71 （1）: 25 – 29.

［36］杨立军, 李俊岳, 李桓, 等. 波控 CO_2 短路过渡焊的电弧行为 ［J］. 焊接学报, 2003, 24 （5）: 73 – 76.

［37］黄石生. 新型弧焊电源及其智能控制 ［M］. 北京: 机械工业出版社, 2000.

［38］邓黎丽, 李桓, 李俊岳, 等. CO_2 气体保护焊短路过渡过程的控制技术 ［J］. 焊接技术, 1999 （3）: 39 – 42.

［39］田松亚, 孙烨, 吴冬春, 等. CO_2 气体保护焊飞溅控制的研究 ［J］. 电焊机, 2006, 36 （8）: 8 – 11.

［40］安藤宏平, 长谷川光雄. 焊接电弧现象 ［M］. 施雨湘, 译. 北京: 机械工业出版社, 1985.

［41］许夫蓉. GMA 焊接工艺参数对焊接烟尘产生影响的研究 ［D］. 天津: 天津大学, 2008. 6.

［42］许夫蓉, 杨立军, 李桓, 等. 焊接电参数对钛型渣系 FCAW 烟尘产生的影响 ［J］. 电焊机, 2009, 39 （11）: 33 – 36.

［43］高书俊. 药芯焊丝 CO_2 气体保护焊烟尘测试及其结构的研究 ［D］. 天津: 天津大学, 2010. 6.

［44］蒋建敏, 李现兵, 王智惠. 焊接烟尘发尘机理及其影响因素 ［J］. 焊接, 2006 （1）: 7 – 11.

［45］Kobayashi M, Maki S, Hashimoto Y, et al. Investigation on chemical composition of Welding fumes ［J］. Welding Journal. 1983, 62 （7）: 190 – 196.

［46］杨世柏, 施雨湘, 熊玉峰, 等. 酸性焊条焊接烟尘形貌与结构的关系研究 ［J］. 武汉交通科技大学学报, 1997, 21 （4）: 431 – 435.

［47］熊玉峰, 施雨湘, 杨世柏. 碱性焊条气溶胶粒子的构成及其形态 ［J］. 武汉交通科技大学学报, 1997, 21 （4）: 420 – 425.

［48］施雨湘, 熊玉峰, 杨世柏. 单组分焊条气溶胶中非晶态物质的形貌特征研究 ［J］. 武汉交通科技大学学报, 1997, 21 （4）: 458 – 460.

第 6 章 ▶▶▶▶▶▶

CO_2 气体保护焊焊丝的工艺质量分析与评价

关于对 CO_2 气体保护焊焊接材料工艺性评价的问题，多年来有许多研究者对其进行过研究工作，认为焊接工艺稳定性取决于电弧过程的稳定，可以通过计算燃弧和短路时间、短路峰值电流、电流电压的标准偏差等电弧物理特性参数来评价电弧稳定性，提出了评价电弧稳定性的一些方法，如电压、电流的概率密度分布法，傅立叶分析法，$U-I$ 图形法，短路周期的概率分析法等[1-4]。

汉诺威分析仪采用概率密度统计法提取焊接过程质量信息的特征值，并且用统计分布图形的方式显示，用以分析和评价熔化极电弧焊过程的固有物理属性，这是一种基于计算机和信息技术的自动化、知识化和特征可视化的焊接过程质量评定的方法。作者与原汉诺威大学D. Rehfrldt 教授合作开展了焊接材料工艺性评价的研究[5-7]。本章主要通过高速摄影和汉诺威分析仪对药芯焊丝 CO_2 气体保护焊电弧物理特性进行试验分析，并在此基础上，提出基于汉诺威分析仪的焊丝工艺性评价的判据和直接应用汉诺威分析仪对焊丝进行工艺性评价的方法，既简便又实用。

6.1 CO_2 气体保护焊熔滴行为与工艺性分析

第 5 章已经分析了药芯焊丝 CO_2 气体保护焊电弧物理特性，指出钛系药芯焊丝 CO_2 气体保护焊随着焊接参数大小的不同，熔滴过渡形态可以形成排斥过渡、表面张力过渡和细熔滴过渡。但是应该特别指出，不同厂商的同类型同规格的焊丝产品，在同样的电参数下，尽管其熔滴过渡形态基本类型相同，但是它们的电弧物理特性参数会有所不同，从而导致焊接工艺性会有不同程度的，甚至很大的差别。

为了分析和评价 CO_2 气体保护焊熔滴行为特征与焊丝的工艺性，作者曾选择多种焊丝样品进行电弧物理特性的测试，下面选择其中两种钛型药芯焊丝样品做对比分析的实例，两种焊丝样品名称分别为 DW100 和 DWE711，焊丝直径均为 $\phi1.2mm$，焊接参数设定为 24.5V/190A、28V/240A、32V/300A 和 35V/340A，共四组，进行 CO_2 气体保护焊试验，使用高速摄影拍摄焊接过程中焊丝熔化和熔滴过渡情况，利用汉诺威分析仪对焊接过程电弧物理特性参数进行测试。

6.1.1 熔滴行为的观察和分析

观察 DW100 焊丝在 24.5V/190A 小参数下得到的高速摄影照片时发现，DW100 焊丝在小参数下具有典型的排斥过渡的基本过渡形态，熔滴轮廓清晰，熔滴过渡的过程比较平稳，如图 6-1 所示，该图是撷取的 DW100 焊丝在 24.5V/190A 小参数时的高速摄影照片。当大熔滴发生短路时，偶然会引起电爆炸飞溅，如图 6-2 所示，该图是 DW100 焊丝引起电爆炸飞溅的高速摄影照片。从图 6-2 中看到第 2 帧照片熔滴与熔池接触，第 4 帧照片就发生了熔滴爆炸，时间不到 1.0ms，显然是属于瞬时短路飞溅。这一特征对于任何焊丝在 CO_2 气体保护焊熔滴进行排斥过渡时都是不可避免的，具有普遍性。

图 6-1　药芯焊丝 CO_2 气体保护焊小参数下典型的排斥过渡的高速摄影照片
焊丝样品：DW100；设置焊接参数：24.5V/190A，直流反接；拍摄速度：2000f/s。

图 6-2　药芯焊丝 CO_2 气体保护焊小参数下排斥过渡引起电爆炸飞溅的高速摄影照片
焊丝样品：DW100；设置焊接参数：24.5V/190A，直流反接；拍摄速度：2000f/s。

　　随着焊接参数的增大，由 24.5V/190A 分别增大到 28V/240A 和 32V/300A，熔滴尺寸变小，过渡频率增大，但是熔滴的基本过渡形态没有改变，仍为排斥过渡。图 6-3、图 6-4 是 DW100 焊丝分别在 28V/240A 和 32V/300A 条件下拍摄的高速摄影照片。照片中看到的熔滴过渡的基本形态虽然没有改变，但熔滴变细了，过渡频率增大了。随着焊接电参数进一步增大到 35V/340A 时，熔滴过渡形态由排斥过渡转变为细熔滴过渡。图 6-5 是 DW100 焊丝在 35V/340A 条件下拍摄的高速摄影照片，这时熔滴颗粒十分细小，其尺寸略大于焊丝的直径。熔滴在过渡过程中不与熔池发生接触短路，也不存在短路引起的电爆炸飞溅，它的主要飞溅形式是熔池中的飞溅，熔滴过渡频率很高，达到理想的过渡形态，焊接过程十分稳定。图 6-6 是熔池中发生飞溅的高速摄影照片，可以看到十分细小的飞溅物由熔池中飞离的情形。

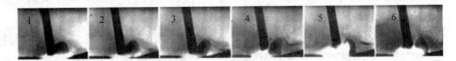

图 6-3　药芯焊丝 CO_2 气体保护焊熔滴过渡的高速摄影照片（一）
焊丝样品：DW100；设置焊接参数：28V/240A，直流反接；拍摄速度：2000f/s。

图 6-4　药芯焊丝 CO_2 气体保护焊时熔滴过渡的高速摄影照片（二）
焊丝样品：DW100；设置焊接参数：32V/300A，直流反接；拍摄速度：2000f/s。

图 6-5　药芯焊丝 CO_2 气体保护焊在大参数条件下拍摄的高速摄影照片

焊丝样品：DW100；设置焊接参数：35V/340A，直流反接；拍摄速度：2000f/s。

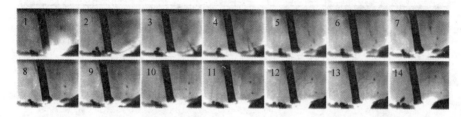

图 6-6　药芯焊丝 CO_2 气体保护焊在大参数条件下拍摄的细熔滴过渡产生飞溅的高速摄影照片

焊丝样品：DW100；设置焊接参数：35V/340A，直流反接；拍摄速度：2000f/s。

　　观察 DWE711 焊丝熔滴过渡的高速摄影发现，在较小参数下，其熔滴的活动比 DW100 焊丝要激烈些。图 6-7 是 DWE711 焊丝在 24.5V/190A 条件下熔滴排斥过渡时的高速摄影照片，可以看出熔滴激烈活动的情况，相邻两帧照片（如第 5 帧与第 6 帧、第 9 帧与第 10 帧）之间的熔滴形状变化很大，熔滴的轮廓有的时候不很清晰（第 4、5、7、14、15 帧照片），说明大熔滴在焊丝端活动得十分激烈，比图 6-1 中 DW100 熔滴的活动性明显地增大了。

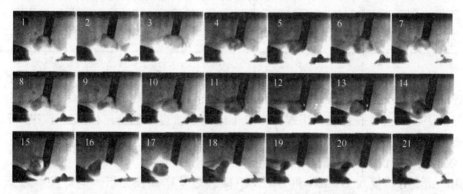

图 6-7　药芯焊丝 CO_2 气体保护焊在小参数条件下排斥过渡时的高速摄影照片

焊丝样品：DWE711；设置焊接参数：24.5V/190A；拍摄速度：2000f/s。

　　在图 6-8 中看到在这一参数下大熔滴与熔池刚一接触时发生瞬间短路飞溅，可以看到第 3、4 帧照片发生短路，接着熔滴在第 6、7 帧发生爆炸飞溅。图 6-9 是该样品焊丝在 28V/240A 条件下熔滴排斥过渡时产生明显的瞬间短路飞溅的高速摄影照片（第 5 ~ 7 帧照片）。在 32V/300A 的较大参数下，熔滴同样不十分平静，熔池中的飞溅颇多，但随着电参数进一步增大到 35V/340A，熔滴尺寸变细，过渡过程也趋于平稳，不过熔滴中的飞溅也还有发生。观察高速摄影照片时看到偏离焊芯轴线一定尺寸的地方还有熔滴的活动，影响电弧的稳定，还达不到理想的状态。这一点与 DW100 样品相比较有一定差距。

　　由高速摄影照片统计的两种焊丝样品的飞溅频率见表 6-1，可以看出，在小参数

图6-8　药芯焊丝 CO_2 气体保护焊在小参数条件下产生飞溅的高速摄影照片

焊丝样品：DWE711；设置焊接参数：24.5V/190A；拍摄速度：2000f/s。

图6-9　药芯焊丝 CO_2 气体保护焊排斥过渡时产生飞溅的高速摄影照片

焊丝样品：DWE711；设置焊接参数：28V/240A；拍摄速度：2000f/s。

24.5V/190A 时，DW100 和 DWE711 两种焊丝样品的飞溅频率最大，分别达到 $36.32s^{-1}$ 和 $44.20s^{-1}$，而在 35V/340A 的大参数下，它们的飞溅频率分别降到 $26.04s^{-1}$ 和 $35.59s^{-1}$。显然随着焊接参数的增大，飞溅频率逐渐减小。比较两种焊丝样品，发现 DW100 焊丝在几组焊接参数下飞溅频率都比 DWE711 焊丝低。

表6-1　焊丝飞溅频率统计结果

试验焊丝样品名称	焊丝飞溅频率 f_{sp}/s^{-1}			
	设置焊接参数 35V/340A	设置焊接参数 32V/300A	设置焊接参数 28V/240A	设置焊接参数 24.5V/190A
DW100	26.04	28.32	33.85	36.32
DWE711	36.59	42.39	42.37	44.20

通过高速摄影对熔滴行为的观察分析表明，随着焊接参数的增大，每种焊丝工艺性都有逐渐改善的趋势。在 32V/300A 和 35V/340A 大参数下各种焊丝电弧稳定性较好，飞溅较小，工艺性好。DW100 焊丝样品在几组焊接参数下熔滴过渡过程的稳定性都好于 DWE711 焊丝样品。

6.1.2　汉诺威分析仪的测试结果

采用汉诺威分析仪对 DW100 和 DWE711 两种焊丝样品在四组不同焊接参数下进行测试，获取相应的数字信息。在 24.5V/190A 小焊接参数下测试得到的电弧电压、焊接电流波形图（撷取 0~6s）如图6-10 和图6-11 所示。两种焊丝样品试验编号分别为 DW100-4 和 DWE711-4。

由波形图直观地看出：DW100-4 焊丝样品电弧电压和焊接电流波形比较均匀密集，DWE711-4 焊丝样品的波形短路较少，且分布不均匀。图6-12 是电弧电压和焊接电流概率密度分布叠加图，可以看出 DW100-4 焊丝短路概率曲线相对于 DWE711-4 焊丝处于较高的位置（图6-12a），相应的焊接电流，特别是大电流的概率密度分布曲线（图6-12b）位置也比 DWE711-4 焊丝高一些和相对靠右一些。测试结果说明在这一参数下 DW100-4 焊丝样品的短路倾向比 DWE11-4 焊丝样品大。

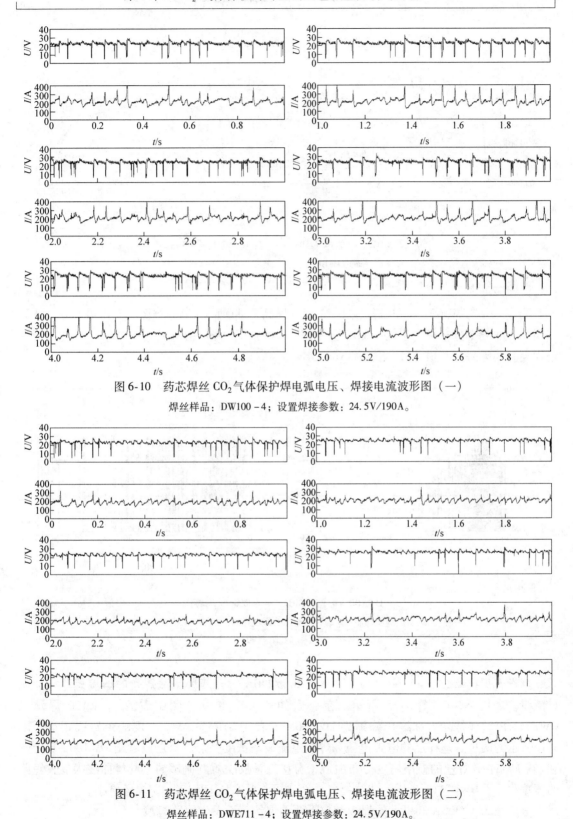

图 6-10　药芯焊丝 CO₂ 气体保护焊电弧电压、焊接电流波形图（一）

焊丝样品：DW100 - 4；设置焊接参数：24. 5V/190A。

图 6-11　药芯焊丝 CO₂ 气体保护焊电弧电压、焊接电流波形图（二）

焊丝样品：DWE711 - 4；设置焊接参数：24. 5V/190A。

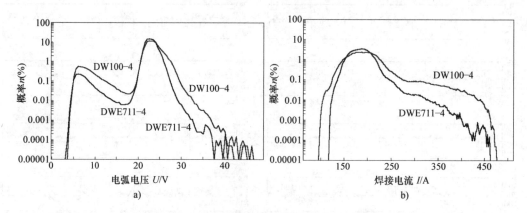

图 6-12　电弧电压和焊接电流概率密度叠加图

a）焊丝样品：DW100 – 4　b）焊丝样品：DWE711 – 4

焊接参数：24.5V/190A。

图 6-13 是 DW100 – 4 和 DWE711 – 4 焊丝样品周期时间频率分布图，看出 DW100 – 4 短路周期时间频率分布集中于图左侧不超过 250μs 的范围（图 6-13a），而 DWE711 – 4 焊丝短路周期时间频率分布很分散（图 6-13b）。

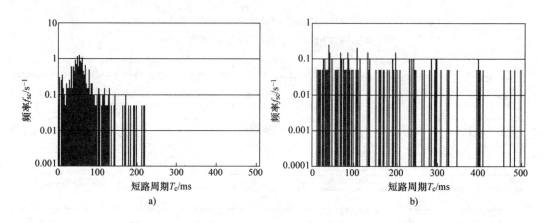

图 6-13　DW100 – 4 和 DWE711 – 4 周期时间频率分布图

a）焊丝样品：DW100 – 4　b）焊丝样品：DWE711 – 4

焊接参数：24.5V/190A。

当设置焊接参数由 24.5V/190A 增大到 28V/240A 时，两种测试焊丝的熔滴短路行为明显减少。如图 6-14、图 6-15 所示，在撷取的 0 ~ 4s 的波形图中看到，DW100 焊丝和 DWE711 焊丝（样品名称编号分别为 DW100 – 3 和 DWE711 – 3）出现的短路都很少。图 6-16 所示为两种焊丝样品的电弧电压和焊接电流概率密度叠加图，可以看出 DW100 – 3 焊丝和 DWE711 – 3 焊丝的概率密度分布曲线十分接近，反映短路概率的小驼峰曲线很低，短路的概率很小，DWE711 – 3 焊丝曲线位置更低，短路概率比 DW100 – 3 焊丝更小。

显然在 32V/300A 和更大的焊接参数下两种焊丝都不发生短路过渡。

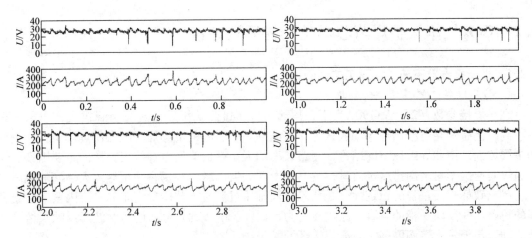

图 6-14　药芯焊丝 CO_2 气体保护焊电弧电压、焊接电流波形图（一）

焊丝样品：DW100 - 3；焊接参数：28V/240A。

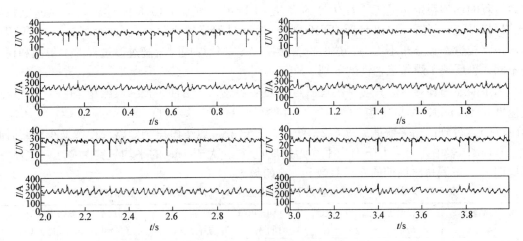

图 6-15　药芯焊丝 CO_2 气体保护焊电弧电压、焊接电流波形图（二）

焊丝样品：DWE711 - 3；设置焊接参数：28V/240A。

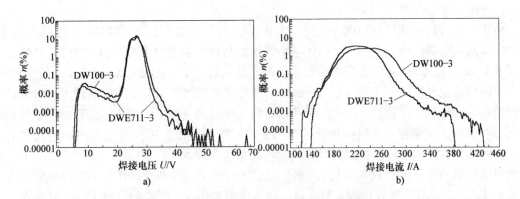

图 6-16　电弧电压和焊接电流概率密度叠加图

a）焊丝样品：DW100 - 3；设置焊接参数：28V/240A；实际焊接参数：$U = 26.34V$，$I = 236.53A$

b）焊丝样品：DWE711 - 3；设置焊接参数：28V/240A；实际焊接参数：$U = 26.35V$，$I = 221.01A$

6.2 CO_2气体保护焊药芯焊丝工艺质量评价

6.2.1 小焊接参数下药芯焊丝工艺性的评价

1. 药芯焊丝工艺性的评价判据

在小焊接参数（24.5V/190A）下，熔滴为排斥过渡。排斥过渡时熔滴粗大，当电压设置不高时会有短路过程出现。一般认为，熔滴的短路引起的电爆炸飞溅是使焊丝工艺性变差的主要原因，由此导致以下的结论：短路概率的大小就成为衡量焊接工艺性的主要因素。但是通过高速摄影对熔滴排斥过渡进行观察，发现大熔滴激烈动荡，甚至导致大熔滴的飘离飞溅，严重破坏焊接过程的稳定性，是药芯焊丝排斥过渡时工艺质量变差的主要因素。频繁密集的短路往往反映平稳的熔滴短路过渡行为，而较少的不均匀分布的短路波形反映了熔滴激烈活动、甚至发生熔滴飘荡、飞离焊接区的情况。

高速摄影观察到的这一情况为准确判读焊接电弧物理特性参数提供了试验依据，这表明，频繁、密集和均匀的短路波形并不意味着短路电爆炸飞溅概率的增大，而恰恰表明熔滴过渡过程的均匀稳定，是工艺性优良的表现。图 6-12 和图 6-13 是两种焊丝样品的电弧电压、焊接电流波形图，可以看到 DW100 焊丝短路过程比较密集，且分布均匀，而 DWE711 焊丝短路较少，且分布不均匀，这两种波形反映出焊丝焊接时熔滴过渡过程的均匀性和稳定性不同，也反映了焊丝工艺性的差别。

为了描述两种焊丝焊接时熔滴过渡过程的均匀性和稳定性，在预设电压 24.5V、预设送丝速度 88dm/min、焊接电流约为 190A 时进行测试（焊接速度 28cm/min，CO_2 气体流量 18L/min），得到的相关数据见表 6-2。统计时设定 18V 以下电压为短路，设置最小短路时间 $T_{1min} = 1ms$，表中列出了大于 1ms 平均短路时间 T_1、大于 1ms 的平均短路频率 f_{sc}、熔滴短路周期 T_c、熔滴短路周期的变异系数 $\nu(T_c)$ 的数据。

表 6-2　24.5V/190A 焊接参数下药芯焊丝 CO_2 气体保护焊电弧物理特性参数

焊丝样品名称及编号	电弧电压 U/V	焊接电流 I/A	>1ms 短路时间 T_1/ms	>1ms 短路频率 f_{sc}/s^{-1}	短路周期 T_c/ms	短路周期变异系数 $\nu(T_c)$（%）
DW100 – 4	22.74	196.40	3.05	16.4	60.96	59.71
DWE711 – 4	22.76	186.19	1.95	6.5	178.13	77.46

注：焊丝直径 $\phi 1.2mm$；分析仪设置：短路时间组宽 $\Delta T_1 = 100\mu s$，短路周期组宽 $\Delta T_c = 500\mu s$，最小短路时间 $T_{1min} = 1000\mu s$，阈值电压 $U_{th} = 18V$。

由表 6-2 可以看出，DW100 – 4 焊丝大于 1ms 的短路频率比 DWE711 – 4 焊丝高得多，相应的熔滴短路周期也短得多，DW100 – 4 焊丝的短路周期变异系数 $\nu(T_c)$ 为 59.71%，比 DWE711 – 4 焊丝的 76.46% 低很多。短路周期变异系数 $\nu(T_c)$ 反映熔滴过渡的均匀性和稳定性，短路周期变异系数 $\nu(T_c)$ 越大，表示焊丝焊接时熔滴过渡周期之间差别较大，熔滴过渡过程的均匀性和稳定性较差。作者注意到以短路周期时间分布来评定焊接过程的稳定性的研究[8]，并有理由赞同用周期时间统计分布的平均标准偏差作为不同分布之间相互比较的依据。显然在 CO_2 气体保护焊时，使用 $\phi 1.2mm$ 钛系药芯焊丝，在 24.5V/190A 小参数下，可采用短路周期的变异系数 $\nu(T_c)$ 作为判据评价熔滴过渡均匀性和稳定性。平均短路周期变异系数 $\nu(T_c)$ 由汉诺威分析仪可以直接提取，这样使得对焊丝工艺性的评价十分简便实用。

2. 小焊接参数下药芯焊丝工艺性的评价实例

下面选择 DW100、KH –71T 和 HS502 三种规格为 $\phi 1.2mm$ 的药芯焊丝样品，测试比较

其 CO_2 气体保护焊时的焊接工艺性。

测试条件：设置焊接参数为 24.5V/190A，CO_2 气体流量 18L/min，试板材料为 Q235 钢，尺寸 400mm×120mm×10mm，试验重复多次，测试采样时间 20s。表 6-3 列出 DW100、KH-71T 和 HS502 三种焊丝样品短路周期变异系数 $\nu(T_c)$ 和相关电弧物理特性参数的测试结果。图 6-17~图 6-19 分别为 DW100、KH-71T 和 HS502 三种焊丝样品的电弧电压、焊接电流波形图。图 6-20 是 CO_2 气体保护焊短路周期频率分布图。

表 6-3　较小焊接参数下药芯焊丝 CO_2 气体保护焊电弧物理特性参数测试结果

测试焊丝样品名称、编号	电弧电压 U/V	焊接电流 I/A	短路周期 T_c/ms	短路周期变异系数 $\nu(T_c)$（%）
DW100-4	22.63	182.27	71.51	68.58
DW100-8	22.65	178.91	63.99	65.72
DW100-5	22.62	183.81	69.1	70.74
KH71T-8	22.75	174.23	89.0	77.46
KH71T-4	22.72	182.95	136.71	82.54
KH71T-10	22.75	182.28	221.88	80.78
HS502-3	22.61	187.77	135.66	81.12
HS502-6	22.65	184.56	127.88	80.91
HS502-5	22.60	189.41	150.30	85.27

注：分析仪设置短路时间组宽 $\Delta T_1 = 100\mu s$，短路周期组宽 $\Delta T_c = 20000\mu s$，最小短路时间 $T_{1min} = 1000\mu s$，阈值电压 $U_{th} = 18V$。

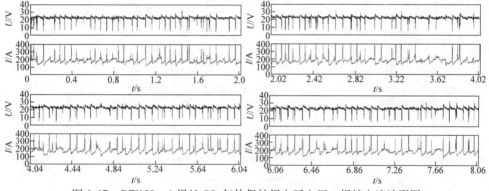

图 6-17　DW100-4 焊丝 CO_2 气体保护焊电弧电压、焊接电流波形图

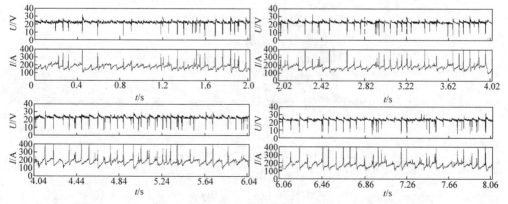

图 6-18　KH-71T-8 焊丝 CO_2 气体保护焊电弧电压、焊接电流波形图

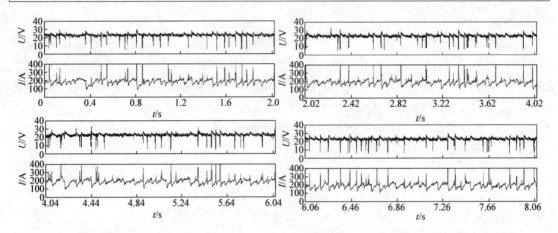

图 6-19　HS502 –3 焊丝 CO_2 气体保护焊电弧电压、焊接电流波形图

由图 6-20 短路周期频率分布图看出，DW100 –4 焊丝的短路周期频率分布（图 6-20a）最为集中，而 HS502 –3 焊丝的短路周期频率分布（6-20c）最为分散。由表 6-3 的数据可以看出，DW100 焊丝的熔滴过渡周期时间比 KH –71T 焊丝和 HS502 焊丝的都短，短路频率比较高（从波形上看出），并且它的短路周期变异系数 $\nu(T_c)$ 比 KH –71T 焊丝和 HS502 焊丝的都小。

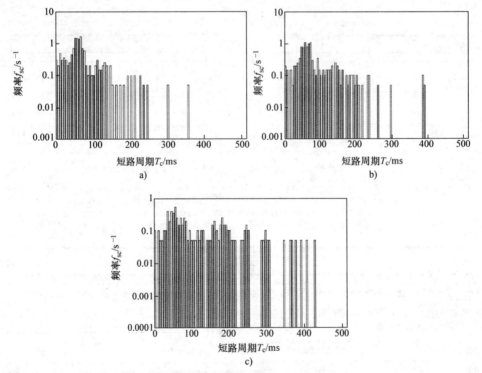

图 6-20　CO_2 气体保护焊短路周期频率分布图

a）DW100 –4　b）KH –71T –8　c）HS502 –3

注：短路周期组宽 $\Delta T_c = 5000 \mu s$。

对这几种焊丝的高速摄影照片进行观察能看出：DW100 焊丝焊接过程熔滴过渡最均匀

稳定，KH-71T 焊丝稳定性较差，而 HS502 焊丝熔滴在过渡过程中发生强烈飘动变形，过渡过程不稳定。对三种焊丝样品的高速摄影照片的观察证实熔滴短路周期变异系数 $\nu(T_c)$ 能够反映 CO₂ 气体保护焊时药芯焊丝焊接过程的稳定性，可以作为评价药芯焊丝 CO₂ 气体保护焊时焊丝工艺性的判据。

6.2.2　较大焊接参数下药芯焊丝工艺性的评价

1. 较大焊接参数下药芯焊丝工艺性的评价判据

随着焊接参数的增大，熔滴过渡形态由排斥过渡逐渐转变为表面张力过渡，在更大的焊接参数下熔滴转变为细熔滴过渡。细熔滴过渡时，熔滴变细，过渡均匀，电弧稳定，飞溅减小，焊丝综合工艺性能优良，达到理想的工艺状态。在实际生产中，使用直径为 $\phi1.2mm$ 的药芯焊丝进行 CO₂ 气体保护焊时经常采用 300A 以上的大参数，不仅生产效率高，而且焊接工艺性好。事实上药芯焊丝 CO₂ 气体保护焊可以选择的焊接参数的范围较宽，根据不同的工况条件，有时需要用小于 200A 的较小参数，相当多的时候则采用 300A 左右或更大的电流施焊，因此对焊丝工艺水平的评价除了在小参数下进行外，还需要在更接近生产条件的大参数下进行。实际上不同牌号的焊丝，最适用的焊接参数有时是不相同的，在小的焊接参数下对焊丝工艺性的评价结果不一定反映某种焊丝在大参数焊接时的情况。

作者进行的试验表明，直径为 $\phi1.2mm$ 的药芯焊丝在 28V/240A 的大参数下施焊时，由于短路次数明显减少，汉诺威分析仪统计得到的电弧物理特性参数之间的差别也难以表现出来。当焊接参数增大到 35V/340A 时，由于没有短路发生，汉诺威分析仪不能直接获得焊丝电弧物理特性的有关数据信息，因此只有设定的某焊接参数发生较多的短路的情况下，才可能用汉诺威分析仪反映出更多的电弧物理特性信息，才可能对各焊丝工艺性进行定量分析和评价。

为此在采用较大电流的同时，设置较低的电压，使焊接时产生密集短路。根据这一思路，设置了电弧电压 25V、焊接电流 300A 的测试参数，测试的焊丝样品为 DW100、DWE711，试验名称编号分别为 DW10025 和 TWE25，测试时实际采用的送丝速度为 201dm/min。

图 6-21 和图 6-22 分别为两种测试焊丝的电弧电压、焊接电流波形图，图 6-23 为短路周期频率分布图。焊丝样品 DW10025 和 TWE25 的电弧物理特性参数测试结果见表 6-4。

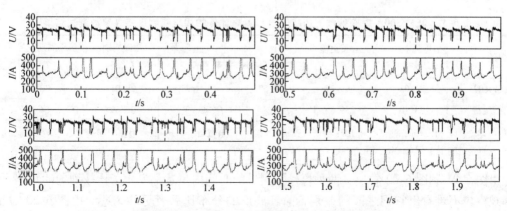

图 6-21　药芯焊丝 CO₂ 气体保护焊电弧电压、焊接电流波形图（一）

焊丝样品：DW10025；设置参数：25V/300A。

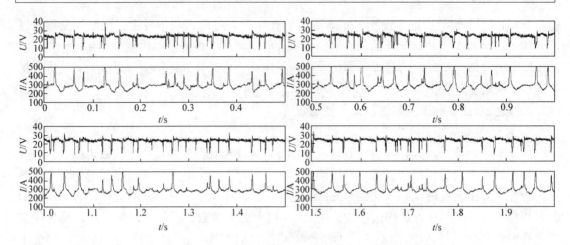

图 6-22　药芯焊丝 CO_2 气体保护焊电弧电压、焊接电流波形图（二）

焊丝样品：TWE25；设置参数：25V/300A。

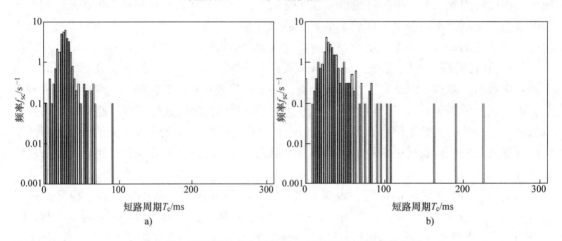

图 6-23　药芯焊丝 CO_2 气体保护焊周期时间频率分布图

a）DW10025（DW100）　b）TWE25（DWE711）

分析仪设置：短路时间组宽 $\Delta T_1 = 100\mu s$，短路周期组宽 $\Delta T_c = 500\mu s$，

最小短路时间 $T_{1min} = 1000\mu s$，阈值电压 $U_{th} = 18V$。

表 6-4　25V/300A 焊接参数下药芯焊丝 CO_2 气体保护焊电弧物理特性参数测试结果

焊丝名称	电弧电压 U/V	焊接电流 I/A	>1ms 短路时间 T_1/ms	>1ms 短路频率 f_{sc}/s^{-1}	短路周期 T_c/ms	短路周期变异系数 $\nu(T_c)(\%)$
DW10025	23.03	299.27	2.57	31.3	29.01	33.49
TWE25	23.10	289.85	1.85	26.3	36.59	64.24

注：焊丝直径 $\phi1.2mm$，测试时间 10s；分析仪设置：短路时间组宽 $\Delta T_1 = 100\mu s$，短路周期组宽 $\Delta T_c = 500\mu s$，最小短路时间 $T_{1min} = 1000\mu s$，阈值电压 $U_{th} = 18V$。

　　由图 6-21 和图 6-22 看出，两种焊丝在测试的时间内虽然都发生了比较均匀的短路，但仔细观察也不难看出它们之间的差别，前者波形的分布比后者更均匀些。由图 6-23 看出，DW10025 焊丝短路周期频率分布十分集中，并且分布在图的左面，而 TWE25 焊丝则靠右分布且比较分散，这表明 DW10025 焊丝平均短路周期短且频率很高。由表 6-4 的统计数据看到：DW10025 焊丝大于 1ms 的短路频率 f_{sc} 比 TWE25 焊丝的高，而 DW10025 焊丝的短路周期（29.01ms）比 TWE25 焊丝的（36.59ms）短很多；对于反映过程均匀性的短路周期变异系数 $\nu(T_c)$，TWE25 焊丝为 64.24%，DW10025 焊丝仅为 33.49%，DW10025 焊丝的短路周期变异系数明显低于 TWE25 焊丝。

在 28V/240A、32V/320A 较大参数下，两种焊丝的实际焊接工艺试验和高速摄影都证明了 DW100 焊丝的工艺性有良好的表现。对照两种焊丝电弧物理特性参数的测试结果，表明在设定的 25V/300A 参数下，两种焊丝电弧物理特性参数的测试结果与焊接实际工艺试验和高速摄影观察的结果相一致。试验表明在设定的 35V/300A 参数下，与小焊接参数（24.5V/240A）下一样，同样可以用短路周期变异系数作为判据，对钛系焊丝在较大焊接参数下进行工艺性的评价。

2. 较大焊接参数下药芯焊丝工艺性的评价案例

现列举 DW100、KH－71T、HS502 焊丝在较大参数下工艺性的测试实例。测试样品相应的名称编号分别为 DW10025、KH－71T25、HS502－1。测试条件：预设电弧电压 25V，送丝速度 201dm/min，CO₂ 气体流量 18～20L/min，焊接速度 35cm/min，测试采样时间 20s，试板材料为 Q235 钢，尺寸 400mm×120mm×10mm。试验重复多次。

图 6-24 是三种试验焊丝撷取 6.0～7.0s 电弧电压、焊接电流的波形图，其电弧物理特性参数的测试结果见表 6-5。

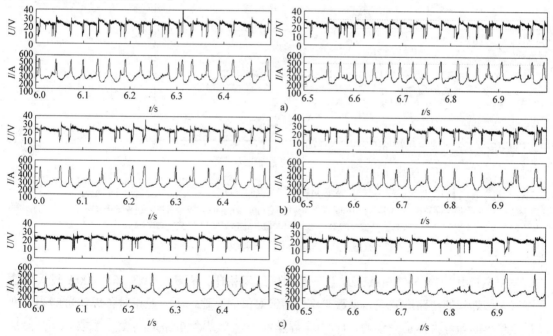

图 6-24　药芯焊丝较大参数下 CO₂ 气体保护焊电弧电压、焊接电流波形图

a) DW10025　b) KH－71T25　c) HS502－1

焊接参数：焊接电压 25V，送丝速度 201dm/min。

由图 6-24 可以看出，在 25V 低电压和 300A 较大电流条件下，三种焊丝都呈现比较均匀的短路，直观看 DW100 焊丝的短路波形比较密集。对照表 6-5 中大于 1ms 短路频率 f_{sc} 数据看出，DW10025 焊丝的短路时间大于 1ms 的短路频率最高为 34.4s^{-1}，KH－71T25 焊丝为 30.3s^{-1}，而 HS502－1 焊丝只有 24.4s^{-1}。从图 6-24 看到 HS502－1 焊丝在 6.8～7.0s 时间段内发生异常的情况，影响过程的稳定性。

表 6-5　25V/300A 焊接参数下药芯焊丝 CO_2 气体保护焊电弧物理特性参数测试结果

焊丝名称、编号	电弧电压 U/V	焊接电流 I/A	>1ms 短路时间 T_1/ms	>1ms 短路频率 f_{sc}/s^{-1}	短路周期 T_c/ms	短路周期变异系数 $\nu(T_c)(\%)$
DW10025	23.03	299.27	2.71	34.4	29.01	33.47
KH－71T25	23.06	293.71	2.34	30.3	32.57	44.93
HS502－1	22.97	306.06	2.20	24.4	40.61	57.66

注：焊丝直径 ϕ1.2mm，测试采样时间 20s；分析仪设置，短路时间组宽 $\Delta T_1 = 100\mu s$，短路周期组宽 $\Delta T_c = 500\mu s$，最小短路时间 $T_{1min} = 1000\mu s$，阈值电压 $U_{th} = 18V$。

图 6-25 是在焊接参数为 25V/300A 时由汉诺威分析仪生成的 DW10025、KH－71T25 和 HS502－1 焊丝短路周期频率分布叠加图，可以直观地反映熔滴短路周期频率分布特点。

表 6-5 中 DW10025 焊丝的短路周期只有 29.01ms，是测试的三种焊丝中短路周期最短的，由短路周期频率分布图可以看出，曲线分布相对比较集中于图的左侧，而 HS502－1 焊丝的短路周期分布得比较分散，短路周期也最长，为 40.61ms。

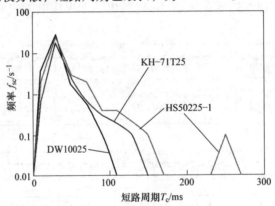

图 6-25　药芯焊丝 CO_2 气体保护焊熔滴短路周期频率分布叠加图

焊丝样品：DW10025，KH－71T25 和 HS502－1，ϕ1.2mm；焊接参数：25V/300A；

分析仪设置：短路时间组宽 $\Delta T_1 = 100\mu s$，短路周期组宽 $\Delta T_c = 20000\mu s$，

最小短路时间 $T_{1min} = 1000\mu s$，阈值电压 $U_{th} = 18V$。

与表 6-3 中在 24.5V/190A 小参数下的测试结果相比，表 6-5 中在 25V/300A 较大参数下测试三种焊丝的短路周期变异系数 $\nu(T_c)$ 的绝对值明显地减小，但相对各焊丝短路周期变异系数减小的趋势大体是一致的，DW100 焊丝和 HS502 焊丝短路周期变异系数 $\nu(T_c)$ 分别为 33.47% 和 56.66%，分别是测试的三种样品中 $\nu(T_c)$ 最大的和最小的。

由以上的试验可以做出这样的判断：在预设电弧电压 25V、焊接电流 300A 的参数下，可以以短路周期变异系数 $\nu(T_c)$ 作为较大参数下药芯焊丝焊接工艺稳定性的评价判据，对焊丝进行工艺性的评价。就作者所介绍的部分案例而言，其结果与在 24.5V/190A 小参数下的测试结果大体上一致。

6.2.3 大焊接参数下药芯焊丝工艺性的评价

1. 大焊接参数下药芯焊丝工艺性的评价参数的选择

在正常的焊接条件下，对于直径为 1.2mm 的焊丝，采用 310~350A 的大电流施焊时，肯定要设置 30V 以上的高电压，才可能获得稳定的焊接过程，这时熔滴比较细小，过渡时不与熔池发生短路。但在这样的条件下进行测试，不能方便地获取电弧物理特性的数据信息。为了进一步探讨在更大参数条件下对药芯焊丝工艺性的评价，需要通过试验确定进行大参数工艺性评定的焊接参数，即在采用 310~350A 的大电流条件下，还要使熔滴形成短路的过渡，以获取丰富的电弧物理特征信息，进行工艺性的评价。

为了确定进行大参数工艺性评定的焊接参数，设计了这样的试验[9]：将预设送丝速度由 204dm/min 提高到 210dm/min，实际焊接电流平均可以达到 330A 左右，为了选择测试时合适的电弧电压，在预设电压为 20~31V 的范围进行试验。测试的电弧电压、焊接电流波形如图 6-26 所示，设置的焊接电压分别为 30、26、25、24、23、22、21V 和 20V，依次降低。测试得到的焊接电弧物理特性参数见表 6-6。由图 6-26 和表 6-6 看出：当电弧电压设置达到和超过 28V 的时候，焊接时不发生短路，短路频率趋于零，电弧电压和焊接电流波形波动最小，电弧电压和焊接电流的变异系数也最低；随着设置的电压的减小，至 26V 时开始出现偶然的短路；电压设置 25、24V 时，才发生较多的短路；当设置电压为 23V 时发生较密集的短路，短路频率达到 33.2s⁻¹，电弧电压和焊接电流的变异系数也明显增大；当设置电压为 21V 时，短路频率（$T_1 > 1ms$）最高，达到 47.4s⁻¹，短路周期的变异系数为 41.46%；如再进一步降低电压到 20V 时，焊接过程出现极不稳定的情况，从电弧电压和焊接电流波形图看得最明显，电弧电压和焊接电流的变异系数最大，短路周期的变异系数比电压设置为 21、22V 和 23V 时都大。

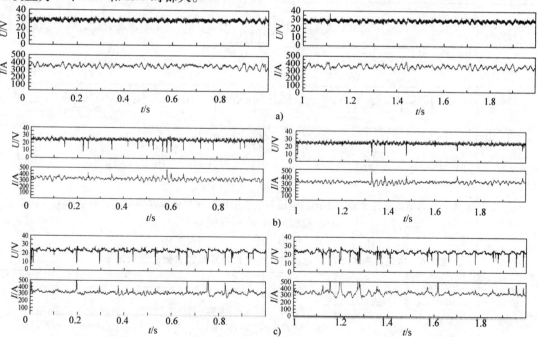

图 6-26 在大电流条件下设置不同的电压时电弧电压、焊接电流波形图（撷取 0~2s，
送丝速度 210dm/min）

a) 30V b) 26V c) 25V

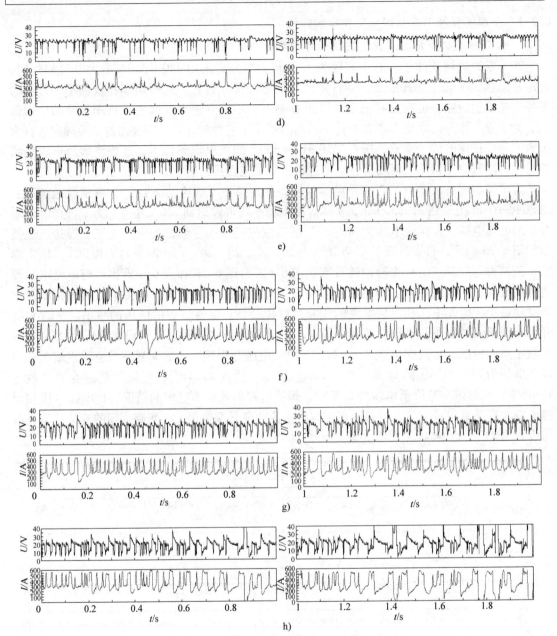

图 6-26　在大电流条件下设置不同的电压时电弧电压、焊接电流波形图（撷取 0~2s，
送丝速度 210dm/min）（续）

d) 24V　e) 23V　f) 22V　g) 21V　h) 20V

表 6-6　大电流条件下改变电压时焊接电弧物理特性参数的测试结果[9]

试验 焊丝编号	预设电压 U/V /送丝速度 v /dm/min	实际 焊接参数 电压 U/V /电流 I_m/A	电弧电压 变异系数 $v(U)(\%)$	焊接电流 变异系数 $v(I)(\%)$	短路频率 （>1ms） f_{sc}/s^{-1}	短路 周期 T_c/ms	短路周期 变异系数 $v(T_c)(\%)$
31U	31/210	29.29/333.01	5.44	7.62	0		
30U	30/210	28.27/347.20	5.52	6.57	0		

（续）

试验 焊丝编号	预设电压 U/V /送丝速度 v /dm/min	实际 焊接参数 电压 U/V /电流 I_m/A	电弧电压 变异系数 $\nu(U)(\%)$	焊接电流 变异系数 $\nu(I)(\%)$	短路频率 （$>1ms$） f_{sc}/s^{-1}	短路 周期 T_c/ms	短路周期 变异系数 $\nu(T_c)(\%)$
28U	28/210	26.36/359.64	6.42	7.27	0		
26U	26/210	24.33/333.43	8.82	9.01	2.8	153.19	75.16
25U	25/210	23.17/332.95	9.62	8.41	3.8	228.19	71.15
24U	24/210	22.18/333.99	15.29	15.60	14.6	680.99	95.60
23U	23/210	21.39/339.33	21.39	22.37	33.2	298.19	63.16
22U	22/210	20.11/319.27	27.81	32.01	46.6	215.07	48.23
21U	21/210	19.13/323.07	29.09	31.33	46.4	210.09	41.46
20U	20/210	18.85/314.05	53.04	43.49	43.2	190.55	76.46

注：DW100 药芯焊丝，焊丝直径 $\phi1.2mm$，预设送丝速度 210dm/min；分析仪设置：最小短路时间 $T_{1min}=1000\mu s$，短路时间组宽 $\Delta T_1=100\mu s$，短路周期组 $\Delta T_c=500\mu s$，阈值电压 $U_{th}=18V$。

图 6-27 和图 6-28 分别是在预设电压为 31～20V 时得到的电弧电压和焊接电流的概率密度分布叠加图。从图 6-27 看出电压为 20V 时小驼峰曲线处于最高的位置，短路概率最大，还出现明显的高电压分布，表明过程极其不稳定，而随着电压的提高，小驼峰曲线逐渐降低，28V 时短路概率已经很小，电压更高时，小驼峰曲线几乎消失。从电流概率密度分布曲线（图 6-28）看出，预设电压为 20～22V 时，图的左边曲线出现明显的小电流概率的分布，随着电压的提高，焊接电流曲线逐渐收敛。

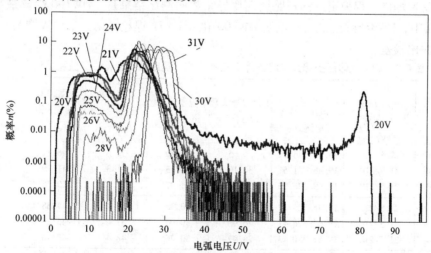

图 6-27　在大电流条件下设置不同电压时电弧电压概率密度分布叠加图

送丝速度：210dm/min；电压设置：20～31V。

根据电弧电压、焊接电流波形图和电弧电压、焊接电流概率密度分布图的试验结果，可以初步确定：对于直径 $\phi1.2mm$ 的钛系药芯焊丝，在设置电压 21～22V、送丝速度 210dm/min、电流不小于 310A 的条件下，可以尝试对钛型药芯焊丝进行焊接工艺性评价。

2. 大焊接参数时焊丝工艺性的评价案例

选择试验编号为 DW100、KH-71T、HS502 的三种药芯焊丝样品，在设置电压 21.5V、

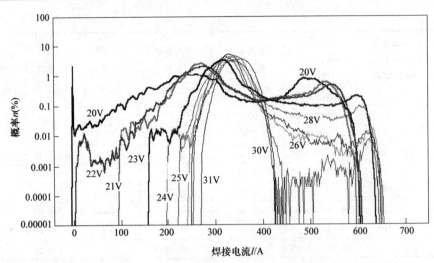

图 6-28　在大电流条件下设置不同电压焊接电流概率密度分布叠加图

送丝速度：210dm/min；电压设置：20～31V。

送丝速度 210dm/min 条件下进行 CO_2 气体保护焊工艺性测试，采用 ZB－500 型 CO_2 气体保护焊机，利用携带焊枪的自动行走小车进行 CO_2 气体保护焊自动焊接，气体流量 20L/min，试板材料为 Q235 钢，尺寸为 400mm×130mm×12mm，试验重复多次，列出其中三次的数据，测试采样时间 10s。

　　CO_2 气体保护焊大电流条件下三种药芯焊丝电弧物理特性参数测试结果见表 6-7，可以看出：DW100 焊丝平均短路频率最高，其次是 KH－71T 焊丝，HS502 焊丝平均短路频率最低；对于反映焊接过程稳定性的短路周期变异系数的测试结果是，DW100 焊丝最小，KH－71T 焊丝居中，HS502 焊丝最大，说明 DW100 和 KH－71 焊丝短路分布比较均匀，而 HS502 焊丝均匀性比较差。

表 6-7　CO_2 气体保护焊大电流条件下三种药芯焊丝电弧物理特性参数测试结果[9]

试验焊丝编号	预设电压 U/V /送丝速度 $v/$ (dm/min)	实际电压 U/V /电流 I/A	电压变异系数 $v(U)(\%)$	电流变异系数 $\nu(I)(\%)$	平均短路频率 f_{sc}/s^{-1}	短路周期变异系数 $\nu(T_c)(\%)$	短路周期变异系数均值 $\nu(T_c)(\%)$
DW100 – 6	21.5/210	19.45/346.12	30.65	32.70	52.6	46.11	
DW100 – 8	21.5/210	19.46/331.57	30.10	36.13	51.3	41.79	42.88
DW100 – 10	21.5/210	19.49/336.96	30.52	34.07	49.3	40.75	
KH – 71T – 1	21.5/210	19.46/326.82	28.43	30.36	52.4	44.88	
KH – 71T – 3	21.5/210	19.62/326.41	26.93	39.96	51.0	46.86	46.48
KH – 71T – 4	21.5/210	19.51/330.13	28.92	30.26	48.4	43.70	
HS502 – 3	21.5/210	19.40/344.61	26.86	28.08	39.7	49.50	
HS502 – 4	21.5/210	19.46/353.43	26.86	28.90	41.7	63.31	58.62
HS502 – 6	21.5/210	19.53/346.32	26.90	31.26	46.3	63.08	

　　注：焊丝直径 ϕ1.2mm，预设电压 21.5V，送丝速度/210dm/min；分析仪设置：短路时间组宽 $\Delta T_1 = 100\mu s$，短路周期组宽 $\Delta T_c = 500\mu s$，最小短路时间 $T_{1min} = 1000\mu s$，阈值电压 $U_{th} = 18V$。

　　表 6-7 中的测试结果说明：在 21.5V/330A 大参数下对焊丝焊接过程稳定性的评价结果与 24.5V/190A 小参数和 25V/300A 较大参数下得到的结果相比，虽然绝对值有较大的变化，但几种被测试的焊丝短路周期变异系数变化的趋势大体上是一致的；DW100 样品焊丝在

24.5V/190A 小参数、25V/300A 较大参数和 21.5V/330A 大参数下得到的测试结果都是最好的，HS502 样品在三种不同的焊接参数下测试的短路周期变异系数 $\nu(T_c)$ 数据都比较高，表明工艺性较差，而 KH-71T 样品介于两者之间。

应该指出，作者在一定的试验条件下得到的上述结果不能够作为普遍的结论来认识，事实上不同厂商的同类焊接材料产品很多，表现出的工艺特性不尽相同，每种产品所适应焊接参数也不一样，在一定的焊接参数下的评价结果可能不完全反映在另一种焊接参数下的情况。本书所介绍的案例中得到怎样的测试结果并不重要，重要的是利用汉诺威分析仪对 CO₂ 气体保护焊药芯焊丝进行工艺性分析和评价时所做的研究与探索本身具有的实际意义。

6.2.4　采用信号分析方法评价大参数下药芯焊丝工艺性

本节讨论药芯焊丝 CO₂ 气体保护焊在大焊接电流细熔滴过渡时熔滴不发生短路的条件下，采用对原始数据信号进行去噪处理来进行焊丝工艺性评价的方法[9,10]。

图 6-29 是 DW100、KH-71T 和 HS502 三种药芯焊丝在送丝速度为 210dm/min、电弧电压设置为 34V 时的电弧电压、焊接电流波形图，看出波形图是一条没有短路特征的波动的线。信号线的波动除了熔滴行为引起的波动以外，还存在由焊接电源、导线、外磁场等因素形成的干扰信号，因此原始的波形曲线实际上是叠加了高频噪声的。

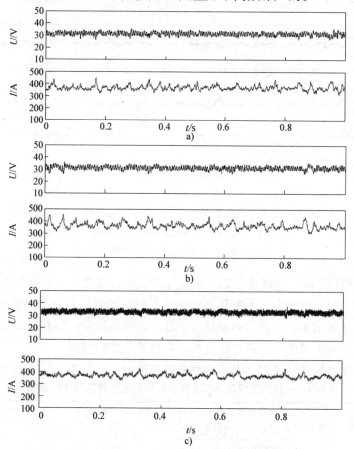

图 6-29　药芯焊丝 CO₂ 气体保护焊电弧电压、焊接电流波形图
a) DW100　b) KH-71T　c) HS502
注：预设电弧电压 34V，送丝速度 210dm/min。

小波变换是分析非平稳信号或具有奇异性突变信号的最有效方法[11,12]，适合对焊接随机信号的分析[13-15]。图 6-30 是 34V/210dm/min 焊接参数下三种药芯焊丝电弧电压、焊接电流平滑处理后的波形图。

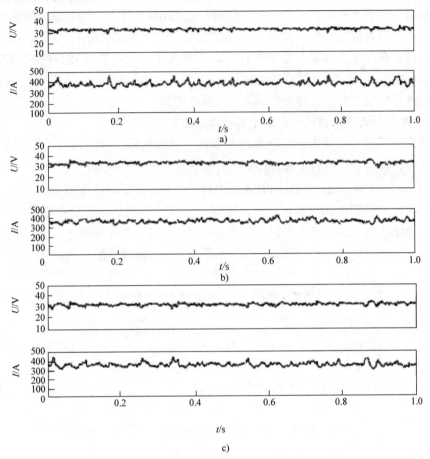

图 6-30　药芯焊丝 CO_2 气体保护焊电弧电压、焊接电流平滑处理后波形图

a）DW100　b）KH-71T　c）HS502

注：电弧电压 34V，送丝速度 210dm/min。

在设置电弧电压 34V、送丝速度 210dm/min 的大焊接参数下，对原始波形进行去噪处理后，提取三种药芯焊丝电压变异系数和电流变异系数。变异系数越小，波形曲线波动越小，表明焊丝熔滴尺寸越细小，过渡的频率越高，过渡过程越稳定。因此电压变异系数和电流变异系数可以作为评价大电流不短路过渡时药芯焊丝工艺性的判据。

三种药芯焊丝电压变异系数和电流变异系数的数据见表 6-8。

表 6-8　三种药芯焊丝电压变异系数和电流变异系数统计数据[9]

测试焊丝牌号	预设焊接参数 焊接电压/送丝速度	电弧电压变异系数 $\nu(U)(\%)$	焊接电流变异系数 $\nu(I)(\%)$
DW100	34V/210dm/min	4.72	5.56
KH-71T	34V/210dm/min	4.8	6.05
HS502	34V/210dm/min	5.9	6.23

　　由表中的统计数据看出，对原始波形经过平滑处理后，DW100 和 KH-71T 焊丝电压变异系数 $\nu(U)$ 和电流变异系数 $\nu(I)$ 较低，HS502 焊丝电压变异系数 $\nu(U)$ 和电流变异系数 $\nu(I)$ 最大，这一测试结果与在 6.2.3 节的 21.5V/210dm/min 焊接参数下三种焊丝测试结果相对数值大小是一致的。

　　总结以上的试验和分析，对钛系药芯焊丝工艺性的评价可以归纳以下三点。

　　1) 药芯焊丝 CO_2 气体保护焊在 24.5V/190A 小焊接参数和 25V/300A 较大焊接参数下，可以采用短路周期变异系数 $\nu(T_c)$ 作为判据对药芯焊丝工艺性进行评价。

　　2) 焊接电流达到 320A 以上的大参数时，在作者的试验条件下可以设置焊接电压 21.5V、送丝速度 210dm/min，直接由汉诺威分析仪提取熔滴过渡周期变异系数对药芯焊丝工艺性进行定量评价。由于在这一参数下电压设置较低，难以得到十分稳定的焊接过程，因此其测试结果仅能作为参考。

　　3) 在焊接电压 34V 以上、送丝速度 210dm/min 的大焊接参数下，可以对采集的电弧电压、焊接电流数据信号进行平滑处理，采用电压变异系数 $\nu(U)$ 和电流变异系数 $\nu(I)$ 作为判据，对药芯焊丝工艺性进行定量评价。

　　在大小不同的焊接参数下，对 DW100、KH-71T、HS502 焊丝样品工艺性进行评价得到相对一致的结果，这对于工程上的应用具有实际意义。也就是说，在进行焊丝工艺性对比试验时可以选择适中的任何焊接参数进行，得到的测试结果基本上可以反映测试焊丝的工艺水平。但是也应考虑到各厂商同类型的焊接材料牌号繁多，在不同的焊接参数下，其工艺性可能有不同的表现，这是焊接材料具有复杂性特点决定的。作者进行的测试和选择的样品是有限的，但采用的方法和思路对于进一步提高和加深对药芯焊丝工艺性的认识，完善药芯焊丝工艺性的评价方法提供了实践基础。

6.3　CO_2 气体保护焊实心焊丝电弧物理特性和工艺性评价

6.3.1　CO_2 气体保护焊实心焊丝工艺性及电弧物理特性试验

　　为了建立 CO_2 气体保护焊实心焊丝工艺性评价的判据，设计了如下的试验[16,17]：

　　选取两种实心焊丝样品，分别为不镀铜和镀铜气体保护焊丝，试验焊丝名称分别为 HMG-0 和 TM-CU，焊丝直径均为 $\phi1.2mm$；采用时代公司产 ZB-500 型 CO_2 气体保护焊机，利用携带焊枪的自动行走小车进行 CO_2 气体保护焊自动焊接；试件为内径 113mm、壁厚 10mm、长 450mm 的碳钢管；采用高速摄影和汉诺威分析仪进行电弧物理特性的分析测试；焊接参数设置为两组，一组是设置电压 24V、焊接电流 180A、送丝速度 91dm/min、焊接速度约 28cm/min，另一组设置电压 32V、焊接电流 260A、送丝速度 127dm/min、焊接速度约 36cm/min；CO_2 气体流量均为 18~20L/min，焊丝伸出长度为 20mm；直流反接，测试采样时间每次 20s。

　　1. 两种实心焊丝焊接时的工艺性试验

　　观察两种焊丝在 24V/180A 参数下进行的工艺试验，明显地感觉到 HMG-0 焊丝比 TM-CU 焊丝电弧稳定柔和、飞溅小、熔化均匀。拍摄的两种焊丝熔滴过渡的高速摄影典型照片如图 6-31 和图 6-32 所示。两者对比看出，图 6-31 中 HMG-0 焊丝焊接时熔滴与熔池发生接触短路，熔滴平稳向熔池过渡，过渡过程未产生飞溅；HMG－0 不镀铜焊丝由于在焊丝拉拔过程中表面施加特殊的涂层，不但起着防锈和润滑作用，而且焊接时使熔滴变细，熔滴过渡频率增大，熔滴短路过渡的时间缩短，飞溅倾向减小，提高了焊接时电弧的稳定性，改善了焊接时焊丝的电弧物理特性和焊丝的工艺性。图 6-31 中的平稳的熔滴表面张力过渡形态实际反映了 HMG－0 不镀铜实心焊丝熔滴的基本过渡特征。从图 6-32 中可以看出 TM－CU 镀铜焊丝在焊接过程中产生飞溅，这种飞溅是在熔滴短路时瞬间发生的，很明显是瞬时短路飞溅。在放映高速摄影照片时，观察到这种飞溅并不是偶然发生的现象，而是较频繁地出现。

图 6-31　不镀铜焊丝 CO_2 气体保护焊高速摄影典型照片

焊丝样品：HMG－0 不镀铜实心焊丝；预设焊接参数：24V/180A；拍摄速度：2000f/s。

图 6-32　镀铜焊丝 CO_2 气体保护焊高速摄影典型照片

焊丝样品：TM－CU 镀铜实心焊丝；设置焊接参数：24V/180A；拍摄速度：2000f/s。

2. 电弧电压和焊接电流波形分析

采用汉诺威分析仪测试 HMG－0 和 TM－CU 焊丝在 24V/180A 参数下的电弧电压、焊接电流波形如图 6-33、图 6-34 所示。波形图显示，两种焊丝的波形都具有明显密集短路特征，但两种焊丝短路频率不同，HMG－0 焊丝比 TM－CU 焊丝短路频率高，统计的 HMG－0 焊丝短路频率约为 $59s^{-1}$，TM－CU 焊丝短路频率约为 $35s^{-1}$。

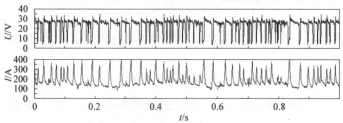

图 6-33　实心焊丝 CO_2 气体保护焊电弧电压、焊接电流波形图（一）

焊丝样品：HMG－0；焊接参数：24V/180A。

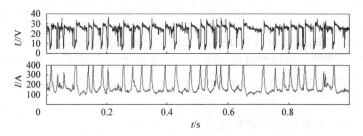

图 6-34　实心焊丝 CO_2 气体保护焊电弧电压、焊接电流波形图（二）

焊丝样品：TM－CU；焊接参数：24V/180A。

　　两种焊丝在大体相同的电参数的情况下，波形显示的短路频率不同，也就是它们的熔滴过渡频率不相同，如果两种焊丝送丝速度大体相同，在一定的时间内，可以看作熔化焊丝体积相等，假设不考虑焊接过程中飞溅等的金属损失，则可粗略计算出熔滴直径 D。

　　实际焊接时的送丝速度 $v = 91\,dm/min$，焊丝直径 $d = 1.2\,mm$，熔滴短路频率 f_{tr} 分别为 $59\,s^{-1}$ 和 $35\,s^{-1}$。

　　假定熔化的焊丝全部形成熔滴过渡到熔池，熔滴形状呈圆球形，则

$$\pi\,(d/2)^2 v = (4/3)\,\pi\,(D/2)^3 f_{tr}$$

式中　　d——焊丝直径（mm）；

　　　　D——熔滴直径（mm）；

　　　　v——送丝速度（mm/s）；

　　　　f_{tr}——熔滴短路频率（s^{-1}）。

　　由以上公式推算出 HMG – 0 焊丝平均熔滴直径 $D \approx 0.8\,mm$，TM – CU 焊丝平均熔滴直径为 $D \approx 1.0\,mm$，HMG – 0 镀铜焊丝的熔滴较细。

　　3. 短路时间测试及分析

　　图 6-35 是 HMG – 0 和 TM – CU 两种焊丝随机选取的 0.1s 时间段内电弧电压、焊接电流波形图，由汉诺威分析仪提取在这一时间段内每次短路的时间，并进行统计，其结果见表6-9 和表 6-10。

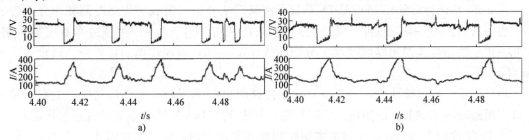

图 6-35　实心焊丝 CO₂ 气体保护焊电弧电压、焊接电流放大波形图

a）HMG – 0　b）TM – CU

焊接参数：24V/180A。

表 6-9　HMG – 0 不镀铜焊丝每次短路时间统计结果[16]

短路次数	短路开始时间/ms	短路结束时间/ms	短路时间/ms
1	4.4123	4.4165	4.2
2	4.4333	4.4367	3.4
3	4.4396	4.4399	0.3
4	4.4506	4.4548	4.2
5	4.4727	4.4763	3.6
6	4.4820	4.4828	0.8
7	4.4872	4.4894	2.2
8	4.4984	4.4986	0.2
平均短路时间/ms（≤1ms 瞬时短路除外）			3.52

表 6-10　TM－CU 镀铜焊丝每次短路时间统计结果[16]

短路次数	短路开始时间/s	短路结束时间/s	短路时间/ms
1	4.4116	4.4167	5.1
2	4.4412	4.4467	5.5
3	4.4808	4.4857	4.9
平均短路时间/ms（≤1ms 瞬时短路除外）			5.16

由图 6-35 和表 6-9、表 6-10 的统计结果可以看出：HMG－0 不镀铜焊丝短路频率比 TM－CU 镀铜焊丝高，并且每次的短路时间都比 TM－CU 焊丝短；HMG－0 不镀铜焊丝在随机统计的 0.1s 时间内共有八次短路，除 $T_1 \leqslant 1ms$ 的三次瞬时短路以外，其中五次正常短路平均短路时间为 3.52ms，而 TM－CU 镀铜焊丝 0.1s 时间内共有三次短路，每次短路时间都超过 4ms，平均短路时间达到 6.16ms。作者曾采用汉诺威分析仪和高速摄影进行同步测试，发现熔滴发生电爆炸飞溅的概率与熔滴的短路时间有关，除了瞬时短路飞溅以外，持续性短路引起的电爆炸飞溅，其持续时间越短，发生电爆炸概率越小，在一定的试验条件下当熔滴短路过程不大于 4ms 时，熔滴过渡时发生电爆炸飞溅的概率将会减小。TM－CU 焊丝短路时间都超过了 4ms，产生持续性的电爆炸的概率很大，也许这就是 TM－CU 镀铜焊丝焊接时产生飞溅的倾向比 HMG－0 不镀铜焊丝大的原因。

图 6-36 是两种焊丝在 24V/180A 参数下由汉诺威分析仪生成的短路时间频率分布叠加图。由图看出 HMG－0 和 TM－CU 两种焊丝短路时间（$T_1 > 1ms$）频率分布有明显差别，HMG－0 不镀铜焊丝的短路时间频率分布曲线比 TM－CU 镀铜焊丝的更靠左，且没有大于 7ms 的短路。

由汉诺威分析仪统计得到的 $T_1 > 1ms$ 的短路频率和 $T_1 > 1ms$ 平均短路时间的数据见表 6-11。短路时间 $T_1 \leqslant 1ms$ 的短路为瞬时短路，其中 $T_1 > 1ms$ 短路频率对焊接过程影响较大。由表 6-11 统计的 $T_1 > 1ms$ 短路过渡的短路频率和平均短路时间的数据看出，HMG－0 焊丝短路频率比 TM－CU 焊丝高，平均短路时间比 TM－CU 焊丝短。

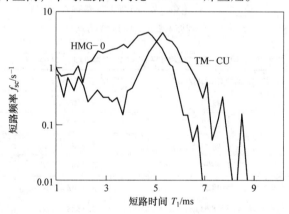

图 6-36　实心焊丝 CO_2 气体保护焊短路时间（$T_1 > 1ms$）频率分布叠加图

试验焊丝样品：HMG－0、TM－CU；预设焊接参数：24V/180A；

分析仪设置：最小短路时间 $T_{1min} = 1000\mu s$，短路时间组宽 $\Delta T_1 = 200\mu s$，短路周期组宽 $\Delta T_c = 500\mu s$，阈值电压 $U_{th} = 18V$。

表 6-11　焊接参数 24V/180A 时短路过渡特征参数

焊丝牌号	电弧电压 U/V	焊接电流 I/A	短路频率 f_{sc}/s^{-1}	平均短路时间 T_1/ms[①]
TM – CU	22.83	181.56	33.35	4.92
HMG – 0	22.96	180.66	48.40	3.90

注：分析仪设置最小短路时间 $T_{1min}=1000\mu s$，短路时间组宽 $\Delta T_1=200\mu s$，短路周期组宽 $\Delta T_c=500\mu s$，阈值电压 $U_{th}=18V$。

① $T_1 > 1ms$。

图 6-37 是两种试验焊丝电弧电压、焊接电流概率密度分布叠加图。由图看到，HMG – 0 焊丝短路概率更大些，而 TM – CU 焊丝比 HMG – 0 焊丝电流概率曲线偏右（图 6-37b），表明 TM – CU 焊丝大电流出现的概率更大。

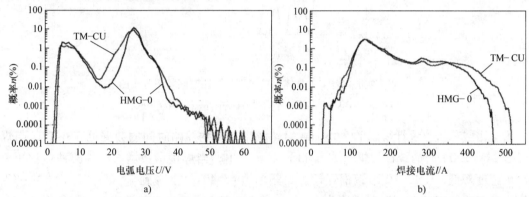

图 6-37　实心焊丝 CO₂ 气体保护焊电弧电压、焊接电流概率密度分布叠加图

a）电弧电压概率密度分布叠加图　b）焊接电流概率密度分布叠加图

试验焊丝样品：HMG – 0、TM – CU；预设焊接参数：24V/180A。

4. 较大焊接参数下实心焊丝试验结果及分析

图 6-38 是在 32V/260A 参数下测试的两种焊丝电弧电压、焊接电流波形图。由图看出：随着焊接电流的增大，测试的两种焊丝的短路频率都明显减少，HMG – 0 焊丝短路比 TM – CU 焊丝相对密集一些。图 6-39 是两种焊丝在 32V/260A 参数下由汉诺威分析仪生成的不同

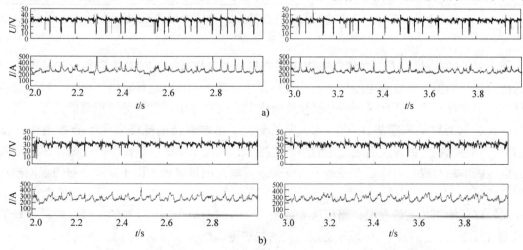

图 6-38　实心焊丝 CO₂ 气体保护焊电弧电压、焊接电流波形图

a）HMG – 0 焊丝　b）TM – CU 焊丝

预置焊接参数：32V/260A。

短路时间的频率分布叠加图，由图看出：在32V/260A参数下，两种焊丝长时间短路的情况消失了，最长短路时间不超过5ms，HMG-0焊丝曲线位置处于TM-CU焊丝之上，表示HMG-0焊丝短路频率比TM-CU焊丝更高。

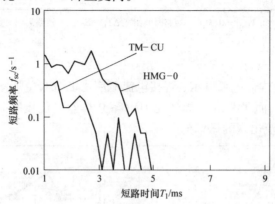

图6-39　实心焊丝CO_2气体保护焊不同短路时间频率分布图

焊丝样品：HMG-0和TM-CU；预置焊接参数：32V/260A。

由汉诺威分析仪统计得到的$T_1 > 1ms$短路频率和平均短路时间的数据见表6-12，与焊接参数24V/180A时的统计数据（表6-11）对比看出，当焊接参数增大时，两种焊丝短路频率大幅度降低，HMG-0不镀铜焊丝短路频率由$48.40s^{-1}$下降到$13.05s^{-1}$，而TM-CU镀铜焊丝短路频率由$33.35s^{-1}$下降为$2.56s^{-1}$，说明随着焊接电参数的增大，两种焊丝熔滴逐渐细化。两种焊丝相比，无论是在24V/180A时，还是在32V/260A条件下，HMG-0不镀铜焊丝短路频率都比TM-CU镀铜焊丝高得多。

表6-12　焊接参数32V/260A时$T_1 > 1ms$短路过渡特征参数

焊丝牌号	电弧电压 U/V	焊接电流 I/A	短路频率 f_{sc}/s^{-1}	平均短路时间 T_1/ms
HMG-0	30.83	258.91	13.05	2.31
TM-CU	30.74	269.52	2.56	1.90

分析仪设置：最小短路时间$T_{1min} = 1000\mu s$，短路时间组宽$\Delta T_1 = 200\mu s$，短路周期组宽$\Delta T_c = 500\mu s$，阈值电压$U_{th} = 18V$。

图6-40是实心焊丝CO_2气体保护焊设置焊接参数32V/260A时电弧电压、焊接电流概率密度分布叠加图。在电弧电压概率密度分布图中（图6-40a）直观看出，对于反映短路电压概率的小驼峰曲线，HMG-0不镀铜焊丝的比TM-CU镀铜焊丝的处于更高的位置，表明HMG-0焊丝短路概率明显比TM-CU焊丝要大。而在焊接电流概率密度分布图中（图6-40b），TM-CU镀铜焊丝出现明显的小电流概率，与图6-40a电压概率密度分布图中出现的高电压概率相对应。电流概率曲线的这一表现可能是测试过程中由于某种偶然因素而出现的异常情况。

两种焊丝的工艺试验表明，当焊接参数由24V/180A增大到32V/260A时，两种焊丝的飞溅都有所增大，但TM-CU焊丝飞溅增大的趋势更为明显。

32V/260A参数下由高速摄影照片统计的两种焊丝焊接时在1.25s时间内的飞溅情况见表6-13。由表6-13的统计结果看出，TM-CU焊丝飞溅发生频率比HMG-0焊丝高许多，

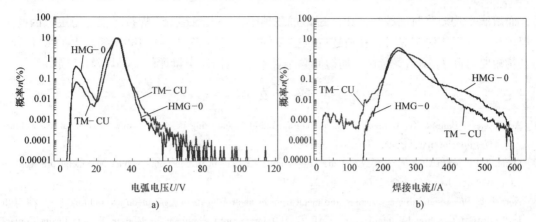

图 6-40　实心焊丝 CO₂气体保护焊电弧电压、焊接电流概率密度分布叠加图

a）电弧电压概率密度分布叠加图　b）焊接电流概率密度分布叠加图

焊接参数：32V/260A。

且多数是大颗粒飞溅。HMG-0 焊丝主要是熔池中气体逸出飞溅，短路电爆炸引起的飞溅比较少。观察两种焊丝的高速摄影照片也可以明显看出，HMG-0 焊丝熔滴比 TM-CU 焊丝细小，产生大颗粒飞溅的概率相对少一些。TM-CU 焊丝由于大颗粒排斥过渡引起的飞溅现象十分明显，这种飞溅在焊接过程中较为频繁地发生，严重恶化了焊丝的工艺性能和焊接过程的稳定。

表 6-13　焊接过程飞溅情况统计结果[16]

焊丝牌号	飞溅频率 f_{sp}/s^{-1}	电爆炸飞溅频率 f_{sp}/s^{-1}	飞溅情况①
TM-CU	6.7	1.2	五次大颗粒熔滴的飞溅及熔池飞溅
HMG-0	4.7	2.7	熔滴飞溅及熔池飞溅

① 由高速摄影照片统计，统计时间 1.25s。

实验结果表明，在较大参数下 HMG-0 不镀铜焊丝比 TM-CU 镀铜焊丝短路频率较高，电弧稳定，飞溅较小，工艺性明显比 TM-CU 焊丝好，其结果与 24V/180A 小参数下测试的结论一致。

由于在较大参数下 TM-CU 焊丝基本上不发生短路，HMG-0 也只有少量短路，采用这一电参数测试时，汉诺威分析仪不能充分获得反映熔滴过渡特征的丰富信息，因此测试焊丝的电弧物理特性和判断其工艺性时不适宜采用这一参数。

6.3.2　CO₂气体保护焊实心焊丝工艺性的评价

既然在大参数 32V/260A 条件下实心焊丝某些电弧物理特性和工艺特性与较小的参数（24V/180A）条件下焊接工艺性表现是一致的，而在较小的参数条件下，焊丝的熔滴行为特征可以通过汉诺威分析仪获取的电弧物理特性参数反映出来，那么就可以在 24V/180A 条件下进行测试，通过汉诺威分析仪提取反映焊丝工艺特性的相关信息，建立相应的判据，对焊丝工艺性进行评价。

由以上的分析可知，由于较长时间的短路引起电爆炸的概率增大，明显恶化焊丝工艺性，而熔滴平均短路时间越短，正常短路过渡越频繁，飞溅越少，焊接过程越稳定，因此实心焊丝在 CO_2 气体保护焊时，在所述的试验条件下，可以采用 24V/180A 参数下的大于 1ms 的平均短路时间 T_1 和 $T_1 > 1ms$ 平均短路频率 f_{sc} 作为判据来定量评价实心焊丝工艺性。

参 考 文 献

[1] Adolfsson S, Bahrami G, Bolmsio G, et al. Online quality monitoring in short – circuit gas metal arc welding [J]. Welding Journal, 1999, 78 (2): 59 – 73.

[2] Quinn T P, Smith C, Cowan C N, et al. Arc sensing for defects in constant – voltage gas metal arc welding [J]. Welding Journal, 1999, 78 (9): 322 – 328.

[3] Norrish J. Process stability assessment and metal transfer control for robotic gas metal arc welding [C] // 10th ISPE/IFAC International Conference on CAD/CAM Information Technology for Modern Manufacturing Conference Proceedings, 1994: 336 – 41.

[4] Marjan suban, Janez Tusek. Methods for the determination of arc stability [J]. Journal of materials processing technology, 2003, 143 (14): 430 – 436.

[5] 王宝，宋永伦，D. rehfeldt，等. 汉诺威焊接材料工艺性分析系统在焊接材料领域中的应用 [J]. 焊接, 2006 (10): 15 – 18.

[6] Wang Bao, Song Yonglun, D. Rehfeldt. Test and evaluation of the Usability of welding consumables [C] // ISTM/2007 7th International Symposium on Test and Measurement. Beijing: 2006. 316 – 319.

[7] 王宝，宋永伦，D. Rehfeldt. 焊接材料工艺性的分析与评价 [J]. 电焊机, 2006, 36 (11): 11 ~ 13.

[8] Budai P. Measure of drop transfer stability in weld processes with short circuiting drop transfer [C] // 2 Int conf computer technology in Welding. The Welding Institute, 1988: 436 – 439.

[9] 孟庆润. 药芯焊丝焊接电弧物理与工艺性分析及评价 [D]. 太原：中北大学材料科学与工程学院, 2010.

[10] 王勇. 基于焊接电弧物理的 CO_2 气保护药芯焊丝工艺性分析与评价 [D]. 太原：太原理工大学材料科学与工程学院, 2009.

[11] 崔锦泰. 小波分析导论 [M]. 程正兴，译. 西安：西安交通大学出版社, 1995.

[12] 秦前清，杨宗凯. 实用小波分析 [M]. 西安：西安电子科技大学出版社, 1994.

[13] 项安. 基于焊接温度场分布的焊缝跟踪与熔透智能控制系统研究 [D]. 南昌：南昌大学, 2001.

[14] 张海燕，吴淼. 小波变换和模糊模式识别技术在金属超声检测缺陷分类中的应用 [J]. 无损检测, 2000, 22 (2): 51 – 54.

[15] 张晓囡，李俊岳，李桓，等. 基于小波分析的 CO_2 弧焊电源工艺动特性的评定 [J]. 机械工程学报, 2002, 38 (1): 112 – 116.

[16] 戴军. CO_2 气保护焊丝工艺性分析及评价 [D]. 太原：中北大学材料科学与工程学院, 2008.

[17] 戴军，王宝，安静. CO_2 气体保护焊实心焊丝电弧物理特征分析 [J]. 焊接, 2008, (1): 49 – 52.

第 7 章

▶▶▶▶▶

碱性药芯焊丝的电弧物理
特性及焊接工艺性

与普通钛系药芯焊丝相比，碱性药芯焊丝具有更好的力学性能，如低温冲击性能好、扩散氢含量低、抗冷裂纹能力和抗脆性断裂能力强，这些突出的优点被国内外广泛认同[1,2]，因此在石油化工、压力容器、军工及国家重大建设工程的重要结构中使用。然而碱性药芯焊丝的工艺性不理想，如较小电流施焊时熔滴粗大、过渡频率低、飞溅过大、电弧稳定性差等，特别是焊丝全位置焊接性远不及钛系药芯焊丝，限制了它更广泛的使用，迄今我国不少建设工程所需的碱性药芯焊丝不得不从国外引进。就碱性药芯焊丝发展趋势来看，近年国外有些厂商生产的碱性药芯焊丝品种还有所减少[3]，但随着我国经济的快速发展和建设工程的规模扩大，对高品质的碱性药芯焊丝的市场需求十分迫切。在这一背景下，国内一些企业、高校对涉及的碱性药芯焊丝应用理论的研究和产品的开发做了不少有价值的工作[4-10]，在理论和实践上对于提高碱性药芯焊丝力学性能和改善其工艺性都取得不小的成绩，国内期刊亦曾发表过具有优异的强韧性、抗裂性，同时工艺性良好的碱性药芯焊丝产品用于重大工程的例子[11-13]。但现实的情况是，我国碱性药芯焊丝焊接工艺质量还存在不少问题，还不能被用户完全接受，成熟的产品品种很少，与国外同类产品相比有相当的差距。针对当前我国碱性药芯焊丝的现状，提高工艺质量是其发展中的一个现实任务。作者通过高速摄影及汉诺威分析仪对碱性药芯焊丝电弧物理特性进行大量的分析测试，并选择国内外同类型样品进行对比分析，为改进我国碱性药芯焊丝工艺性提供实验依据。

7.1 碱性药芯焊丝的电弧物理特性

为了研究碱性药芯焊丝电弧物理特性，选取有代表性的碱性药芯样品，用高速摄影和汉诺威分析仪进行电弧物理特性的分析测试。试验的焊丝为国内和国外有代表性的样品，试验样品为 DQ-A 和 LIN，焊丝直径分别为 $\phi1.2mm$ 和 $\phi1.4mm$。DQ-A 样品采用大小不同的四种焊接参数，DQ-A-1 为 23V/55dm/min，DQ-A-2、DQ-A-3 和 DQ-A-4 的焊接参数分别是 26V/45dm/min、28V/95dm/min 和 30V/105dm/min。LIN 碱性药芯焊丝样品采用的焊接参数：LIN-1 为 25V/45dm/min，LIN-2 为 28V/60dm/min，LIN-3 为 30V/80dm/min。焊接电源采用时代公司产 ZB-500 型 CO_2 气体保护焊机，电源极性为直流反接，利用携带焊枪的自动行走小车进行富氩气体保护自动焊接，试件用内径 113mm、壁厚 10mm、长450mm 的碳钢管。

7.1.1 碱性药芯焊丝的熔滴行为及电弧电压、焊接电流波形分析

通过高速摄影，结合电弧电压、焊接电流波形图获取的可视化和数字化信息，能方便直观地观察分析熔滴的行为特征，反映不同焊接参数对熔滴过渡特性的影响。图 7-1 是撷取的

DQ－A 碱性药芯焊丝样品四种不同参数有代表性的熔滴行为的高速摄影照片，形象地反映了熔滴实际行为，图中还同时将相应的电弧电压和焊接电流波形图（波形图撷取的时间长度为 1s）一并显示。由图看出焊接参数为 23V/55dm/min 和 26V/65dm/min 时（图 7-1a、b），熔滴十分粗大，相当于焊丝直径的 2～2.5 倍，DQ－A－1 药芯焊丝的熔滴更粗大，DQ－A－2 药芯焊丝由于焊接电流稍大，因此该焊丝的熔滴相对小一些，熔滴行为与钛型焊丝小焊接参数时的过渡形态很相似，熔滴为典型的排斥过渡。从波形图看出，焊接参数为 23V/55dm/min 时，波形出现较为频繁的短路（图 7-1a），焊接电流波形波动较为明显，出现较多的短路峰值电流，从高速摄影照片可以清楚地观察到处于焊丝端部的熔滴在长大过程中的剧烈动荡，显然这是电压、电流波形变化不规律的主要原因。当焊接参数增大为 26V/65dm/min 时（图 7-1b）短路明显减少，且瞬时短路居多，电压和电流的波动减小；当进一

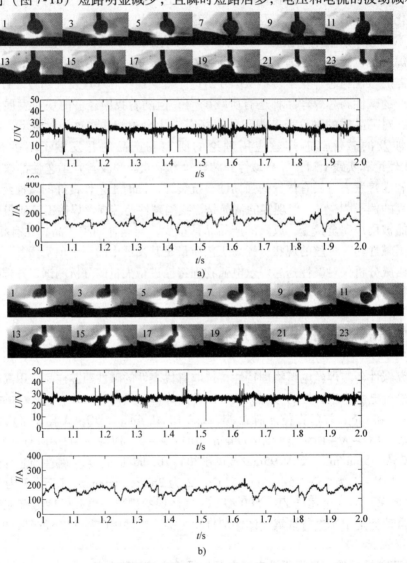

图 7-1　DQ－A 碱性药芯焊丝典型的熔滴行为照片和电弧电压、焊接电流波形
a) DQ－A－1 23V/55V/dm/min　b) DQ－A－2 26V/65V/dm/min

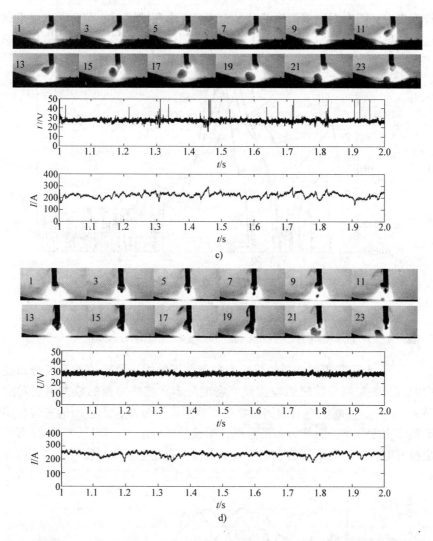

图 7-1　DQ - A 碱性药芯焊丝典型的熔滴行为照片和电弧电压、焊接电流波形（续）

c）DQ - A - 3 28V/95V/dm/min　　d）DQ - A - 4 30V/105V/dm/min（拍摄速度：1200f/s）

步增大焊接参数至 28V/95dm/min 时，看出熔滴变细了（图 7-9c），当焊接参数更大时（30V/105dm/min）看到更明显的细熔滴过渡形态的特征（图 7-9d），在波形图上看两种较大的焊接参数下均没有发生熔滴短路过渡，完全看不到短路波形（图 7-1c、d）。显然随着焊接参数的增大，药芯焊丝的电压、电流波形的波动逐渐减小，其电压、电流波形趋于平稳。DQ - A - 3 与 DQ - A - 4 相比（图 7-1c 与图 7-1d），前者电弧电压、焊接电流波形的波动比后者大。

7.1.2　碱性药芯焊丝的 PDD 图和 $U - I$ 图分析

图 7-2 是 DQ - A 药芯焊丝在四种焊接参数条件下的电弧电压概率密度分布叠加图。由图看出，随着焊接参数的增大，从 DQ - A - 1 至 DQ - A - 4，图中左边的小驼峰曲线反映的短路电压概率逐渐减小，DQ - A - 1 曲线短路电压概率密度最大，而 DQ - A - 4 短路电压概率密度为零；图中间概率最大的区域反映燃弧概率，看出 DQ - A - 4 的燃弧阶段的电压概率

密度分布较为集中；图中右边锯齿形部分是大于燃弧电压的区域，包含了电弧重燃时的电压和空载电压的信息，可以看出 DQ－A－1 右边锯齿形部分的电弧重燃时的电压概率比较大。

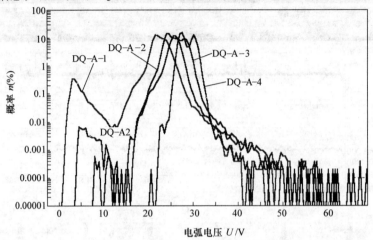

图7-2　碱性药芯焊丝电弧电压概率密度分布叠加图
焊接参数：DQ－A－1 23V/55V/dm/min，DQ－A－2 26V/65V/dm/min，
DQ－A－3 28V/95V/dm/min，DQ－A－4 30V/105V/dm/min。

图 7-3 是 DQ－A 药芯焊丝在四种焊接参数条件下的焊接电流概率密度分布叠加图。图中各曲线中间部分的驼峰反映燃弧电流概率密度分布，驼峰右面的较大电流对应着短路电流。DQ－A－1 焊丝的曲线既有右边的短路电流概率密度分布，也有图的左边较多的电弧复燃前小电流概率密度分布，曲线分布最分散，覆盖的区域最大；DQ－A－4 没有短路大电流的分布，也没有电弧复燃时出现的小电流概率密度分布，电流概率密度分布曲线最为集中。

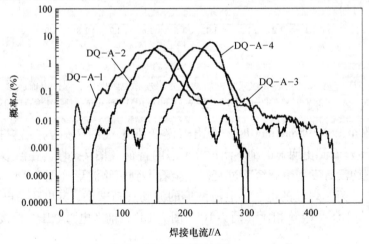

图7-3　碱性药芯焊丝焊接电流概率密度分布叠加图
焊接参数：DQ－A－1 23V/55V/dm/min，DQ－A－2 26V/65V/dm/min，
DQ－A－3 28V/95V/dm/min，DQ－A－4 30V/105V/dm/min。

图 7-4 所示为 DQ－A 药芯焊丝在四种焊接参数下由电弧电压、焊接电流瞬时值绘制的电弧 U－I 曲线，表现电压与电流信号之间的关联性。所谓电弧 U－I 曲线图，是指以电弧电

压为纵坐标，焊接电流为横坐标，由焊接过程的动态工作点的移动轨迹所形成的曲线图。

当一个熔滴短路过渡完成后，新的熔滴开始形成，同时电弧引燃进入燃弧阶段，对应于图 7-4a 中左方电流为 100～200A、电压为 20～30V 的范围，这一区域是焊接燃弧工作点移动轨迹形成的燃弧工作区，即图中的 I 区，这一区域的特点是焊接过程的动态工作点的移动轨迹十分密集，也十分集中；当熔滴长大到与熔池刚一接触开始形成短路的瞬间，电压迅速降低，焊接电流还没来得及增大，对应于图 7-4a 中的左下方的 II 区，这一区域是低电流和低电压区域，反映熔滴开始短路的瞬间工作点移动的轨迹；熔滴的短路和过渡过程形成低电压和大的短路电流，对应于图 7-4a 中右下方大的电流和低电压曲线，反映熔滴与熔池发生短路行为的工作点移动轨迹，这一区域为短路区（图 7-4a 中 III 区）；图 7-4a 中右上方的曲线具有大电流高电压的特征，这一区域反映熔滴过渡后电弧重新燃起时的工作状态（图 7-4a 中 IV 区）。

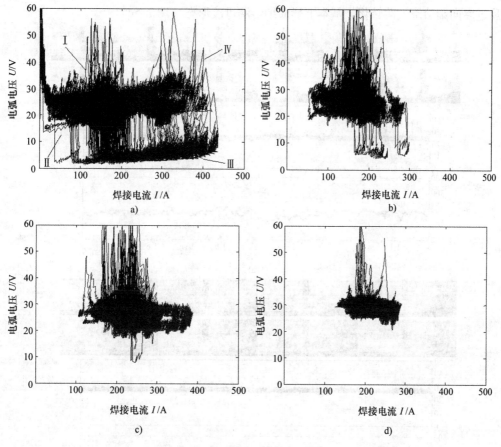

图 7-4　DQ－A 碱性药芯焊丝四种焊接参数下 U－I 曲线图

焊接参数：a）DQ－A－1 23V/55V/dm/min　b）DQ－A－2 26V/65V/dm/min
c）DQ－A－3 28V/95V/dm/min　d）DQ－A－4 30V/105V/dm/min
注：本图引自王勇博士后研究工作报告

根据汉诺威分析仪电弧物理特性参数的测试数据，焊接电流和电弧电压的平均值为 142.5A 和 21.69V，是图中全部曲线的集合点，在这一点周围的曲线最为密集。电弧电压和焊接电流表征的焊接动态工作点移动轨迹越集中，重复性越好，则焊接过程越稳定[14]。由

*U – I*图看出：DQ – A – 1 焊接过程动态工作点的移动轨迹十分杂乱分散；随着焊接参数的逐渐增大，DQ – A – 2、DQ – A – 3 和 DQ – A – 4 工作点移动轨迹的集中性越来越好（图7-4b、c、d），Ⅱ、Ⅲ和Ⅳ各区域曲线逐渐收敛，并向燃弧区集中，说明了熔滴短路行为逐渐减少，直至完全不发生短路行为，尤其是 DQ – A – 4 工作点移动轨迹集中于燃弧区（图7-4d），表明其过程的稳定性很好。

对 LIN 碱性药芯焊丝样品同样进行了分析测试。图 7-5 是 LIN 碱性药芯焊丝样品在三种焊接参数条件下测试的熔滴行为高速摄影照片和电弧电压、焊接电流波形图。从图中可以看出：在小参数（25V/45dm/min）时（图 7-5a），焊丝端部停留的熔滴也比较粗大，熔滴的排斥行为同样十分明显，但与 DQ – A – 1 焊丝样品相比，熔滴的颗粒要小很多，其大小与焊丝直径相当或稍大一些，从波形图发现波形只是偶然发生短路；在中等参数（28V/60dm/min）时（图7-5b），基本上不出现短路，波形的波动很小；随着焊接参数增大到 30V/80dm/min，熔滴由粗滴排斥过渡向细熔滴过渡转化，基本上形成细熔滴过渡形态（图 7-5c）。

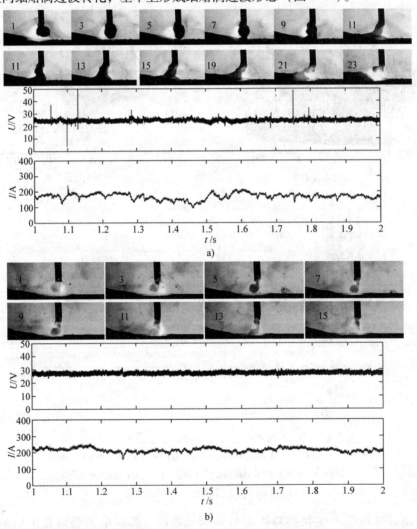

图 7-5　LIN 碱性药芯焊丝典型的熔滴行为照片和电弧电压、焊接电流波形图（拍摄速度：1200f/s）

a）LIN – 1 25V/45dm/min　b）LIN – 2 26V/60dm/min

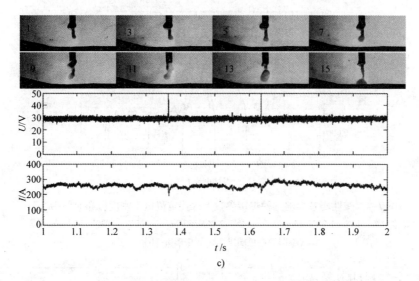

图 7-5　LIN 碱性药芯焊丝典型的熔滴行为照片和电弧电压、焊接电流波形图（拍摄速度：1200f/s）（续）

c）LIN－3 30V/80dm/min

图 7-6 是 LIN 药芯焊丝样品在三种焊接参数条件下的电弧电压概率密度分布叠加图。由图可以看出，LIN－1 的短路电压概率密度分布曲线最分散，既有短路低电压的概率密度分布，也有引弧后高电压概率密度分布，随着焊接参数的增大，LIN－2 和 LIN－3 没有短路电压的分布，两样品的曲线相对比较集中，说明在这两种焊接参数下焊丝燃弧阶段的电压波动范围不大。曲线中部对应的燃弧电压概率驼峰状曲线的分布总体向右移动。

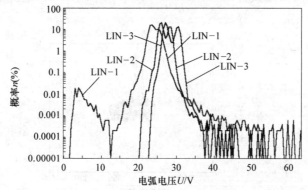

图 7-6　碱性药芯焊丝三种焊接参数下电弧电压概率密度分布叠加图

焊接参数：LIN－1 25V/45dm/min，LIN－2 26V/60dm/min，LIN－3 30V/80dm/min。

（本图的彩色图见附录 E 中图 E-1a）

图 7-7 是 LIN 药芯焊丝样品在三种焊接参数条件下的焊接电流概率密度分布叠加图。由图可以看出，LIN－1 的短路电流区域稍大，短路峰值电流有的接近 400A，随着焊接参数的增大，对应燃弧区域的曲线向右移动，LIN－2 和 LIN－3 几乎没有短路电流概率密度分布。

图 7-8 是 LIN 碱性药芯焊丝样品在三种焊接参数下的 $U-I$ 曲线图，看出在小的焊接参数下 LIN－1 的 $U-I$ 图有些分散，但是 LIN－2 和 LIN－3 曲线则相当集中，特别是 LIN－3 样品，与图 7-5 波形曲线对照更说明该样品在 30V/80dm/min 参数下的焊接过程十分稳定。

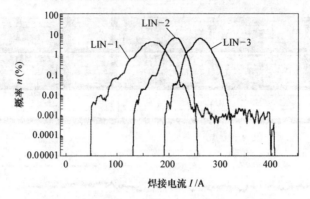

图 7-7　碱性药芯焊丝三种焊接参数下焊接电流概率密度分布叠加图

焊接参数：LIN–1 25V/45dm/min，LIN–2 26V/60dm/min，LIN–3 30V/80dm/min。

（本图的彩色图见附录 E 中图 E-1b）

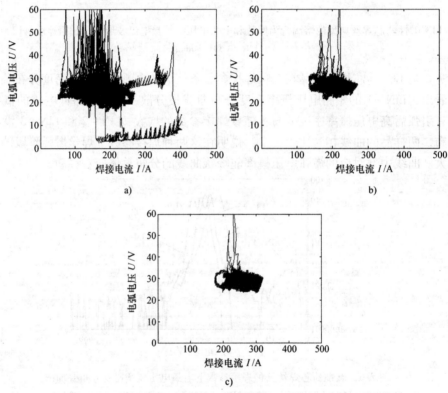

图 7-8　LIN 碱性药芯焊丝在三种焊接参数下的 $U–I$ 曲线图

a）LIN–1 25V/45dm/min　b）LIN–2 26V/60dm/min　c）LIN–3 30V/80dm/min

注：本图援引王勇博士后研究工作报告。

以上列举了 DQ–A 和 LIN 样品的测试实例，通过对更多种碱性药芯焊丝样品测试分析，得出这样的印象：碱性药芯焊丝熔滴过渡形态与焊接参数有关。在作者的试验条件下，当采用小的焊接参数时，碱性药芯焊丝呈粗熔滴排斥过渡形态，但与钛型药芯焊丝的排斥过渡形态相比，熔滴和电弧的活动性更大，焊接过程的稳定性更差。随着电参数的增大，熔滴细化，表现出明显的向细熔滴过渡转化的趋势，但是不同的样品表现有所不同，有的能形成稳定的细熔滴过渡形态，焊接工艺性良好，有的则不能形成十分均匀稳定的细熔滴过渡，焊接工艺性很差。下面将对碱性药芯焊丝排斥过渡特征和细熔滴过渡特征进行较细致描述和解读。

7.2 碱性药芯焊丝的熔滴排斥过渡现象

7.2.1 碱性药芯焊丝熔滴排斥过渡的一般特征

图 7-9 是一个大熔滴从形成、长大到过渡的全过程的高速摄影照片，试验焊丝为 ESA 的碱性药芯焊丝，在 80% Ar + 20% CO_2 气体保护焊、设置焊接参数为 24V、送丝速度为 45dm/min。由照片看出熔滴的过渡具有以下几个特点：一是熔滴粗大，相当于焊丝直径的 2 ~ 2.5 倍；二是熔滴过渡周期长，过渡频率低，照片由第 211 ~ 398 帧，总共 187 帧（选用其中的 28 帧），用时约 156ms，按这一周期估计，熔滴的过渡频率仅约为 $6.4s^{-1}$；三是熔滴的形成和长大过程中活动十分激烈，在第 316 ~ 355 帧照片中尤其明显地看到，悬挂在焊丝端部长大的熔滴边界轮廓线十分不规则，不断地改变自身的形状；四是熔滴在焊丝端部停留时间很长，引起电弧的明显飘动，从第 362 ~ 366 帧照片看到电弧在熔滴的底部，而到第 371 帧照片时电弧突然跃升到焊丝的侧表面，熔滴的活动引起电弧的动荡，破坏电弧的稳定；最后一点是电弧力对熔滴过渡过程影响增大，导致频繁大颗粒飞溅，成为影响碱性焊丝工艺质量差的主要因素。

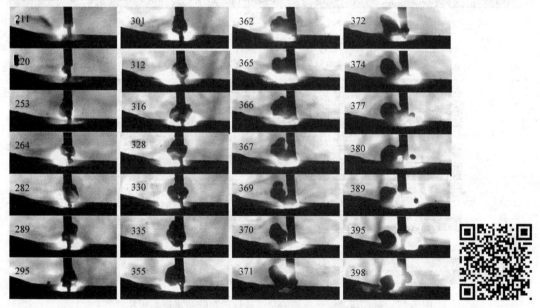

图 7-9 碱性药芯焊丝小参数时熔滴从形成、长大到过渡的全过程的高速摄影照片

样品名称：ESAB – 1 碱性药芯焊丝，ϕ1.6mm；设置焊接参数：24V/45dm/min，直流反接；
保护气体：80% Ar + 20% CO_2；拍摄速度：1200f/s。

熔滴从与焊丝的连接处脱离，并整体进行过渡，这是碱性药芯焊丝大熔滴排斥过渡较常见的过渡形态之一。如图 7-10 所示是熔滴的整体进行过渡的实例，试验样品 YC507 在 24V/45dm/min 的低送丝速度下，大熔滴从焊丝端部脱离，通过电弧空间整体向熔池过渡，过程进行得十分平稳。图 7-11 同样是粗熔滴过渡的常见形式，照片中看出大熔滴从焊丝端部连接处断开（第 10 帧照片），熔滴的整体进行过渡，其过程中只发生了瞬时的短路（第 6 帧照片），并没有引起电爆炸飞溅，显然这是大熔滴排斥过渡时最为理想的情况。

图 7-12 同样是碱性药芯焊丝在小参数下形成的熔滴排斥过渡的照片，图中记录了一个熔滴过渡全过程，从第 641 ~ 722 帧共 81 帧照片（选取其中的 12 帧照片），时间约为 68ms，计算得过渡频率约为 $14.8s^{-1}$，仔细观察可以看出熔滴是沿着渣柱滑向熔池的。

图 7-10　碱性药芯焊丝熔滴的整体进行过渡的高速摄影照片（一）
样品名称：YC507 - 1 碱性药芯焊丝，$\phi 1.6mm$；设置焊接参数：24V/45dm/min，直流反接；
保护气体：80% Ar + 20% CO_2；拍摄速度：1200f/s。

图 7-11　碱性药芯焊丝熔滴的整体进行过渡的高速摄影照片（二）
样品名称：ESAB - 1 碱性药芯焊丝，$\phi 1.6mm$；设置焊接参数：24V/45dm/min，
直流反接；保护气体：80% Ar + 20% CO_2；拍摄速度：1200f/s。

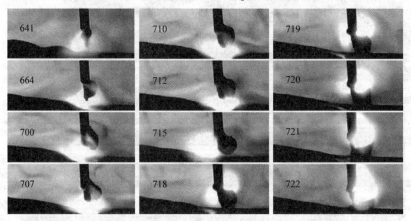

图 7-12　碱性药芯焊丝熔滴的整体进行过渡的高速摄影照片（三）
样品名称：LIN - 1 碱性药芯焊丝，$\phi 1.4mm$；设置焊接参数：25V/45dm/min，直流反接；
保护气体：80% Ar + 20% CO_2；拍摄速度：1200f/s。

当选择适当的焊接参数时，熔滴就可能以短路形式过渡。图 7-13 所示为碱性药芯焊丝在 24V/45dm/min 的低送丝速度下进行的大熔滴短路过渡过程，这是排斥过渡的另一种典型形式。看出图中第 2 ~ 12 帧照片熔滴与熔池发生了桥接，熔滴通过与熔池的短路实现过渡，对于碱性焊丝来说，这是大熔滴在小参数、较低电压下进行的较为理想的熔滴过渡形态。

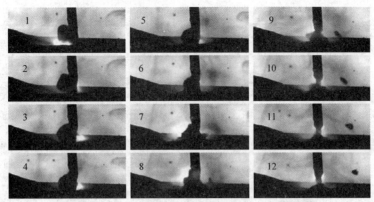

图 7-13　碱性药芯焊丝熔滴短路过渡的高速摄影照片

样品名称：ESAB - 1 碱性药芯焊丝，$\phi 1.6mm$；设置焊接参数：24V/45dm/min，直流反接；

保护气体：80% Ar + 20% CO_2；拍摄速度：1200f/s。

7.2.2　碱性药芯焊丝熔滴排斥过渡的飞溅现象

1. 熔滴短路过渡引起的电爆炸飞溅

既然碱性药芯焊丝存在着大熔滴短路过渡形态，那么一定有发生短路电爆炸飞溅的可能。如图 7-14 所示为关于碱性药芯焊丝在较小焊接参数下发生短路电爆炸飞溅的实际例子，由图 7-14 看到，第 3 ~ 5 帧照片发生短路，接着第 6 ~ 7 帧照片发生电爆炸飞溅。

图 7-14　碱性药芯焊丝发生短路电爆炸飞溅的实例

样品名称：DQ - A1 碱性药芯焊丝，$\phi 1.2mm$；设置焊接参数：23V/55dm/min，

直流反接；保护气体：80% Ar + 20% CO_2；拍摄速度：1200f/s。

2. 电弧力引起的大熔滴飞溅

碱性药芯焊丝由于渣系特点所决定，焊丝的稳弧性能不及钛系药芯焊丝，加之碱性药芯焊丝熔滴的表面张力大，熔滴粗大，活动性强，电弧飘动大，因此凸显出电弧力对熔滴的行为的重要影响。熔滴在电弧力的作用下，加剧了熔滴的活动，而熔滴的活动反过来又对电弧的活动产生影响，因此经常会发现，熔滴在电弧力的作用下，有时熔滴的整体被电弧力从焊丝端部推离，有时电弧力将焊丝端部的大块熔体分割，分割出去的部分熔体被排斥出电弧区以外，形成大颗粒飞溅。

图 7-15 所示为由电弧力将熔滴整体推离形成飞溅的例子，由图看出，熔滴在焊丝端部激烈地活动引起在熔滴上的电弧根同样激烈的运动。从第 8 ~ 9 帧照片看出，电弧根同时处在焊丝和熔滴的底部。从第 7 ~ 23 帧照片，看到作用在熔滴底部的电弧力指向电弧区外侧；在第 24 帧照片看到熔滴已经与焊丝脱离，但熔滴的底部保持着一部分弧根（第 24 ~ 30 帧照片），电弧力对熔滴的影响仍然继续着，直到熔滴被推得更远。由图看出熔滴的偏离引导电弧力发生偏斜（第 19 ~ 32 帧照片），最终使熔滴整体脱离焊丝端部而飞离，造成大颗粒飞溅。

图 7-16 所示为另一个由电弧力造成飞溅的实例。由图 7-16a 看到，在焊丝端部的较大

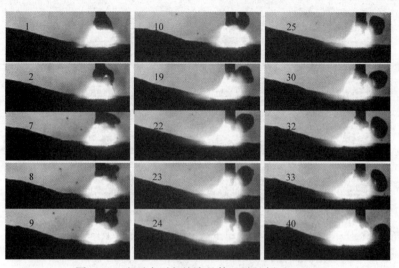

图7-15　电弧力引起熔滴整体飞溅的例子（一）
样品名称：碱性药芯焊丝 YC508 -1，$\phi 1.6mm$；设置焊接参数：24V ~45dm/min，
直流反接；保护气体：$80\% Ar + 20\% CO_2$；拍摄速度：1200f/s。

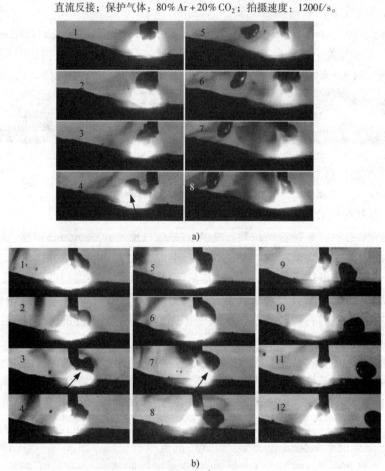

a)

b)

图7-16　电弧力引起熔滴的整体飞溅的例子（二）
样品名称：YC508 -1 碱性药芯焊丝，$\phi 1.6mm$；设置焊接参数：24V/45dm/min，直流反接；
保护气体：$80\% Ar + 20\% CO_2$ 拍摄速度：1200f/s。

熔滴由于自身的激烈活动，使熔滴不能平静地保持在焊丝中心而处于焊丝的一侧，此时电弧力的作用（第 4 帧照片箭头所指的方向）加剧了熔滴的动荡，并将其抛甩出去，形成猛烈的大熔滴飞溅。由图 7-16b 第 3、7 帧照片看出电弧力指向外侧（图中箭头所指的方向），作用十分明显，最终将大熔滴整体推离形成飞溅。

图 7-17 描述的是焊丝端部的熔滴在电弧力的作用下被分离形成飞溅的案例。由图看出，第 4～7 帧照片熔滴似乎被电弧"切割"而分离出一部分熔体，形状不规则的熔体在飘浮中收缩成球形（第 7～11 帧照片）而飞离。图 7-18 更清楚地表现熔滴的激烈动荡和电弧力的强大推力作用，电弧力使熔滴被抛甩出去，形成激烈的飘离飞溅。

由图 7-17 和图 7-18 可以看到这一飞溅过程与前面图 7-15 和图 7-16 所描述的有所不同，熔滴不是整体被推离出去，而是电弧力使熔滴被分割，由于熔滴自身表面张力的作用，力图使其本身保持在焊丝端部，于是熔滴被拉长、拉断（图 7-17 第 3、4 帧照片），被分离的那一部分熔滴飞离出去，而在焊丝端部仍残留一部分熔体（图 7-17 第 8～10 帧照片；图 7-18 第 9～11 帧照片）。

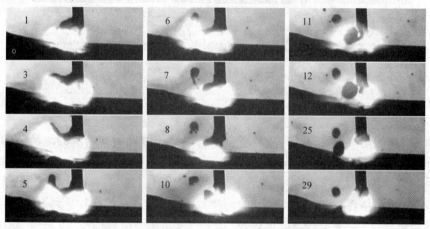

图 7-17　大熔滴被电弧力分离形成飞溅的例子（一）

样品名称：药芯焊丝 YC508－2，ϕ1.6mm；设置焊接参数：25.4V/52dm/min，

直流反接；保护气体：80% Ar＋20% CO_2；拍摄速度：1200f/s。

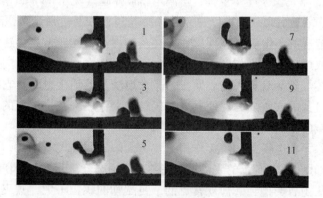

图 7-18　大熔滴被电弧力分离形成飞溅的例子（二）

样品名称：YC508－1 碱性药芯焊丝，ϕ1.6mm；设置焊接参数：24V/45dm/min，

直流反接；保护气体：80% Ar＋20% CO_2；拍摄速度：1200f/s。

图 7-19 表现的是一个已经脱离焊丝的熔滴由于电弧力的作用引起飞溅的情景。当粗大的熔滴已经脱离了焊丝端部并接触到熔池（第 5、6 帧照片）时，大熔滴有时仍没摆脱电弧力的影响，因为电弧在焊丝与熔滴之间燃烧，熔滴的上部受到电弧力的作用，使得熔滴又被推离熔池而飘浮起来（第 6、7 帧照片），在飞行的过程中，条形的熔滴被分裂成两部分，并收缩成球状，在排斥力的作用下飘离焊接区域较远的地方，形成颗粒状的飞溅。这一案例显示的是电弧力形成飞溅的特殊例子。

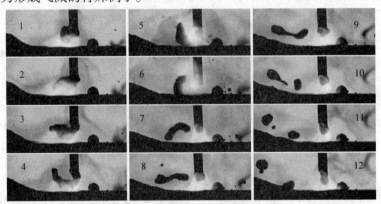

图 7-19　电弧力引起熔滴飞溅的特殊例子

样品名称：YC508 – 1 碱性药芯焊丝，ϕ1.6mm；设置焊接参数：24V/45dm/min，
直流反接；保护气体：80% Ar + 20% CO$_2$；拍摄速度：1200f/s。

图 7-20 表现的是一种反弹式的飞溅现象，大熔滴的过渡引起熔滴的滚落，已落到熔池附近的熔滴往往又被反弹重新升起，最终飘落到更远处，这是大熔滴飞溅的又一特殊表现。由图 7-20a 可以看出，大熔滴脱离焊丝后下落到熔池附近（第 5~8 帧照片），已落到熔池附近的熔滴又被反弹重新浮起（第 10~20 帧照片），从第 22~32 帧照片看到下落到熔池附近的熔滴又一次被反弹浮起，最终飘落到更远处。在图 7-20b 看到同样的情形，一个大熔滴脱离焊丝端部落地后（第 5、6 帧照片），由于熔滴本身动能和表面张力很大，促使熔滴脱离熔池（第 8、9、14 帧照片），但在第 15 帧照片看到，熔滴经过一段时间的飘浮后又落到熔池的附近（第 15~17 帧照片），继后又发生了反弹，熔滴重新被弹起（见第 18~25 帧照片），在第 30~33 帧照片看到，熔滴落地后再一次被反弹上浮，到第 35 帧照片之后熔滴飘离。

这种由于反弹造成的大熔滴飞溅现象在碱性药芯焊丝中比较常见，这种现象一方面是由于熔滴接触到熔池或熔池的附近与电弧形成导电通道，因而受到电弧力向外推离的作用，另一方面由于碱性药芯焊丝具有更大的表面张力，大熔滴与熔池接触时，它很难在熔池表面迅速铺展进入熔池，自身的大收缩力促使其脱离接触并上浮，又在排斥力的作用下被推离。反弹式的飞溅导致飞溅的大熔滴飘落得更远。

碱性药芯焊丝除了在电弧力的直接作用下发生大熔滴飘离飞溅以外，也会出现细小熔滴的飘离飞溅现象。如图 7-21 所示的飞溅现象是在熔滴上分离出较小的熔体形成飘离飞溅的例子，这一飞溅现象是各类型药芯焊丝常见的，飞溅物的颗粒不大，其飞溅行为与大颗粒熔滴的动荡和电弧力的直接作用没有直接关系，也不反映碱性药芯焊丝飞溅的特点。

3. 熔滴的自身爆炸引发的飞溅

粗大熔滴排斥过渡的特点是熔滴过渡频率低、过渡周期长、熔滴在焊丝端停留时间长，

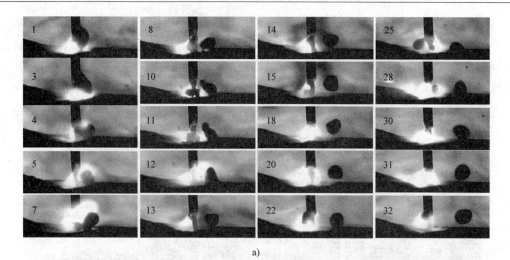

图 7-20　电弧力引起熔滴飞溅的特殊例子（二）

a）ESAB - 2 碱性药芯焊丝，φ1.6mm；设置焊接参数：25.4V/52dm/min

b）碱性药芯焊丝 YC507 - 1，φ1.6mm；设置焊接参数：24V/45dm/min

直流正接；保护气体：80% Ar + 20% CO$_2$；拍摄速度：1200f/s。

图 7-21　碱性药芯焊丝在熔滴上分离出较小的熔体形成飘离飞溅的例子

样品名称：YC508 - 1 碱性药芯焊丝，φ1.6mm；设置焊接参数：24V/45dm/min，

直流反接；保护气体：80% Ar + 20% CO$_2$；拍摄速度：1200f/s。

大块的熔体较长时间在焊丝端部停留，增大了熔滴的自身爆炸的机会。图 7-22 为熔滴的自身爆炸引起飞溅的高速摄影照片，从照片统计其爆炸过程约为 5ms（见第 6 ~ 11 帧照片）。

图 7-23 是选取的悬挂在焊丝端部的大熔滴自身发生爆炸飞溅的单帧照片。在富氩气体保护焊时，由于电弧气氛氧化性不强，造成熔滴强烈电爆炸飞溅的机会大幅度减少，事实上根据作者对碱性药芯焊丝熔滴行为的大量观察，在富 Ar 气体保护条件下发现熔滴强烈的电爆炸飞溅的概率并不大。

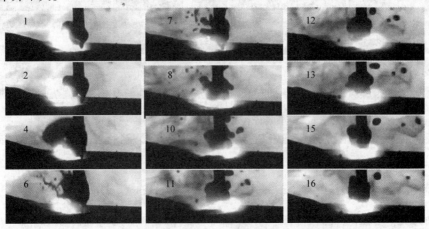

图 7-22 熔滴的自身爆炸引起飞溅的高速摄影照片

样品名称：ESAB – 1 碱性药芯焊丝，$\phi 1.6\text{mm}$；设置焊接参数：24V/45dm/min，

直流反接；保护气体：$80\% \text{ Ar} + 20\% \text{ CO}_2$；拍摄速度：1200f/s。

图 7-23 碱性药芯焊丝熔滴自身发生爆炸的单帧摄影照片

样品名称：YC508 – 2 碱性药芯焊丝，$\phi 1.6\text{mm}$；设置焊接参数：25.4V/52dm/min，

直流反接；保护气体：$80\% \text{ Ar} + 20\% \text{ CO}_2$。

7.2.3 碱性药芯焊丝熔滴排斥过渡对电弧稳定性的影响

众所周知，任何焊接材料的电弧稳定性与焊接材料成分中稳弧成分有关，这是碱性药芯焊丝的电弧稳定性不及钛型药芯焊丝的重要原因之一，但应该特别指出的是，焊接时熔滴行为对电弧稳定起着更重要的作用。研究表明在焊接时大熔滴行为增大了电弧的活性，更严重地影响电弧的稳定性。图 7-24 所示为表现电弧活动性的实例。从图中第 1 ~ 5 帧照片看出弧根在焊丝和熔滴的底部，第 6 ~ 7 帧照片电弧运动到画面的左侧，而在 8 ~ 12 帧照片看到电弧升高到焊丝的侧面，电弧在焊丝与尚未完全进入熔池的熔滴之间燃烧，熔滴的偏斜使电弧偏离中心位置。熔滴的激烈运动带动电弧做相应偏摆，这无疑破坏了电弧的稳定性。

图 7-25 为 LIN – 1 碱性药芯焊丝样品在小参数下表现其电弧行为的高速摄影照片，由图看到第 1 ~ 5 帧照片电弧处于中心位置，而第 13、49 帧照片电弧向左偏斜，第 57 ~ 69 帧照片电弧移到熔滴的表面，位置处在正前方，随后又随着熔滴的长大，弧根移到熔滴的底部

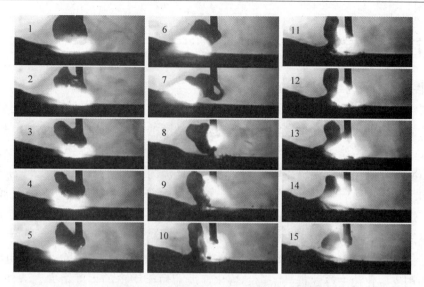

图 7-24　碱性药芯焊丝大熔滴过渡对电弧稳定性的影响（一）

样品名称：DQ – A1 碱性药芯焊丝，φ1.2mm；设置焊接参数：23V/55dm/min，直流反接；

保护气体：80% Ar + 20% CO$_2$；拍摄速度：1200f/s。

（第 88、90 帧照片），从第 91 帧照片看到在焊丝与熔滴的连接处发生了电爆炸，第 91～93 帧照片清楚地显示了爆炸的过程，与此同时电弧突然上移到焊丝与熔滴之间并明显向右偏斜，电弧在熔滴与焊丝端部之间燃烧，其中心向右偏离（第 93～99 帧照片），至第 101 帧照片电弧恢复中心位置。这幅图只选取了 20 帧照片，但涵盖了第 1～101 帧共 101 帧照片，表现了一个熔滴过渡过程中的电弧活动情况，时间跨度约 84ms。在一个过渡周期内熔滴和电弧如此频繁剧烈地活动，对电弧的稳定性造成很大的影响。

以上的案例说明，该样品在本试验的条件下不会得到稳定的电弧过程，显然该样品不适合在小的焊接参数下施焊使用。

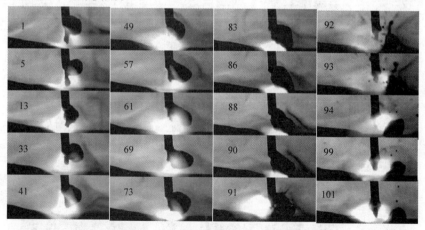

图 7-25　碱性药芯焊丝大熔滴过渡对电弧稳定性的影响（二）

样品名称：LIN – 1 碱性药芯焊丝，φ1.4mm；设置焊接参数：25V/45dm/min，直流反接；

保护气体：80% Ar + 20% CO$_2$；拍摄速度：1200f/s。

7.3　碱性药芯焊丝的细熔滴过渡

7.3.1　碱性药芯焊丝的细熔滴过渡特征

当设置焊接参数较小时，碱性药芯焊丝为大熔滴的排斥过渡，其熔滴行为完全表现为排斥过渡的特征：熔滴尺寸大，过渡频率低，在焊丝端部的停留时间长，熔滴被电弧力分离的可能性增大，导致大熔滴飞溅概率增大。当采用较大送丝速度，即焊接电流增大时，熔滴过渡时的受力状况将发生变化，电磁收缩力、等离子体流力成为推动熔滴过渡的主要力，排斥过渡逐渐向细熔滴过渡转变。细熔滴过渡时，熔滴尺寸减小，过渡频率增大，过渡频率分布趋于均匀，熔滴在焊丝端头停留的时间缩短，熔滴没有充分的时间长到很大的尺寸，大熔滴偏离焊丝轴线的情况明显减少，电弧趋于稳定；由于熔滴细小，且停留时间很短，因此不会发生焊丝端部熔体被分离的情况，大颗粒熔体的飞溅现象基本上被消除；随着电流的增大，药芯焊丝的钢皮熔化速度迅速提高，药芯熔化速度滞后于钢皮的程度增大，渣柱显露出来，对熔滴的过渡起着一定的导向作用，使熔滴在过渡过程中发生偏斜的倾向减小。这些原因都将导致焊丝工艺性的改善。

图 7-26 是 LIN-3 药芯焊丝样品发生细熔滴过渡的高速摄影照片，设置焊接参数为 30V，送丝速度为 80dm/mim，采用富氩保护气体。由图看出，在选取的 36 帧图片中连续进行了三次熔滴的过渡，分别是第 2~9 帧、第 18~22 帧、第 31~36 帧照片。从照片上统计每一个熔滴的过渡周期约为 13~15 帧照片，平均过渡频率超过 $80s^{-1}$。由图 7-27 熔滴的一

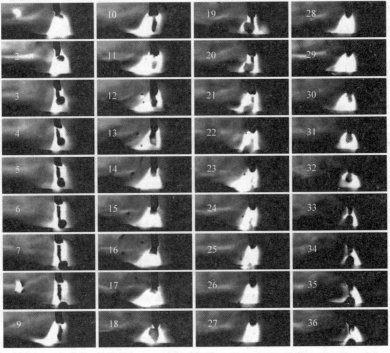

图 7-26　碱性药芯焊丝细熔滴过渡的高速摄影照片（一）

样品名称：LIN-3 碱性药芯焊丝，ϕ1.4mm；焊接参数：30V/80dm/min，

直流反接；保护气体：80% Ar + 20% CO_2，拍摄速度：1200f/s。

次滴状过渡图片看到，熔滴尺寸接近或稍大于焊丝直径，仔细观察照片可以发现，熔滴从焊丝端部脱离，沿渣柱滑落熔池，过渡过程十分平稳，这是碱性药芯焊丝最为理想的过渡模式。图 7-28 为 ESAB-3 碱性药芯焊丝细熔滴过渡的高速摄影照片。与前者同样具有发生细熔滴平稳过渡的过程，它们的共同的特点是：熔滴过渡均匀，在燃弧过程中在焊丝的轴线上保持着稳定的渣柱。

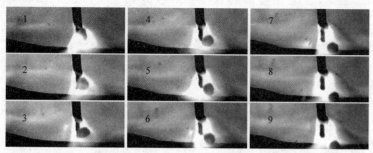

图 7-27　碱性药芯焊丝细熔滴过渡的高速摄影照片（二）
样品名称：LIN-3 碱性药芯焊丝，ϕ1.4mm；设置焊接参数：30V/80dm/min，
直接反接；保护气体：80% Ar + 20% CO_2；拍摄速度：1200f/s。

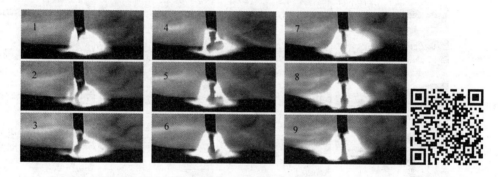

图 7-28　碱性药芯焊丝细熔滴过渡的高速摄影照片（三）
样品名称：ESAB-3 碱性药芯焊丝，ϕ1.6mm；设置焊接参数：28V/65dm/min，直流反接；
保护气体：80% Ar + 20% CO_2；拍摄速度：1200f/s。

图 7-29 是 YC507 碱性药芯焊丝在 25.4V/52dm/min 条件下形成的细熔滴过渡的高速摄影照片。图 7-29a 中记录了一个熔滴长大到过渡的全过程（从第 1 帧照片开始到熔滴过渡完成总共 36 帧照片，图中选取其中的 15 帧），而图 7-29b 选取了另一个熔滴过渡的实例，照片共 28 帧，这两个实例表现了球形熔滴平稳过渡的画面，代表了这种焊丝平稳的细熔滴过渡的基本形态。按摄影速度计算，这两个实例熔滴过渡的频率分别为 33.3s^{-1} 和 43.5s^{-1}，与图 7-27 的样品比较，其过程的稳定性很接近。它们的共同特点是在电弧过程中焊丝端部存在并始终保持着稳定的渣柱，尤其是 LIN-3 焊丝和 ESAB-3 焊丝样品的渣柱十分坚挺，而图 7-29 中焊丝的渣柱虽然不像前两者那样长，要短一些，但它同样对熔滴和电弧的行为产生有利影响。

当设置焊接参数由 25.4V/52dm/min 增大到为 28V/65dm/min 时，所试验的 YC507 碱性药芯焊丝样品细熔滴过渡特征发生了变化，由有规律的均匀的滴状过渡转化为不均匀的块状过渡，熔体的形状、尺寸、过渡的频率均匀性等发生了变化，使过程的稳定性逐渐变差。

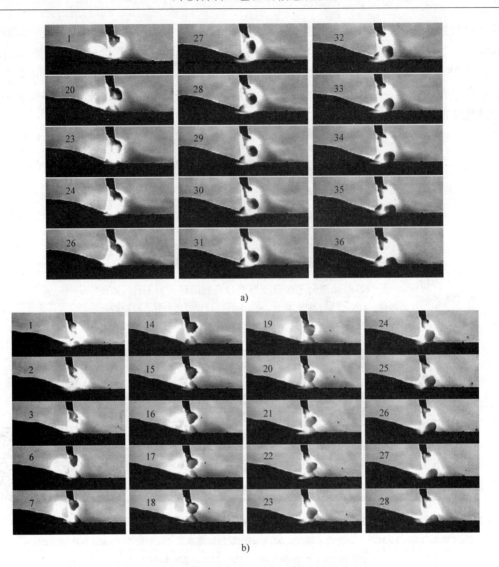

图 7-29　碱性药芯焊丝细熔滴过渡的高速摄影照片（四）

样品名称：YC507 碱性药芯焊丝，$\phi1.6mm$；设置焊接参数：25.4V/52dm/min，

直流反接；保护气体：$80\%Ar+20\%CO_2$；拍摄速度：1200f/s。

图 7-30 是碱性药芯焊丝形成不规则的块状熔滴过渡的高速摄影照片，从图中可看出，虽然在这一参数下为细熔滴过渡，但熔滴的形态有所改变，规则的球形熔滴已不太多见，大多呈大小不均匀的块状熔体，原来熔滴沿渣柱进行的有规律过渡形态已不甚明显，焊丝端部的渣柱变短，且不能一直保持，看不出渣柱对熔滴和电弧行为的有利影响。

在这一参数下有时还能看到稳定的球形熔滴过渡，由图 7-31 看出，在焊丝端部分离出一个小的熔滴向熔池过渡，从照片上看熔滴的过渡过程是很稳定的，但与前面列举的图7-27和图 7-28 的样品最大的不同是：前者存在明显的渣柱，熔滴是沿着渣柱向熔池过渡的，而后者只看到不太长的渣柱。事实上这个样品出现这种稳定过渡的状况的概率不大，大多数情况看不到清楚的渣柱，更多的时候则完全看不到渣柱（图 7-32）。

事实上在短渣柱和无渣柱情况下呈现稳定的球状熔滴过渡情况的概率是比较小的，更多

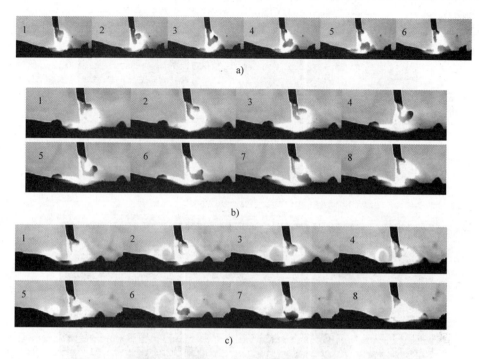

图 7-30　碱性药芯焊丝形成不规则的块状熔滴过渡的高速摄影照片

a）沿渣柱过渡的球形熔滴　b）、c）沿渣柱过渡的块状熔滴

样品名称：YC507 碱性药芯焊丝，ϕ1.6mm；设置焊接参数：28V/65dm/min，

直流反接；保护气体：80% Ar + 20% CO_2；拍摄速度：1200f/s。

的情况是如图 7-33 所示的例子。尽管在大的送丝速度下，熔滴变细，但从焊丝端部脱离的熔体的形状不是呈滴状，而是呈不规则的块状，熔体没有规则的边界，熔滴在形成和过渡过程中动荡十分激烈，显然在没有渣柱存在的情况下，熔滴很难平稳地过渡到熔池，这严重地影响了电弧过程的稳定性，使工艺性变差。

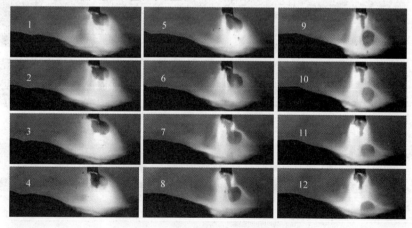

图 7-31　碱性药芯焊丝较短渣柱过渡

样品名称：YC508 - 3 碱性药芯焊丝，ϕ1.6mm；设置焊接参数：28V/65dm/min，直流反接；

保护气体：80% Ar + 20% CO_2；拍摄速度：1200f/s。

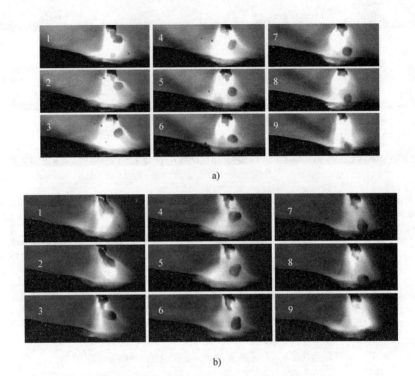

图 7-32 碱性药芯焊丝无渣柱时的细熔滴过渡

样品名称：YC508 – 3 碱性药芯焊丝，ϕ1.6mm；设置焊接参数：28V/65dm/min，

直流反接；保护气体：80% Ar + 20% CO_2；拍摄速度：1200f/s。

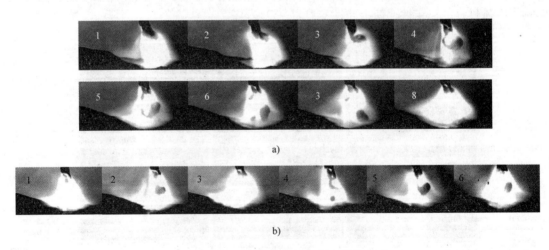

图 7-33 碱性药芯焊丝不稳定的细熔滴过渡

样品名称：YC508 – 3 碱性药芯焊丝，ϕ1.6mm；设置焊接参数：28V/65dm/min，

直流反接；保护气体：80% Ar + 20% CO_2；拍摄速度：1200f/s。

试验时观察到 LIN 和 ESAB 两种样品无论在小焊接参数下，还是在大焊接参数下都能形成稳定的渣柱。在电弧过程中，当存在渣柱时，熔滴大多沿渣柱进行过渡，尤其是在设置大的焊接参数下，渣柱对熔滴的导向作用更为明显。由于渣柱对熔滴过渡的导向作用，减小了熔滴过渡时的偏离；不仅如此，渣柱还促使熔滴细化，因为渣柱的存在使熔滴在还没有长得很大时就可能从焊丝端部的熔体中被分离出来，并附着在渣柱上向熔池过渡，提高了熔滴的过渡频率。显然这些因素是导致图 7-27 碱性药芯焊丝样品焊接过程的稳定性明显优于图 7-32 碱性药芯焊丝样品的重要原因。

图 7-29 与图 7-30 是同一种样品，只是设置焊接参数不同，由 25.4V/52dm/min 增大到 28V/65dm/min，但细熔滴过渡特征就发生了大的变化，说明这种样品对设置焊接参数十分敏感，在实际使用时对设置焊接参数要求十分苛刻，这显然不是人们所希望的。

更应该特别指出的是，作者在选取的样品中发现有的样品无论采用怎样的参数进行焊接，都不能得到理想的细熔滴过渡形态。图 7-34 是反映 DQ – A3 碱性药芯焊丝样品熔滴过渡特征的照片，看出当送丝速度很大时（设置焊接参数增大到 28V/95dm/min），该焊丝还不能形成稳定的细颗粒过渡，在焊丝端部的熔体异常，根本形不成理想意义上的熔滴，而是成为动荡不定的无序的熔体。

一系列测试结果为改进和提高现有碱性药芯焊丝的工艺性，以及开发新的工艺性能优良的碱性药芯焊丝，提供了理想的碱性药芯焊丝电弧物理特性和熔滴行为模式。

图 7-34   碱性药芯焊丝不能形成稳定的细颗粒过渡的单帧照片
样品：DQ – A3 碱性药芯焊丝，ϕ1.2mm，设置焊接参数：28V/95dm/min，
直流反接；保护气体：80% Ar + 20% CO_2

7.3.2   碱性药芯焊丝细熔滴过渡时的飞溅现象

碱性药芯焊丝在细熔滴过渡时，由于熔滴细小，过渡时不发生短路，因此由大熔滴造成的短路电爆炸飞溅、大熔滴的自身爆炸飞溅及大熔滴由于电弧力的作用形成的大颗粒熔滴的飞溅现象已不会出现。对碱性药芯焊丝细熔滴过渡过程飞溅现象的观察表明，不稳定的细熔滴过渡过程往往导致飞溅，这是细熔滴过渡产生飞溅的主要原因。

对不同厂商碱性药芯焊丝样品试验表明，细熔滴过渡时不一定完全形成理想化的滴状过渡，有时看到大块的形状极不规则的熔体过渡，这种不稳定的细熔滴过渡往往与熔滴的爆炸行为相伴发生，使熔体被分裂成碎块，一部分碎块进入熔池，形成块状过渡，也有部分碎块成为飞溅，增大了过程的不稳定性。图 7-35 中所表现的是由于熔滴的不稳定过渡和熔滴的爆炸行为引起的飞溅的高速摄影照片。

熔滴稳定过渡模式的基本特征是：熔滴近似于球形，颗粒大小均匀，过渡频率高且波动小，保持着较长的和稳定的渣柱，熔滴沿渣柱过渡，较小偏离。在这种条件下很少产生飞

图 7-35　碱性药芯焊丝不稳定过渡时熔滴的爆炸行为引起的飞溅现象

样品名称：YC508 – 3 碱性药芯焊丝，$\phi 1.6mm$；设置焊接参数：28V/65dm/min，

直流反接；保护气体：80% Ar + 20% CO_2；拍摄速度：1200f/s。

溅。如果没有这种稳定的过渡模式，则飞溅不可避免。从根本上说，细熔滴过渡时的飞溅现象是由于冶金因素和电弧物理因素共同作用所致，不稳定的过程导致飞溅，而飞溅也会导致过程的不稳定，两者之间相互影响，互为因果。

图 7-36、图 7-37 显示两幅细颗粒过渡时熔体自身爆炸引起飞溅现象。图中照片显示爆炸过程十分猛烈，看到焊丝端部的熔体发生爆炸后分裂成大小不均的飞溅颗粒，对过程的稳定性破坏极大。熔体自身爆炸引起的飞溅现象，除了熔体本身冶金因素外，过大的电磁压缩力是造成爆炸飞溅的主要原因。图 7-38 的照片中看到，由焊丝端部的熔体喷洒出十分细小的飞溅物。

以上这几个案例是细熔滴过渡时具有代表性的飞溅形式。

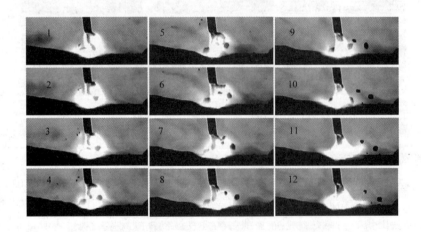

图 7-36　细熔滴过渡时熔滴自身爆炸引发飞溅现象（一）

样品名称：YC507 碱性药芯焊丝，$\phi 1.6mm$；设置焊接参数：28V/65dm/min，

直流反接；保护气体：80% Ar + 20% CO_2；拍摄速度：1200f/s。

由较大熔体中分离出来的细小熔滴引起飞溅在碱性药芯焊丝中十分常见，尤其是大熔滴排斥过渡时，这种情况更多出现，在细熔滴过渡时这种现象同样会发生，停留在焊丝端部的熔体的激烈活动很容易从熔体边界分离出较小的熔滴，并飞离出去形成飞溅。图 7-39 表现的就是这样的例子，在图中第 1 帧照片看到从熔体下端分离出一个小的熔滴，被排斥出电弧

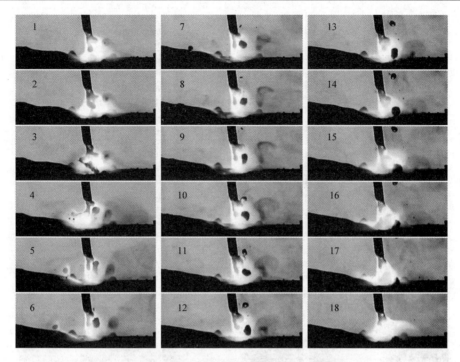

图 7-37　细熔滴过渡时熔滴自身爆炸引发飞溅现象（二）

样品名称：YC507 碱性药芯焊丝，φ1.6mm；设置焊接参数：28V/65dm/min，

直流反接；保护气体：80% Ar + 20% CO_2；拍摄速度：1200f/s。

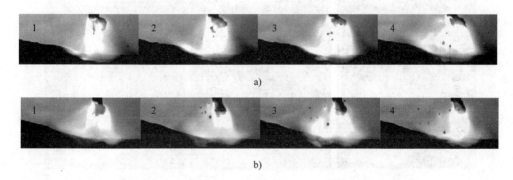

a)

b)

图 7-38　由焊丝端部的熔体喷洒出十分细小颗粒的飞溅物

样品名称：YC508 - 3 碱性药芯焊丝，φ1.6mm；设置焊接参数：28V/65dm/min，

直流反接；保护气体：80% Ar + 20% CO_2；拍摄速度：1200f/s。

区（第 2~12 帧照片）形成飞溅，仔细观察发现，在第 7~12 帧照片和第 16~18 帧照片中还有一个更小的熔滴在熔体边界被分离出，形成飞溅。

熔池中的飞溅也是细熔滴过渡时飞溅现象之一。

图 7-40 是显示熔池中发生飞溅的例子，在第 3 帧照片看到有两个熔滴，一个是沿渣柱过渡的熔滴，另一个是从熔池中逸出来的熔滴，在第 4、5 帧照片看到前一个熔滴已经过渡到熔池中，而由熔池中逸出的熔滴继续飞离，在第 9 帧照片看到又有一个十分细小的熔滴由熔池中飞出，形成飞溅，这两个熔滴在飞行过程中均被烧掉。

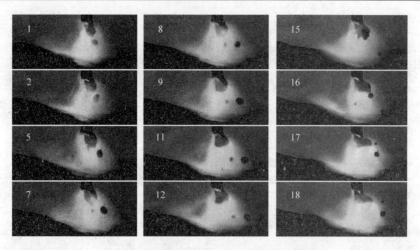

图 7-39　碱性药芯焊丝由熔体中分离的熔滴引起飞溅的例子

样品名称：YC508 −3 碱性药芯焊丝，φ1.6mm；设置焊接参数：28V/65dm/min，直流反接；
保护气体：80% Ar +20% CO_2；拍摄速度：1200f/s。

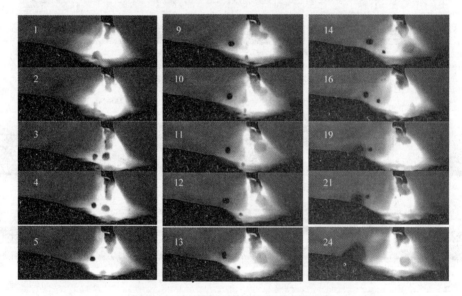

图 7-40　细熔滴过渡时的熔池飞溅现象

样品名称：YC508 −3 碱性药芯焊丝，φ1.6mm；设置焊接参数：28V/65dm/min，直流反接；
保护气体：80% Ar +20% CO_2；拍摄速度：1200f/s。

7.4　焊丝的药芯成分对熔滴行为的影响

在一定的试验条件下，不同焊丝表现出不同的熔滴行为特征归根结底是由焊丝自身的因素决定的，而焊丝结构和钢皮成分一定时则主要决定于药芯成分。碱性药芯焊丝的药芯成分含有多量的碱性氧化物，这一渣系组成决定了碱性渣具有较大的表面张力，并使碱性药芯焊丝具有粗熔滴过渡的基本属性，其次碱性药芯焊丝中氟化物的存在，使其焊接时稳弧性也不及钛型药芯焊丝，这是碱性药芯焊丝共有的特性，客观上增大了碱性药芯焊丝工艺性设计的困难，当采用 CO_2 气体保护焊时，其焊接工艺性更难以保证。

改善碱性药芯焊丝的工艺性，在药芯成分的设计上主要应注意三方面的问题，即稳定电弧、细化熔滴和调整好熔渣。由于碱性渣中含有多量氟化物，单纯地采取常规的加入稳定电弧物质的措施很难取得实效，实际上熔滴行为特征对电弧稳性的影响最大，对电弧现象的大量实际观察表明，熔滴在焊丝端部的激烈活动引起在熔滴上的弧根同样激烈地运动，从而影响电弧的稳定性。非激烈活动的相对平静的熔滴行为是维持电弧稳定的最重要的条件，因此从焊丝设计的角度出发，稳定电弧的问题归结到如何降低熔滴的表面张力、改善熔滴过渡形态这一根本问题上。很多研究结果证实[4,5,7,9]在 $MgO - SiO_2 - CaF_2$ 组成的碱性渣系中，适当减少 CaF_2 的量，增大氟硅酸钠的加入量（质量分数不超过 16%），能够有利于减小熔滴的表面张力，使熔滴细化、过渡频率增大、飞溅减小，工艺性得到改善。参考文献 [8] 的作者研制了一种 $MgO - 氟化物 - SiO_2 - TiO_2$ 渣系的混合气体保护药芯焊丝，指出用一部分氟硅酸钠取代萤石，当 MgO 为 22%（质量分数，后同）左右、CaF_2 为 6%、Na_2SiF_6 为 9% 时，熔滴细化，飞溅降低，电弧稳定。

硅铁、锰铁、铝镁合金能够明显降低熔滴的氧含量，随着脱氧剂含量的增大，熔滴变粗，熔滴过渡频率减少；LiF 熔点低，焊接时少量的 LiF 能明显地改善电弧的稳定性；加入多种氟化物，可以在电弧过程的不同温度段形成气体保护，降低氢的分压，从而利于克服氢气孔，并降低熔敷金属的扩散氢；同时，采用多种复合氟化物有利于调整渣的黏度、熔点和流动性。

全位置焊接性一直是碱性药芯焊丝工艺性的突出问题之一，通过调整药芯成分、提高脱氧成分，例如提高铝镁合金加入量、降低熔池金属氧含量，能够减小熔池金属的流动性，明显改善其立焊性能[7]。国内有的研究者认为降低药芯粉的熔点，使药芯与钢皮的熔化保持一致，会有利于稳定电弧和改善工艺性。但作者认为这一观点还有待进一步探讨，因为根据作者对国外工艺性较好的碱性药芯焊丝样品进行的试验，焊接过程中在焊丝端部保持着较长的渣柱，对于减小熔滴的飘动、稳定电弧和改善焊丝工艺性十分有利。熔渣软化温度的控制是渣柱能否形成、保持合适的长度并在电弧过程中得以维持的基本条件，为了保证在焊接时形成长短合适、稳定的渣柱，必须使药芯成分中的造渣成分具有合适的软化温度和渣的黏度。药芯的渣中 CaO、Al_2O_3 含量的增大，使渣的凝固点提高。

不采用 CO_2 气体保护焊而采用富氩混合气体保护焊，不但可以改变电弧的介质条件，从而稳定电弧，而且能较容易地形成细熔滴过渡，因此采用富氩混合气体保护是碱性药芯焊丝稳定焊接过程的重要工艺技术措施之一。

图 7-41 所示为 YC508 - 3 样品在焊丝端部的熔体呈连续细滴过渡的情况，过渡的细滴不像是金属熔滴，而像是熔渣滴，显然这种情况说明熔体的软化温度较低，当渣柱还没来得及形成时，熔渣已经熔化掉了，这是该焊丝不能形成渣柱的原因。因此对于 YC508 - 3 样品设计药芯成分时，应该提高药芯成分的软化温度。提高药芯成分的软化温度可以加入 CaO、Al_2O_3 等高熔点的氧化物，但应该适量。图 7-42a 所示为加入 CaO 等高熔点的氧化物过多，造成渣柱过长的案例，由图看出，由于渣柱过长，导致当渣柱进入熔池后还不能熔化。图 7-42 是同一种样品的另一组表现熔点过高时形成过长渣柱的高速摄像照片，从图中看到，第 4 帧照片渣柱从焊丝端部脱离，完整地落在母材上，这一现象说明渣柱还没来得及熔化，尚处于固态，所以在脱离焊丝后形状几乎没有改变，如果渣柱已经是熔融状态的话，它应当

在脱离焊丝后逐渐收缩成球形，至少自身的形状应该有所变化。

图 7-41　焊丝端部的熔体（熔渣）呈连续细滴的过渡

样品名称：YC508 - 3 碱性药芯焊丝，ϕ1.6mm；设置焊接参数：28V/65dm/min，直流反接；

保护气体：80% Ar + 20% CO$_2$；拍摄速度：1200f/s。

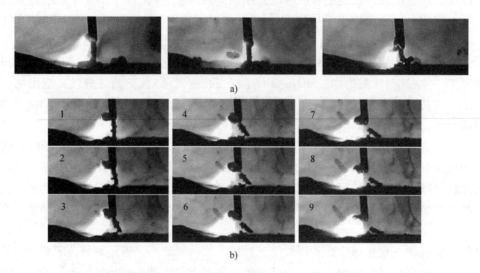

a)

b)

图 7-42　显示药芯焊丝渣柱过长的照片

样品名称：0658 1#碱性药芯焊丝，ϕ1.6mm；设置焊接参数：28V/50dm/min，

直流反接；保护气体：80% Ar + 20% CO$_2$；拍摄速度：1200f/s。

7.5　碱性药芯焊丝工艺质量的评价

就熔滴过渡形态而言，药芯焊丝细熔滴过渡时有最好的焊接工艺性，显然，某种焊丝形成细熔滴过渡趋势的大小可以评价其工艺性的优劣，特别是对于某些工艺质量很差、难以实现真正的细熔滴过渡的焊丝。然而，就不同厂商的产品而言，虽然同样具有细熔滴过渡形态，但是其工艺性却有一定差别，这种情况显然不能简单地用是否可以形成细熔滴过渡或者是形成细熔滴过渡趋势这一标准来衡量焊丝的工艺性。采用高速摄影直接进行观察无疑可以对细熔滴过渡的行为特征做形象直观的描述，从而做出定性的分析判断，但如果要得到细熔滴过渡工艺质量的数据信息，则需要进行后续统计分析的工作，这显然在工程实践中不能方便地使用。

作者的试验研究证明，药芯焊丝工艺性与药芯焊丝焊接过程的稳定性有直接关系，药芯焊丝电弧电压、电流波形的稳定与否将直接反映熔滴过渡过程的稳定性，不管是短路过渡还是非短路过渡形态，也无论对于钛系焊丝的 CO$_2$ 气体保护焊、金属粉芯 CO$_2$ 气体保护焊或富氩气体保护焊，以及其他类型的如自保护药芯焊丝、也包括实心焊丝 CO$_2$ 气体保护焊等，电弧电压、焊接电流波形越均匀稳定，熔滴过渡过程及电弧形态也越均匀稳定，反之亦然。有的文献也提出过与之相近的观点[14]。

焊接过程中电弧电压、焊接电流的波动可以用变异系数来表示，而电弧电压、焊接电流的变异系数可以方便地由汉诺威分析仪直接获得，这样碱性药芯焊丝工艺性的评价可以用焊接电弧电压和焊接电流的变异系数作为判据，来评价焊丝的工艺性。

比较不同焊丝的工艺质量应该在相同的焊接参数下进行测试，但是由于每个样品的个体差异，即使焊接参数设置得一样，但在施焊时实际的焊接参数也会有所不同，因此比较不同焊丝的工艺性只能在一定范围内大体相近的焊接参数下进行，表 7-1 列出几种碱性药芯焊丝样品的电弧物理特性参数实测值及工艺性评价结果。表中实测的焊接参数为电压 24 ~ 28V，送丝速度 45 ~ 90dm/min。

在大体相近的焊接参数下比较五种焊丝的电弧电压和焊接电流的变异系数，可以看出：LIN 样品电弧电压和焊接电流的变异系数是几种样品中最低的，平均值分别为 4.72% 和 0.59%，可以判定其工艺性最好，无论是从波形还是高速摄影测试，及其实际工艺试验的情况看，与评价的结果吻合；YC507 和 ESA 样品电弧电压和焊接电流的变异系数也比较低，其工艺性也较好；DQ - A 样品测试的结果在几种样品中表现较差。

表 7-1　几种碱性药芯焊丝样品电弧物理特性参数实测值及工艺性评价结果

药芯焊丝样品名与编号	电弧电压					焊接电流					工艺性评价名次
	预置电压/V	实测平均值/V	标准偏差/V	变异系数（%）		预置送丝速度/(dm/min)	实测平均值/A	标准偏差/A	变异系数（%）		
				实测值	平均值				实测值	平均值	
LIN - 1	25	24.04	1.28	5.33		45	172.10	19.42	0.75		
LIN - 2	28	26.82	1.10	4.09	4.72	60	219.87	14.27	0.50	0.59	1
LIN - 3	30	28.54	1.35	4.75		80	259.89	12.47	0.52		
YC508 - 1	24	22.58	1.57	6.95		45	219.98	19.97	0.71		
YC508 - 2	25.4	23.40	1.56	6.68	6.64	52	232.00	26.75	0.67	0.65	2
YC508 - 3	28	26.32	1.67	6.36		65	298.29	13.62	0.56		
ESAB - 1	24	22.55	1.91	8.47		45	214.46	26.41	0.89		
ESAB - 2	25.4	23.96	1.59	6.63	6.97	52	241.76	18.54	0.66	0.69	3
ESAB - 3	28	26.40	1.53	5.80		65	289.17	8.19	0.53		
YC508 - 21	24	22.52	1.73	8.69		45	208.04	26.41	0.83		
YC508 - 22	25.4	23.99	1.97	8.22	8.25	52	242.71	21.98	0.81	0.80	4
YC508 - 23	28	26.33	2.32	8.83		65	301.97	16.37	0.77		
DQ - A1	23	21.69	2.98	13.76		55	142.50	32.10	2.09		
DQ - A2	26	24.47	1.54	6.30	8.14	65	161.80	19.63	0.95	1.26	5
DQ - A3	28	26.14	1.57	6.01		95	216.42	19.61	0.73		

综合本章内容，可做以下的概括。

1）碱性药芯焊丝药芯成分含有多量的氟化物和碱性氧化物，这一渣系组成决定了碱性渣具有较大的表面张力，并使其具有粗熔滴过渡的基本属性，同时由于氟化物的存在，其焊接时稳弧性也不及钛型药芯焊丝，这增大了碱性药芯焊丝工艺性设计的困难。

2）碱性药芯焊丝熔滴过渡形态与焊接参数有关，当采用小的焊接参数时，呈粗熔滴排斥过渡形态，与钛型药芯焊丝的排斥过渡形态相比，熔滴更粗大，电弧的活动性更强，凸显出电弧力对熔滴的行为的重要影响，在电弧力的作用下，有时熔滴的整体被电弧力从焊丝端部推离，有时电弧力将焊丝端部的大块熔体分割，形成大颗粒激烈飞溅。

3）随着电参数的增大，熔滴细化，表现出明显的向细熔滴过渡转化的趋势，但是不同的样品表现有所不同，有的能形成稳定的细熔滴过渡形态，焊接工艺性良好，有的则不能形成十分均匀稳定的细熔滴过渡，焊接工艺性很差。当采用 CO_2 气体保护焊时，其焊接工艺性更难以保证，采用富氩气体保护是碱性药芯焊丝实现良好工艺性的重要技术措施。

4）细熔滴过渡时，在焊丝的轴线上保持着稳定的渣柱，对熔滴的过渡起着明显的导向作用，使熔滴在过渡过程中发生偏斜的倾向减小，导致焊丝工艺性的改善。

5）药芯焊丝工艺性与药芯焊丝焊接过程的稳定性有直接关系，药芯焊丝电弧电压、电流波形的稳定与否将直接反映熔滴过渡过程的稳定性。可以用焊接电弧电压和焊接电流的变异系数作为判据，评价焊丝的工艺性。

参 考 文 献

[1] Allen J S, Widgery D J. Cored wired developments and the objectives of BS7084 [J]. Welding and Metal Fabrication, 1990, 58 (6): 274 – 276.

[2] French L E, Bosworth M R. Special basic flax cored wired for all – position pulsed welding [J]. Welding Journal. 1997, 76 (3): 120 – 124.

[3] 喻萍, 尹士科, YuDing, 等. 结构钢气体保护焊药芯焊丝的发展趋势 [J]. 机械制造文摘: 焊接分册, 2011 (5): 19 – 22.

[4] 余圣甫. 高强度低合金钢二氧化碳气体保护焊碱性药芯焊丝冶金过程的研究 [D]. 武汉: 华中理工大学 1999.

[5] 余圣甫, 张国栋, 李志远, 等. CO_2 保护碱性药芯焊丝熔滴过渡及影响因素 [J]. 华中科技大学学报: 自然科学版, 2001, 29 (1): 1 – 4.

[6] 王勇. 碱性药芯焊丝工艺性和高强钢金属粉型药芯焊丝的研究 [D]. 太原: 中北大学, 2013, 10.

[7] 曹修文. YCJ507 药芯焊丝的研究 [D]. 武汉: 武汉理工大学. 2013.

[8] 张平. 碱性渣系混合气体保护药芯焊丝工艺性能的研究 [D]. 南京: 南京航空航天大学, 2008.

[9] 余圣甫, 李志远, 石仲堃. 氟化物对碱性药芯焊丝工艺性能的影响 [J]. 焊接, 2000 (12): 30 – 33.

[10] 张莉, 谢晋平, 张孝东, 等. 碱性药芯焊丝工艺性能的研究 [J]. 焊接技术, 2011, 40 (9): 77 – 79.

[11] 胡勇. 氟化物渣系 588MPa 级碱性药芯焊丝的研制 [J]. 焊接技术, 2001, 30 (6): 30 – 31.

[12] 闫红. 新型碱性气保护药芯焊丝 LJ507 的研制与应用 [J]. 焊接技术, 2008, 37 (6): 36 – 39.

[13] 余圣甫, 李志远, 吴伟, 等. YJ657 碱性药芯焊丝研制 [J]. 机械工程材料, 2000, 24 (5): 23 – 25.

[14] 张晓囡. CO_2 弧焊电源动特性评定新方法的研究 [D]. 广州: 华南理工大学, 1999.

第 **8** 章 ▶▶▶▶▶

金属粉芯焊丝和自保护药芯焊丝的电弧物理特性

8.1 金属粉芯焊丝的电弧物理特性

金属粉芯焊丝实质上可以看作是实心焊丝和药芯焊丝相结合的产物，由于金属粉芯焊丝是由薄钢带包裹粉剂组成，电流主要从钢带通过，其电流密度大，熔化速度快，同时焊芯中含有大量的铁粉、铁合金和金属粉，非金属矿物含量很少，显然粉芯也具有一定的导电能力，因此它比实心焊丝和熔渣型药芯焊丝具有更高的熔敷速度和较高的熔敷效率，同时焊接时飞溅小，熔渣量少，焊后无须清渣，减轻了焊接工作量。由于金属粉芯焊丝既有实心焊丝的长处，又兼备高熔敷速度、焊接工艺性能好等熔渣型药芯焊丝的优点，因此它被评价为"代替实心焊丝的焊接材料"[1]。

金属粉芯焊丝有两种类型，一种是适于 CO_2 气体保护焊用的含有一定造渣成分的金属粉焊丝，另一种则是用于富氩保护气体的金属粉焊丝。前者由于与实心焊丝和钛型药芯焊丝一样用 CO_2 做保护气体，因此使用十分方便，容易推广。适于 CO_2 气体保护焊的金属粉焊丝含有一定量的造渣成分，其主要造渣成分如 $TiO_2 - SiO_2 - Al_2O_3 - MgO$ 为钛酸型[2]，TiO_2 起造渣和稳弧的作用，Al_2O_3 提高渣的黏度、熔点和熔渣的表面张力，SiO_2 降低熔渣的表面张力和熔点，MgO 能够调整熔渣的碱度、增加熔渣的透气性和提高焊缝抗气孔能力。合适的造渣成分组合使金属粉芯焊丝在 CO_2 气体保护焊条件下获得良好的焊接工艺性。

金属粉芯焊丝现已在我国各地的长输管线工程施工中和船舶制造中得到应用[3-5]，但进口的产品还占有较大市场。国内对金属粉芯焊丝的研究开发比钛型药芯焊丝晚一些，客观上由于金属粉芯焊丝配方的设计和制造难度比钛型焊丝大，使用的场合往往对焊丝的要求很高，要求焊丝不仅具有良好的力学性能，还要具有良好的工艺性，如很好的电弧稳定性、良好的焊缝成形和好的脱渣性和抗气孔性能等。目前国内一些单位对金属粉芯焊丝的研究开发取得不少进展，其产品满足部分市场需求，如武汉铁锚焊接材料有限公司与武汉理工大学合作成功开发了 760MPa 高强度金属粉芯焊丝，其与中北大学合作开发的更高强度金属粉芯焊丝也取得了成功[6,7]。研究金属粉芯焊丝的电弧物理特性有助于加深对金属粉芯焊丝冶金特性和工艺特性的认识，对金属粉芯焊丝产品的研发有现实意义。

8.1.1 金属粉芯焊丝 CO_2 气体保护焊的电弧物理特性

下面用金属粉芯焊丝进行 CO_2 气体保护焊试验，试验材料选取合伯特兄弟公司生产的牌号为 MT80N1 的金属粉芯焊丝，焊丝直径为 $\phi1.2mm$，试验的焊接参数设置为 23V/190A、24.5V/190A、25V210、27V/240、30V/315、32V/332A、34V/329A、38.5V/339A、38.5V/373A、38.5V/410A，采用 ZB-500 型 CO_2 气体保护焊机，电源极性为直流反接，利用携带焊枪的自动行走小车进行 CO_2 气体保护焊自动焊接，试件用内径 113mm、壁厚 12mm、长 450mm 的碳钢管，采用拍摄速度 2000f/s 和 1200f/s 的高速摄影获取熔滴行为的可视化信息，用汉诺威分析仪获取电弧物理特性数据化信息，测试采样时间为 10s。

1. 无渣型金属粉芯焊丝 CO_2 气体保护焊时的电弧物理特性

（1）无渣型金属粉芯焊丝 CO_2 气体保护焊时电弧物理特性数字化信息的获取 合伯特兄弟公司生产的 MT80N1 金属粉芯焊丝适用于富氩气体保护焊，并不适合 CO_2 气体保护焊，为了增强对金属粉芯焊丝电弧物理特性的认识，特别安排该焊丝在 CO_2 气体保护条件下采用汉诺威分析仪进行测试分析。

在上述焊接参数下对 MT80N1 焊丝进行 CO_2 气体保护焊试验，得到的不同焊接参数下电弧电压、焊接电流波形图（截取其中的 1s）如图 8-1 所示（只选取了其中的七幅）。

由图 8-1 可以看出，MT80N1 焊丝进行 CO_2 气体保护焊时，当采用电弧电压为 22～25V、焊接电流为 180～210A 的较小焊接参数焊接时（图 8-1a～c），未出现密集均匀短路，表明焊接过程不稳定；当采用 26～30V、240～330A 较大电流焊接时，在波形图上（图 8-1d、e）看到熔滴只发生偶然短路；而当采用更大的焊接参数时（32～35V、330～340A），则完全不发生短路，波形逐渐趋于平稳（图 8-1f、g）。

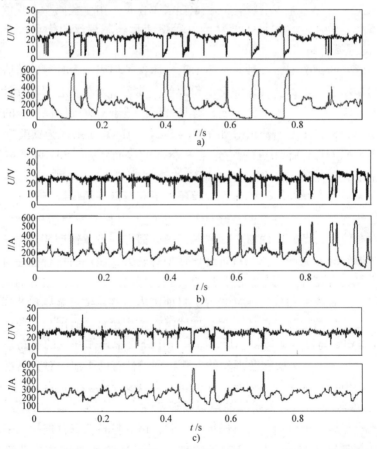

图 8-1　MT80N1 金属粉芯焊丝 CO_2 气体保护焊电弧电压、焊接电流波形图

a) 13#—22.14V/183.22A　b) 01#—23.28V/194.90A　c) 02#—24.81V/212.95A

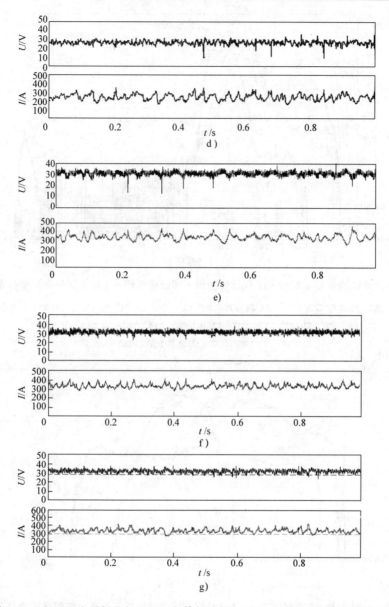

图 8-1　MT80N1 金属粉芯焊丝 CO_2 气体保护焊电弧电压、焊接电流波形图（续）

d) 03#—26.65V/238.10A　e) 05#—30.15V/332.13A　f) 06#—32.19V/328.25A　g) 14#—34.58V/338.67A

图 8-2、图 8-3 是由汉诺威分析仪测试的上述各参数下电弧电压、焊接电流概率密度分布叠加图。由图 8-2 看出：电压概率密度分布曲线 13#、01#、02#、03#、05# 都存在着小驼峰曲线，说明在相应的焊接参数下还有短路发生，由图 8-1a～e 对应的波形可以清楚地看到这一点；13#、01# 的曲线最分散，对应的焊接参数为 22.14V/183.22A 和 23.28V/194.90A，小驼峰处于最高的位置，而同时又有高电压的概率密度分布，说明焊接过程中发生的短路概率最大；06#、14# 的曲线都没有小驼峰，说明在所对应的焊接参数下焊接时不出现短路。

由图 8-3 看到 05#、06# 和 14# 曲线分布得很集中，说明在相应的大焊接参数时不发生短路，其余各参数下由于都存在短路，曲线都相当分散。

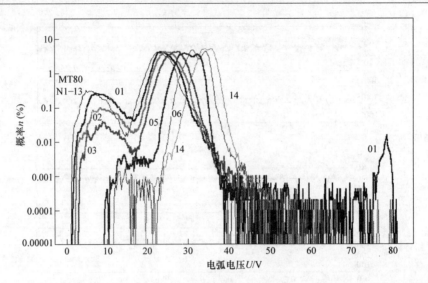

图 8-2　MT80N1 金属粉芯焊丝 CO_2 气体保护焊不同焊接参数下电弧电压概率密度分布叠加图

13#—22.14V/183.22A　01#—23.28V/194.90A　02#—24.81A/212.95　03#—28.65V/238.10A

05#—30.15V/332.13A　06#—32.19V/328.25A　14#—34.58V/338.67A

（本图的彩色图见附录 F 中图 F-1a）

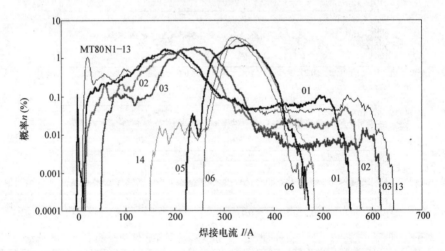

图 8-3　MT80N1 金属粉芯焊丝 CO_2 气体保护焊不同焊接参数下焊接电流概率密度分布叠加图

13—22.14V/183.22A　01—23.28V/194.90A　02—24.81A/212.95　03—28.65V/238.10A

05—30.15V/332.13A　06—32.19V/328.25A　14—34.58V/338.67

（本图的彩色图见附录 F 中图 F-1b）

　　根据对钛系药芯焊丝的研究，对于 ϕ1.2mm 焊丝，当采用电流超过 320A 的大焊接参数时（05#—30.15V/332.13A、06#—32.19V/328.25A、14#—34.58V/338.67），波形逐渐趋于平稳，短路电压概率趋于零，焊接电流的概率密度分布十分集中，基本上可以实现细熔滴过渡。那么 MT80N1 金属粉芯焊丝在相应的焊接参数下是否能形成细熔滴过渡，这还需要通过高速摄影进行观察分析来判断。

　　（2）无渣型金属粉芯焊丝 CO_2 气体保护焊时电弧物理特性可视化信息的获取　采用高速摄影对熔滴行为进行观察与测试，得到如图 8-4、图 8-5 所示的熔滴行为照片和如图 8-6、

图 8-7 所示的发生熔滴和熔池飞溅的照片，采用的焊接参数为：预置电压 38.5V，送丝速度 165dm/min 和 175dm/min，实际电流为 340.33A 和 410.88A，焊接速度为 34dm/min，气体流量 20L/min，焊丝伸出长度为 25mm。观察高速摄影照片发现，在这样的大电流条件下，熔滴和电弧的活动十分激烈，很难看到熔滴平稳过渡的画面，焊接过程十分不稳定，飞溅很大，单纯从趋于一条直线的波形上看，无论如何也想象不出熔滴进行了如此激烈的活动。

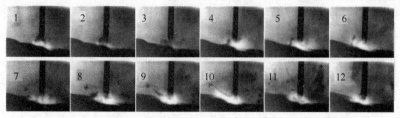

图 8-4　金属粉芯焊丝 CO_2 气体保护焊高速摄影照片（一）

焊丝样品：MT80N1 焊丝，ϕ1.2mm；焊接参数：38.5V/340A；拍摄速度：2000f/s。

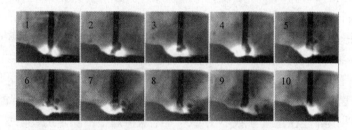

图 8-5　金属粉芯焊丝 CO_2 气体保护焊高速摄影照片（二）

焊丝样品：MT80N1 焊丝，ϕ1.2mm；焊接参数：38.5V/410A；拍摄速度：2000f/s。

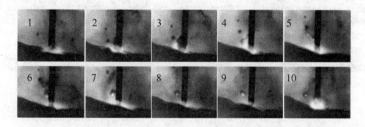

图 8-6　金属粉芯焊丝 CO_2 气体保护焊发生熔滴飞溅的高速摄影照片

焊丝样品：MT80N1 焊丝，ϕ1.2mm；焊接参数：38.5V/410A；拍摄速度：2000f/s。

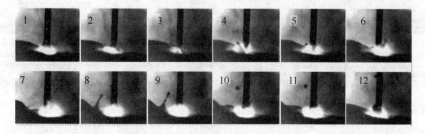

图 8-7　金属粉芯焊丝 CO_2 气体保护焊发生熔池飞溅的高速摄影照片

焊丝样品：MT80N1 焊丝，ϕ1.2mm；焊接参数：38.5V/410A；拍摄速度：2000f/s。

显然 MT80N1 焊丝在 CO_2 气体保护焊的条件下，即使电流增大到 400A，也不能形成细颗粒过渡，与在同参数下熔渣型药芯焊丝 CO_2 气体保护焊的良好工艺性的情况截然不同。由高速摄影统计的两个参数下熔滴过渡频率分别为 $44.8s^{-1}$ 和 $64.8s^{-1}$，飞溅频率分别达到 $38.7s^{-1}$ 和 $57.8s^{-1}$，飞溅十分猛烈，尤其是在 38.5V/410A 条件下，可以看到几乎每一次熔滴的过渡均发生熔滴或熔池的飞溅。由以上的试验可以得到这样的结论：MT80N1 金属粉芯焊丝在 CO_2 气体保护焊时无论是在低焊接参数下，还是在大的焊接参数下，都不能获得稳定的焊接过程。

2. 造渣型金属粉芯焊丝 CO_2 气体保护焊的试验

为了使金属粉芯焊丝能适用于 CO_2 气体保护焊，在金属粉芯中加入一定量的造渣成分，形成造渣型金属粉芯焊丝。下面介绍 SQC - 01 造渣型金属粉药芯焊丝样品 CO_2 气体保护焊时在不同焊接参数下对熔滴行为进行观察和测试的结果，试验条件与 MT80N1 金属粉芯焊丝相同。试验表明，当焊接参数为 21V/60dm/min 时，高速摄影清楚地显示，SQC - 01 焊丝样品熔滴过渡形态为粗大熔滴的排斥过渡，熔滴活动十分激烈，其电弧过程非常不稳定，在这一参数下每当熔滴长大与熔池接触时，由于送丝速度过慢，熔滴在熔池表面来不及铺展，就发生瞬时短路电爆炸飞溅，严重影响焊接工艺性。从图 8-8a 中看到的是瞬时短路电爆炸飞溅，在第 5 ~ 9 帧照片熔滴与熔池短路，短路时间大约 4.2ms，接着第 11 ~ 17 帧照片发生了爆炸。从图 8-8b 看出，在第 3 ~ 9 帧照片发生短路，接着发生了爆炸，电爆炸过程相当猛烈，造成严重的飞溅，短路时间大约 5.8ms，显然属于持续性的短路电爆炸飞溅。如此猛烈的电爆炸飞溅说明该焊丝在这一参数下的 CO_2 气体保护焊是不稳定的。由高速摄影统计的这一样品的熔滴过渡频率约为 $16.30s^{-1}$。

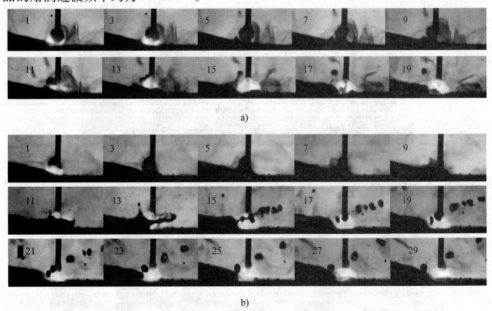

图 8-8 金属粉芯焊丝 CO_2 气体保护焊小参数时排斥过渡发生短路电爆炸飞溅的高速摄影照片

a）瞬时短路电爆炸飞溅 b）持续性短路电爆炸飞溅

焊丝样品：SQC - 01 造渣型金属粉芯焊丝，$\phi1.2mm$；焊接参数：21V/60dm/min；拍摄速度：1200f/s。

当焊接参数增大至 26V/90dm/min 时，熔滴仍然保持着排斥过渡，但熔滴尺寸有所减小，过渡频率增大，超过 $20s^{-1}$，焊接过程趋于稳定。图 8-9 所示为 26V/90dm/min 焊接参数下的熔滴行为特征，可以看出熔滴依然比较粗大，过渡形态仍为排斥过渡，在图中第33～45 帧照片看到熔滴的整体从焊丝端部脱离过渡到熔池，过渡时没有与熔池发生短路，通过波形图判断熔滴过渡时大都不与熔池发生短路，显然发生短路电爆炸飞溅的概率大幅度减小了，与前者 21V/60dm/min 焊接参数时经常发生电爆炸飞溅的情况完全不同。

当焊接参数进一步增大到 29V/120dm/min 时（图 8-10），熔滴进一步得到细化，过渡频率也进一步增大，统计的熔滴过渡频率超过 $50s^{-1}$，熔滴过渡形态向细熔滴过渡转变，此时已看不到熔滴自身爆炸引起的飞溅现象，飞溅大多发生在熔池。

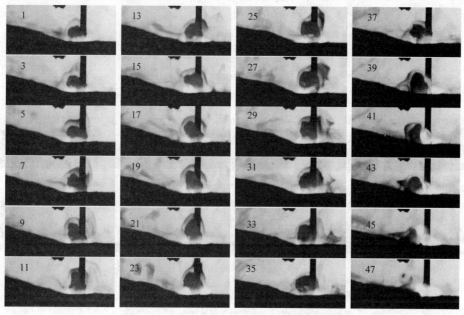

图 8-9　金属粉芯焊丝 CO_2 气体保护焊小参数时排斥过渡的高速摄影照片

焊丝样品：SQC-01 造渣型金属粉芯焊丝，$\phi 1.2mm$；

焊接参数：26V/90dm/min；拍摄速度：1200f/s。

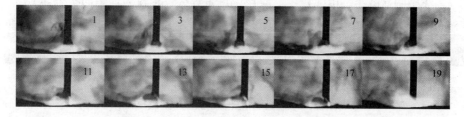

图 8-10　金属粉芯焊丝 CO_2 气体保护焊较大参数时熔滴过渡的高速摄影照片

焊丝样品：SQC-01 造渣型金属粉芯焊丝，$\phi 1.2mm$；

焊接参数：29V/120dm/min；保护气体：100% CO_2；拍摄速度：1200f/s。

再进一步增大焊接参数至 32V/150dm/min 时，如图 8-11 所示，熔滴尺寸进一步变小，过渡频率进一步增大，接近 $60s^{-1}$，但是发现飞溅现象有增大的趋势，如图 8-12 所示，飞溅物相当细小，飞溅过程被烟雾笼罩，这种飞溅的频繁发生使得焊接过程的稳定性得不到明显改善。

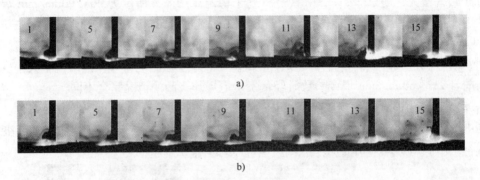

图 8-11　金属粉芯焊丝 CO_2 气体保护焊大参数时熔滴过渡的高速摄影照片

焊丝样品：SQC-01 造渣型金属粉芯焊丝，$\phi1.2mm$；

焊接参数：32V/150dm/min；拍摄速度：1200f/s。

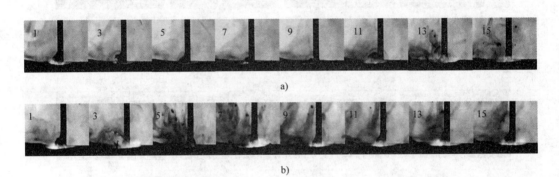

图 8-12　金属粉芯焊丝 CO_2 气体保护焊大参数时飞溅现象的高速摄影照片

焊丝样品：SQC-01 造渣型金属粉芯焊丝，$\phi1.2mm$；

焊接参数：32V/150dm/min；拍摄速度：1200f/s。

当焊接参数继续增大到 36V/200dm/min 时，熔滴过渡频率超过 $60s^{-1}$，实现细熔滴过渡（图 8-13），飞溅明显减小，电弧稳定，应该说这是焊接过程较为理想的状态。

图 8-13　金属粉芯焊丝 CO_2 气体保护焊大参数时实现细熔滴过渡的高速摄影照片

焊丝样品：SQC-01 造渣型金属粉芯焊丝，$\phi1.2mm$；

焊接参数：36V/200dm/min；拍摄速度：1200f/s。

现再举另外两个适用于 CO_2 气体保护焊的造渣型金属粉芯焊丝的例子，试验焊丝样品名称为 HSQC-01 和 HTEC-01。从如图 8-14 所示的电弧电压和焊接电流波形可以看出，在不大的焊接参数下，两种焊丝都具有典型的短路过渡特征，熔滴进行短路过渡，可以基本保证焊接过程的稳定。分析两种焊丝电弧物理特性参数的测试结果（表 8-1），再对比一下图 8-14 所示的波形，以及图 8-15、图 8-16 所示的电弧电压、焊接电流概率密度分布图和图

8-17所示的短路频率分布图，可以看出两种焊丝样品的电弧物理特性是有区别的。由波形图看到 HTEC–01 焊丝短路比较密集；从图 8-17 短路频率分布图看出，HTEC–01 焊丝短路频率分布比 HSQC–01 焊丝向左集中，HTEC–01 焊丝短路时间大于 1ms 的短路频率 f_{sc} = $37.3\mathrm{s}^{-1}$ 比 HSQC–01 高得多，周期时间 $T_c = 28.72\mathrm{ms}$，也比较短，周期变异系数 $\nu(T_c)$ = 43.40%，也比 HSQC–01 低一些。以上的试验结果表明 HTEC–01 焊丝焊接过程的稳定性好于 HSQC–01 焊丝。

这一试验说明，可用于 CO_2 气体保护焊的金属粉芯焊丝与普通熔渣型的药芯焊丝 CO_2 气体保护焊一样可以采用短路周期变异系数 $\nu(T_c)$ 为判据对金属粉芯焊丝进行工艺性评价。

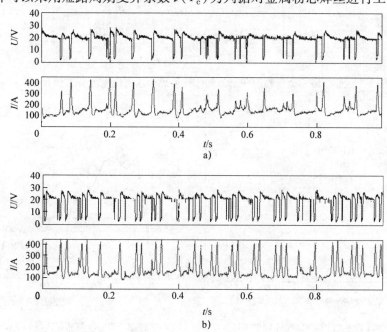

图 8-14　金属粉焊丝 CO_2 气体保护焊电弧电压和焊接电流波形图

a) HSQC–01 金属粉芯焊丝 $\phi1.2\mathrm{mm}$　b) HTEC–01 金属粉芯焊丝，$\phi1.2\mathrm{mm}$

表 8-1　两种焊丝样品电弧物理特性参数的测试结果

测试焊丝名称、编号	电弧电压 U/V	焊接电流 I/A	$T_1 > 1\mathrm{ms}$ 短路时间之和/ms	$T_1 > 1\mathrm{ms}$ 的短路频率 f_{sc}/s^{-1}	短路周期 T_c/ms	短路周期变异系数 $\nu(T_c)$(%)
HSQC–01	18.92	152.91	4.368	18.2	51.78	48.80
HTEC–01	18.45	178.92	4.500	37.3	28.72	43.40

注：分析仪参数设置：短路时间组宽 $\Delta T_1 = 100\mu\mathrm{s}$，短路周期组宽 $\Delta T_c = 500\mu\mathrm{s}$，最小短路时间 $T_{1min} = 1000\mu\mathrm{s}$，阈值电压 $U_{th} = 15\mathrm{V}$。

3. CO_2 气体保护焊金属粉芯焊丝熔化特点

与熔渣型的药芯焊丝有所不同，在 CO_2 气体保护焊条件下金属粉芯焊丝的熔化、熔滴过渡和电弧行为有其自身的特点。熔渣型的药芯焊丝在排斥过渡时熔滴的形成、长大和过渡往往偏向焊丝的一侧，处在熔滴的底部的电弧也因此而偏离焊丝轴心线运动，药芯中的造渣成分形成的渣柱处于焊芯的中心线，与熔滴基本不融合，并且单独向熔池过渡，这是药芯焊丝

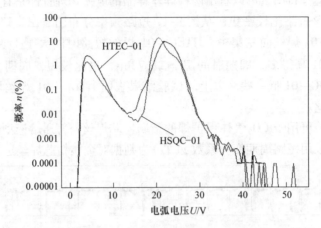

图 8-15　金属粉焊丝 CO_2 气体保护焊电压概率密度分布图

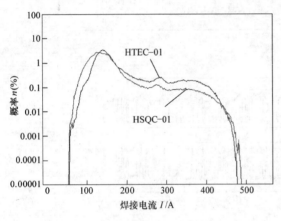

图 8-16　金属粉芯焊丝 CO_2 气体保护焊
焊接电流概率密度分布图

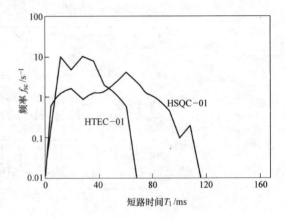

图 8-17　金属粉芯焊丝 CO_2 气体保护
焊短路频率分布图

CO_2 气体保护焊时排斥过渡的典型特征。而在 CO_2 气体保护焊条件下的 MT80N1 金属粉芯焊丝则完全看不到这样的情景。图 8-18 是 MT80N1 金属粉芯焊丝的熔化、熔滴过渡和电弧行为的高速摄影照片，从第 1 帧照片看出，电弧在焊丝端部熔滴下面燃烧着，由于钢皮的导电性好，弧根往往处于钢皮上，使钢皮的熔化速度超前于粉芯，于是粉芯形成的金属柱便暴露出来，且随着钢皮的熔化不断伸长，由于粉芯形成的金属柱具有导电性，因此电弧就可能由钢皮上转移到金属柱的底部燃烧（第 2 帧照片），电弧对粉芯的直接加热使粉芯金属柱迅速熔化变短（第 3、4 帧照片），并与上面的钢皮形成的熔滴合并形成较大的熔滴（第 5 帧照片），之后过渡到熔池（第 6 帧照片）。

图 8-18　金属粉芯焊丝 CO_2 气体保护焊熔滴和电弧行为的高速摄影照片
焊丝样品：MT80N1 焊丝，ϕ1.2mm；焊接参数：38.5V/410A；拍摄速度：2000f/s。

图 8-19 描述了金属粉芯焊丝焊接时同样的熔化特征,在第 4 帧照片看出,由于钢皮熔化得更快,使金属粉芯从焊芯端头伸出,钢皮形成的熔滴处在药芯柱的上部,电弧转移到药芯柱底部燃烧(第 5 帧照片),对药芯形成的金属柱进行加热,使其熔化,形成的液态金属流入熔池,金属柱自身逐渐缩短(第 6、7 帧照片),而此时电弧对钢皮的直接加热暂时停止,停留在焊丝端上部的熔滴也暂时不再长大,在钢皮上形成的熔滴随着焊丝的送进逐渐下移,当金属粉芯形成的金属柱完全被熔掉时,熔滴已下降至焊丝的底部(第 8 帧照片),之后熔滴进行了过渡(第 9 帧照片),接着又重复下一个过程。上述钢皮与药芯交替熔化的情况周而复始地出现,成为金属粉芯焊丝在大电流 CO_2 气体保护焊时的特征之一,这一特征随着焊接电流的增大而越发明显,交替熔化的现象造成电弧长度周期性改变,对焊接过程的稳定性有不利的影响。而在中、小电流焊接时,这种熔化特点不会明显地表现出来,因为电流较小时,钢皮的熔化速度减慢,钢皮上形成的过热熔滴对粉芯的热传导较为充分,加速了粉芯的熔化,使得钢皮超前熔化的程度减小,导致钢皮与金属粉芯的熔化趋于同步。

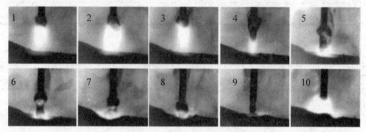

图 8-19　金属粉芯焊丝 CO_2 气体保护焊熔滴和电弧行为的高速摄影照片

焊丝样品:MT80N1 焊丝,$\phi1.2mm$;焊接参数:38.5V/410A;拍摄速度:2000f/s。

8.1.2　金属粉芯焊丝混合气体保护焊和 Ar 弧焊的电弧物理特性

1. 金属粉芯焊丝混合气体保护焊时的电弧物理特性

(1)电弧物理特性数字化信息的获取　MT80N1 焊丝混合气体(95% Ar + 5% CO_2)保护焊时,采用汉诺威分析仪在电弧电压 22~32V、焊接电流 190~380A 时进行测试,测试得到的平均电弧电压、电弧电压标准偏差、电弧电压变异系数、平均焊接电流、焊接电流标准偏差和焊接电流变异系数等电弧物理特性参数见表 8-2,测试得到的电弧电压、焊接电流波形如图 8-20 所示。

由图 8-20a 看出,焊丝样品 05 在较低电弧电压和较小焊接电流条件下焊接时,大部分时间段内波形有明显的起伏,在 1.9~2.3s 时间段内出现不正常短路,此外还有一些瞬时短路波形,电弧电压和焊接电流的变异系数最大,分别为 7.70% 和 19.16%,这表明在电弧电压 21.95V、焊接电流 197.83A 时,其焊接过程极不稳定;当电流基本不变、提高电弧电压到 23V 时,实际焊接参数为 23.38V/189.42A(焊丝样品编号为 06),从波形图(图 8-20b)看出短路电压波形消失,但波形起伏还比较大,焊接电流的变异系数 $\nu(I) = 6.68\%$,数值也较大;当焊接电流超过 200A、实际焊接参数为 23.30V/209.55A 时(焊丝样品编号为 04),波形起伏减小(图 8-20c),焊接电流变异系数 $\nu(I) = 4.24\%$,焊接过程稳定性有所提高;当进一步增大焊接参数(23.84V/212.03A)时,波形已经看不到明显的起伏(图 8-20d),焊接电流的变异系数 $\nu(I)$ 已下降到 3.56%;当焊接电流增大到 240A 以上时,焊接过程已达到稳定状态,电弧电压和焊接电流波形图呈一条直线(图 8-20e、f),表明焊接过程不出现短路,焊接过程十分稳定。由表 8-2 中的试验数据看出,随着焊接电流的增大,焊接电流的标准偏差和变异系数逐渐减小，尤其焊接电流的变异系数变化的规律最明显，由19.16%逐渐下降至2.43%。

表8-2 汉诺威分析仪测试的实际焊接参数及标准偏差和变异系数值

试验焊丝名称编号	平均电弧电压 U/V	电弧电压标准偏差 $s(U)$/V	电弧电压变异系数 $\nu(U)$(%)	平均焊接电流 I/A	焊接电流标准偏差 $s(I)$/A	焊接电流变异系数 $\nu(I)$(%)
M80N1－05	21.95	1.69	7.70	197.83	37.91	19.16
M80N1－06	23.38	0.77	3.30	189.42	10.57	6.68
M80N1－04	23.30	0.70	2.99	209.55	8.71	4.24
M80N1－07	23.84	0.76	3.13	212.03	7.54	3.56
M80N1－03	24.48	0.78	3.19	247.43	9.18	3.71
M80N1－02	28.14	1.05	3.75	320.90	9.88	3.08
M80N1－01	30.06	1.19	3.97	373.87	9.10	2.43

注：MT80N1 金属粉芯焊丝混合气体（95% Ar + $CO_2$5%）保护焊。

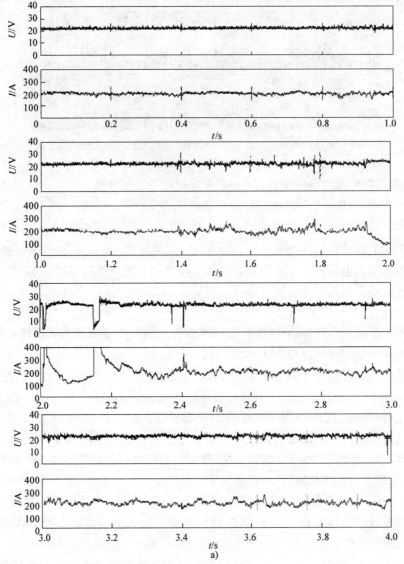

图8-20 金属粉芯焊丝混合气体保护焊电弧电压、焊接电流波形图

a）05—21.95V/197.83A

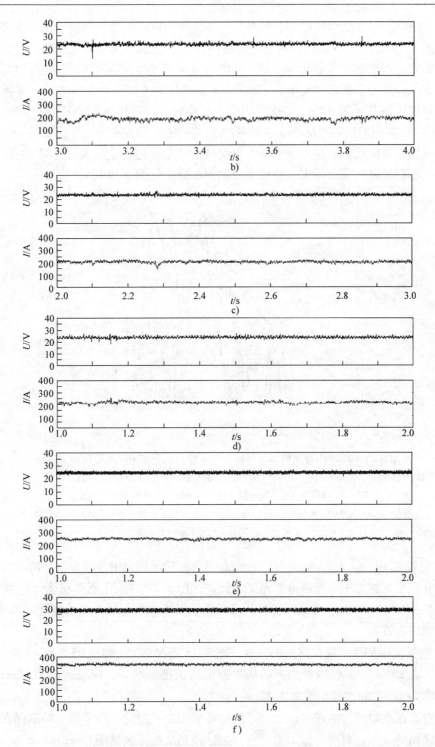

图 8-20　金属粉芯焊丝混合气体保护焊电弧电压、焊接电流波形图（续）

b) 06—23.38V/189.42A　c) 04—23.30V/209.55A

d) 07—23.84V/212.03A　e) 03—24.48V/247.43A　f) 02—28.14V/320.90A

焊丝样品：MT80N1 金属粉芯焊丝，φ1.2mm；保护气体：95%Ar + 5%CO₂ 混合气体。

图 8-21 和图 8-22 是金属粉芯焊丝混合气体保护焊电弧电压、焊接电流概率密度分布叠加图。由图 8-21 看出：05 曲线有明显的短路特征，低电压小驼峰曲线概率比较大，曲线右面有明显的高电压概率密度分布，实际上高电压概率密度分布超过 50V，作图的时候因横坐标只取到 50V，舍去了更高的电压分布，将 05 曲线与图 8-20a 的电弧电压、焊接电流波形图对照，可以更清楚地看到在 21.95V/197.83A 参数下，焊接过程不稳定；随着电流的增大，06 曲线（实际焊接参数 23.38V/189.42A）、04 曲线（实际焊接参数 23.30V/209.55A）的小驼峰曲线明显降低，短路电压概率大幅度减小；电压进一步增大时，02 和 01 曲线位置向右移动，小驼峰曲线完全消失，曲线十分集中，分布范围不到 10V。

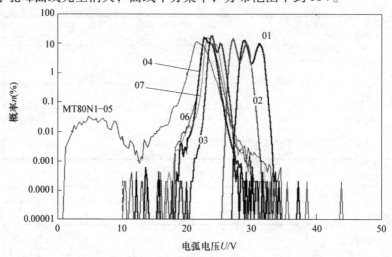

图 8-21　M80N1 金属粉芯焊丝混合气体保护焊电弧电压概率密度分布图

05—21.95V/197.83A　06—23.38V/188.42A　04—23.30V/209.55A　07—23.84V/212.03A

03—24.48/247.43A　02—28.14V/320.90A　01—30.06V/373.87A

焊丝样品：MT80N1 金属粉芯焊丝，$\phi1.2mm$；保护气体：95% Ar + 5% CO_2 混合气体。

（本图的彩色图见附录 F 中图 F-2a）

从图 8-22 看出，除去 05 曲线外，其他曲线分布都比较集中，随着电流的增大，曲线逐渐右移，分布也更加集中。随着电弧电压的提高，图 8-21 中电压概率密度分布曲线以 05—06—04—07—03—02—01 顺序逐渐右移，而焊接电流概率密度分布曲线也随着电流的增大，按同样的顺序右移。

（2）电弧物理特性可视化信息的获取　图 8-23 是 MT80N1 焊丝 95% Ar + 5% CO_2 混合气体保护焊，在 25V/210A 焊接参数下熔滴过渡的高速摄影照片，焊接速度为 42cm/min，气体流量为 20L/min，焊丝伸出长度为 22mm。

通过对高速摄影照片的观察，发现过渡的熔滴细小，过渡过程平稳，偶尔存在细颗粒飞溅或熔池金属的飞溅，对高速摄影照片进行统计得到熔滴过渡频率 $f_{tr} = 214.1 s^{-1}$，实际上形成了喷射过渡。图 8-24、图 8-25 是 MT80N1 金属粉芯焊丝焊接时飞溅现象的高速摄影照片，由照片看出，悬挂在焊丝端部的熔滴自身发生了爆炸，尤其在图 8-24 中第 2 ~ 4 帧照片看到熔滴完全被破碎。但是由于熔滴本身体积很小，熔滴直径一般不会超过焊丝的直径，因此飞溅物的颗粒很细小，熔滴爆炸波及的范围不大。另一方面，由高速摄影统计的飞溅频率

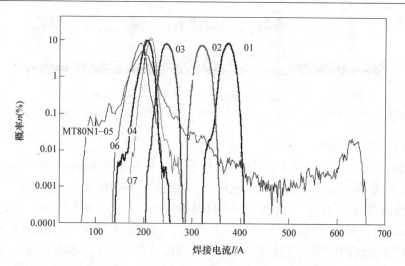

图 8-22　MT80N1 金属粉芯焊丝混合气体保护焊的焊接电流概率密度分布图

05—21.95V/197.83A　06—23.38V/188.42A　04—23.30V/209.55A　07—23.84V/212.03A　03—24.48/247.43A

02—28.14V/320.90A　01—30.06V/373.87A

焊丝样品：MT80N1 金属粉芯焊丝，ϕ1.2mm；保护气体：95% Ar + 5% CO_2 混合气体。

（本图的彩色图见附录 F 中图 F-2b）

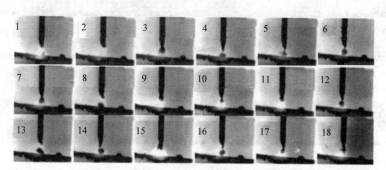

图 8-23　金属粉芯焊丝熔滴过渡高速摄影照片

焊丝样品：MT80N1；保护气体：95% Ar + $CO_2$5%；焊接参数：25V/210A；拍摄速度：2000f/s。

$f_{sp} = 33.3 s^{-1}$，绝对数并不算小，但是与熔滴过渡频率相比，飞溅产生的概率仅为熔滴过渡频率的 15% 左右，因此焊接时感觉到飞溅很小，对工艺性的影响不大，飞溅的主要形式是熔滴的爆炸飞溅，也还有少量的熔池飞溅。

图 8-24　金属粉芯焊丝焊接时飞溅现象的高速摄影照片（一）

焊丝样品：MT80N1；保护气体：95% Ar + $CO_2$5%；焊接参数：25V/210A；拍摄速度：2000f/s。

作者采用高速摄影对 HOBART 公司的无渣金属粉芯 MT80MO1 药芯焊丝样品在 80%Ar + 20% CO_2 混合气体保护时进行观察分析，撷取的照片清楚地展现出随着焊接参数的增大，熔滴由排斥过渡向射滴过渡和射流过渡转变的情况（图 8-26 ~ 图 8-28），显示了金属粉芯焊

图 8-25 金属粉芯焊丝焊接时飞溅现象的高速摄影照片（二）

焊丝样品：MT80N1；保护气体：95% Ar + CO₂5%；焊接参数：25V/210A；拍摄速度：2000f/s。

丝混合气体保护焊的熔滴行为特征。

由图 8-26、8-27 看出，当设置电压为 25V、送丝速度为 50dm/min 的较小焊接参数时，熔滴为排斥过渡形态，熔滴直径超过焊丝直径，熔滴呈不均匀的块状，大熔滴自身爆炸飞溅十分明显，熔滴激烈动荡，有时焊丝端部熔体被抛甩出去形成大颗粒飞溅；焊接参数增大至 28V/75dm/min 时，熔滴过渡形态发生明显的变化，过渡频率增大，大颗粒飞溅已经消失，由排斥过渡转变为较细熔滴射滴过渡；采用更大焊接参数时，熔滴形成射流过渡（图 8-28、图 8-29），过程稳定性大为提高。

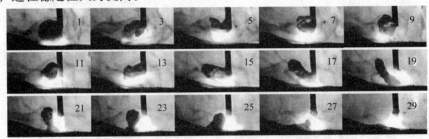

a)

b)

图 8-26 无渣型金属粉芯焊丝排斥过渡的高速摄影照片

焊丝样品：MT80MO1 金属粉芯焊丝，φ1.2mm；焊接参数：25V/50dm/min，直流反接；

保护气体：80% Ar + 20% CO₂；拍摄速度：1200f/s。

图 8-27 无渣型金属粉芯焊丝大块状熔滴过渡的单帧照片

焊丝样品：MT80MO1 金属粉芯焊丝，φ1.2mm；焊接参数：25V/50dm/min，直流反接；

保护气体：80% Ar + 20% CO₂；拍摄速度：1200f/s。

对金属粉芯焊丝熔滴行为特征进行实际观察发现，飞溅现象与熔滴行为有关。金属粉型焊丝的飞溅有多种形式，主要有气体逸出飞溅、熔滴的爆炸飞溅、电弧力引起的飞溅等[8]。在 100% CO₂ 气体保护焊条件下，焊接参数选择不当时，熔滴活动十分剧烈，熔滴爆炸行为导致飞溅增大；在 5% CO₂ + 95% Ar 富氩气体保护焊时，容易形成单一的射滴过渡，焊接过程稳定，飞溅很小。

试验表明，混合气体（95% Ar + CO₂ 5%）保护焊时，金属粉芯焊丝在 28V/75dm/min 的中等焊接参数下可以出现射滴过渡，熔滴过渡频率高，飞溅频率降低，电弧稳定，焊缝成形良好，工艺性能改善。正因为如此，MT80N1 金属粉芯焊丝被明确地推荐只适合于富氩的混合气体（95% Ar + 2% CO₂ 或 90% Ar + 10% CO₂）保护焊。如果使金属粉芯焊丝能够适应 CO₂ 气体保护焊，则需要在粉芯中加入少量的造渣成分，改变其电弧物理特性，使其既能保持金属粉芯焊丝的高熔敷效率，又能被赋予熔渣型焊丝优良工艺性的特点。目前在市场上一些适用于 CO₂ 气体保护焊的国产和进口的金属粉芯焊丝都是采取这一技术路线设计的。

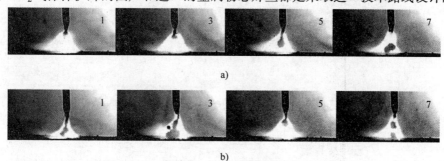

图 8-28　无渣型金属粉芯焊丝射滴过渡的高速摄影照片

焊丝样品：MT80MO1 金属粉芯焊丝，φ1.2mm；焊接参数：28V/75dm/min，直流正接；
保护气体：80% Ar + 20% CO₂；拍摄速度：1200f/s。

图 8-29　无渣型金属粉芯焊丝射流过渡的高速摄像照片

焊丝样品：MT80MO1 金属粉芯焊丝，φ1.2mm；焊接参数：30V/100dm/min，直流正接；
保护气体：80% Ar + 20% CO₂；拍摄速度：1200f/s。

2. 金属粉芯焊丝 Ar 弧焊时的电弧物理特性

金属粉芯焊丝在 Ar 气保护下，当采用 25V/50dm/min 小参数时，发现过渡频率和熔滴的颗粒度十分不均匀，有时出现近两倍于焊丝直径的大熔滴（图 8-30b），也会发生稍大于焊丝直径的细熔滴过渡（图 8-30a），估算其熔滴平均过渡频率 f_{tr} 超过 $100s^{-1}$。大熔滴过渡时也会发生自身爆炸飞溅，由图 8-31 中第 5 帧照片看到的焊丝端部的大熔滴，在第 7 帧照片发生自身爆炸，形成飞溅。

当焊接参数为 28V/75dm/min 时，如图 8-32 所示，熔滴进一步变细，一般接近于焊丝的直径，电弧呈钟罩形状，基本上形成了射滴过渡，统计其过渡频率接近 $200s^{-1}$。

当进一步提高焊接参数到 30V/100dm/min 时，熔滴变得更细小，有时熔体呈条状，过渡频次更高，基本上形成射流过渡，巨大的电磁收缩力使焊丝端部变细，焊丝末端被削尖，电弧形态十分稳定，飞溅基本消除（图 8-33）。当进　步提高焊接参数到 32V/125dm/min 时（图 8-34），熔滴变得更细小，有时呈细线状，形成稳定的射流过渡。

以上对 MT80N1 金属粉芯焊丝的试验得到的结果可以归纳为以下几点。

1）MT80N1 金属粉芯焊丝在 CO₂ 气体保护焊时，无论是在低焊接参数还是在大的焊接

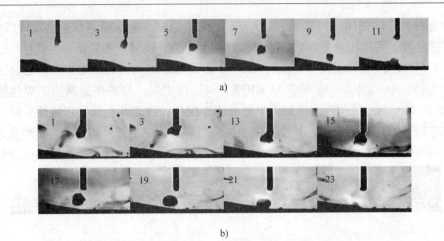

a)

b)

图 8-30　无渣型金属粉芯焊丝 Ar 弧焊滴状过渡的高速摄影照片

焊丝样品：MT80ArO1 金属粉芯焊丝，$\phi 1.2mm$；焊接参数：25V/50dm/min，直流正接；
保护气体：100% Ar；拍摄速度：1200f/s。

图 8-31　无渣型金属粉芯焊丝 Ar 弧焊发生飞溅的高速摄影照片

焊丝样品：MT80ArO1 金属粉芯焊丝，$\phi 1.2mm$；焊接参数：25V/50dm/min，直流正接；
保护气体：100% Ar；拍摄速度：1200f/s。

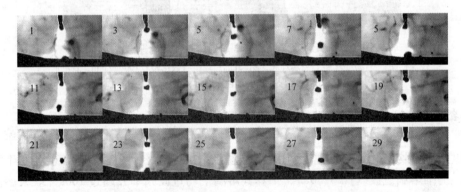

图 8-32　无渣型金属粉芯焊丝 Ar 弧焊射滴过渡的高速摄影照片

焊丝样品：HOBART 无渣型金属粉芯焊丝 MT80ArO1，$\phi 1.2mm$；
焊接参数：28V/75dm/min，直流正接；保护气体：100% Ar；拍摄速度：1200f/s。

参数时，都不能获得稳定的焊接过程；对于造渣型金属粉芯焊丝，可用于 CO_2 气体保护焊，与普通钛型药芯焊丝 CO_2 气体保护焊一样，可以采用短路周期变异系数 $\nu(T_c)$ 为判据对其进行工艺性评价。

2）在作者的试验条件下，无渣金属粉芯 MT80MO1 焊丝在 80% Ar + 20% CO_2 混合气体保护的小焊接参数 25V/50dm/min 时还得不到稳定的焊接过程；随着焊接参数增大至 28V/75dm/min，熔滴过渡形态发生明显的变化，过渡频率增大，由排斥过渡转变为较细熔滴射滴过渡，过程稳定性大为提高；焊接参数进一步增大至 30V/100dm/min 时，熔滴更为细小，

278

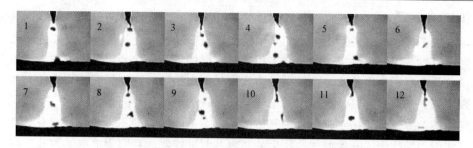

图 8-33　无渣型金属粉芯焊丝 Ar 弧焊熔滴喷射过渡的高速摄影照片（一）

焊丝样品：HOBART 无渣型金属粉芯焊丝 MT80ArO3，$\phi1.2$mm；焊接参数：30V/100dm/min，直流正接；

保护气体：100% Ar；拍摄速度：1200f/s。

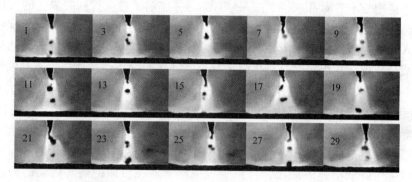

图 8-34　无渣金属粉芯焊丝 Ar 弧焊熔滴喷射过渡的高速摄影照片（二）

焊丝样品：HOBART 无渣型金属粉芯焊丝 MT80ArO3，$\phi1.2$mm；焊接参数：32V/125dm/min，直流正接；

保护气体：100% Ar；拍摄速度：1200f/s。

过渡频率进一步增大，形成射流过渡，电弧电压和焊接电流波形呈一条直线，焊接电流的变异系数随着焊接电流的增大发生有规律的变化，因此可以采用焊接电流的变异系数定量地分析判断某种金属粉芯焊丝实现喷射过渡倾向的大小。焊接电流变异系数越低，焊接时形成喷射过渡的倾向越大，焊接过程越稳定，工艺性越好。

3）在 Ar 气保护下，当采用小参数 25V/50dm/min 时，熔滴为滴状过渡，焊接过程不十分稳定；当焊接参数为 28V/75dm/min 时，熔滴进一步变细，基本上形成了射滴过渡；当提高焊接参数到 30V/100dm/min 时，熔滴变得更细小，基本上形成射流过渡，电弧形态十分稳定；当进一步提高焊接参数到 32V/125dm/min 时，熔滴变得更细小，有时呈细线状，过渡频率 f_{tr} 超过 $200s^{-1}$，形成完全的射流过渡，焊丝末端削尖，电弧形态十分稳定，飞溅基本消除。

作者对 MT80N1 焊丝进行的测试虽然是个别的案例，但得到的试验结果有一定代表性，这一研究可提高对金属粉芯焊丝电弧物理特性和工艺性的认识。

8.2　自保护药芯焊丝的电弧物理特性

8.2.1　自保护药芯焊丝的一般概念

自保护药芯焊丝（SSFCW）可以在不附加保护气体的条件下施焊，焊接时无须供气辅助设备，抗风能力强，焊接操作方便，既具有焊条电弧焊的灵活性，又具有药芯焊丝或实心焊丝气体保护焊的高生产率，被广泛地应用于冶金、建筑、管线、桥梁、造船、钢结构、水利、电站等在野外施焊的工程上。近年来随着我国长输油气管线工程建设规模的增大和建设质量的提高，以及油气管线现场的安装工作，对自保护药芯焊丝的市场需求进一步扩大，而且对自保护药芯接头质量的要求也越来越高。近年来出现了通过控制弧长与热输入的手段优化整个焊接工艺、调整焊缝微观组织与结构、获得优质焊接接头的技术[9,10]。

自保护药芯焊丝由于在不附加保护气体的条件下施焊，焊缝不但可能因氧化产生 CO 气孔，还可能因为氮的侵入导致氮气孔，因此对氧和氮的控制、克服焊缝中的气孔，同时保证焊缝金属良好的韧性，是自保护药芯焊丝冶金设计时要解决的主要问题。

自保护药芯焊丝焊接冶金问题有其自身特点，为此做了不少的研究工作，无论是在理论上还是在具体应用技术方面都取得了成果[11-16]，并厘清了自保护药芯焊丝的气体保护的概念。自保护药芯焊丝焊接时的气体保护问题与焊条电弧焊的气体保护不同，自保护药芯焊丝不宜直接加入造气物质，或采用大理石分解后产生的 CO_2 实现气体保护，因为如果药芯中加入多量造气成分，那么在焊接时会析出强大气流，往往对熔滴的过渡产生不利的影响，另外大理石分解后析出的 CO_2 还会造成较大的飞溅。可以在自保护药芯焊丝加入大量的 CaF_2，焊接时 CaF_2 与 O_2 或与 H_2O 反应生成 F_2 和 HF，形成对熔滴的气体保护；CaF_2 的沸点约为 2500℃，在焊接时焊丝端部会形成 CaF_2 蒸气的保护屏障；一些低沸点的物质，如 Mg 的沸点仅有约 1100℃，在电弧中易形成蒸气，并与电弧中氮、氧结合，对熔滴起到保护作用；另外 F_2 和 HF 气体会降低电弧的温度，可减少氮的溶解。在自保护药芯焊丝的药芯中加入脱氧、脱氮元素是控制熔敷金属中氧、氮含量的主要措施，Al、Ti、Si、Mg 都是很好的脱氧剂，而 Al、Ti 又是强氮化物形成元素，可以作为强脱氮剂使用。为了更好地通过冶金途径控制氧和氮，研究采用 LiF 和 Li_2CO_3 控制熔敷金属中的氮[15]，采用 Zr、稀土等改善自保护药芯焊丝熔敷金属的组织和提高韧性[16]。

为了满足自保护药芯焊丝的冶金条件，自保护药芯焊丝一般设计为高氟含 Al、Mg 成分熔渣，常用的有 $CaF_2 - Al_2O_3$ 渣系、$CaF_2 - TiO_2$ 渣系及 $CaF_2 - CaO - TiO_2$ 渣系等，还有在 $CaF_2 - Al_2O_3$ 的基础上研发的 $CaF_2 - Al_2O_3 - CaO$ 渣系[17]，其中一个例子的主要成分（质量分数）约为：CaF_2 55%，Al_2O_3 15%，CaO 12%，其余为 MgO、SiO_2、TiO_2、MnO、FeO、ZrO 等。其渣的碱度达到 3.64。

尽管对于自保护药芯焊丝焊接冶金问题已经做了不少的研究工作，但无论是在理论上还是在具体应用技术方面，都还有待于进一步深入研究和技术创新。

8.2.2 自保护药芯焊丝的电弧物理特性

1. 自保护药芯焊丝熔滴行为特征

由于自保护药芯焊丝渣中含有大量的 CaF_2、CaO、Al_2O_3、MgO 等成分，因此熔渣碱度高，熔渣的表面张力明显增大，焊接时焊丝的熔化和金属熔滴过渡等电弧物理现象与其他焊丝不同。

图 8-35 是一组反映自保护药芯焊丝熔滴行为的高速摄影照片。从第 19~252 帧照片（共 233 帧照片，计为 190ms）中撷取的 40 帧照片看到，在这一时间段内焊丝端往往停留着半球状的熔体，大小接近于焊丝直径的两倍，反复观察焊丝熔化情况的高速摄像影片时发现，在长达 190ms 的时间内，经历了多次的熔滴过渡过程（第 108、109、150、165、171、213、234、237 帧照片），但熔体的大小看上去却没有多少变化，在焊接过程中，处在焊丝

端部的熔体一直存在着，且总是保持大小相近的半球状，几乎不受熔滴过渡过程的影响，看不到熔体整体脱离焊丝向熔池过渡的画面，金属和熔渣的过渡与焊丝的熔化似乎达到平衡而维持着熔体的体积大体上不变。显然这一现象与一般实心焊丝、钛型药芯焊丝焊接时焊丝的熔化和金属熔滴过渡不同，因为金属熔滴总是应该遵循"形成—长大—过渡"的规律，从熔滴的形成开始由小变大，然后脱离焊丝向熔池过渡，之后在焊丝端头熔滴重新形成，重复同样的过程，过程中熔滴的体积总是在改变，而自保护药芯焊丝熔化与过渡的情况则与此不同。

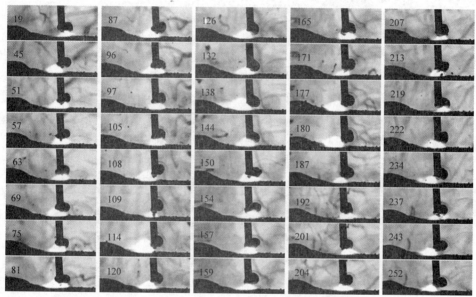

图 8-35　自保护药芯焊丝焊接时熔滴行为的高速摄影照片

焊丝样品：HOBART 自保护药芯焊丝，$\phi 2.0$mm；焊接参数：26V/17dm/min，直流正接；拍摄速度：1200f/s。

图 8-36 是另两组高速摄像照片，可以看到大的近似半球形的熔体与熔池发生随机性的接触（图 8-36a 第 8、9 帧照片），但在接触的瞬间，电弧并不熄灭。在图 8-36b 选取的另一组连续的五张照片中，看出第 3、8 和 12 帧照片熔体与熔池已经接触形成桥接，但在此时电弧仍然维持着，这一现象在参考文献［18］中称作"弧桥并存"。

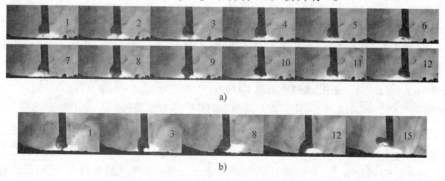

图 8-36　自保护药芯焊丝焊接时发生桥接现象的高速摄影照片

焊丝样品：JQ 自保护药芯焊丝，$\phi 2.0$mm；焊接参数：28V/25dm/min，直流正接；拍摄速度：1200f/s。

　　自保护药芯焊丝焊接时熔体与熔池发生桥接的实例很多。自保护药芯焊丝形成的弧桥并存的渣桥形态与低氢型焊条形成的渣桥有所不同，低氢型焊条出现弧桥并存时，渣桥与熔池的表面是铺展开的，而自保护焊丝产生的渣桥的大多数情况是熔渣与熔池的接触面较小，熔渣在熔池的表面上不铺展，熔体力图保持着半球形状，即使熔渣脱离焊丝端部也不立即在熔池表面铺展，这说明自保护药芯焊丝由药芯造渣物形成的熔渣具有更大的表面张力，使其在焊丝端部形成的熔体保持着较大的体积，并且保持着近似半球形。

　　分析图 8-37 的高速摄像照片，对弧桥并存现象的形成过程可以做这样的解读：当熔体与熔池相接触时（第 2 帧照片），熔体（包括熔渣和熔化金属）在进行过渡，在这一过程中熔体自身在表面张力作用下收缩，而熔体下端与熔池的连接处并没有断开；熔体继续进行过渡，随着熔体的收缩，熔池与熔体之间逐渐拉开了距离，于是形成明显的液桥连接（第 5 帧照片），桥接的过程是动态的，熔体通过短路桥进行着过渡，熔体的过渡使熔体的体积不断缩小，短路桥随之变细，直到过渡过程完结，短路桥断开，此时焊丝端部留下来的熔体减少了，但随着焊接过程进行，很快得到熔化药芯和金属的补充，半球的熔体迅速重新建立起来（第 10 帧照片）。文献 [19] 将这一过渡现象称为"弧桥并存"的过渡。

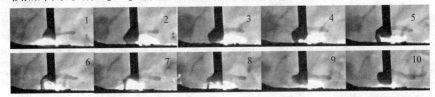

图 8-37　自保护药芯焊丝焊接时发生弧桥并存现象的高速摄影照片

焊丝样品：JQ 自保护药芯焊丝，φ2.0mm；焊接参数：28V/25dm/min，直流反接；拍摄速度：1200f/s。

　　上述分析说明：自保护药芯焊丝焊接时，保持在焊丝端部的体积大小相近的、半球状的熔体不是金属熔滴，而是熔渣滴，金属熔滴实际上被包裹在熔渣体内。因此可以想象被包裹在熔渣滴内部的金属熔滴由于界面张力的减小而细化，较细的金属熔滴被包裹在渣滴内，以不短路的形式向熔池过渡，毫无疑问熔渣的过渡也会是在与熔池接触时进行，从本质上可以说是熔滴的附渣过渡。

　　金属熔滴过渡时不与熔池短路的事实可以用汉诺威分析仪测试的结果加以证实。

　　自保护药芯焊丝焊接时熔滴到底是如何过渡的，为了便于对熔滴过渡形态进行观察，设置较大电压和不太大的送丝速度，此时电弧被拉长，可能看到在半球形熔体下端露出向熔池过渡中的熔滴（也包括熔渣）的影像，由图 8-38a 第 3~6 帧照片、图 8-38b 第 2~6 帧照片清楚地看到，细小的熔滴从渣球的底部喷洒出来；在图 8-39 中看到，熔滴呈块状和细滴状过渡（第 3~14 帧照片）；在图 8-40 的几幅照片中将更清楚地看到呈各种不同形状的熔体，图 8-40a 中的熔体呈小圆球状，图 8-40b 中的熔体呈线状，图 8-40c 中的熔体呈细小条状，图 8-40d 中的熔体呈块状，图 8-40e 中的熔体呈片状，图 8-40f 中的熔体为桥接状，从熔渣球底部分离出来进行过渡。熔滴不仅十分细小，且形态十分不规则，很明显具有喷射过渡的特征，尤其是如图 8-41 第 3、4 帧照片所示的熔体具有的喷射过渡特征更为明显，在熔滴过渡过程中渣球一直保持着，熔滴的过渡对渣半球的形状几乎没有影响。

　　自保护药芯焊丝焊接时，在渣球底部裸露出的熔滴过渡情况可以被清楚地看到，但是在熔体内被包裹的熔滴行为却不能被直接观察到，在半球状熔体内由于冶金因素导致的熔滴活

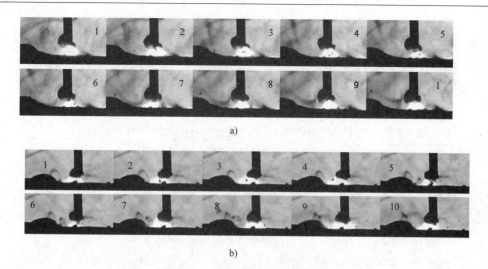

图 8-38　自保护药芯焊丝焊接时熔滴过渡现象的高速摄影照片（一）

焊丝样品：HOBART 自保护药芯焊丝，$\phi 2.0 \text{mm}$；焊接参数：26V/15dm/min，直流正接；拍摄速度：1200f/s。

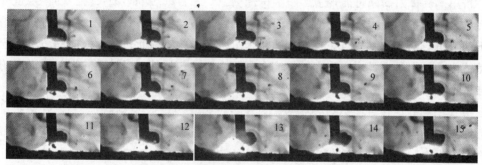

图 8-39　自保护药芯焊丝焊接时熔滴过渡现象的高速摄影照片（二）

焊丝样品：JQ 自保护药芯焊丝，$\phi 2.0 \text{mm}$；焊接参数：28V/20dm/min，直流反接；拍摄速度：1200f/s。

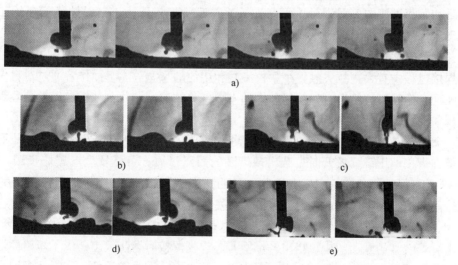

图 8-40　自保护药芯焊丝焊接时选取的熔滴过渡现象的单帧照片

a）熔体小圆球状　b）熔体呈线状　c）熔体呈条状　d）熔体呈块状　e）熔体呈片状

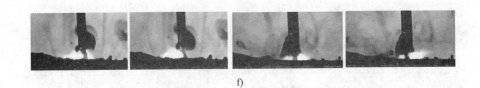

图 8-40　自保护药芯焊丝焊接时选取的熔滴过渡现象的单帧照片（续）
f）渣的桥接过渡

图 8-41　自保护药芯焊丝焊接时表现强烈喷射过渡行为的照片

焊丝样品：HOBART，$\phi2.0mm$；焊接参数：26V/150dm/min，直流反接；拍摄速度：1200f/s。

动情况尽管还不能被具体描述，但是可以肯定的是，自保护药芯焊丝焊接时渣滴内进行的冶金反应析出的气体对熔滴过渡形成一定的推动力，它导致熔滴的喷射过渡，并在一定程度上引起飞溅。自保护药芯焊丝所形成的喷射状过渡的气体动力与焊条电弧焊喷射过渡时是相同的，但两者也有明显的不同点：自保护药芯焊丝所形成的喷射状过渡的气体动力产生于半球状的熔体内，而焊条电弧焊时强大的气流在套筒内产生；另外自保护药芯焊丝所形成的气体动力强度不像焊条电弧焊时那样强。

这里要强调的是，自保护药芯焊丝在长弧焊时观察到的喷射状过渡现象，并不是自保护药芯焊丝主要的熔滴过渡形态，在正常弧长操作时，更多表现为熔体桥接行为，这时熔滴在熔体内进行着不短路的"附渣过渡"。

2. 自保护药芯焊丝焊接时的飞溅现象

对自保护药芯焊丝飞溅现象的研究文献较少，近来已有人对飞溅产生的机理、影响因素、飞溅和熔滴过渡的关系进行了研究。参考文献［20］认为，自保护药芯焊丝在焊接过程中的飞溅主要有三种形式：电弧力引起的大颗粒飞溅、气泡放出型飞溅和气体爆炸引起的飞溅，并指出氟化物和碳酸盐含量对飞溅的影响较大。参考文献［21］认为，自保护药芯焊丝在焊接过程中有大颗粒飞溅、小颗粒飞溅和熔池的飞溅等。下面作者通过对自保护药芯焊丝电弧现象的观察，给出自保护药芯焊丝飞溅现象的典型照片，分析自保护药芯焊丝焊接时飞溅现象的特点。

（1）短路电爆炸飞溅现象　在正常的焊接参数下，自保护药芯焊丝焊接时是不发生短路的，但在焊接电压设置较低时也会出现熔滴的短路过渡，可能发生电爆炸飞溅。图 8-42 和图 8-43 是自保护药芯焊丝发生电爆炸飞溅的高速摄影照片。由图 8-42 看到，在第 1、2 帧照片熔滴与熔池发生短路，接着第 3 帧照片发生了爆炸，过程进行得十分短暂，在发生爆炸的瞬间，电弧又立即重新引燃了。图 8-43 第 2 帧照片可以看作是发生了短路，第 3～6 帧照片是电爆炸飞溅的画面。应该指出自保护药芯焊丝焊接时熔滴大多是以不短路的形式进行过渡的，短路的概率较小，因此出现电爆炸飞溅的概率应该是较小的。作者在观察自保护药芯焊丝焊接过程的高速摄影的影片时发现，这样的电爆炸飞溅画面确实不多。

图 8-44 所示为反映弧桥并存时发生渣桥爆炸引起飞溅的例子，展示的照片是在原连续

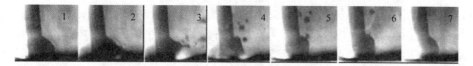

图 8-42　自保护药芯焊丝焊接时发生电爆炸飞溅现象的高速摄影照片（一）

焊丝样品：HOBART 自保护药芯焊丝，$\phi2.0$mm；焊接参数：20V/190A，直流正接；拍摄速度：2000f/s。

图 8-43　自保护药芯焊丝焊接时发生电爆炸飞溅现象的高速摄影照片（二）

焊丝样品：JQ 自保护药芯焊丝，$\phi2.0$mm；焊接参数：28V/20dm/min，直流反接；拍摄速度：1200f/s。

39 帧照片中选取的有代表性的 20 帧。从照片看到，在渣桥较长时间存在的同时，电弧一直在燃烧；还注意到，从第 5～30 帧照片熔体本身的体积在逐渐减小，说明熔渣通过短路桥进行过渡；仔细观察第 32～36 帧的画面，发现渣桥（而不是金属桥）奇迹般地发生了爆炸，从而使其破断。图 8-45 同样是反映在弧桥并存条件下渣桥发生电爆炸的照片，看到在第 3～5 帧照片处发生爆炸。在弧桥并存的条件下发生渣桥电爆炸飞溅现象十分罕见，无论是焊条或者是其他类型的焊丝都没发现过，这里渣桥为什么会发生电爆炸而破断呢？这可能是由于自保护药芯焊丝的熔渣在高温下具有良好的导电性，以致在电弧燃烧的同时分流了相当大的短路电流，从而导致渣桥的破断。

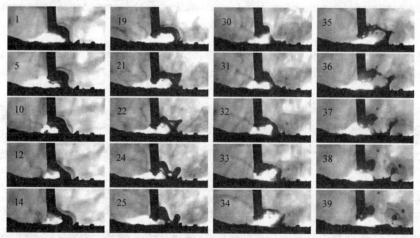

图 8-44　自保护药芯焊丝焊接时发生渣桥电爆炸现象的高速摄影照片（一）

焊丝样品：JQ 自保护药芯焊丝，$\phi2.0$mm；焊接参数：28V/20dm/min，直流反接；拍摄速度：1200f/s。

图 8-45　自保护药芯焊丝焊接时发生渣桥电爆炸现象的高速摄影照片（二）

焊丝样品：JQ 自保护药芯焊丝，$\phi2.0$mm；焊接参数：28V/20dm/min；拍摄速度：1200f/s。

（2）气体逸出飞溅　图 8-46 是自保护药芯焊丝焊接时悬挂在焊丝端部的熔体发生气体逸出飞溅的高速摄影照片。由图 8-46a 第 6 帧照片看到一个小的飞溅物由焊丝端部的熔体分离出去，形成飞溅；在图 8-46b 看到第 5～9 帧照片也有一个小的颗粒从焊丝端部的熔体表面分离出去，而造成飞溅。

图 8-47 所示为十分典型的气体逸出造成飞溅的案例。图 8-47a 中第 3～6 帧照片显示了气体的强烈逸出过程；图 8-47b 气体的强烈逸出过程显示在第 3～5 帧照片，在发生气体逸出时引起半球熔体的变形，但过程完结之后，熔体很快又恢复原来的半球状。

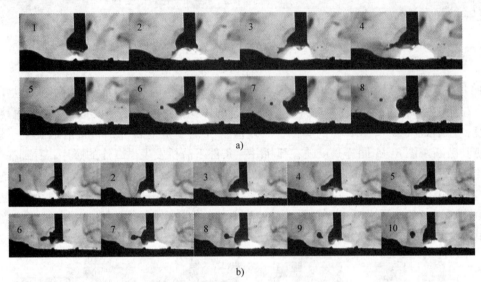

图 8-46　自保护药芯焊丝由焊丝端部熔体分离出小颗粒飞溅物的高速摄影照片（一）
焊丝样品：JQ 自保护药芯焊丝，$\phi 2.0\text{mm}$；焊接参数：$28V/25\text{dm/min}$，直流反接；拍摄速度：1200f/s。

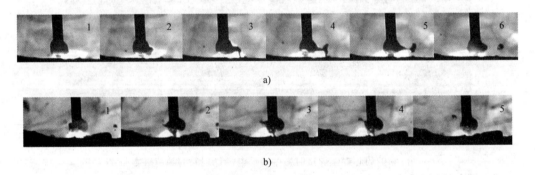

图 8-47　自保护药芯焊丝由焊丝端部熔体分离出小颗粒飞溅物的高速摄影照片（二）
焊丝样品：JQ 自保护药芯焊丝，$\phi 2.0\text{mm}$；焊接参数：$28V/25\text{dm/min}$，直流反接；拍摄速度：1200f/s。

（3）熔体自身爆炸引起的飞溅　图 8-48 是悬挂在焊丝端部的熔体自身发生爆炸引起飞溅的高速摄影照片。在图 8-48a 中看到熔体的左侧发生了爆炸，形成了飞溅，而半球熔体的右侧还保持着半球的形状；在图 8-48b 看到熔体发生爆炸，使整个熔体发生强烈的变形；在图 8-48c 看到爆炸使得相当一部分熔体破碎成小的飞溅物飞离，由于爆炸力不够强，使得熔体没有完全破碎，只有少部分熔体在破碎后飞溅出去，大部分剩余的熔体发生强烈变形，由于半球状的熔体具有很大的表面张力，因此在发生爆炸飞溅后熔体又立即恢复了原来的半球的形状（第9~12帧照片）。

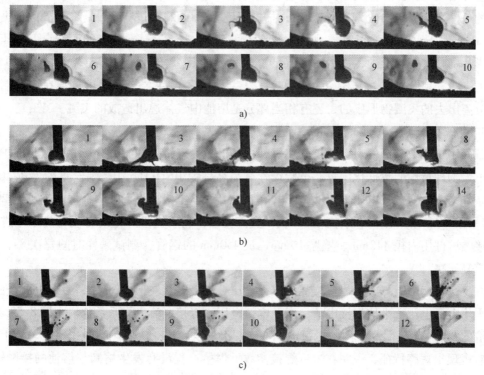

图8-48 自保护药芯焊丝焊接时熔体自身发生爆炸引起飞溅的高速摄影照片

a）JQ自保护药芯焊丝；焊接参数：28V/20dm/min　b）JQ自保护药芯焊丝；焊接参数：28V/20dm/min

c）HOBART自保护药芯焊丝；焊接参数：26V/17dm/min

拍摄速度：1200f/s；焊丝直径：φ2.0mm；电源极性：直流反接。

当发生更强烈的爆炸时，半球状熔体将被完全破碎，图8-49所示为发生在熔体内部猛烈的爆炸引起最强烈飞溅的情景，强大的爆炸力使十分稳固的半球状熔体被整体完全破碎了。由图看出，爆炸在瞬间发生（第3帧照片），其过程十分短暂，第4~12帧照片表现的只是爆炸后飞溅物形态的变化和飞散情况。熔滴的自身爆炸强度十分大，半球状的熔体被完全破碎了。

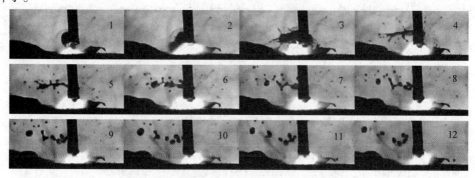

图8-49 自保护药芯焊丝熔体猛烈爆炸引起飞溅的高速摄影照片

焊丝样品：HOBART自保护药芯焊丝，φ2.0mm；

焊接参数：26V/17dm/min，直流正接；拍摄速度：1200f/s。

自保护药芯焊丝焊接时发生的这种爆炸飞溅，在形式上与钛型药芯焊丝 CO_2 气体保护焊时发生的爆炸飞溅没有什么不同。作者通过对某试验的样品焊丝的高速摄影资料（在直流反接的条件下，焊接参数为 23V/210A，拍摄速度为 2000f/s）进行统计时，得到的数据是在 0.88s 时间内，发生飞溅 46 次，则飞溅频率 $f_{sp} = 51.8s^{-1}$，这是在作者的所有自保护药芯焊丝的影片资料中，统计的飞溅频率最高的。对另外的几个样品，在焊接参数 20V/200A 时，统计的飞溅频率分别是 $f_{sp} = 31.67s^{-1}$ 和 $11.83s^{-1}$。飞溅的主要形式是由悬挂在熔丝端部的熔体分离出去的飞溅物形成的，还有相当部分是熔池中气体逸出造成的飞溅。

3. 自保护药芯焊丝电弧物理特性的数字化信息

下面用汉诺威分析仪对自保护药芯焊丝进行电弧物理特性的测试分析，获取自保护药芯焊丝电弧物理特性的数据化信息。试验焊丝样品名称为 JINQIAO - 0，焊丝直径为 $\phi 2.0mm$，测试条件为：设置电弧电压 24V，焊接电流 210A，焊丝伸出长度 20mm，焊接速度约 28cm/min；采用 ZB - 500 型 CO_2 气体保护焊机，直流反接；利用携带焊枪的自动行走小车进行自动焊接，试件用内径 113mm、壁厚 10mm、长 450mm 的钢管，测试采样时间每次 8s，同一试验重复三次。

图 8-50 是 JINQIAO - 0 焊丝样品的电弧电压、焊接电流波形图，在波形图下面标注了测试的平均电弧电压、平均焊接电流，以及电弧电压、焊接电流变异系数值。由图 8-50 看出，在撷取的 0.1～0.2s 时间段内，电弧电压波形图上只发生了一次偶然瞬时短路，总体上看波形没有表现出短路特征，说明在这一焊接参数下焊接过程没有发生熔滴与熔池的接触短路，电弧电压和焊接电流相对比较稳定。测试样品的电弧电压和焊接电流的变异系数值分别为 $\nu(U) = 7.72\%$ 和 $\nu(I) = 14.45\%$，都是比较低的。

图 8-51 和图 8-52 分别是 JINQIAO - 0 焊丝样品的电弧电压概率密度分布图和焊接电流概率密度分布图。由图 8-51 看出，电弧电压概率密度分布相对比较集中（主要集中在 20～30V），曲线左面反映短路的低电压概率，右面反映短路后出现高电压的概率，两者都很小。图 8-52 中焊接电流的概率密度分布曲线也十分集中，没有出现明显的短路大电流的概率密度分布。

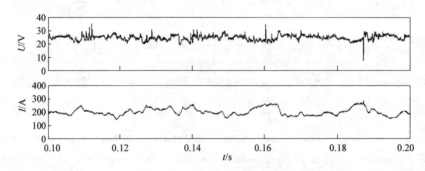

图 8-50　自保护药芯焊丝电弧电压、焊接电流波形图

焊丝样品：JINQIAO - 0；焊接参数：24.68V/208.53A；变异系数：$\nu(U) = 7.72\%$，$\nu(I) = 14.45\%$。

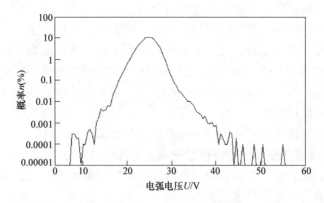

图 8-51　自保护药芯焊丝电弧电压概率密度分布图

焊丝样品：JINQIAO - 0；焊接参数：24.68V/208.53A，直流反接；变异系数：$\nu(U)$ = 7.72%。

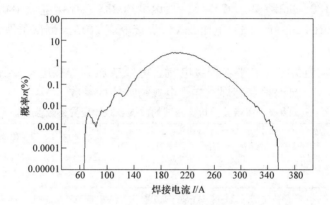

图 8-52　自保护药芯焊丝焊接电流概率密度分布图

焊丝样品：JINQIAO - 0；焊接参数：24.68V/208.53A；变异系数：$\nu(I)$ = 14.45%。

汉诺威分析仪测试结果证实了通过高速摄影观察得出的自保护药芯焊丝熔滴过渡特点的分析，即在正常的焊接参数下，金属熔滴过渡时是不与熔池短路的。试验还表明，该焊丝样品在设定的焊接参数下，焊接过程稳定。

通过汉诺威分析仪对 JINQIAO - 0 焊丝样品的测试结果与高速摄影对 Hobart 等焊丝样品进行的电弧物理特性的测试分析，可以将自保护药芯焊丝的电弧物理特性归结为以下的概念。

1）自保护药芯焊丝焊接时焊丝端部保持着半球状的熔体，正如高速摄影照片中看到的是熔渣体，由于熔渣表面张力很大，熔渣保持着半球状而难以在熔池表面铺展开，熔渣体与熔池频繁接触形成"弧桥并存"，熔化金属和熔渣是在熔体与熔池频繁的桥接时进行过渡的，或者是以各种细碎的不规则的形状从半球状熔渣体内喷射出来向熔池过渡，焊丝的熔化与熔渣和金属熔滴的过渡似乎达到平衡，维持着每个熔渣滴大小相近的体积，并保持着半球形，半球状的熔体一般不会整体向熔池过渡。

2）自保护药芯焊丝具有的高氟化物碱性熔渣成就了自保护药芯焊丝特殊的熔滴行为，金属熔滴被包裹在熔渣滴的内部，在一定程度降低了金属熔滴的界面张力，而使金属熔滴自身得以细化，在正常的焊接参数下，熔滴被包裹在熔渣内，熔滴在渣内进行不短路过渡，减少了短路电爆炸发生的可能，同时还使焊接过程稳定。

3）自保护药芯焊丝焊接时表现的特有的电弧物理现象，无论是对于优化焊接工艺性还是对于焊接化学冶金条件的保证，都有其重要意义。大的半球状的熔渣体在焊接过程中相对稳定地存在于焊丝的端部，使包裹在其内部的熔滴与空气隔离，受到熔渣的有效保护，呈大的半球状的熔渣减小了与空气接触的比表面积，弱化了熔滴被空气氧化和氮的侵入。熔渣与熔化金属之间在熔滴阶段的充分融合，有利于脱氧、脱氮等冶金过程在熔滴阶段得以较充分地进行，这对于焊丝实现有效的自保护无疑是理想的电弧物理条件。

8.2.3 自保护药芯焊丝焊接参数对焊接过程稳定性的影响

为了探讨自保护药芯焊丝焊接参数对焊接过程稳定性的影响，可以列举用汉诺威分析仪在不同焊接参数下进行的电弧物理试验来说明。

焊丝样品选用直径 $\phi 2.0\text{mm}$ 的 Hobart 自保护药芯焊丝，按试验参数的不同分三组，第一组试验编号分别为 ht20-1、ht20-2、ht20-3，预设电压 19V，焊接电流 180A，第二组试验编号为 ht25-180、ht25-2、ht25-3，预设电压 23V，焊接电流 180A，第三组试验编号分别 Hobart-0、Hobart-1，预设电压 24V，焊接电流 210A。测试条件和上一小节的案例相同。

试验得到的平均电弧电压、平均焊接电流、电弧电压和焊接电流变异系数值见表 8-3。表中还列出 JINQIA-O 自保护药芯焊丝样品电弧物理特性参数。

表 8-3　汉诺威分析仪测试的焊接参数和变异系数值

试验焊丝编组	焊接参数设置	试验焊丝编号	电弧电压 U/V	电弧电压变异系数 $\nu(U)(\%)$	焊接电流 I/A	焊接电流变异系数 $\nu(I)(\%)$
1	19V/180A	ht20-1	18.96	11.54	183.48	23.24
		ht20-2	18.96	11.55	186.23	21.67
		ht20-3	18.91	10.59	189.81	20.46
2	23.5V/180A	ht25-2	23.66	7.14	188.22	20.30
		ht25-3	23.71	7.55	184.06	24.01
		ht25-180	23.75	7.02	193.27	20.10
3	24V/210A	Hobart-0	23.89	7.77	214.26	12.47
		Hobart-1	23.90	7.89	212.46	13.01
—	24V/210A	JINQIA-0[①]	24.68	7.72	208.53	14.45

① 8.2.2 节中自保护药芯焊丝测试样品。

图 8-53 是用汉诺威分析仪测试得到的编号为 ht20-1 的试验焊丝的电弧电压、焊接电流波形图，测试时实际平均电弧电压为 18.96V，实际平均焊接电流为 183.48A，波形图反映了其中 0~2.5s 时间段内的焊接电流、电弧电压随机变化过程。从波形图上看，虽然整个焊接过程中的大部分是不短路波形，但也出现不少具有明显短路特征的波形，其中多数为瞬时短路。这一情况在图 8-54a 中也清楚地反映出来，图中曲线左边短路低电压的小驼峰曲线和图右边出现的短路高电压概率密度分布曲线都反映了这一特征。从图 8-54b 也看出，曲线右面存在着短路大电流概率密度分布，左边出现再引弧时的小电流概率密度分布。图 8-55 是焊丝编号 ht20-1 的短路时间频率分布图，清楚地表明在焊接过程中既有短路时间 $T_1 \leqslant$

1ms 的瞬时短路，也有 $T_1 > 1$ms 的正常短路，短路时间分布主要集中在不大于 3ms 范围内。

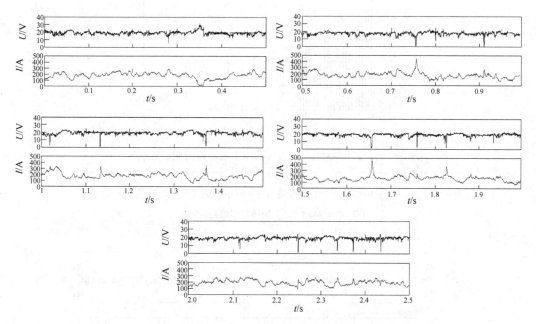

图 8-53　自保护药芯焊丝样品 ht20 - 1 的电弧电压、焊接电流波形图

焊接参数：18.96V/183.48A；变异系数：$\nu\,(U)$ = 11.54%，$\nu\,(I)$ = 23.24%。

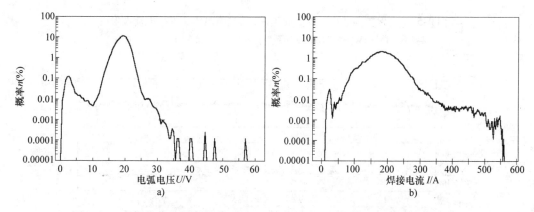

图 8-54　自保护药芯焊丝样品 ht20 - 1 的电弧电压、焊接电流概率密度分布图

a) 电弧电压概率密度分布图　b) 焊接电流概率密度分布图

焊接参数：18.96V/183.48A；变异系数：$\nu(U)$ = 11.54%，$\nu(I)$ = 23.24%。

图 8-56 和图 8-57 分别展示第一组试验编号为 ht20 - 2、ht20 - 3 的焊丝的电弧电压、焊接电流波形图（只截取 0.5s），波形图中清楚地表明焊接时发生的某些瞬时短路的情况，与图 8-53ht20 - 1 的波形图相似。

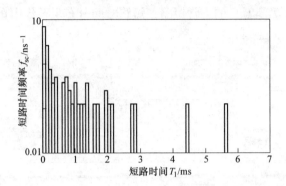

图 8-55　自保护药芯焊丝样品 ht20 – 1 的短路时间频率分布图

焊接参数：18.96V/183.48A；变异系数：$\nu(U)=11.54\%$，$\nu(I)=23.24\%$；

分析仪设置：$\Delta T_1 =100\mu s$，短路周期组宽 $\Delta T_c =500\mu s$，最小短路时间 $T_{1min} =2500\mu s$，

阈值电压 $U_{th} =10V$，短路时间组宽 $100\mu s$。

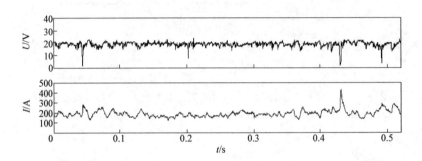

图 8-56　自保护药芯焊丝样品 ht20 – 2 的电弧电压、焊接电流波形图

焊接参数：18.96V/186.23A；变异系数：$\nu(U)=11.55\%$，$\nu(I)=21.67\%$。

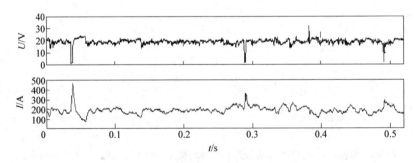

图 8-57　自保护药芯焊丝样品 ht20 – 3 的电弧电压、焊接电流波形图

焊接参数：18.91V/189.81A；变异系数：$\nu(U)=10.59\%$，$\nu(I)=20.46\%$。

以上阐述的第一组 ht20 – 1、ht20 – 2 和 ht20 – 3 的三次试验结果表明：在焊接参数 $U\approx$ 19V、$I=183\sim190A$ 时，焊接过程不够稳定，电弧电压变异系数 $\nu(U)\approx11\%$，焊接电流变异系数 $\nu(I)=20.46\%\sim23.24\%$，显然这一数据偏大。

图 8-58 是第二组自保护药芯焊丝样品 ht25 – 3 的电弧电压、焊接电流波形图。由于第二组测试时实际的电弧电压为 $23.66\sim23.75V$，比第一组试验样品的电弧电压（$U=18.91\sim$

18.96V）提高了很多，因此没有出现短路和瞬时短路波形；撷取的 2～4.5s 的波形图看出仍存在较大的起伏，电弧电压变异系数降低到 7.55%，在 2～2.1s、2.6～2.75s、2.85～2.95s 的时间段内波形出现明显的波动，尤其电流的波形起伏更明显；第二组测试的三个样品的焊接电流变异系数仍然比较高，为 20%～24%，这说明在较高电压和较小电流（190A）焊接参数下，焊接过程同样没有达到稳定的状态。

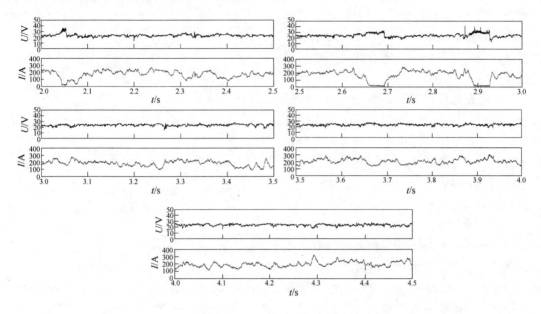

图 8-58　自保护药芯焊丝样品 ht25-3 的电弧电压、焊接电流波形图
焊接参数：23.71V /184.06A；变异系数：$\nu(U) = 7.55\%$，$\nu(I) = 24.01\%$。

进行的第三组试验进一步增大了焊接电流，Hobart-0 样品的实际电弧电压为 23.89V，实际焊接电流为 214.26A，焊接过程的稳定性明显改善，电弧电压和焊接电流波形图（图 8-59）没出现短路，波形起伏也明显减小，在图 8-60a 中小驼峰曲线基本消失，在图 8-60b 中大电流概率很小，曲线十分集中，电弧电压、焊接电流变异系数分别为 $\nu(U) = 7.77\%$ 和 $\nu(I) = 12.47\%$，数值都比较低，表明焊接过程进入了相对稳定的状态。

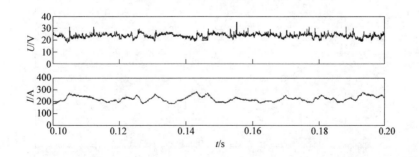

图 8-59　Hobart 自保护药芯焊丝的电弧电压、焊接电流波形图
焊接参数：$U = 23.89\text{V}$，$I = 214.26\text{A}$；变异系数：$\nu(U) = 7.77\%$，$\nu(I) = 12.47\%$。

从以上同一种焊丝不同参数下进行的试验看出，当实际电流为 183.48 ~ 193.27A 时，无论电弧电压是较低的 18.91 ~ 18.96V，还是较高的 23.66 ~ 23.75V，都没有获得稳定的焊接过程，而 Hobart-0 焊丝进行焊接参数分别为 $U = 23.89V$、$I = 214.26A$ 的试验，得到理想的试验结果，焊接时熔滴不短路过渡，电弧电压和焊接电流波动较小，焊接过程稳定。

为了清楚地进行对比，将三组不同焊接参数的 ht20-1、ht25-3、Hobart-0 焊丝样品测试的电弧电压、焊接电流概率密度分布图进行叠加，如图 8-61、图 8-62 所示。图中还将 JINQIAO-0 焊丝试验结果一并列出。由图看出：焊接过程稳定性比较好的是 Hobart-0 焊丝和 JINQIAO-0 焊丝，其电弧电压概率密度图中低电压概率和高电压概率很小，曲线比较收敛，焊接电流概率密度分布曲线十分集中；ht20-1 和 ht25-3 曲线存在比较明显的小电流分布和短路大电流概率密度分布，曲线相当分散。由此看来，电流概率密度分布曲线能最直观地反映自保护药芯焊丝的工艺性，

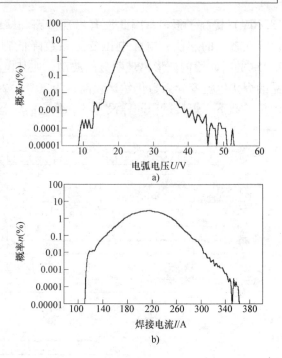

图 8-60　Hobart 自保护药芯焊丝的电弧电压、焊接电流概率密度分布图

a) 电弧电压概率密度分布图　b) 焊接电流概率密度分布图
焊接参数：$U = 23.89V$，$I = 214.26A$；变异系数：
$\nu(U) = 7.77\%$，$\nu(I) = 12.47\%$。

曲线越集中表明其焊接过程稳定性越好。因此不同的自保护药芯焊丝在一定的焊接参数下，可以用焊接电流概率密度分布叠加图直观地比较焊接过程的稳定性，曲线越集中，焊接过程稳定性越好；同样对于同一种焊丝，可同时将不同焊接参数试验结果进行叠加，用电流概率密度分布曲线直观地比较，以便选择合理的焊接参数。

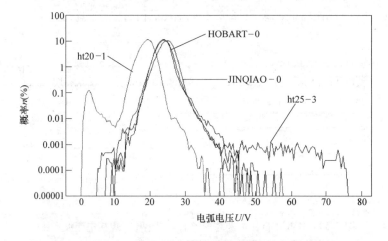

图 8-61　自保护药芯焊丝电弧电压概率密度分布叠加图

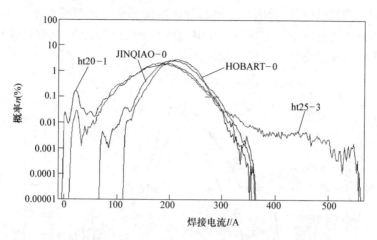

图 8-62　自保护药芯焊丝焊接电流概率密度分布叠加图
（本图的彩色图见附录 G 中图 G-2）

　　以上所进行的各项测试工作均是在直流反接条件下进行的，当采用直流正接时，自保护药芯焊丝焊接过程的稳定性比反接时好一些，在实际使用自保护药芯焊丝时大都采用直流正接。下面给出同一种焊丝采用不同极性焊接时的试验结果，对比分析极性对自保护药芯焊丝焊接过程稳定性的影响。试验样品为国产的自保护药芯焊丝，试验焊丝样品名称和编号为 Hpz–02（–）和 Hpz–13（+）分别表示反接和正接。

　　图 8-63 ~ 图 8-65 分别为自保护药芯焊丝样品正接、反接测试的电弧电压和焊接电流波形图、电弧电压和焊接电流概率密度分布叠加图，其正接和反接时电弧物理特性参数的测试结果见表 8-4。

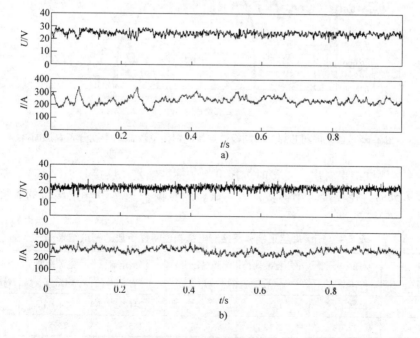

图 8-63　自保护药芯焊丝不同极性焊接时电弧电压、焊接电流波形图
a）Hpz–02（–）　b）Hpz–13（+）

由图 8-63a、b 的直观对比看出，正接时焊接电流的波动比反接时小。由图 8-65 看出，反接时电流曲线分布很分散，明显地呈现小电流概率密度分布，大电流出现的概率也比正接时大，正接时焊接电流的总体分布比反接时集中。

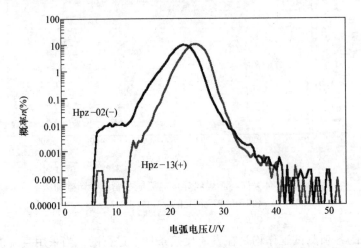

图 8-64　自保护药芯焊丝不同极性焊接时电弧电压概率密度分布叠加图

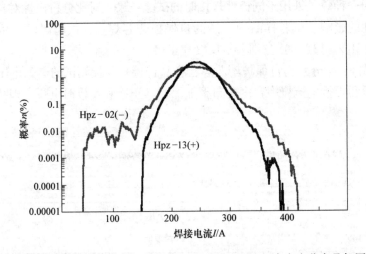

图 8-65　自保护药芯焊丝不同极性焊接时焊接电流概率密度分布叠加图

由表 8-4 的测试结果看出，正接时焊接电流的标准偏差比反接时小约 10V，焊接电流的变异系数为 9.58%，比反接时小得多，表明试验的自保护药芯焊丝正接时的焊接过程比反接时更稳定。

表 8-4　Hpz 焊丝正接和反接时电弧物理特性参数的测试结果

测试焊丝 名称、编号	电弧电压 U/V	电压标准偏差 s/V	电弧电压变异 系数 $\nu(U)$（%）	焊接电流 I/A	电流标准 偏差 s/A	焊接电流变异 系数 $\nu(I)$（%）
Hpz – 02　（ – ）	24.61	1.79	7.27	241.92	34.03	14.07
Hpz – 13　（ + ）	22.32	2.12	9.48	245.98	23.57	9.58

8.2.4　自保护药芯焊丝焊接过程稳定性的评价

1. 自保护药芯焊丝焊接过程稳定性的评价判据

近年对自保护药芯焊丝焊接过程稳定性的评价问题开展过一些研究，提出了一些评价自保护药芯焊丝焊接过程稳定性的有价值的观点和方法[22,23]。作者通过对自保护药芯焊丝电弧物理特性试验进行的分析，发现熔滴过渡过程的均匀稳定是减少飞溅、维持焊接过程稳定的主要因素。

焊接过程的稳定性可以由电弧电压和焊接电流变异系数反映出来。分析表 8-3 的试验结果可知：试验焊丝 Hobart-0 和 JINQIAO-0 的焊接过程稳定性都比较好，Hobart-0 焊丝电弧电压和焊接电流变异系数分别是 $\nu(U) = 7.77\%$，$\nu(I) = 12.47\%$，JINQIAO-0 焊丝电弧电压和焊接电流变异系数分别是 $\nu(U) = 7.72\%$，$\nu(I) = 14.45\%$，都是比较低的；而试验焊丝 ht20-1、ht20-2 和 ht20-3 测试时的焊接过程不够稳定，变异系数 $\nu(U) = 10.59\% \sim 11.55\%$，$\nu(I) = 20.46\% \sim 23.24\%$，两者均比较高。这说明电弧电压和焊接电流变异系数反映了实际焊接过程的稳定性，参考文献 [23] 提出用电弧电压和焊接电流变异系数评价自保护药芯焊丝焊接过程稳定性是有道理的。然而有些时候用电弧电压和焊接电流变异系数来评价自保护药芯焊丝焊接过程的稳定性实际上并不可行，如以 ht25-180、ht-2 和 ht25-3 三个样品为例，其电弧电压的变异系数并不高，只有 $\nu(U) = 7.02\% \sim 7.55\%$，似乎可以得出焊接过程的稳定性很高的结论，但根据上面进行的试验表明，其焊接过程的稳定性是较差的，因此电弧电压变异系数不能反映实际工艺过程的稳定性，而 ht25-180、ht-2 和 ht25-3三个样品的焊接电流变异系数却很高，$\nu(I) = 20.10\% \sim 24.01\%$，明显地反映出焊接过程不稳定的特征。这是由于 ht25-180、ht-2 和 ht25-3 样品焊接过程不发生短路，电压的波动较小，使电弧电压变异系数变低，显然自保护药芯焊丝焊接时在不发生短路的情况下，电弧电压变异系数难以反映实际焊接过程的稳定性，而焊接电流的变异系数的大小却对过程稳定性的反映比较灵敏。一般条件下自保护药芯焊丝焊接时不发生短路，汉诺威分析仪难以提供更多的电弧物理特征信息，焊接过程的不稳定性通过焊接电流变异系数的变化而凸现出来。

显然焊接电流变异系数最能反映焊接过程的稳定性，因此自保护药芯焊丝可以由汉诺威分析仪直接提取的焊接电流变异系数 $\nu(I)$ 作为判据，通过比较焊接电流变异系数值的大小，定量地判断和评价同类型不同厂商产品的焊接过程稳定性的差异；另外对于同一种焊丝也可以根据不同焊接参数下电弧电压和焊接电流变异系数值的变化，作为选择焊接参数的重要参考和依据，对焊接参数进行调整和优化。

对不同的自保护焊丝，在一定的焊接参数下同样可以用焊接电流概率密度分布叠加图直观地比较焊接过程稳定性，焊接电流概率密度分布曲线越集中，表明焊接过程的稳定性越好；对于同一种焊丝，可同时将不同焊接参数试验结果进行叠加，用电流概率密度分布曲线直观地为选择合理的焊接参数提供重要参考。

2. 自保护药芯焊丝焊接过程稳定性的评价案例

对在研制过程中的三种自保护药芯焊丝样品进行焊接工艺性的评价，样品名称编号分别是 bjut2、bjut3、bjut4，另选此前试验时表现比较好的 Hobart-0 样品作为参照，试验条件与前述自保护药芯焊丝进行的试验条件相同。

图 8-66、图 8-67 分别是 bjut2、bjut3、bjut4 以及 Hobart-0 样品电弧电压、焊接电流概

率密度分布叠加图。实际测试结果见表 8-5。

由图 8-66 看到，bjut2、bjut3、bjut4 三种试验焊丝都不同程度地存在短路行为，bjut3 焊丝存在着明显的低电压概率密度分布，同时也分布着高电压概率。由图 8-67 看到，Hobart-0 曲线分布十分集中，bjut2、bjut3、bjut4 三种试验焊丝电流概率密度分布曲线与 Hobart-0 曲线相比都比较分散，其中 biut3 焊丝样品电流概率密度分布曲线最分散，与图 8-66 中的 biut3 曲线相对应。由图 8-67 可以直观地做出判断，Hobart-0 焊丝焊接时过程的稳定性最好，其次是 bjut2 和 biut4，bjut3 焊丝焊接稳定性最差。

图 8-66 和图 8-67 相比较，后者更直观地表现出不同焊丝焊接电流概率密度分布特征，因此可以用焊接电流概率密度分布叠加图直观、定性地对不同自保护药芯焊丝的焊接稳定性做出定性评估。

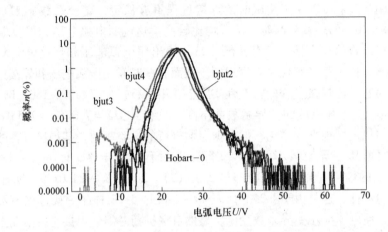

图 8-66　比较自保护药芯焊丝焊接过程稳定性的电弧电压概率密度分布叠加图

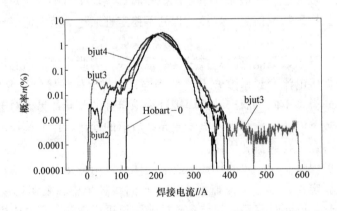

图 8-67　比较自保护药芯焊丝焊接过程稳定性的焊接电流概率密度分布叠加图

由表 8-5 自保护药芯焊丝电弧物理特性参数的测试结果看出：Hobart-0 焊丝电弧电压、焊接电流的标准偏差分别为 1.85V 和 26.72A，电弧电压、焊接电流的变异系数分别是 7.77% 和 12.47%，是试验的几种焊丝中数值最低的；测试的 bjut2、bjut3、bjut4 三种试验焊丝电弧电压的标准偏差和变异系数值比 Hobart-0 焊丝稍大些，但差别并不是非常大，而焊接电流的标准偏差的差别十分明显，bjut2、bjut3、bjut4 三种试验焊丝与 Hobart-0 焊丝相比，焊接工艺稳定性差距很大。

表 8-5　自保护药芯焊丝焊接电弧物理特性参数的测试结果

试验焊丝 名称、编号	实际焊接 平均电压 U/V	电弧电压 标准偏差 $s(U)/V$	电弧电压 变异系数 $\nu(U)(\%)$	实际焊接 平均电流 I/A	焊接电流 标准偏差 $s(I)/A$	焊接电流 变异系数 $\nu(I)(\%)$
bjut2	24.96	1.98	7.92	208.60	31.86	16.27
bjut3	22.91	2.04	8.92	206.79	36.17	16.95
bjut4	23.94	2.12	8.89	199.38	36.32	17.72
Hobart - 0	23.89	1.85	7.77	214.26	26.72	12.47

下面再举一个直流正接时的焊接过程稳定性的评价案例。

对 Bpz、Hpz 和 Htpz 三个自保护药芯焊丝样品采用直流正接进行测试，评价其稳定性，得到的焊接电弧物理特性参数的测试结果见表 8-6。图 8-68 是三种焊丝样品电弧电压、焊接电流波形图，三种焊丝焊接电流概率密度分布图如图 8-69 所示。

对比 Bpz、Hpz 和 Htpz 三个自保护药芯焊丝样品电弧电压、焊接电流波形图（图 8-68）可以看出，Bpz 焊丝电弧电压和焊接电流曲线的波动比 Hpz 和 Htpz 焊丝大一些。对于自保护药芯焊丝来说，电流概率密度分布图最能直观地表现焊丝焊接过程的稳定性，由图 8-69 可以直观地看出，Bpz 焊丝电流概率密度分布曲线比 Hpz 和 Htpz 焊丝都分散，可以定性地判断 Bpz 焊丝焊接时稳定性较差。由表 8-6 看出，Bpz 焊丝电弧电压的标准偏差和变异系数，特别是焊接电流标准偏差和变异系数，比 Hpz 和 Htpz 焊丝高得多。

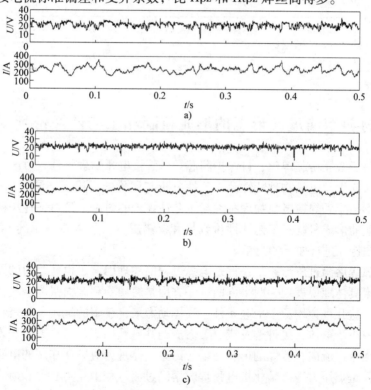

图 8-68　三种焊丝样品电弧电压、焊接电流波形图
a）Bpz 自保护药芯焊丝　b）Hpz 自保护药芯焊丝　c）Htpz 自保护药芯焊丝

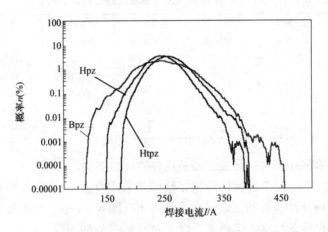

图 8-69　三种自保护药芯焊丝焊接电流概率密度分布图

表 8-6　自保护药芯焊丝焊接电弧物理特性参数测试结果

试验焊丝编号	实际焊接平均电压 U/V	电弧电压标准偏差 $s(U)/V$	电弧电压变异系数 $v(U)(\%)$	实际焊接平均电流 I/A	焊接电流标准偏差 $s(I)/A$	焊接电流变异系数 $v(I)(\%)$
Bpz	22.38	2.75	12.79	247.99	36.72	14.81
Hpz	22.32	2.12	8.48	245.98	23.57	9.58
Htpz	22.37	2.27	10.15	257.71	24.63	9.56

注：直流正极性。

8.3　焊接材料熔滴过渡形态的形成机制和工艺性评价判据

总结本章关于金属粉芯焊丝、自保护药芯焊丝焊接电弧物理特性的讨论，第 6 章关于钛型药芯焊丝和实心焊丝电弧物理特性及工艺性分析与评价的讨论，连同第 2～4 章关于四种不同熔滴过渡形态焊条焊接电弧物理特性与工艺性评价的讨论，现对各种焊接材料熔滴过渡形态、熔滴过渡的形成机制、工艺性评价判据和汉诺威分析仪直观显示的 PDD 图、CFD 图和 $t-u$、$t-i$ 图特征进行如下的总结。

熔化极电弧焊熔滴过渡形态最终都是电弧过程的物理因素，也就是力的因素直接作用的结果。物理因素具体地说表现为两个方面：一方面是熔滴受到表面张力、气体动力、气体排斥力等的作用，这几种力均源于冶金条件，气体动力来自于碳的氧化、有机物的分解，表面张力的大小则取决于液体金属种类及成分，熔渣的性质及构成；另一方面表现为电磁力，它决定于电流的大小、流向、流体的形状特征等因素，体现为对熔滴作用的电磁收缩力、等离子体流力、电弧斑点压力等。熔化极电弧焊时熔滴过渡过程中受力状况和熔滴的过渡形态见表 8-7。

表 8-7　熔化极电弧焊熔滴受力状况和熔滴过渡形态

焊接材料类型和保护气体	表面张力 F_σ	气体动力 F_g	电磁收缩力 F_e	等离子流力 F_i	电弧极性斑点压力 F_a	CO_2气体排斥力 F_r	熔滴过渡形态
钛型药芯焊丝 CO_2气体保护焊（中、小电流）	大	—	小	小	大	大	排斥过渡
钛型药芯焊丝 CO_2气体保护焊（大电流）	小	—	大	大	中	小	细熔滴过渡
金属粉芯焊丝[①] CO_2气体保护焊	中	—	中	中	中	小	熔滴复合过渡[②]
金属粉芯焊丝（富 Ar）	小	—	大	大	大	—	射滴过渡
自保护药芯焊丝	大	—	中			—	不短路过渡[③]
钛钙型结构钢焊条	中	中	小		小		短路过渡，渣壁过渡，爆炸过渡和喷射过渡混合
低氢型结构钢焊条	大	小	小				具有弧桥并存特征的熔滴短路过渡
高纤维素焊条	小	大	小				短路过渡，爆炸过渡和喷射过渡混合
低氢型不锈钢焊条	大	—	—		中		典型粗熔滴短路过渡
钛型不锈钢焊条	小	小	—				渣壁过渡

① 药芯中含少量造渣成分。

② 熔滴复合过渡：由钢皮形成的外部熔滴和药芯中金属粉形成的内部金属熔滴同时存在，并分别进行过渡的形式[24]。

③ 包裹在熔渣内形成熔滴不短路过渡，或称作"附渣"过渡。

药芯焊丝熔滴过渡的形成机制的要点做以下简要阐述：

1）药芯焊丝 CO_2 气体保护焊当电流较小时，由于熔滴的表面张力、电弧极性斑点压力和气体排斥力对熔滴的作用，加上药芯焊丝结构的特点，熔滴往往在偏离焊芯的一侧形成和长大，并能保持较大的体积，形成熔滴的排斥过渡；在排斥过渡情况下，由于熔滴与熔渣不完全熔合，形成明显的渣柱；随着电流的增大，电磁收缩力、电子流力相应增大，同时熔滴温度升高，熔滴表面张力减小，熔滴细化，过渡形态由大熔滴排斥过渡逐渐向表面张力过渡和细熔滴过渡转变，直到电流增大到形成完全的细熔滴过渡；细熔滴过渡时熔滴细小，过渡频率高，过渡时不发生短路，飞溅减小，电弧稳定，是焊接过程的理想状态。

2）碱性药芯焊丝的药芯含有大量的碱性氧化物，这一渣系组成决定了碱性渣具有较大的表面张力并赋予其粗熔滴过渡的基本属性；焊接时在焊丝端部熔滴特别粗大，药芯内氟化物成分的存在，引起电弧明显的飘动和熔滴激烈动荡，电弧力对熔滴过渡过程影响很大，导致大颗粒飞溅频繁发生，在较小电流施焊时熔滴呈不稳定的排斥过渡；随着焊接电流的增大，熔滴过渡时的受力状况将发生变化，推动熔滴过渡的电磁收缩力、等离子流力明显增强，表面张力、电弧极性斑点压力等阻碍熔滴过渡的力作用减弱，在富氩气体保护条件下，可以实现细熔滴过渡，使焊丝工艺性得到改善。

3）自保护药芯焊丝具有的高氟化物碱性熔渣，成就了自保护药芯焊丝特殊的熔滴行为，焊接时焊丝端部保持着半球状的熔渣体，金属熔滴被包裹在其内部，在一定程度上降低了金属熔滴的界面张力，而使金属熔滴自身得以细化。在正常的焊接参数下，熔滴通过熔渣体进行不短路的"敷渣过渡"，使焊接过程稳定。相对稳定地存在于焊丝端部的熔渣体，能够起着隔离空气的作用，使包裹在其内部的熔滴受到熔渣的有效保护，在熔渣体内熔渣与熔化金属之间能充分融合，有利于脱氧、脱氮等冶金过程得以较充分地进行，为实现有效的自保护提供了理想的冶金和电弧物理条件。

4）金属粉芯焊丝在焊接过程中由钢皮形成的外部熔滴和药芯中金属粉形成的内部金属熔滴同时存在，内、外熔滴呈现分别进行过渡的复合过渡形式，而当内、外金属熔滴长大相互接触时，内外两个熔滴合成一体，加快了熔滴长大和过渡，过渡频率增大，过渡周期缩短，熔滴过渡时偏离焊芯的程度明显减小，焊接过程的稳定性增大，焊接工艺性得到改善。

当采用更大的焊接参数，金属粉芯焊丝在富 Ar 气体保护焊时，在等离子流力和电磁收缩力的作用下，电弧形态十分稳定，熔滴形成射滴过渡。

各种焊接材料熔滴过渡形态、工艺性评价判据，以及汉诺威分析仪生成的 PDD 图、CFD 图和 $t-u$ 图、$t-i$ 图特征见表8-8，根据这些特征可以直观、定性地分析判断焊接材料的工艺性。

表 8-8 焊丝、焊条熔滴过渡形态、焊接工艺性评价判据以及 PDD 图、CFD 图和 $t-u$ 图、$t-i$ 图特征

焊接材料类型和保护气体	熔滴过渡形态	工艺性评价判据	汉诺威分析仪 PDD 图、CFD 图和 $t-u$ 图、$t-i$ 图特征
钛型药芯焊丝（CO_2气体保护焊）	排斥过渡、表面张力过渡（中、小电流）	短路周期的变异系数 $\nu(T_c)$	$t-u$ 图、$t-i$ 图均匀短路，T_c-CFD 曲线向左集中
	细熔滴过渡（大电流）	短路周期的变异系数 $\nu(T_c)$（设置低电压时）	$t-u$ 图、$t-i$ 图均匀短路，T_c-CFD 曲线向左集中
		电压变异系数 $\nu(U)$；电流变异系数 $\nu(I)$[①]（设置正常电压时）	$t-u$ 图、$t-i$ 图不短路，曲线平滑
实心焊丝（CO_2气体保护焊）	排斥过渡、表面张力过渡	平均短路时间 T_1（>1ms），短路频率 f_{sc}（T_1>1ms）	$t-u$ 图、$t-i$ 图均匀短路，T_c-CFD 曲线向左集中
含少量造渣成分金属粉芯焊丝（CO_2气体保护）	熔滴复合过渡[②]	短路周期的变异系数 $\nu(T_c)$（设置低电压时）	$t-u$ 图、$t-i$ 图均匀短路，T_c-CFD 曲线向左集中
		电压变异系数 $\nu(U)$；电流变异系数 $\nu(I)$（设置正常电压时）	$t-u$、$t-i$ 图不短路

（续）

焊接材料类型和保护气体	熔滴过渡形态	工艺性评价判据	汉诺威分析仪 PDD 图、CFD 图和 $t-u$ 图、$t-i$ 图特征
金属粉芯焊丝（富 Ar + CO_2）	喷射过渡	焊接电流变异系数 $\nu(I)$	$t-u$ 图、$t-i$ 图呈光滑直线，U-PDD 和 I-PDD 曲线收敛
自保护药芯焊丝	熔滴附渣不短路过渡	焊接电流变异系数 $\nu(I)$	$t-u$ 图、$t-i$ 图不短路，I-PDD 曲线收敛
钛钙型结构钢焊条	短路过渡、渣壁过渡、爆炸过渡和喷射过渡混合	短路电压概率 $n(U_s)$；短路电流概率 $n(I_s)$；平均短路时间 T_1	U-PDD 小驼峰曲线和高电压曲线概率较小，I-PDD 曲线收敛
低氢型结构钢焊条	具有弧桥并存特征的熔滴短路过渡	短路时间分布特征量 T_{50}	T_1-CFD 曲线分布在 $\leqslant 2ms$ 和 $> 2ms$ 两区域
高纤维素焊条	短路过渡、爆炸过渡和喷射过渡混合	短路电压概率 $n(U_s)$/；平均短路频率 f_{sc}；总短路时间 $\sum t(T_1)$	U-PDD 高电压曲线概率较小，I-PDD 曲线分布集中，T_1-CFD 曲线向左集中
钛型不锈钢焊条	渣壁过渡	短路电压概率 $n(U_s)$；平均电弧电压 U	锯齿状波形，U-PDD 小驼峰曲线低矮或消失，U-PDD、I-PDD 曲线收敛，$t-u$ 图、$t-i$ 图短路特征较少或消失

① 对不短路的 $t-u$ 波形进行信号平滑处理后使用 $\nu(U)$、$\nu(I)$ 判据。

② 熔滴复合过渡是指药芯焊丝由钢皮形成的外部熔滴和药芯中金属粉形成的内部金属熔滴同时存在，并分别进行过渡的形式。

参 考 文 献

[1] 田志凌，潘川，梁东图．药芯焊丝 [M]．北京：冶金工业出版社，1999．

[2] 杨建东，贾吉荣，张健，等．金属粉型药芯焊丝配方渣系与性能的研究 [J]．金属加工：热加工，2010 (14)：22 - 24．

[3] 朱洪亮，王喜春．金属粉芯焊丝自动焊在管线建设中的应用 [J]．电焊机，2009，39 (5)：139 - 141．

[4] 杨祥海．金属粉芯药芯焊丝 [J]．电焊机，2009，39 (5)：135 - 138．

[5] 杨光发，张德桥，罗志强．自保护药芯焊丝半自动焊技术在输油管道工程中的应用 [J]．石油化工建设．2004，26 (5)：30 - 32．

[6] 孟庆润，吕奎清，杨宗全，等．E76C - K4 金属粉芯药芯焊丝研制 [J]．焊接技术，2014，43 (2)：52 - 54．

[7] 薛飞飞，张英乔，孟庆润，等．镍、铬对高强钢金属粉型药芯焊丝熔敷金属组织与性能的影响 [J]．电焊机，2014，44 (5)：89 - 94．

[8] 王皇，刘海云，王宝，等．金属粉芯型药芯焊丝熔滴过渡及飞溅观察分析 [J]．焊接学报，2012，33 (10)：83 - 86．

[9] 蒋旻，栗卓新，蒋建敏．自保护药芯焊丝的国内外研究进展 [J]．焊接，2003 (12)：5 - 8．

［10］Marie Quintana，张鑑．自保护药芯焊丝的发展及在高强管线焊接中的应用［J］．机械工人 2007 (9)：34~38．

［11］Sis L B．Welding Flux – cored Arc Electrodes in N_2 – CO_2 and N_2 – Ar Atmospheres［J］．Welding Journal，1977，53（7）：211 – 216．

［12］魏琪，熊第京．氧氮氢对自保护药芯焊丝焊缝气孔的影响［J］．北京工业大学学报，1998，24（3）：89 – 105．

［13］Wegrzyn J．Porosity and toughness of self – shielded flux – cored wire weld metal［J］．Welding International．1992，6（9）：36 – 38．

［14］李坤．几种组分对自保护药芯焊丝工艺性能和熔敷金属韧性的影响［D］．北京：机械科学研究院．2005．

［15］李坤，张显辉．LIF 对自保护药芯焊丝电弧稳定性的影响［J］．焊接，2005（8）：28 – 30．

［16］胡强，魏琪，蒋建敏，等．稀土元素对自保护自保护药芯焊丝的影响［J］．焊接学报，2001，22（2）：39 – 42．

［17］牛全峰．自保护药芯焊丝的研究［D］．武汉：武汉理工大学，2005．

［18］王宝．焊接电弧物理与焊条工艺性设计［M］．北京：机械工业出版社，1998．

［19］H – Y Liu，Z – X Li，H Li，et al. Study on metal transfer modes and welding spatter characteristics of self – shielded flux cored wire［J］．Science and Technology of Welding and Joining 2008．13（8）：777 – 780．

［20］潘川，喻萍，薛振奎，等．自保护药芯焊丝飞溅的形成机理及其影响因素［J］．焊接学报．2007，28（8）：108 – 112．

［21］牛全峰，方世兵，温家伶．自保护药芯焊丝飞溅的产生机理和影响因素研究［J］．现代焊接．2008（11）：68 – 70．

［22］刘海云，栗卓新，史耀武．自保护药芯焊丝工艺性评价［J］．焊接学报，2011，32（5）：101 – 104．

［23］冯晓庆，刘海云，周增．自保护药芯焊丝电弧稳定性分析［J］．电焊机，2009，39（6）：30 – 33．

［24］孙小兵，张文钺，陈邦固．复合过渡模式——药芯焊丝的一种新的过渡方式［J］．焊接学报，1999，20（12）：62 – 67．

第9章 ▶▶▶▶▶

焊接信息化在焊接材料技术中的应用

本章中作者用汉诺威分析仪这一焊接信息化技术手段，经过进一步的应用开发，实现了对主要焊接材料工艺性的数字化解读及定量评价，在焊接信息化方面做了有意义的探索。本章主要介绍了汉诺威分析仪对焊接材料进行定量分析和评价的应用实例，以及焊接材料产品质量信息化管理方面的应用实例，其中包括"焊接材料工艺质量分析与评价系统"软件的具体应用。本章的最后还介绍了用汉诺威分析仪对弧焊电源进行特性分析及在焊接过程中焊接参数信息的提取和实时监测的例子。

9.1 焊接材料工艺质量分析与评价

本节列举用汉诺威分析仪对焊接材料进行测试和分析的实例，探讨如何用汉诺威分析仪获取焊接材料的焊接电弧物理特性的丰富信息，对焊接材料工艺性进行分析和评价，以深化对被测试焊接材料电弧物理特性的认识。

9.1.1 焊条工艺性的测试实例

收集国内不同厂商的 E4303 钛钙型结构钢焊条共八个样品，用汉诺威分析仪进行测试分析比较其工艺性。测试使用的焊接电源为 ZXG – 300 硅整流焊机，空载电压 65V，直流反接，预置焊接电流 110A，试板材质 Q235 钢，试板尺寸为 $350\text{mm} \times 120\text{mm} \times 10\text{mm}$，汉诺威分析仪采样时间 8s。

图 9-1 是八个钛钙型结构钢焊条样品的电弧电压、焊接电流波形图。

图 9-2 是八个焊条样品的焊接电流概率密度分布叠加图，可以看出不同样品之间的差别很大，THJ422 和 ALJ422 两个样品大电流概率差别最明显。图 9-3 是八个焊条样品的短路时间频率分布图，由图可直观地看出不同的样品之间的电弧物理特性差异。

由汉诺威分析仪提取的八个焊条样品的电弧物理特性参数的测试结果见表 9-1。表中的数据是在采样后分别打开每一个样品的测试窗口，把每个样品的平均电弧电压、焊接电流等各项目逐一提取并抄录下来后编制成的，但是短路电压概率 $n(U_s)$、短路电流概率 $n(I_s)$ 这两个电弧物理特性参数则要由分析仪随机采集的电弧电压和焊接电流瞬时值原始数据，通过计算后才能得出。

由表中的测试结果可做以下几点分析。

1）THJ422 焊条的短路电压概率 $n(U_s)$、短路电流概率 $n(I_s)$ 分别为 2.037% 和 0.290%，在测试的八个焊条样品中数值最低，表明该焊条在焊接时熔滴短路过渡和爆炸过渡的成分最少；而 ADJ422 焊条的短路电压概率 $n(U_s)$ 较高，短路电流概率 $n(I_s)$ 最高，表明该焊条的熔滴短路过渡和爆炸过渡趋势较大。

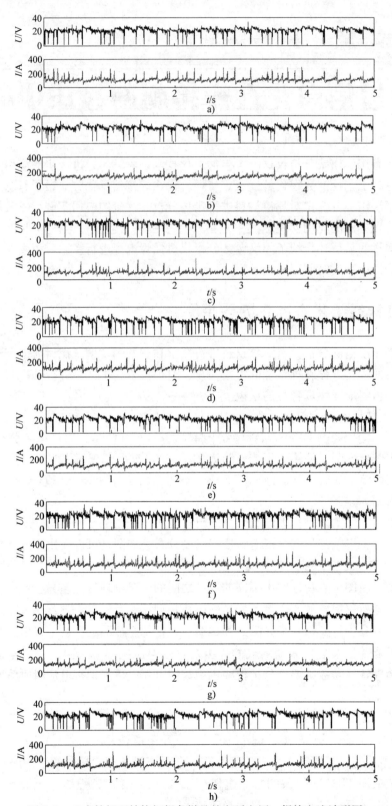

图9-1　八个钛钙型结构钢焊条样品的电弧电压、焊接电流波形图

a) ADJ422　b) AHE422　c) AHE422X　d) AHJ422　e) AQJ422　f) AT–12　g) THJ422　h) ALJ422

2）THJ422 样品的焊接电流标准偏差 $s(I)$ 和电流变异系数 $\nu(I)$ 是最小的，电弧电压的标准偏差 $s(U)$ 和变异系数 $\nu(U)$ 也比较小，表明焊接过程中由于短路造成的焊接电压和焊接电流波动较小，仔细观察图 9-1g 能够看出这一点。

3）THJ422 样品的平均短路时间 $T_1 = 2.49\text{ms}$，是测试的样品中最小的。表中测试的平均短路时间是统计 $T_1 > 1\text{ms}$ 的短路时间（不包括 $T_1 \leqslant 1\text{ms}$ 的瞬时短路），由于在正常的短路条件下，短路时间与熔滴的尺寸大小有关，短路时间越短说明熔滴越细小，而对于钛钙型焊条来说，熔滴的细化对于改善焊条工艺性是重要的条件，因此平均短路时间 T_1 是钛钙型焊条工艺性主要判据之一。

本书第 3 章曾经对钛钙型结构钢焊条电弧物理特性进行了分析，提出了以短路电压概率 $n(U_s)$、短路电流概率 $n(I_s)$、平均短路时间 T_1、电弧电压变异系数 $\nu(U)$ 和焊接电流变异系数 $\nu(I)$ 等电弧物理特性参数为判据，对钛钙型碳钢焊条的焊接工艺性进行评价。$n(U_s)$、$n(I_s)$、T_1、$\nu(U)$ 和 $\nu(I)$ 越低，焊接工艺性越好。THJ422 焊条样品的 $n(U_s)$、$n(I_s)$、T_1 和 $\nu(I)$ 值是测试的八个样品中最低的，可以认为本次试验该焊条的工艺性最好。

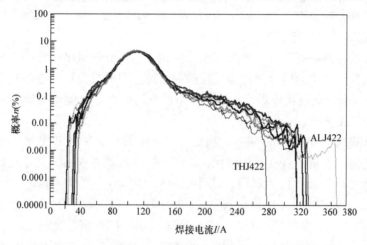

图 9-2　八个测试样品的焊接电流概率密度分布叠加图

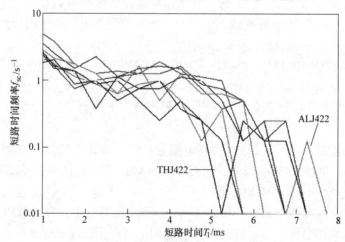

图 9-3　八个测试样品的短路频率分布叠加图

注：短路时间组宽设置 $\Delta T_1 = 500\mu\text{s}$。

表 9-1 E4303 焊条八个测试样品焊接电弧物理特性参数测试结果

焊丝测试样品名称	平均电弧电压 U/V	电弧电压标准偏差 $s(U)/V$	电弧电压变异系数 $\nu(U)(\%)$	平均焊接电流 I/A	焊接电流标准偏差 $s(I)/A$	焊接电流变异系数 $\nu(I)(\%)$	短路次数（8s）	平均短路时间 $T_1^{①}/ms$	短路电压概率 $n(U)(\%)$	短路电流概率 $n(I)(\%)$
ADJ422	21.98	4.67	21.25	113.75	29.04	25.52	87	3.24	3.947	1.293
AHE422	22.71	4.13	18.19	114.38	23.45	20.50	55	2.62	2.318	0.423
AHE422X	22.59	3.95	17.49	112.41	23.40	20.82	58	2.61	2.316	0.572
AHJ422	20.82	4.92	23.63	114.94	29.04	25.26	122	2.94	5.191	0.979
AQJ422	21.32	4.43	20.78	113.98	26.45	23.03	71	3.12	3.236	0.758
AT-12	20.73	4.98	24.05	113.78	29.53	25.96	112	3.06	4.822	1.112
THJ422	22.03	4.02	18.26	112.56	22.19	19.71	55	2.49	2.037	0.290
ALJ422	21.75	4.66	21.42	113.64	27.98	24.62	88	2.97	3.692	1.041

① 平均短路时间指 $T_1 > 1ms$ 的短路时间的平均值。分析仪设置：短路时间组宽 $\Delta T_1 = 100\mu s$，燃弧时间、加权燃弧时间、短路周期时间组宽 ΔT_2、ΔT_3、$\Delta T_c = 100\mu s$，最小短路时间 $T_{1min} = 1000\mu s$，阈值电压 $U_{th} = 10V$。

9.1.2 自保护药芯焊丝工艺性的评价实例

根据第 8 章对自保护药芯焊丝电弧物理特性和工艺性分析得出这样的结论：自保护药芯焊丝的焊接电流变异系数最能反映焊接过程的稳定性。因而自保护药芯焊丝将焊接电流变异系数 $\nu(I)$ 作为判据，通过比较焊接电流变异系数值的大小，定量地判断和评价同类型不同厂商自保护焊丝的工艺性。

现有两种试验编号分别为 hc 和 hj，规格为 $\phi2mm$ 的自保护药芯焊丝，分析比较其电弧物理特性及工艺性。测试条件：采用时代公司产 ZB-500 型逆变 CO_2 气体保护焊机，利用携带焊枪的自动行走小车进行自动焊接，试件用内径 113mm、壁厚 10mm、长 450mm 的碳钢管，焊丝伸出长度为 20mm，焊接速度约 28cm/min，电压设置为 17～27V，焊接电流在 170～280A 范围调整，直流反接，测试采样时间每次 8s，同一试验重复三次。

对两种焊丝采用汉诺威分析仪分别进行测试，测试得到的平均电弧电压，平均焊接电流、焊接电流标准偏差和变异系数、电弧电压标准偏差和变异系数值见表 9-2、表 9-3。图 9-4、图 9-5 分别是 hc 焊丝和 hj 焊丝不同焊接参数下的焊接电流概率密度分布叠加图。

由表 9-2 和表 9-3 中的数据得出以下结论。

1）hc 焊丝当电压约为 18V、焊接电流为 200～235A 时，焊接电流变异系数约为 14%（hc-03、hc-04），焊接过程基本稳定；当电弧电压为 22.61V、焊接电流为 236.27A 时（hc-07）焊接电流变异系数下降到 12.48%，焊接过程十分稳定。显然 hc 焊丝在中等焊接参数焊接时，其焊接工艺性是最佳的。

2）hj 焊丝当电弧电压约为 18V、焊接电流为 170A～235A（hj-01、hj-02 和 hj-03）时，焊接电流变异系数为 14%～22%，数值偏大，焊接过程显然不够稳定；而当电弧电压约为 23V、焊接电流为 210～240A 时（hj-05、hj-06），焊接电流变异系数下降到 13.75%、11.43%，电流概率密度分布曲线（图 9-5）相对集中，焊接过程进入到稳定的阶段。因此在中等焊接参数施焊时，hj 焊丝推荐选用电弧电压 23V、焊接电流 210～240A（相当于 hj-05、hj-06），可能获得较稳定的焊接过程。

3）当然在更大的焊接参数时，即电弧电压超过 27V、焊接电流超过 280A 时，无论是

hj 焊丝还是 hc 焊丝，焊接电流变异系数会进一步减小，电流概率密度分布曲线最集中，位置最靠右（图 9-4 中 hc - 08 和图 9-5 中 hj - 07），焊接过程更稳定。

表 9-2　汉诺威分析仪测试得到 hc 自保护药芯焊丝电弧物理特性参数

试验焊丝编号	平均电弧电压 U/V	电弧电压标准偏差 $s(U)$/V	电弧电压变异系数 $v(U)$(%)	平均焊接电流 I/A	焊接电流标准偏差 $s(I)$/A	焊接电流变异系数 $v(I)$(%)
hc - 01	19.07	2.57	15.06	175.38	34.07	29.42
hc - 02	18.26	2.26	12.35	176.84	32.85	18.57
hc - 03	18.19	2.29	12.60	206.85	29.02	14.03
hc - 04	18.14	2.50	13.77	235.80	32.38	13.73
hc - 05	22.84	2.13	9.30	189.17	28.06	15.28
hc - 06	22.75	2.24	9.84	206.51	33.73	16.43
hc - 07	22.61	2.28	10.09	236.27	29.49	12.48
hc - 08	29.31	2.30	8.41	281.87	30.36	10.77

表 9-3　汉诺威分析仪测试得到 hj 自保护药芯焊丝电弧物理特性参数

试验焊丝编号	平均电弧电压 U/V	电弧电压标准偏差 $s(U)$/V	电弧电压变异系数 $v(U)$(%)	平均焊接电流 I/A	焊接电流标准偏差 $s(I)$/A	焊接电流变异系数 $v(I)$(%)
hj - 01	18.44	2.59	14.07	172.19	39.87	21.90
hj - 02	18.33	2.64	14.12	203.70	34.75	19.16
hj - 03	18.27	2.70	14.77	234.84	33.50	14.26
hj - 04	23.05	2.21	9.58	190.06	32.81	19.27
hj - 05	22.96	2.11	9.19	209.17	28.76	13.75
hj - 06	22.89	2.05	8.18	238.35	29.33	11.43
hj - 07	29.20	1.98	14.07	295.00	25.16	8.52

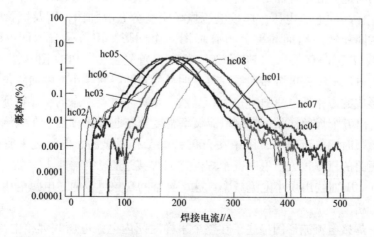

图 9-4　hc 自保护药芯焊丝不同焊接参数的电流概率密度分布叠加图

（本图的彩图见附录 G 中图 G-1）

测试结果说明两种焊丝在不同的焊接参数下工艺性的表现是不同的，hc 焊丝在低电压中等焊接电流时（18V，200 ~ 230A）焊接过程比较稳定，而 hj 焊丝则在电弧电压 22 ~ 23V、焊接电流 230A 以及更大的焊接参数下焊接过程的稳定性更好。这一结论仅仅是就实际多次试验的其中一次试验数据进行分析做出的，只能看作是对试验数据进行分析的一个具体实例。实际焊接过程中随机性很大，多次重复试验的结果才可能得到相对准确的结论。

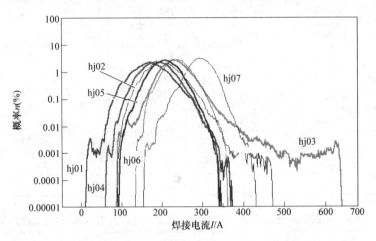

图 9-5   hj 自保护药芯焊丝不同焊接参数的电流概率密度分布叠加图

9.1.3 CO_2 气体保护焊药芯焊丝工艺性的测试实例

采用汉诺威分析仪对 dw - 501、gc401、hob - 01、kf501 和 yj501 等五个药芯焊丝样品在 CO_2 气体保护焊条件下进行测试，焊丝直径为 $\phi1.2mm$。采用时代公司产 ZB - 500 型 CO_2 气体保护焊机，利用携带焊枪的自动行走小车进行自动焊接，试件材质为 Q235 钢板，尺寸 $450mm \times 150mm \times 12mm$，焊丝伸出长度为 20mm，焊接速度约 28cm/min；电压设置 22V，焊接电流 205A，直流反接；测试采样时间每次 30s，同一试验重复三次。

1. PDD 图和 CFD 图的分析

用汉诺威分析仪进行测试时，采样工作完成后即可对测试结果进行分析。首先打开测试窗口，因为要同时进行五个样品的分析，需将五个样品测试结果叠加在一个测试窗口，使窗口同时显示五个样品的电弧电压、焊接电流概率密度分布叠加图，以及短路时间、燃弧时间、加权燃弧时间和短路周期频率分布叠加图六个图形，用符号表示即：$U - PDD$、$I - PDD$、$T_1 - CFD$、$T_2 - CFD$、$T_3 - CFD$ 和 $T_C - CFD$。首先从 $U - PDD$ 图（图 9-6）观察到，五个焊丝样品的电压概率密度分布曲线均具有明显的双驼峰状，小驼峰曲线位置很高，表明在测试过程中形成的短路低电压概率很大，显然这是短路过渡形态的明显特征。

由图 9-7 看出五个焊丝样品的焊接电流概率密度分布曲线比较集中在电流 150 ~ 250A 范围，反映正常燃弧时的电流概率，图中在 300 ~ 500A 有明显的大电流概率密度分布，表明焊接过程发生短路的概率很大，说明五个焊丝样品焊接过程中熔滴是以短路的形式过渡的。图中还看到 hob - 01 曲线出现小电流概率，这一异常的现象可以通过电弧电压和焊接电流波形图来进一步分析。

电弧电压、焊接电流波形图描述了在整个采样时间内电弧电压和焊接电流的随机变化，对于焊接过程中熔滴的过渡形态、熔滴过渡的均匀性、测试过程中由于偶然因素引起的波动，通过波形图都很容易地被发现。根据测试的目的和需要，对波形的进一步分析可以获得更多的电弧物理特征的数据信息。图 9-8 是五个焊丝样品的焊接电压和焊接电流波形图（撷取其中的 2~4s），可以直观地看出五个焊丝样品在设定的焊接参数下熔滴是短路过渡的，dw-501 焊丝的波形图（图9-8a）比较均匀，而 yj501 焊丝波形均匀性较差（图9-8e）。如图 9-8c 所示，hob-01 焊丝在 2~2.4s 时段内出现了明显的波动，显然这是电流概率密度分布图中出现小电流概率密度分布的原因。

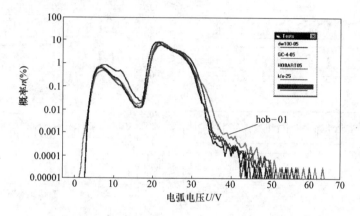

图 9-6　五个焊丝样品的电弧电压概率密度分布叠加图

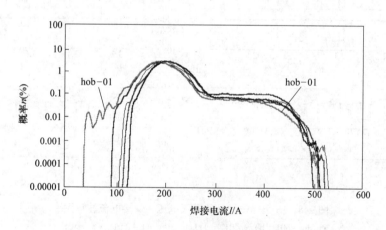

图 9-7　五个焊丝样品的焊接电流概率密度分布叠加图

$T_1 > 1ms$ 的平均短路时间是反映焊接材料特性的重要电弧物理特征参数。T_1 短路频率分布图描述了熔滴不同时间分组内短路发生的频率分布情况，$T_1 \leq 1ms$ 短路视为是瞬时短路，在第 2 章称作 B 型短路，其中时间更短、频率更高的短路被认为是由焊接电源等干扰因素引起的，可以将其统称作非正常的短路，在统计平均短路时间时可将它们剔除。T_1-CFD 图曲线越靠右分布，表明熔滴长时间短路的概率越大，也表明焊接时存在着颗粒度较大熔滴的过渡。图 9-9 是五个焊丝样品的短路时间频率分布图，可以看出五个焊丝样品不同短路时间发生的频率有明显的差别，其中 dw-501、gc401 焊丝（图 9-9a、b）分布相当分散，存在着较长短路时间（$T_1 > 5ms$）的分布，而 hob-01、kf501 和 yj501 焊丝（图 9-94c~e）相对比较集中，较长短路时间（$T_1 > 5ms$）的分布基本上不存在。五个焊丝样品短路时间频率分布图的明显差别表明它们之间存在不同的电弧物理特性。

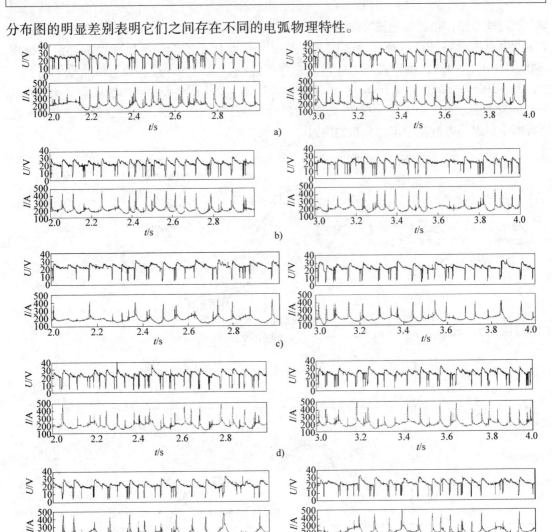

图 9-8　五个焊丝样品的电弧电压、焊接电流波形图

a) dw－501　b) gc401　c) hob－01　d) kf501　e) yj501

图 9-10 是短路周期频率分布图，它直接反映各时间分组的短路周期频率分布情况。由于短路周期是将瞬时短路（B 型短路）忽略后统计的，因此它基本上反映了实际熔滴发生短路过渡时的周期，有人习惯地将短路周期称作熔滴短路过渡周期也未尝不可，但是把它简单地称作"过渡周期"就不妥了，因为有相当一部分熔滴的过渡并不发生短路，而 T_c－CFD 图只是反映熔滴发生短路过渡时的周期分布，不短路过渡的熔滴由于没有短路信号，分析仪不可能采集到。

短路周期频率分布图能直观地看出短路分布的均匀性，柱状图的分布越集中，短路周期分布越均匀。短路周期的均匀性是焊接过程稳定的重要标志，通过第 6 章对药芯焊丝工艺性评价的讨论认识到，短路周期的均匀性是评价焊丝工艺性的主要依据。由图 9-10a 中看出，dw－501 焊丝短路周期分布最集中，表明其在本次测试的五个焊丝样品中焊接过程稳定性最好。

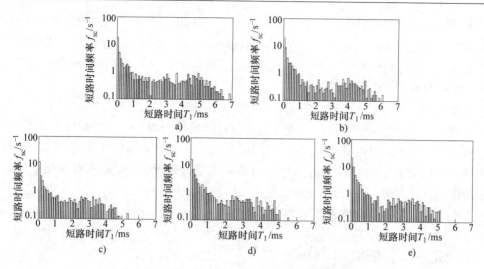

图 9-9　五个焊丝样品的短路时间频率分布图

a) dw - 501　b) gc401　c) hob - 01　d) kf501　e) yj501

分析仪短路时间组宽设置：$T_1 = 100\mu s_。$

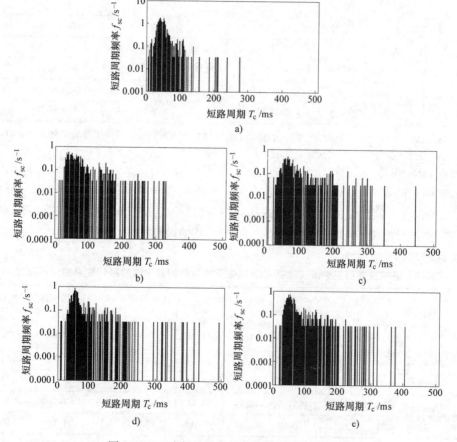

图 9-10　五个焊丝样品的短路周期频率分布图

a) dw - 501　b) gc401　c) hob - 01　d) kf501　e) yj501

分析仪周期时间设置：$\Delta T_c = 500\mu s_。$

以上通过对分析仪窗口中显示的 $U-PDD$ 图、$I-PDD$ 图、T_1-CFD 图、T_c-CFD 图以及波形图进行的分析解读，方便、直观地对测试对象的电弧物理特性进行了初步的了解，但这仅仅是定性的，焊接过程的信息化在于用量化了的数字信息来描述焊接过程的特征，从而有可能对焊接材料工艺性做出定量的评价。

2. 电弧物理特征参数的分析

汉诺威分析仪对焊接过程电信号进行统计分析时提供的焊接电弧物理特征参数主要有：平均电弧电压 U、平均焊接电流 I、平均短路时间 T_1、平均燃弧时间 T_2、平均加权燃弧时间 T_3、平均短路周期 T_c，以及各变量的标准偏差 s 和变异系数 ν，此外还有电弧电压瞬时值 $u(t)$、焊接电流瞬时值 $i(t)$ 及各变量的最大值、最小值等。

五个焊丝样品 CO_2 气体保护焊焊接电弧物理特性参数测试结果见表9-4，看出短路周期变异系数值的大小排列顺序是：gc401 最小，其值为 71.15%，其次是 dw-501、hob-01、kf501，最大是 yj501，其值为 84.11%。

表9-4　五个焊丝样品 CO_2 气体保护焊焊接电弧物理特性参数测试结果

焊丝测试样品名称	平均电弧电压 U/V	电弧电压标准偏差 $s(U)$/V	电弧电压变异系数 $\nu(U)$(%)	平均焊接电流 I/A	焊接电流标准偏差 $s(I)$/A	焊接电流变异系数 $\nu(I)$(%)	>1ms 平均短路时间 T_1/ms	>1ms 短路频率[①] f_{sc}/s^{-1}	平均短路周期 T_c/ms	短路周期变异系数 $\nu(T_c)$(%)
dw-501	22.63	5.54	24.47	203.72	58.84	28.88	2.546	24.7	81.62	71.83
gc401	22.18	4.80	21.64	211.32	48.82	23.10	2.869	16.8	94.41	71.15
hob-01	22.73	4.36	19.18	192.09	46.78	24.35	2.202	14.9	193.48	73.53
kf501	22.72	4.71	20.73.	210.52	46.31	22.00	2.465	18.3	117.44	83.99
yj501	22.09	4.62	20.92	213.54	46.11	21.60	2.387	18.1	127.19	84.11

注：分析仪设置：短路时间组宽 $\Delta T_1 = 100\mu s$，燃弧时间、加权燃弧时间、短路周期时间组宽 $\Delta T_2 = \Delta T_3 = \Delta T_c = 500\mu s$，最小短路时间 $T_{1min} = 2500\mu s$，阈值电压 $U_{th} = 10V$。

① 测试采样时间30s。

分析仪参数的设置直接影响到测试结果，考虑到表9-4原测试时对阈值电压的设置（$U_{th} = 10V$）偏低，这样使得大于10V的部分短路实际没有被统计，因此重新调整了阈值电压的设置，由原设置 $U_{th} = 10V$ 提高到 $U_{th} = 16V$，其他设置的参数不变，对电弧物理特性参数重新统计的数据见表9-5。

表9-5　重新设置后五个焊丝样品 CO_2 气体保护焊的焊接电弧物理特性参数统计结果

焊丝测试样品名称	平均电弧电压 U/V	电弧电压标准偏差 $s(U)$/V	电弧电压变异系数 $\nu(U)$(%)	平均焊接电流 I/A	焊接电流标准偏差 $s(I)$/A	焊接电流变异系数 $\nu(I)$(%)	>1ms 平均短路时间 T_1/ms	>1ms 短路频率 f_{sc}/s^{-1}	平均短路周期 T_c/ms	短路周期变异系数 $\nu(T_c)$(%)
dw-501	22.63	5.54	24.47	203.72	58.84	28.88	3.611	27.0	51.74	52.45
gc401	22.18	4.80	21.64	211.32	48.82	23.10	3.336	17.1	85.76	68.65
hob-01	22.73	4.36	19.18	192.09	46.78	24.35	2.891	16.6	100.91	68.36
kf501	22.72	4.71	2073.	210.52	46.31	22.00	2.830	19.3	91.16	83.09
yj501	22.09	4.62	20.92	213.52	46.11	21.60	2.937	19.0	87.38	73.82

注：分析仪重新设置：短路时间组宽 $\Delta T_1 = 100\mu s$，燃弧时间、加权燃弧时间、短路周期时间组宽 $\Delta T_2 = \Delta T_3 = \Delta T_c = 500\mu s$，最小短路时间 $T_{1min} = 2500\mu s$，阈值电压 $U_{th} = 16V$。

表9-5 与表9-4 的数据相比差别很大，最终改变工艺性的评价结果。表9-5 短路周期变异系数 $\nu(T_c)$ 由小到大的排列顺序是：dw-501 焊丝最小，工艺性的评价最好，其次是 hob-01、gc401、yj501 焊丝，短路周期变异系数最大的是 kf501 焊丝，$\nu(T_c)$ 为 83.09%，工艺性排列为最差。

改变阈值电压的设置，短路时间、短路频率的数据和短路时间频率分布都发生了变化，阈值电压提高，短路频率增大，平均短路周期相应减小。以 dw-501 和 kf501 两种焊丝为例，由表9-5 与表9-4 的数据看出，两种焊丝的短路频率由原来的 $24.7s^{-1}$ 和 $18.3s^{-1}$，分别增大到 $27.0s^{-1}$ 和 $19.3s^{-1}$，平均短路周期 T_c 由原来的 81.62ms 和 117.44ms 减小到 51.74ms 和 91.16ms。这一变化也可以在图9-11 和图9-12 中清楚地看到。

图9-11 和图9-12 分别是改变阈值电压前后短路时间 T_1 和平均短路周期 T_c 的频率分布图，由图9-11 看出，提高阈值电压后平均短路时间 T_1 频率分布变得分散了，而平均短路周期 T_c 频率分布图变得集中了。

对提取的五个焊丝样品电弧物理特性参数的测试结果做以下几点分析。

1）就本次试验的结果看，dw-501 焊丝的短路周期变异系数 $\nu(T_c)=52.45\%$，是五个测试的焊丝中最小的，以短路周期变异系数 $\nu(T_c)$ 作为判据，表明 dw-501 焊丝在本次测试的五个焊丝中焊接过程的稳定性最好；hob-01 焊丝和 gc401 焊丝的短路周期变异系数也比较小，焊接过程的稳定性也很好；yj501 焊丝和 kf501 焊丝的 $\nu(T_c)$ 都比较高，相比之下其工艺性较差。

2）dw-501 焊丝平均短路周期 $T_c=51.74$ms，在测试的几个焊丝中最短，熔滴短路的频率 $f_{sc}=27.0s^{-1}$，也是几个焊丝中最高的。对于直径 $\phi1.2$mm 的焊丝，在该试验条件下进行 CO_2 气体保护焊时，熔滴过渡形态应为排斥过渡和表面张力过渡，此时，熔滴频繁、密集的短路现象往往是与熔滴较为均匀过渡相联系的，从而使焊接过程趋于稳定。比较图9-8 中五个焊丝的波形图可以看出，dw-501 焊丝相对比较均匀和密集。

3）dw-501 焊丝焊接工艺性最好，平均短路时间 $T_1=3.611$ms，比其他焊丝都长，而 kf501 焊丝平均短路时间最低，为 2.830ms，焊接过程的稳定性明显不如 dw-501 焊丝。按照一般的理解，短路时间长短反映熔滴的大小，焊接时焊接材料熔滴的细化是焊接工艺性改善的重要因素，尤其对于焊条电弧焊时，大部分焊条都存在着这样的规律，熔滴的细化成为实现理想的熔滴过渡形态和改善焊条工艺性的关键。而 dw-501 和 yj501 焊丝表现出熔滴短路时间与焊接工艺性相悖的情况，它所表现的电弧物理现象是应该引起人们思考的，在药芯焊丝 CO_2 气体保护焊排斥过渡的条件下往往出现这样的情况，平均短路时间 T_1 较长有时反映大熔滴的稳定过渡，而熔滴的激烈飘动使得平均短路时间 T_1 变短，这时 T_1 值减小不是反映熔滴的细化，而是过程的不稳定的表现。因此与焊条电弧焊时不同，药芯焊丝 CO_2 气体保护焊时平均短路时间 T_1 不能作为评价焊丝工艺性的判据。

4）电弧电压、焊接电流的标准偏差和变异系数 $s(U)$、$\nu(U)$、$s(I)$ 和 $\nu(I)$ 反映焊接电参数的波动程度，在短路过渡条件下，$s(U)$、$\nu(U)$、$s(I)$ 和 $\nu(I)$ 的值反映熔滴短路行为特征。dw-501 焊丝的电弧电压标准偏差 $s(U)$ 和变异系数 $\nu(U)$、焊接电流的标准偏差 $s(I)$ 和变异系数 $\nu(I)$ 比其他焊丝都大，表明 dw-501 焊丝具有的频繁、密集的短路行为特征，不是电参数的不稳定，而正是工艺性优良的表现。

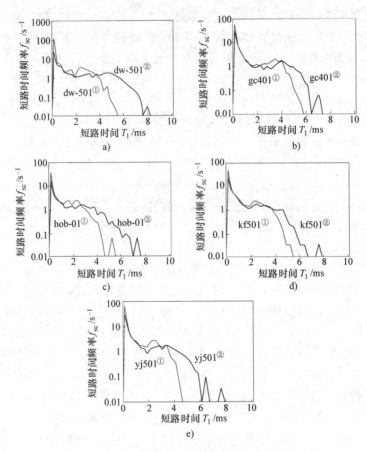

图 9-11　改变阈值电压前后短路时间 T_1 频率分布图

a) dw – 501　b) gc401　c) hob – 01　d) kf501　e) yj501

① 原设置阈值电压 $U_{th} = 10V$。② 重设置阈值电压 $U_{th} = 16V$。

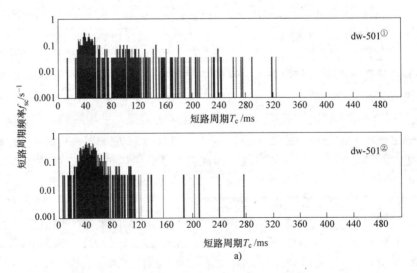

图 9-12　改变阈值电压前后短路周期 T_c 频率分布图

a) dw – 501

① 原设置阈值电压 $U_{th} = 10V$。② 重设置阈值电压 $U_{th} = 16V$。

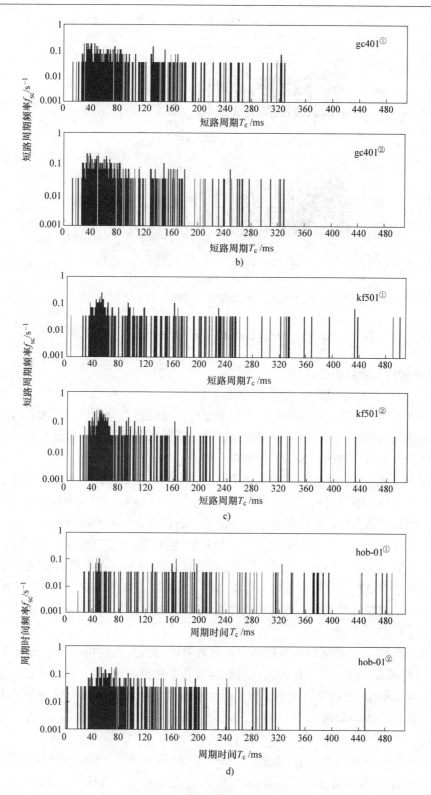

图9-12　改变阈值电压前后短路周期 T_c 频率分布图（续）

b）gc401　c）hob－01　d）kf501

① 原设置阈值电压 $U_{th}=10V$。②重设置阈值电压 $U_{th}=16V$。

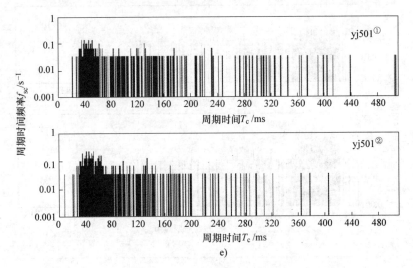

图 9-12　改变阈值电压前后短路周期 T_c 频率分布图（续）

e）yj501

① 原设置阈值电压 $U_{th}=10V$。② 重设置阈值电压 $U_{th}=16V$。

9.1.4　关于分析仪参数的设置

1. ΔT_1、ΔT_2、ΔT_3、ΔT_c 和 T_{1min} 的设置

以上分析说明了采用汉诺威分析仪进行测试时，对汉诺威分析仪测试参数的设置十分重要，设置的参数不同，就会得到不同的数据，导致不同的测试结果。因此在测试时正确合理地设置测试参数是得到准确测试结果的前提。

测试时汉诺威分析仪需要设置的参数有：短路时间组宽 ΔT_1，燃弧时间组宽 ΔT_2、加权燃弧时间组宽 ΔT_3、短路周期时间组宽 ΔT_c、最小短路时间 T_{1min} 以及阈值电压 U_{th}。

短路时间组宽 ΔT_1 是统计短路频率的分组，一般设置 $\Delta T_1=100\sim500\mu s$；对于短路频率较高的 CO_2 气体保护焊，或是出现较多 B 型短路的钛钙型、低氢型焊条，组宽 ΔT_1 的设置要小一些，可设置为 $100\sim200\mu s$；短路频率较低的焊条，如不锈钢焊条，组宽可以设置大一些。燃弧时间组宽 ΔT_2、加权燃弧时间组宽 ΔT_3、短路周期时间组宽 ΔT_c 一般设置为 $500\mu s$，但也要根据测试对象短路频率高低来调整设置，短路频率越高，组宽 ΔT_1、ΔT_2、ΔT_3、ΔT_c 的设置越要窄一些。

最小短路时间 T_{1min} 是区分瞬时短路和正常短路的时间点，也可以理解是定义 A 型短路和 B 型短路时间点，表 9-4 统计的测试数据设置最小短路时间 $T_{1min}=2500\mu s$，这样的设置排除了 $T_{1min}\leqslant2500\mu s$ 的短路，突出了短路时间更长的短路行为，最终得到的平均短路周期 T_c 的数值反映的是 $T_1>2500\mu s$ 短路过渡的周期。如果设置 $T_{1min}\leqslant1000\mu s$，得到的平均短路周期 T_c 值一定会减小很多。

为了探讨如何合理地设置最小短路时间 T_{1min}，下面列举实际测试例子进行具体分析。

图 9-13 是焊条电弧焊分析最小短路时间 T_{1min} 设置的电弧电压波形图。图中标示了 1、2、3、4、5 共五次短路，测试这五个点实际短路时间依次是：$1610\mu s$、$840\mu s$、$1050\mu s$、$840\mu s$、$4130\mu s$，其中 1、3、5 点的 $T_1>1000\mu s$，而 2、4 点的 $T_1<1000\mu s$。如果设置 $T_{1min}=$

1000μs，则1、3、5点统计为短路，2、4点则统计为瞬时短路；如果设置$T_{1min} = 2500μs$，则只能将5点统计成正常短路，而其他各点均成了瞬时短路。

图9-14是 dw－501 焊丝 CO_2 气体保护焊分析最小短路时间 T_{1min} 设置的电弧电压波形图。测试了 5.14～5.17s 时间段内的三次短路，图中1、2、3点短路时间分别是 630μs、1260μs 和 2880μs。如果设置 $T_{1min} = 1000μs$，则1点为瞬时短路，2点和3点为正常短路；如果设置 $T_{1min} = 1500μs$，那么1点和2点则成为瞬时短路。可见 T_{1min} 设置了瞬时短路和正常短路的界限，T_{1min} 的设置对平均短路时间 T_1、加权燃弧时间 T_3、平均短路周期 T_c 和正常短路频率的统计值都将产生影响。设置最小短路时间 T_{1min} 时，除了要根据被测试焊接材料的焊接电弧物理特性和采用焊接参数的大小，还要结合具体的试验对象和试验目的确定。一般情况下，结构钢焊条电弧焊、药芯焊丝 CO_2 气体保护焊可以按 $T_{1min} = 1000μs$ 来设置，初步试验后再根据对试验结果的分析和对测试对象电弧物理特性的认识，确定这一设置是否合理，根据具体情况进一步调整设置。

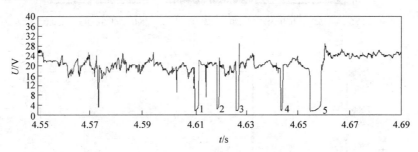

图9-13　焊条电弧焊分析最小短路时间 T_{1min} 设置的电弧电压波形图

测试的焊条样品：AHE422X；焊接参数：22.59V/112.41A。

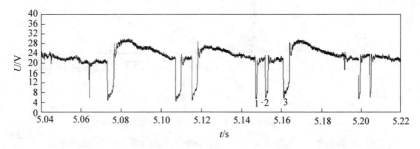

图9-14　CO_2 气体保护焊分析最小短路时间 T_{1min} 设置的电弧电压波形图

测试的焊丝样品：dw－501；焊接参数：24.47V/203.72A。

2. 阈值电压 U_{th} 的设置

阈值电压 U_{th} 是分析仪统计短路或燃弧的电压，显然 U_{th} 设置的高低影响短路频率的统计数据，合理的设置阈值电压对于获得焊接过程信息的准确性十分重要。如何对阈值电压 U_{th} 进行合理设置应当根据测试的对象和试验条件来确定。

在熔化极短路过渡过程的统计分析中，对电压阈值 U_{th} 的正确设定同样涉及对电压的概率密度分布的理解。图9-15 所示为对焊条电弧焊电弧过程和气体保护焊电弧过程的一个分析实例，图中对阈值电压 U_{th} 的可选择范围作了明确的说明。图9-10a 所示为伴有短路过渡的焊条电弧焊过程，阈值电压 U_{th} 的可选范围较大，一般可将阈值电压 U_{th} 设定在 10V；而对于气体保护焊电弧过程，阈值电压 U_{th} 的可选范围较小，如图 9-15b 所示，一般可将阈值电压 U_{th} 定在 17~18V。

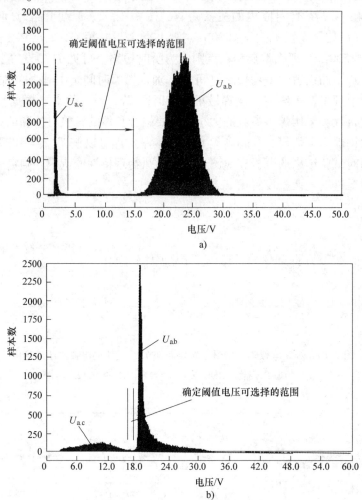

图 9-15 从电压的概率密度分布确定电压阈值 U_{th}

a）焊条电弧焊电弧过程 b）气体保护焊电弧过程（较小的电感）

下面以表 9-4 中对五种焊丝测试为例说明阈值 U_{th} 的设置，最初进行测试时将阈值电压 U_{th} 设置为 10V，采样后打开电弧电压、焊接电流波形图，如图 9-16 所示，可以发现设置 $U_{th1} = 10V$ 的数值偏低，如 a、b、c 点和 d 点被采集到的短路时间减小了，有时一些正常的短路还可能被统计成为瞬时短路信息，甚至于有的短路完全采集不到，因此需要调整 U_{th} 的设置，将 U_{th} 设置为 16V（图 9-16 中 U_{th2}）。根据作者的试验：焊条电弧焊时，一般设置 $U_{th} = 7~12V$；药芯焊丝进行 CO_2 气体保护焊时，设置 $U_{th} = 17~18V$ 为宜。但这不是绝对的，有些不熟悉的焊接材料或者是采用不同的焊接电源时，U_{th} 的设置要根据初步测试后得到的电弧电压波形图来确定 U_{th} 值的大小。

在实际测试时，事先设置的分析参数有时不尽合理，导致信息的失真，这时在分析数据时可以对原设置进行修正，修正后分析仪系统对原试验结果重新进行统计，并自动形成新的文件储存。

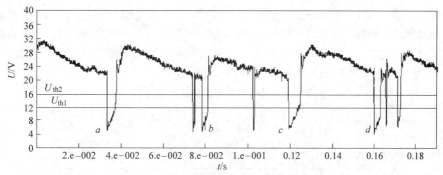

图 9-16　确定阈值电压 U_{th} 设置的波形图

测试焊丝名称：DW－501，焊接参数：22.63V/203.72A。

9.1.5　焊接电源的性能对焊接材料测试结果的影响

在 9.1.4 节详细地讨论了汉诺威分析仪参数设置对焊接材料电弧物理特性参数测试结果的影响。还应该特别指出的是，不能忽视焊接电源的影响。在本节将引用测试实例，说明在相同的测试条件下，采用同类型不同厂商的电焊机，由于电焊机性能的差异而导致不同的测试结果。

随着电力电子器件和控制技术的不断发展，以及节能、降耗、减排的要求，现行的弧焊电源大都采用逆变技术与以脉宽调制（PWM）为核心的控制技术，通过电压瞬间值反馈或电压－电流双闭环反馈等方式，实现焊接电流波形、能量输出等的实时调整，从而获得改善电源动态性能、减少熔滴飞溅、提高电弧稳定性等效果。但是由于弧焊电源的电流或能量输出可调范围大，且电路结构和反馈控制策略的设计各有不同，以及元器件品质等因素，因此对于同一种焊丝而言，使用不同的焊接电源或同一焊接电源的不同电流区域，往往会出现不同的焊接效果，这成为对焊接材料工艺性评价的一个不可忽视的影响因素。

本节的内容是以同一品牌的实心焊丝（直径均为 $\phi1.2mm$）、同一试验条件下，用两种品牌的 MIG－500 电源在不同的电流区域（图 1-4）采用汉诺威分析仪进行测试，用统计分析方法进行对比和分析，显示焊接电源对测试结果的影响。

1. 短路过渡模式下焊接电源对焊丝工艺性的影响

图 9-17 和图 9-18 分别是在富氩（82% Ar + 18% CO_2）和二氧化碳（100% CO_2）两种保护气体条件下，焊丝的短路过渡焊接过程电压、电流波形图，电压、电流概率密度分布图以及短路时间频率分布图，焊接参数见表 9-6。由测试结果看到，尽管在测量值上难以辨别不同焊接电源对焊丝工艺性的直接影响，但是可以明显地看出两者的不同。1 号焊机的波形较为均匀，熔滴的短路时间较为集中，过渡周期的分布也较集中；由图 9-17e、f 可以看出，1 号焊机短路时间和周期时间的分布曲线明显比 2 号焊机集中；2 号焊机在燃弧后电流失控下跌（图 9-17b 箭头所指处），并导致电压的瞬间提高，这显然不利于电弧的稳定和焊丝金属熔化的均匀性。通过短路过渡焊接过程不同特征的对比，可以对不同焊接电源对焊接工艺过程的影响进行分析评估。

在二氧化碳气体保护条件下，由于电弧形态、斑点压力以及熔滴表面张力等与富氩气体保护焊的条件不同，因此要求在焊丝末端的熔滴达到一定尺寸时提供足够的电磁收缩力，以促使熔滴进入熔池，从而减少飞溅或熔滴尺寸过大导致电弧过程的不稳定。图9-18a、b 的波形对比表明，2 号焊机所采用的电压反馈控制效果较差，熔滴过渡均匀性和电弧稳定性均劣于1 号焊机；图9-18c、d 的对比表明，2 号焊机在短路时段对电流过于抑制而造成电磁力较小；从熔滴短路时间频率分布情况看出（图9-18e、f），1 号焊机短路时间频率和周期时间频次分布曲线比2 号焊机更向左集中，表明在同样的测试电流区域两焊机的测试结果有明显差异，由此必然会对焊丝工艺性产生不同的影响。

表9-6　焊接工艺参数测试数据（1）

焊机号	均值/标准差	保护气体/波形图
1	112A/55.6A；17.9V/8.8V	82% Ar + 18% CO_2/图9-17a
1	219A/88.75A；22.3V/9.0V	100% CO_2/图9-18a
2	111A/ 55.0A；18.9V/9.0V	82% Ar + 18% CO_2/图9-17b
2	223A/64.7A；25.9V/ 7.1V	100% CO_2/图9-18b

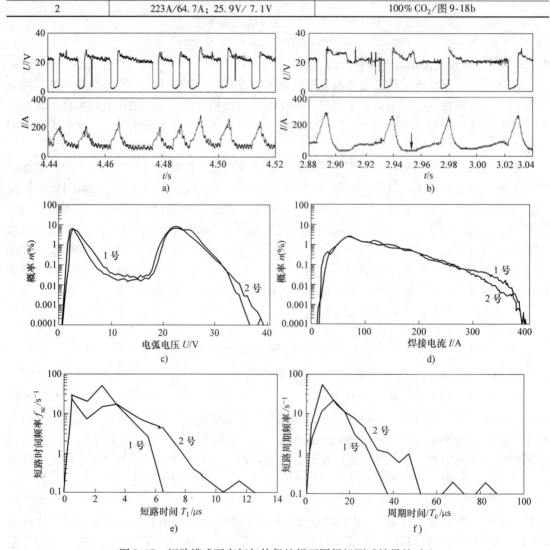

图9-17　短路模式下富氩气体保护焊不同焊机测试结果的对比

a）1 号焊机的电弧电压、焊接电流波形图　b）2 号焊机的电弧电压、焊接电流波形图
c）两种焊机的电弧电压概率密度分布图　d）两种焊机的焊接电流概率密度分布图
e）两种焊机短路时间 T_1 频次分布图　f）两种焊机周期时间 T_c 频次分布图
保护气体：82% Ar + 18% CO_2。

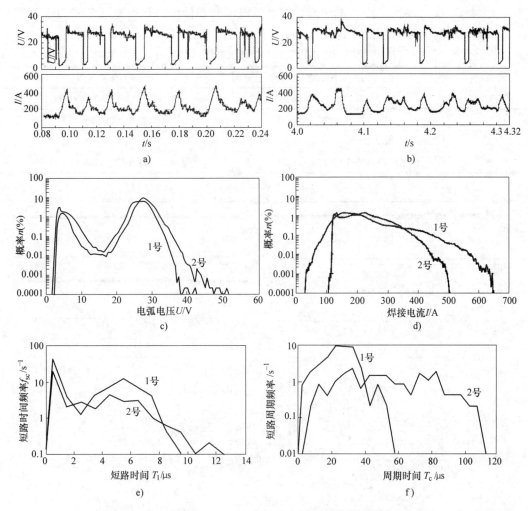

图 9-18　短路模式下 CO_2 气体保护焊不同焊机测试结果的对比

a) 1 号焊机的电弧电压、焊接电流波形图　b) 2 号焊机的电弧电压、焊接电流波形图

c) 两种焊机的电弧电压概率密度分布图　d) 两种焊机的焊接电流概率密度分布图

e) 两种焊机短路时间 T_1 频次分布图　f) 两种焊机周期时间 T_c 频次分布图

保护气体：100% CO_2。

2. 非短路模式下焊接电源对焊丝工艺性的影响

图 9-19 和图 9-20 所示分别是在富氩（82% Ar + 18% CO_2）保护气体条件下，直流和直流脉冲两种电流模式的影响对比，焊接参数检测结果见表 9-7。如图 9-19 所示，1 号焊机在大电流条件下，电弧过程波动较大，弧 - 源系统的工作点不稳定，熔滴过渡时常出现瞬间短路并导致较多飞溅；而 2 号焊机在大电流区的电弧稳定性好，熔滴很均匀且飞溅很少，测试结果看出（图 9-19c、d）2 号焊机电弧电压和焊接电流概率密度分布十分集中。

在直流脉冲条件下，1 号焊机稳定实现熔滴的"一脉一滴"过渡，脉冲时段的能量控制精确；而 2 号焊机从波形上难以评定其熔滴过渡形态，但从高速摄影结果可见，由于在脉冲时段的能量偏高，且在脉冲下降沿设置了 120A 的电流延迟，使焊丝末端在此能量条件下形成"一大一小"或"一大二小"的熔滴,在电弧电压和焊接电流概率密度分布曲线(图9-20c、d)表现出两种脉冲电流的不同工艺特征。

表9-7 焊接工艺参数测试数据(2)

焊机号	均值/标准差	保护气体/波形图
1	355A/43.3A;30.1V/1.9V	82%Ar+18%CO₂/图9-19a
1	174A/162.8A;25.1V/6.3V	脉冲/图9-20a
2	407A/13.7A;36.2V/0.8V	82%Ar+18%CO₂/图9-19b
2	164A/177.7A;24.6V/6.3V	脉冲/图9-20b

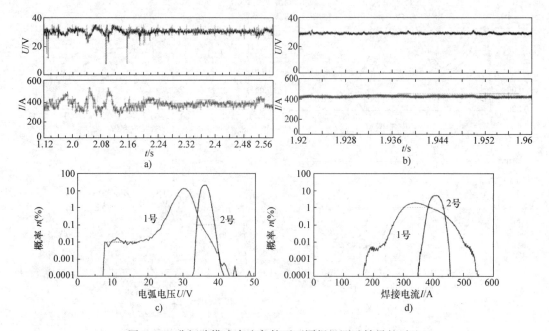

图9-19 非短路模式直流条件下不同焊机测试结果的对比

a)1号焊机电弧电压、焊接电流波形图 b)2号焊机电弧电压、焊接电流波形图

c)两种焊机的电弧电压概率密度分布图 d)两种焊机的焊接电流概率密度分布图

保护气体:82%Ar+18%CO₂。

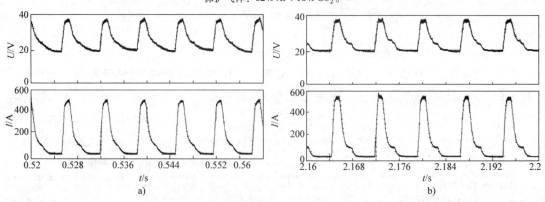

图9-20 非短路模式直流脉冲条件下不同焊机测试结果的对比

a)1号焊机电弧电压、焊接电流波形图 b)2号焊机电弧电压、焊接电流波形图

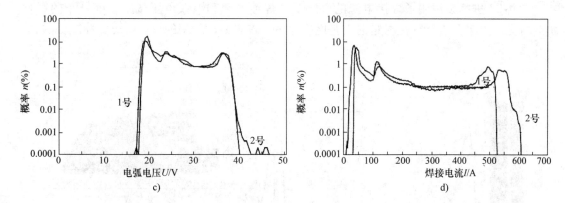

图 9-20　非短路模式直流脉冲条件下不同焊机测试结果的对比（续）

c）两种焊机的电弧电压概率密度分布图　d）两种焊机的焊接电流概率密度分布图

保护气体：82% Ar + 12% CO_2。

3. 焊接电源的电感量对电流概率密度分布的影响

焊接电源的电感量对电流的概率密度分布亦有影响。图 9-21a、b、c 所示分别是较小、中等与较大电感量时电流概率密度分布，可以看出：当焊接电源的电感量较小时，电流的上升速度较快（图 9-21a），随着焊接电源的电感量增大，电流的上升速度相应变慢（图 9-21b、c）；并且所对应的电流概率密度分布出现显著差异，电感量较小时电流值在 100 ~ 120A 之间出现的密度很大，但电流值分布范围较大（本例中达到了 400A），而电感量较大时电流值在 110 ~ 160A 之间出现的密度较大，但电流值分布范围较小（本例中仅为 250A）。

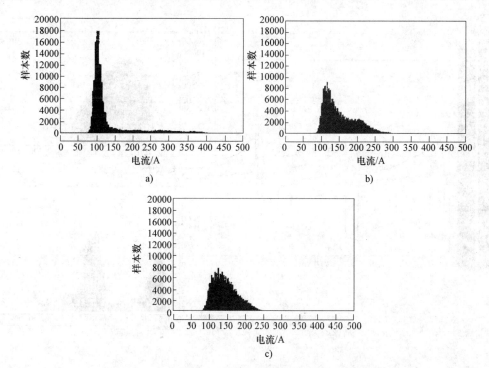

图 9-21　焊接电源的电感量对电流概率密度分布的影响

a）电源电感量较小　b）电源电感量中等　c）电源电感量较大

图 9-22 进一步说明了焊接电源的电感量对焊接电流和电弧电压概率密度分布的影响。由此可见，如果要进行焊接材料的工艺性能评估，首先要对所用的焊接电源做性能测试。

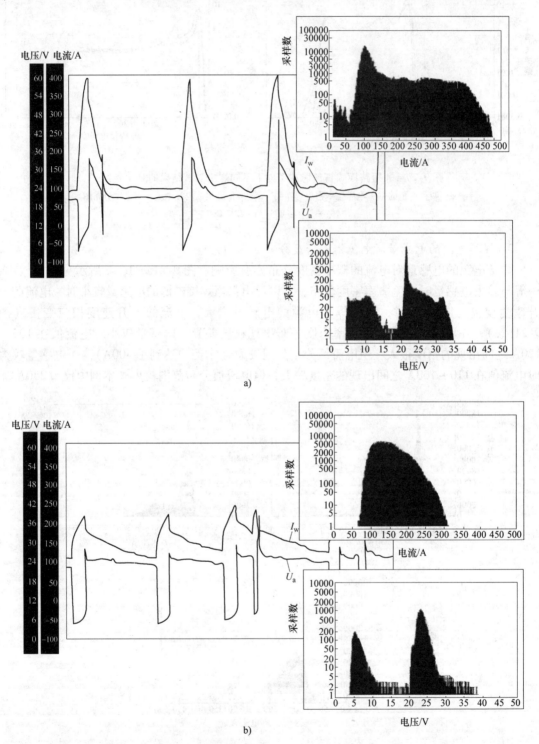

图 9-22 焊接电源的电感量对电弧电压、焊接电流概率密度分布的影响

a）电源的电感量较低 b）电源的电感量较高

9.2 "焊接材料工艺质量分析与评估系统"软件介绍及应用

9.2.1 "焊接材料工艺质量分析与评估系统"软件介绍

由以上对药芯焊丝和焊条测试过程的实例体会到，采用汉诺威焊接质量分析仪定量评估焊接材料的工艺性时，需要在采样后提取相关的数据进行分析，有的需要把提取的原始数据进行计算和处理后得出评估数据，其分析过程要求对被测对象的物理特征有基本了解，同时如果操作过程烦琐费时，尤其是对多组样品进行测试时，会明显地影响工作效率；另一方面，数据处理对操作人员技术能力要求较高。因此采用汉诺威分析仪进行焊接材料工艺性分析与评估，在生产第一线推广应用时遇到实际困难。

针对这一状况，采用 Visual C++ 9.0 专门开发了"焊接材料工艺质量分析与评估系统"应用软件[1-3]，使数据信息提取的操作和计算过程由编制的计算机程序进行，并对相关的多元信息用数字和图表直观地集中显示，直接得出最终的测试评价结果，并可存储试验资料，输出打印测试报告。这样为汉诺威分析仪在焊接材料方面的推广应用创造了条件。

"焊接材料工艺质量分析与评估系统"软件是基于 Visual C++ 应用程序创建的[4-9]，软件系统功能模块主要分为以下几个方面（图9-23）：①焊条测试；②焊丝测试；③焊接材料稳定性测试；④焊接材料测试结果管理。焊条测试模块和焊丝测试模块进一步细分成钛钙型结构钢焊条工艺性评定、低氢型结构钢焊条工艺性评定、不锈钢型焊条工艺性评定、纤维素焊条工艺性评定、药芯焊丝工艺性评定、实心焊丝工艺性评定几种功能模块。焊接材料稳定性测试模块与焊接材料测试结果管理模块细分为信息查询、修改模块和删除及数据存储与报告打印模块[8-10]。

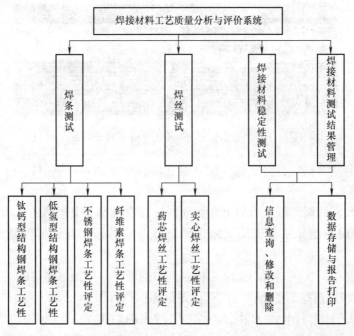

图 9-23　"焊接材料工艺质量分析与评估系统"软件功能模块图[1,2]

下面以 9.1.3 节 CO_2 气体保护焊时五个药芯焊丝样品和 9.1.1 节八种焊条样品为例，介绍用"焊接材料工艺质量分析与评估系统"应用软件进行工艺性评估的过程。

9.2.2 应用系统软件评估 CO_2 气体保护焊药芯焊丝工艺性的实例

采用"焊接材料工艺质量分析与评估系统"软件对本章 9.1.3 节编号为 dw – 501、gc401、hob – 01、kf501 和 yj501 五个药芯焊丝样品 CO_2 气体保护焊时的工艺性进行评估的过程和步骤如下。

1）当采样完成后，首先在分析仪上提取五个样品的焊接电弧电压概率 $n(U)$、焊接电流概率 $n(I)$ 及短路周期频率 $f_{sc}(T_c)$ 的数据，并建立数据的文件夹至外接 U 盘。

2）启动分析与评估系统软件：在装有"焊接材料工艺质量分析与评估系统"软件的计算机上点击相应的图标，启动分析与评估系统软件，打开运行主界面窗口（图9-24）。

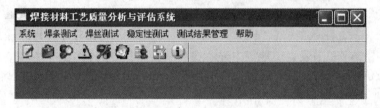

图 9-24　"焊接材料工艺质量分析与评估系统"的主界面窗口

3）单击"焊丝测试"菜单，选择"药芯焊丝"（图9-25），弹出"药芯焊丝工艺性评定"窗口（图9-26），在窗口中输入测试条件信息（测试时间，委托单位，焊丝型号/牌号，规格，焊接方法，焊接电源型号，电源极性，预设电压，预设电流，气体流量，伸出长度，试板材质，尺寸等）。

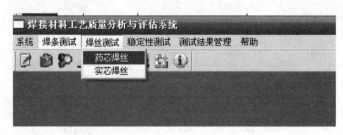

图 9-25　在"焊丝测试"菜单中选择"药芯焊丝"窗口

4）单击"浏览"按钮，分别选择在 U 盘文件夹中的 $n(U)$、$n(I)$、$f_{sc}(T_c)$ 数据文档，将数据导入软件。

5）单击"数据处理"按钮，即可在特征信息栏中得到五个样品的平均电弧电压、平均焊接电流、短路周期变异系数等测试结果的列表，同时显示五种焊丝测试结果的柱状图（图9-27）。

6）单击"保存"按钮，将测试结果保存到数据库中；单击该窗口的"打印"按钮，弹出打印报告格式预览窗口，单击窗口的打印图标即执行打印。

药芯焊丝工艺性的评价结果由图 9-27 中列表的数据显示，dw501 焊丝的 $\nu(T_c)$ 为 52.3041%，比其余焊丝都低，可以认为本次试验 dw501 焊丝焊接工艺性最好。熔滴短路周期变异系数 $\nu(T_c)(\%)$ 的柱形图直观地表示了评价结果，$\nu(T_c)(\%)$ 越小，则焊丝工艺性

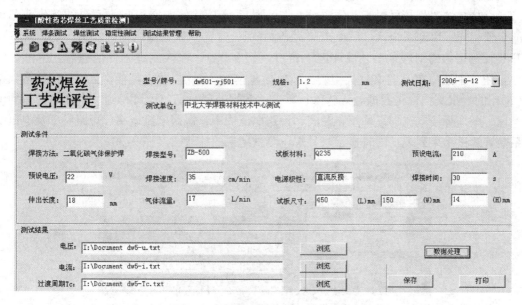

图9-26　"药芯焊丝工艺性评定"窗口

越好。

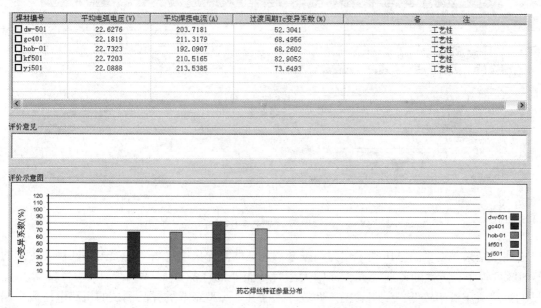

图9-27　药芯焊丝工艺性评价结果柱形图

（本图的彩图见附录D中图D-3）

9.2.3　应用系统软件评估焊条工艺性的实例

对本章9.1.1节案例中的E4303钛钙型结构钢焊条的八个样品，应用系统软件评估焊条的工艺性。

采样完成后，在分析仪上提取八个样品的焊接电弧电压的概率 $n(U)$、焊接电流的概率

$n(I)$ 及短路频率 $f_{sc}(T_1)$ 的数据。与药芯焊丝不同，焊条测试不需要提取短路周期频率 $f_{sc}(T_c)$ 的数据。"焊接材料工艺质量分析与评估系统"软件的操作与前面讲的评价药芯焊丝的步骤相同：启动系统软件后单击"焊条测试"，选定"钛钙型结构钢焊条"（图9-28），打开"钛钙型结构钢焊条工艺性评定"窗口（图9-29），输入测试条件信息后，单击"浏览"按钮分别选择在 U 盘文件夹中的电弧电压概率 $n(U)$、焊接电流概率 $n(I)$ 和短路频率 $f_{sc}(T_1)$ 的数据文档，将数据导入软件；单击"数据处理"后，即可得到八个样品的平均电弧电压、平均焊接电流、平均短路时间、短路电压概率、短路电流概率、短路频率及电压变异系数等测试结果列表，同时显示八种焊条测试结果的柱状图（图9-30）。

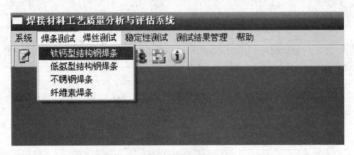

图9-28 "焊条测试"菜单中选择"钛钙型结构钢焊条"窗口

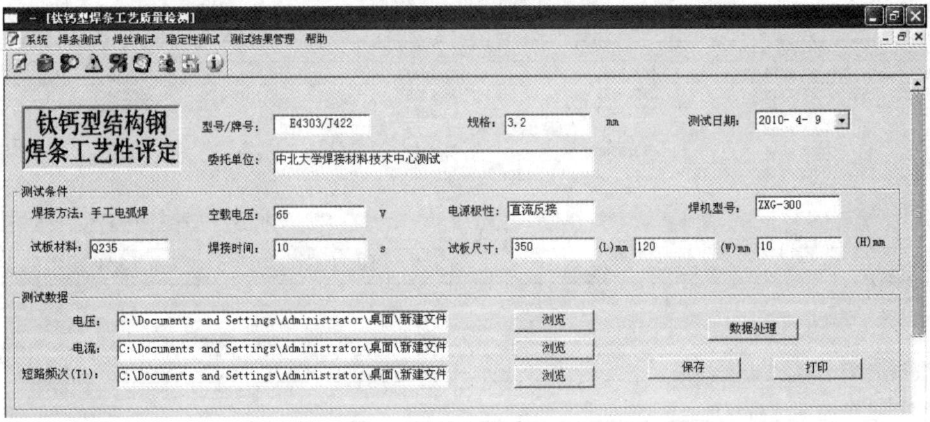

图9-29 "钛钙型结构钢焊条工艺性评定"窗口

测试结果是以短路电压概率作为判据进行评估的。评价结果表明，国内不同厂商生产的 E4303 型焊条工艺性的差别较大，其中大型骨干企业的样品（如 AHE422、AHJ422 等）测试的短路电压概率较低，说明其工艺性较好，而其他小型企业的样品测试的短路电压概率偏高，说明工艺性较差。

通过以上运用汉诺威分析仪和"焊接材料工艺质量分析与评估系统"软件对药芯焊丝和焊条工艺性进行评价的两个实例看出，系统软件操作十分简单，容易掌握，分析评价过程只需几分钟即可完成。该软件提供了对焊接材料工艺性进行分析与评估的快捷、方便、实用的测试工具，为汉诺威分析仪在焊接材料工艺质量分析与评估方面的广泛应用铺平了道路。

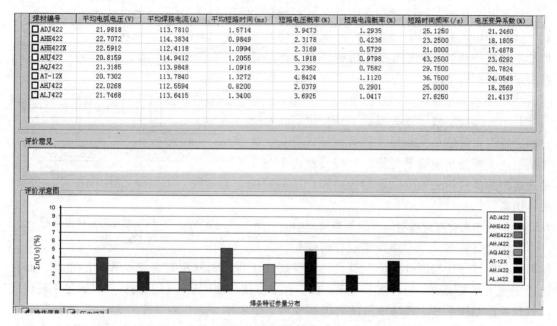

图 9-30　"焊接材料工艺质量分析与评价系统"软件自动生成的评价结果柱形图
（本图的彩图见附录 A 中图 A-3）

9.3　焊接材料产品质量信息化管理

9.3.1　焊接产品质量信息化的基本概念

在产品制造过程中，产品之间都存在着不可消除的差异或波动。其中，由随机因素造成的，反映在产品质量信息上是一些随机性的差异与波动，当这种波动处于一定范围内时称过程处于"在控状态"；而由确定性原因或特殊原因造成的差异会使焊接产品整体质量状况出现某种倾向，这时波动已超出控制限，称过程处于"脱控状态"。图 9-31 为焊接产品质量"在控状态"与"脱控状态"的示意图。因此焊接产品质量信息化应包括两方面内容：一方面是个体焊接质量的监测，即对于单个工件、单个产品或单个焊接工序的焊接质量的监测，它反映的是单件产品焊接质量状况的随机性的差异，可满足现代质量管理及控制体系对于产

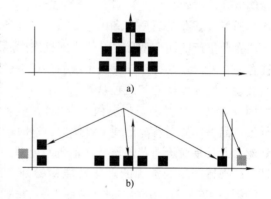

图 9-31　焊接产品质量"在控状态"与
"脱控状态"的示意图
a）焊接产品质量"在控状态"
b）焊接产品质量"脱控状态"

注：Dietrich Rehfeldt 的演讲 PPT "焊接填充材料制造的计算机辅助质量保证" 2008 年 10 月。

品质量的可追溯及可记录要求；另一方面是整体焊接质量的监测，它建立在对大量单个产品的"微观"质量监测基础上，通过特征的提取来发现过程中导致整体焊接质量状况出现特定倾向的可改善的因素，从而减少系统偏差，达到提高产品质量的目的。

基于以上分析，焊接信息化可分为针对对象模式（如对于焊材和焊接设备）、过程模式（如对于焊接参数的优化）、管理模式（如对于焊接产品质量的定量分析与对比）三个层次的研究，如图 9-32 所示。

其中，焊接制造中管理模式的研究内容，是通过制造过程质量信息的积累进行数据统计分析，为焊接制造企业在制定质量目标，开展质量评审与质量改进时的预测和决策提供定量数据和产品质量的统计信息。

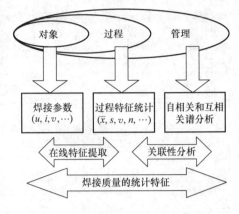

图 9-32　焊接信息化的层次示意图
注：同图 9-31。

9.3.2　焊接信息化在焊接材料产品质量管理中的应用

在焊接材料测试中应用汉诺威分析仪和"焊接材料工艺质量分析与评价系统"软件，不仅解决了焊接材料工艺性定量评价的难题，而且由于它使用方便快捷、处理结果直观、数据存取方便、使用成本极低的特点，满足了现代质量管理及控制体系对于产品质量的可追溯及可记录要求。通过对单个产品的"微观"质量监测，可以获取生产过程各环节中对产品质量可能构成影响的因素的信息，发现过程中导致整体焊接质量状况出现特定倾向的因素，是管理者从"微观"细节出发，监测和控制焊接材料产品质量的有效手段，为产品质量信息化管理提供了实用的工具。

焊接材料生产过程中（以焊条为例），进厂原材料的化学成分、物理性能的稳定性、配粉误差、干粉混合均匀度和湿拌粉均匀度、粘接剂物理化学品质、焊丝的加工工艺（包括盘圆剥壳、拔丝、切丝）、焊条压涂成形工艺、焊条烘干工艺、产品的包装等环节，都会对产品质量（焊条外观质量和内在质量）产生影响。

企业生产的同一型号焊材的不同批次产品之间，或者同一批产品几次抽取的样品之间往往存在着差异，这种差异反映了产品存在不稳定现象，如果这种不稳定现象属于随机性的，其波动程度在允许的"在控状态"，对产品质量不会造成重大影响，但如果由于某种确定性原因（如某一个工序工艺规程不合理），或者特殊性的原因（如某种某批原材料不合格），导致产品整体质量状况出现某种倾向，这时产品质量处于"脱控状态"。无论对于焊条还是焊丝，尤其是对于药芯焊丝，产品的稳定性问题都较普遍存在。为了监测产品的质量稳定性，在进行产品的常规的理化性能检验外，还要对每一批次的产品采用汉诺威分析仪和"焊接材料工艺质量分析与评价系统"软件进行电弧物理特性的测试，其显示的数据和图形与过去确认性能稳定的某批次焊接材料（可作为本厂该产品的标准样品）进行比对，确认本批次产品的质量的稳定性。

要说明的是，产品常规的理化性能检验是企业在国家标准规定的检验项目的基础上制定的理化性能上的控制指标，它是判定产品是否合格和评估产品等级的依据，但是不能完全说明产品的稳定性。这是因为，如果产品质量不稳定，抽取检验的样品就不会十分均匀一致。以焊条为例，每根焊条之间的化学成分一定会有一些波动，但是在制备熔敷金属理化性能的试样时，首先需要焊接试板，大约用二、三十根焊条进行多层施焊，这样本来成分不一致的一组焊条，在多层施焊的过程中，混合成大致均匀的试样，除非出现重大的对产品总体质量发生影响的原因，一般理化检测的结果不会出现异常。显然常规的理化性能检验无法检测到产品的局部和微观的稳定性，而汉诺威分析仪的测试却能灵敏地显示出产品每一个单元（每一盘焊丝，甚至于其中的每一段，或每一根焊条样品）的电弧物理特性参数，能在微观上显示出焊接材料电弧物理特性的差别，对焊条产品的稳定性做出评价。

下面以焊接材料工艺性判据为基础，提出一种科学评价焊接材料产品稳定性的方法，并用两个实际应用的例子分别介绍焊条和焊丝是如何进行产品质量稳定性监测的。

9.3.3　焊条产品质量稳定性评价案例

某厂生产某种不锈钢堆焊焊条已经多年，为了检查焊条的稳定性（或称为均匀性），从已经通过理化检验的、并达到优等品指标的多个批次的焊条产品中抽取样品，应用汉诺威分析仪进行分析测试。

测试样品焊条规格为 $\phi 4.0\mathrm{mm}$，长度 350mm，对抽取的试样分四组，每组重复焊三次，共焊接 12 根焊条，测试样品编号 HC308 – 01 ~ HC308 – 12。采用 Kaierda 公司产 ZXG – 300 型直流弧焊机，极性为直流反接，空载电压为 65V，试验预置电流为 120A，采用平板堆焊，试板为 Q235 钢板，尺寸为 250mm × 120mm × 10mm，汉诺威分析仪测试采样时间 10s。

1. 测试结果及分析

图 9-33 和图 9-34 是测试所有 12 根焊条样品中选取的五根样品（样品编号为 HC308 – 03、HC308 – 05、HC308 – 06、HC308 – 08、HC308 – 09）的电弧电压和焊接电流概率密度分布叠加图，可以看出两图中五条曲线重现性很差。在理论上说，同一产品在生产条件不变的情况下，焊条的品质基本上是一致的，反映出的电弧物理特性参数应该十分接近，但由图直观地看出五次试验的结果有显著的差别。

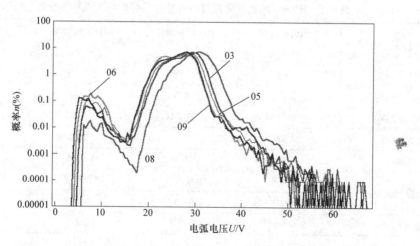

图 9-33　HC308 不锈钢焊条五根试验样品的电压概率密度分布叠加图

在本书第 4 章 4.4 节中提出以短路电压概率 $n(U_{\mathrm{s}})$、平均短路频率 f_{sc} 作为判据评价不锈钢焊条的工艺性，这里为了比较不锈钢焊条的均匀性还引入了平均电弧电压和平均焊接电流的数据，因为名义电压的变化也是衡量钛型不锈钢焊条工艺水平的重要电弧物理特性参数，因此在测试不锈钢焊条均匀性时将平均电弧电压和平均焊接电流的数据一起引入十分必要。

测试的五根样品的电弧物理特性参数见表 9-8。由表中的数据看出，五根焊条样品测试的平均电弧电压 U、平均焊接电流 I、短路电压概率 $n(U_{\mathrm{s}})$、平均短路频率 f_{sc} 的数据相当分

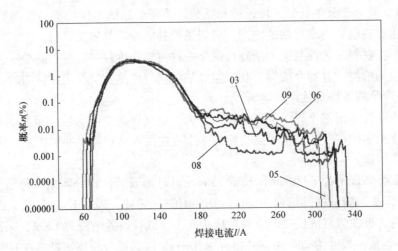

图 9-34　HC308 不锈钢焊条五根样品的电流概率密度分布叠加图

散，尤其是样品 HC308－06 和 HC308－08 之间的差距最大，平均电弧电压相差 4.3V，短路电压概率 $n(U_s)$ 分别为 1.6523% 和 0.1390%，相差悬殊。由样品 HC308－08 和 HC308－06 的波形图可以看出，HC308－08 焊条样品熔滴过渡形态基本上是渣壁过渡（图 9-35a），而 HC308－06 焊条样品则为混合过渡（图 9-35b）。

表 9-8　HC308 不锈钢堆焊焊条五根样品的电弧物理特性参数

焊条样品编号	平均电弧电压 U/V	平均焊接电流 I/A	短路电压概率 $n(U_s)$(%)	平均短路频率 f_{sc}/s^{-1}
HC308－03	27.68	121.36	0.5333	3.2
HC308－05	27.78	122.74	0.9134	4.9
HC308－06	25.67	122.14	1.6523	7.4
HC308－08	29.97	117.74	0.1390	0.9
HC308－09	29.11	120.16	0.9965	5.1
标准偏差 s	电弧电压	焊接电流	短路电压	短路频率
	1.5502V	1.9775A	0.5646V	2.42s^{-1}
变异系数 ν	5.608%	1.637%	66.66%	56.22%

注：分析仪设置：短路时间组宽 $\Delta T_1 = 100\mu s$，燃弧时间、加权燃弧时间、短路周期时间组宽 ΔT_2、ΔT_3、ΔT_c = 500μs，最小短路时间 $T_{1min} = 2500\mu s$，阈值电压 $U_{th} = 10V$。

　　在相同的焊接条件下，同一品种焊条的试验结果相差如此悬殊，这种结果只能说明焊条在品质上存在着严重的不稳定问题。这一结果为管理者提供了这样的信息：在生产环节中存在不稳定的因素，管理人员应从微观细节入手，检查并发现引起产品质量不稳定原因。经检查分析认为，不锈钢堆焊焊条混合粉由于合金含量较大，其执行的是与结构钢相同的搅拌规范，不能保证干粉和湿粉搅拌均匀，为此重新调整了沿用了多年的不锈钢堆焊焊条配料搅拌的规范，使产品不稳定的问题得到基本解决。

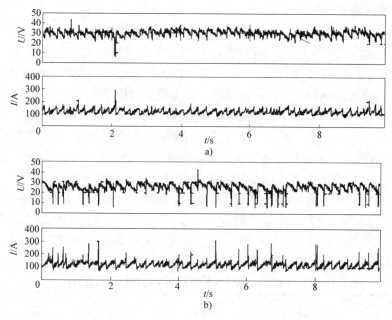

图 9-35　不锈钢焊条 HC308 样品的电弧电压、焊接电流波形图

a）HC308 - 08　b）HC308 - 06

2. 焊条产品稳定性评价判据

表 9-8 中列示的电弧物理特性参数值反映了焊条产品的不稳定性，可以用电弧电压变异系数 $\nu(U)$、焊接电流变异系数 $\nu(I)$、短路电压概率变异系数 $\nu[n(U_s)]$、平均短路频率变异系数 $\nu(f_{sc})$ 作为焊条产品的稳定性的判据，评价钛型不锈钢焊条产品的稳定性，$\nu(U)$、$\nu(I)$、$\nu[n(U_s)]$、$\nu(f_{sc})$ 值越低，稳定性越好。

9.3.4　药芯焊丝产品质量稳定性评价案例

应用汉诺威分析仪和"焊接材料工艺质量分析与评价系统"软件测试 DW201、GC - 4、KFX、YOBART、YJ502 五种药芯焊丝产品的质量稳定性[10]，焊丝规格均为 1.2mm，每种焊丝取五个不同批次的样品进行 CO_2 气体保护焊试验，用汉诺威分析仪对焊接过程电参数进行测试，试验采用时代公司产 ZP7 - 400 型逆变 CO_2 气体保护焊机，极性为直流反接，水平位置平板堆焊，测试采样时间为 30s，预设焊接电流为 210A，电压为 25V，焊接速度 28cm/min，CO_2 气体流量为 18L/min，焊丝伸出长度为 16mm，试板材质为 Q235 钢，尺寸为 450mm × 120mm × 12mm。

1. 焊接电流的测试及分析

由汉诺威分析仪提取的 DW201、GC - 4、KFX、YOBART、YJ502 五种试验焊丝五个批次的焊接平均电流 I 以及统计出的短路电流概率 $n(I_s)$ 的数据见表 9-9。

焊丝产品的不稳定现象会通过焊接电弧物理特性参数的变化反映出来，其中焊接平均电流的变化表现十分明显。由表中的数据看出：CC - 4 焊丝平均电流最大为 211.3A，最小为 204.6A，相差较小，约为 7A；而 KFX、YOBART、HY502 三种焊丝五个批次的平均电流相差均超过 10A；YOBART 焊丝五个批次中最大平均电流为 207.2A，最小平均电流为 192.1A，平均电流的变化幅度达到约 15A。这说明每种焊丝不同程度地存在着不稳定的情况，GC – 4 焊丝不稳定程度最小。

焊接过程中平均电流的大小与熔滴短路行为有关，当熔滴短路行为的概率较大时，短路大电流的概率也就增大，大电流出现的概率越多，则焊接平均电流相应增大（短路电流设定为相当平均电流的两倍）。焊接过程中的不稳定会明显地反映到短路电流的概率上来，因此测试时短路大电流概率的变化灵敏地反映了焊丝质量的稳定性。

由表 9-9 看出：GC – 4 焊丝五个批次中短路电流概率 $n(I_s)$ 最大值为 1.37167%，最小值为 1.11564%，差异较小；而 YOBART 焊丝的短路电流概率最小为 0.4517%，最大为 1.39485%，两者之间相差悬殊，两批次焊丝平均电流的差异也很大。每种焊丝五个批次短路电流概率 $n(I_s)$ 的波动程度可以用它们的变异系数 $\nu[n(I_s)]$ 来表示，变异系数值越大，表示波动程度越大，焊丝的稳定性越差。由表 9-9 可看出：GC – 4 焊丝短路电流概率的变异系数值最小，不到 10%，表明焊丝不同批次间差异最小，焊丝稳定性最好；YOBART 焊丝短路电流概率变异系数值最大，测试的稳定性相对最差；其他三种焊丝的变异系数值接近，稳定性介于 GC – 4 焊丝和 YOBART 焊丝之间。

表 9-9 药芯焊丝 CO_2 气体保护焊焊接电流特征信息统计数据[10]

测试批次	焊接电流特征信息	DW201	GC – 4	YOBART	KFX	YJ502
1	焊接平均电流 I/A	217.5	211.3	207.2	217.5	221.2
	短路电流概率 $n(I_s)$ (%)	0.88451	1.11564	0.4517	0.93294	0.4282
2	焊接平均电流 I/A	214.5	209.2	202.0	207.4	218.8
	短路电流概率 $n(I_s)$ (%)	1.54295	1.21825	1.24309	1.30986	0.59529
3	焊接平均电流 I/A	208.9	207.3	194.1	202.3	217.4
	短路电流概率 $n(I_s)$ (%)	1.45946	1.28125	1.39485	1.6914	0.50941
4	焊接平均电流 I/A	207.9	204.6	193.4	208.0	208.1
	短路电流概率 $n(I_s)$ (%)	1.63133	1.37167	1.36991	1.43458	0.75884
5	焊接平均电流 I/A	203.7	205.4	192.1	217.6	213.5
	短路电流概率 $n(I_s)$ (%)	1.84299	1.32125	1.13138	1.02283	0.60805
短路电流概率变异系数 $\nu[n(I_s)]$ (%)		24.33	7.85	35.28	24.13	21.29

图 9-36 和图 9-37 分别是汉诺威分析仪测试得到的五个批次的 YOBART 焊丝和 GC – 4 焊丝焊接电流概率密度分布叠加图。图中曲线概率较高的部分表示电弧正常燃烧时焊接电流的概率，它对应的焊接电流大体在 200A 左右。图左面小电流对应的曲线反映熔滴在短路后电弧重燃时电流的概率，曲线中部较平缓的部分以及右面曲线下降的部分描述了熔滴短路产生的大电流概率密度分布，焊接过程中熔滴短路越少，这部分的曲线位置越靠下，出现大电流的概率越小，如果焊接过程没有短路发生，曲线则向中间收敛。

由图 9-36 和图 9-37 对比可以看出，GC – 4 焊丝五条曲线重现性明显要好于 YOBART 焊丝。

2. 短路时间的测试与分析

汉诺威分析仪可以提供焊接过程中熔滴短路时间的相关数据。图 9-38 和图 9-39 分别是五个批次的 GC – 4 焊丝和 YOBART 焊丝的短路频率分布叠加图，可以看出五条曲线出现了

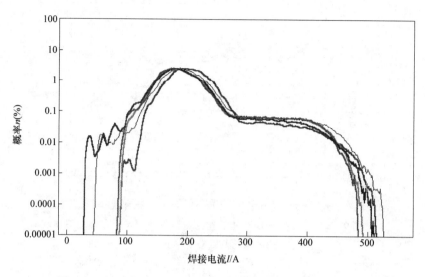

图 9-36 五个批次 YOBART 焊丝的电流概率密度分布叠加图

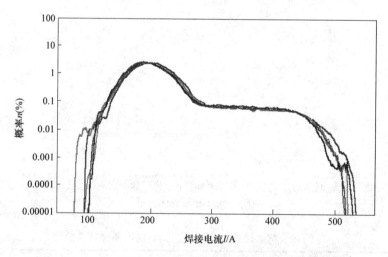

图 9-37 五个批次 GC-4 焊丝的电流概率密度分布叠加图

波动情况，反映了不同批次的同种焊丝的不稳定性。YOBART 焊丝波动比较明显，而 GC-4 焊丝则波动幅度不大，相对比较缓和。两图之间对比可以直观地看出两种焊丝样品稳定性的差异。

表 9-10 统计的是五种焊丝五个批次焊接时 $T_1 > 1ms$ 平均短路时间的数据（统计的短路时间没考虑 $T_1 \leqslant 1ms$ 的瞬时短路时间）。$T_1 > 1ms$ 短路时间一般反映焊接时熔滴与熔池接触短路过渡的时间。短路时间 T_1 是重要的焊接电弧物理特性参数，比较不同批次焊丝的短路时间统计数据可以评估焊丝的不稳定性。

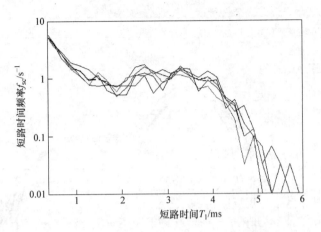

图 9-38　五个批次 GC－4 焊丝的短路时间频率分布叠加图
注：设置 T_1 组宽为 200μs。

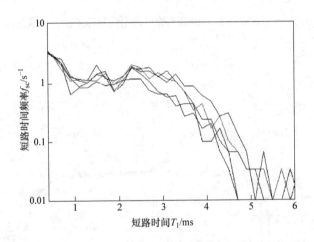

图 9-39　五个批次 YOBART 焊丝的短路时间频率分布叠加图
注：设置 T_1 组宽为 200μs。

表 9-10　药芯焊丝 $T_1 > 1\text{ms}$ 平均短路时间统计结果　　　　　（单位：ms）

测试批次	DW201	GC－4	YOBART	KFX	YJ502
1	9.6892	9.8429	9.9033	9.7835	9.4459
2	9.5880	9.8725	9.0177	9.7977	9.4924
3	9.2403	9.8760	9.9185	9.8049	9.4552
4	9.6851	9.8873	9.8394	9.8949	9.4355
5	9.8429	9.8056	9.4986	9.9065	9.5300

　　焊接过程中同一品种不同批次焊丝短路时间的波动程度同样可以用变异系数值来反映。根据表 9-10 中的数据计算得到的各焊丝 $T_1 > 1\text{ms}$ 平均短路时间的变异系数见表 9-11。由表 9-11 的数据看出 DW201 焊丝和 YOBART 焊丝的平均短路时间变异系数值比较大，分别为 2.96% 和 5.05%，而 GC－4 焊丝最小，变异系数值仅为 0.42%，表明 GC－4 焊丝的稳定性

最好。

如果以药芯焊丝 $T_1 > 1ms$ 平均短路时间的变异系数 $\nu(T_1)$ 作为判据，那么五种焊丝质量稳定性的评价结果是 GC-4 焊丝稳定性最好，其次是 YJ502、KFX、DW201，YOBART 最差。这一结果与以短路电流概率的变异系数 $\nu[n(I_s)]$ 为判据时得到的测试结果是一致的。

表 9-11　药芯焊丝 $T_1 > 1ms$ 平均短路时间的变异系数

焊丝名称	DW201	GC-4	YOBART	KFX	YJ502
短路时间变异系数 $\nu(T_1)$（%）	2.96	0.42	5.05	0.74	0.52

3. 药芯焊丝产品稳定性评价判据

药芯焊丝产品质量的不稳定会通过各焊接电弧物理特性参数有所表现，对焊接材料稳定性的评价除去采用 $T_1 > 1ms$ 平均短路时间的变异系数 $\nu(T_1)$ 和短路电流概率的变异系数 $\nu[n(I_s)]$ 为判据以外，还可以采用其他电弧物理特性参数的变异系数作为判据，对焊接材料稳定性进行准确的评价，例如短路电压概率的变异系数 $\nu[n(U_s)]$、短路周期的变异系数 $\nu(T_c)$ 等。

4. 应用系统软件测试药芯焊丝产品质量稳定性

上一小节介绍的焊接材料产品质量稳定性的检测，无论是采用不同批次药芯焊丝短路电流概率变异系数 $\nu[n(I_s)]$，还是以 $T_1 > 1ms$ 的平均短路时间的变异系数 $\nu(T_1)$ 为判据，或者是采用其他的电弧物理特性参数为判据，如短路电压概率变异系数 $\nu[n(U_s)]$ 以及平均短路周期时间的变异系数 $\nu(T_c)$ 等，对药芯焊丝产品稳定性进行定量评价，有些数据需要由分析仪提取瞬时值经过计算后得到，过程比较烦琐费时，因此在实际生产中不便应用。

"焊接材料工艺质量分析与评价系统"软件包含产品质量稳定性测试的功能。采用该软件使焊接材料质量稳定性的检测变得方便实用，免去任何计算过程，只要简单的操作便可完成测试的工作。

下面介绍应用"焊接材料工艺质量分析与评价系统"软件对 GC-4、YOBART、YJ502 和 KFX 焊丝稳定性测试的例子。

应用"焊接材料工艺质量分析与评价系统"软件时，首先打开主界面窗口，打开"稳定性测试"窗口，输入测试条件信息后，单击"浏览"按钮将一次性提取的多个批次的电弧电压和焊接电流瞬时值数据导入软件；单击"数据处理"后，即可得到多个批次样品的平均电弧电压、平均焊接电流、短路电压概率、短路电流概率等数据列表；单击"稳定性测试"按钮，即可得到多个批次样品稳定性评价结果。

稳定性评价结果以短路电压变化率（变异系数）和短路电流变化率（变异系数）（%）的大小来表示。同时用折线图直观显示多个批次焊丝焊接时短路电压概率和电流概率的变化情况。

图 9-40 ~ 图 9-43 所示分别是 GC-4、YOBART、YJ502 和 KFX 焊丝稳定性测试结果显示窗口。

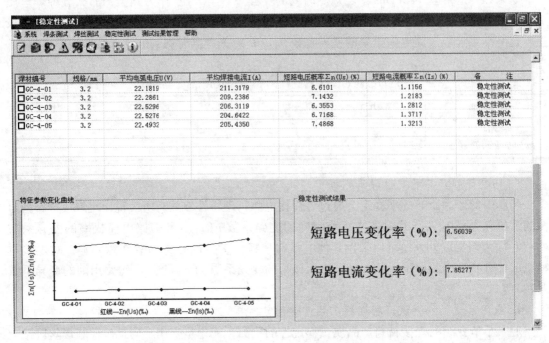

图 9-40　GC-4 焊丝质量稳定性检测结果的显示窗口

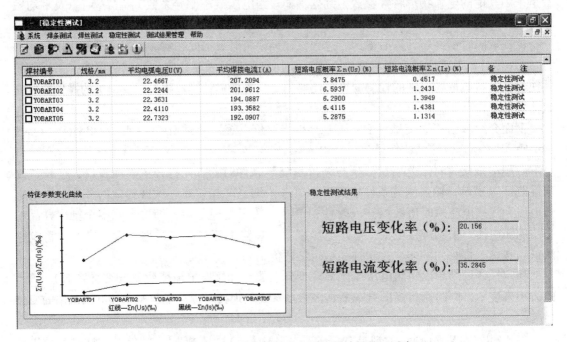

图 9-41　YOBART 焊丝质量稳定性检测结果的显示窗口

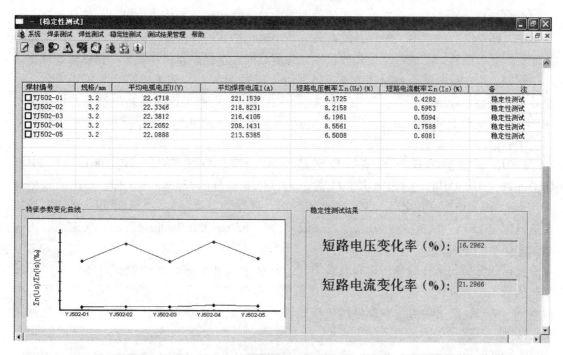

图 9-42　YJ502 焊丝质量稳定性检测结果的显示窗口

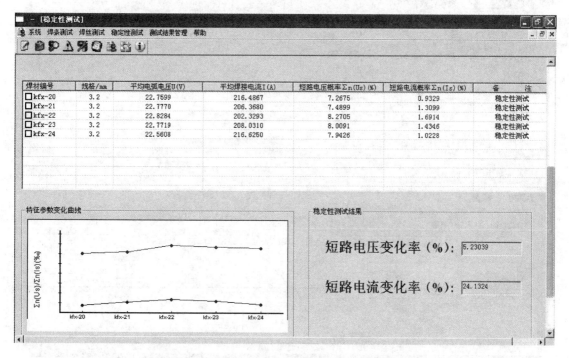

图 9-43　KFX 焊丝质量稳定性检测结果的显示窗口

9.3.5　焊接材料产品工艺质量的定量评估与定位

为了研发和改进产品，企业需要对自身现行的产品有一个清楚的了解，就是说，企业应了解自身现行产品的工艺水平与国内外市场上同类产品相比处于什么位置，是较高水平、一般水平，还是落后的水平，对自身的产品有一个确切的认识和定位。因此很需要一个能量化的评价依据，明确产品进一步提升的目标，为产品的改进提高和研发新产品提供重要依据。

例如，用户反映某企业生产的 E5016 焊条工艺质量欠佳，为了提高产品的竞争力，企业计划对该型号焊条进行改进，先后收集了国内外十余种同类产品样品进行工艺性试验对比，在这一基础上又采用汉诺威分析仪进行测试。现选择其中的六个样品和多次试验中的某一次试验情况做一介绍。

E5015 焊条测试样品的编号分别是：DHE50611、DHJ50611、DQJ50611、DL5011、DLJ50611、DHJ50611，其中 DHJ50611 焊条是该企业自身的产品。测试的焊条样品规格为 $\phi3.2mm$，焊接电源采用 ZXG – 300 硅整流焊机，极性为直流反接，空载电压为 65V，焊接电流设定为 110A，试板材质为 Q235，试板尺寸为 $300mm \times 120mm \times 10mm$，汉诺威分析仪测试采样时间 10s。

汉诺威分析仪采样后分别提取电弧电压、焊接电流和短路时间的数据，然后用"焊接工艺质量分析与评价系统"软件分析处理数据。打开"低氢型结构钢焊条工艺性评定"窗口（图9-44），然后单击"数据处理"按钮，则立即显示测试结果列表和评价结果柱形图（图9-45）。

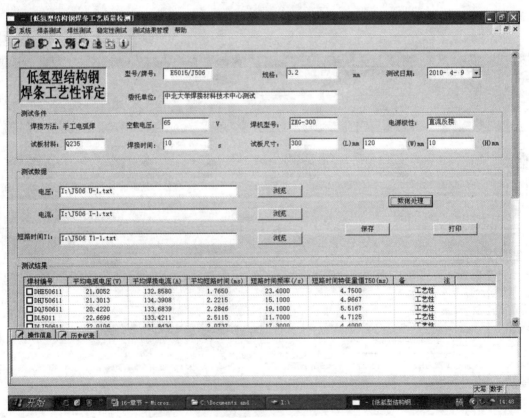

图 9-44 "低氢型结构钢焊条工艺性评定"窗口

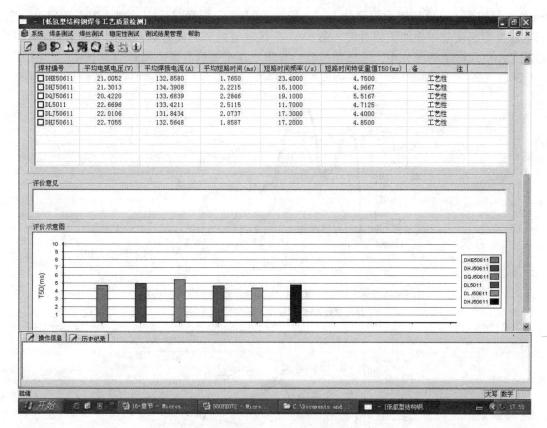

图 9-45 "焊接材料工艺质量分析与评价系统"软件生成的 E5015 焊条工艺性的评价结果柱形图

表中显示了平均电弧电压、平均焊接电流、平均短路时间、短路频率及低氢型结构钢焊条短路时间工艺性评价判据 T_{50} 的数据。评价结果是以短路时间大于 2ms 的特征量 T_{50} 值为判据进行比较，可以直观地看出六种样品的工艺性的差别。

由图 9-45 看出 DLJ50611 焊条的 T_{50} 数值最小，为 4.4000ms，DQJ50611 焊条的 T_{50} 值最大，为 5.5167ms，而本企业 DHJ50611 焊条 $T_{50}=4.85$ms，也比较高，表明本企业产品处于中等水平，应进一步改进。

9.4 焊接信息化在焊接电源和焊接工艺方面的应用实例

9.4.1 焊接过程的监测

由于汉诺威分析仪灵敏度很高，焊接过程中任何偶然因素引起的不稳定都会被记录下来，为分析导致过程不稳定的因素提供了数据信息。

作者曾对 Supb 和 ESW100 药芯焊丝样品，用汉诺威分析仪进行测试，采样时间 30s，在相同的条件下重复测试多次，然后将各次的试验结果进行叠加比较。

图 9-46、图 9-47 是 Supb 焊丝样品多次试验中的三次试验（试验焊丝编号为 Supb－11、Supb－12 和 Supb－13）的电弧电压、焊接电流概率密度分布叠加图。由图 9-46 电弧电压概率密度分布叠加图看出，Supb－11 和 Supb－12 的电弧电压概率密度分布曲线正常，而

Supb – 13出现了高电压概率密度分布，这说明 Supb – 13 焊接过程中出现了熄弧现象，与电弧电压概率密度分布叠加图相对应，图 9-47 焊接电流概率密度分布叠加图中左方 Supb – 13 出现了小电流概率密度分布，这反映焊接过程中出现熄弧后电弧重燃时的小电流。

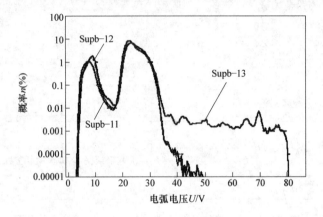

图 9-46　Supb 药芯焊丝样品电弧电压概率密度分布叠加图
焊接参数：26V/180A，测试时间：30s。

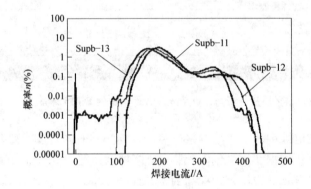

图 9-47　Supb 药芯焊丝样品焊接电流概率密度分布叠加图
焊接参数：26V/180A，测试时间：30s。

图 9-48 所示为 Supb – 13 焊接过程中出现异常时的电弧电压、焊接电流波形图，它实时记录了焊接动态过程，从图中可以直观地看到波形约在 $12.2 \sim 12.3$s 发生了突变，电压突然增大，电流陡然降为零，说明电弧已经熄灭，持续时间在 0.1s 左右。

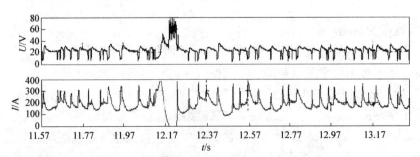

图 9-48　Supb – 13 药芯焊丝样品电弧电压、焊接电流波形图
焊接参数：26V/180A。

　　焊接过程的瞬时波动往往通过电弧电压和焊接电流的标准偏差和变异系数反映出来，Supb 焊丝统计的电弧电压和焊接电流的标准偏差和变异系数的数据见表 9-12。由表中的数据看出，出现明显异常的 Supb -13 样品的电弧电压标准偏差和变异系数、焊接电流的标准偏差和变异系数是最高的。

表 9-12　焊丝均匀性试验的有关数据

试验焊丝编号	电弧电压 U/V	电弧电压标准偏差 $s(U)/V$	电弧电压变异系数 $\nu(U)(\%)$	焊接电流 I/A	焊接电流标准偏差 $s(I)/A$	焊接电流变异系数 $\nu(I)(\%)$
Supb - 11	22.59	5.37	23.77	212.87	44.04	20.69
Supb - 12	22.70	5.82	25.66	205.73	49.57	22.64
Supb - 13	22.70	7.16	27.05	197.09	49.25	25.12

　　对 ESW100 样品也进行了同样的试验，选择其中的三次试验进行比较（试验焊丝编号为 ESW100 - 11、ESW100 - 12、ESW100 - 13），得到其电弧电压、焊接电流概率密度叠加分布图（图 9-49、图 9-50）和电弧电压、焊接电流波形图（图 9-51）。由图 9-49、图 9-50 看出，ESW100 - 12 焊丝出现高电压概率密度分布和小电流概率密度分布，由图 9-51 看出，ESW100 - 12 焊丝大约在第 16.7 ~ 17.4 s 时出现异常的情况。

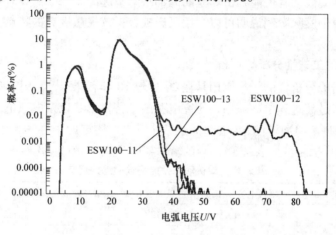

图 9-49　ESW100 药芯焊丝样品电弧电压概率密度分布叠加图

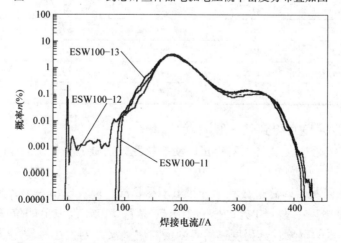

图 9-50　ESW100 药芯焊丝样品焊接电流概率密度分布叠加图

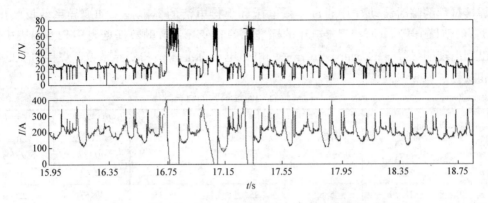

图 9-51 ESW100-12 药芯焊丝样品电弧电压、焊接电流波形图

在焊接过程中发生了电流波形的异常情况，电弧电压和焊接电流瞬间产生了明显的波动，严重时必然影响焊接工艺的稳定性。这种情况的发生有可能是多种因素造成的，如电源电压波动、送丝机导轮打滑引起送丝波动、导电嘴导电接触不良、试板及焊丝本身存在的缺陷等。但如果排除电源的因素，排除送丝机构引起送丝波动、导电嘴导电接触不良及试板等因素以后，则这样的波动有可能是由焊丝的局部缺陷引起的。

本节介绍的两个实际案例说明可以利用汉诺威分析仪灵敏度高的特点，对焊接过程进行监测。

9.4.2 弧焊电源的工艺性分析与评价

在我国，汉诺威分析仪的较早应用是在 20 世纪 70 年代末[11]，用于观测弧焊电源的直流电感在熔滴短路过渡过程中的作用、研究电源的外特性形状以及电弧电压对短路过程的影响。试验选用了 Cloos、Oerlikon 和 Hobart 等三种焊机，测试的采样频率为 2kHz/s，测量时间为 30s，所用的焊接规范见表 9-13，测试结果如图 9-52 和图 9-53 所示。

表 9-13 焊机动态性能测试的焊接规范

序号	焊机	焊接电流 I/A	电弧电压 U/V	焊接速度/(cm/min)	CO_2 气体流量/(L/min)
1	Cloos	195~210	17	37.5	15
2	Oerlikon	210	22	37.5	15
3	Oerlikon	210	22	37.5	15
4	Oerlikon	207	21	37.5	15
5	Hobart	190	18.5	37.5	15
6	Hobart	195	17.5	37.5	15
7	Hobart	200	18.5	37.5	15

由图 9-52、图 9-53 可得到以下几方面的认识[12]。

1）由图 9-52b、c 可见，尽管对焊机的动态特性分别做了改变，但焊机的静态工作点仍能保持稳定。

2）由图 9-53 可见，短路过渡频率分布虽不尽相同，但表现出一个共同规律，即都具有双峰特征：一个是出现在 $T_1 \approx 0$ 处；另一个出现在 $T_1 > 2ms$ 或以上的位置。前者反映的是"瞬间短路"或飞溅的现象及其程度，后者则反映熔滴尺寸的大小、均匀性以及焊机电感量

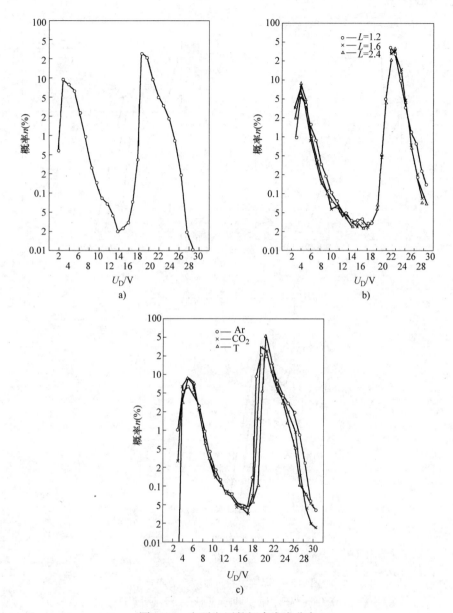

图 9-52　电弧电压的概率密度分布

a）Cloos 焊机　b）Oerlikon 焊机　c）Hobart 焊机

对熔滴过渡的影响。

3）由图 9-53b 可见，当感抗增大时，第二峰值的位置随着电感的增大而向右移动。因此短路过渡过程可分为两类，一类是 $T_1 < 2ms$ 的短路，另一是 $T_1 > 2ms$ 或以上的短路。从后者易见当电感增大时短路时间变长，说明电流的上升速度及电磁力对此类过程有相当的影响。

9.4.3　自动化焊接熔深信息的提取与焊接参数优化

在自动化开坡口的厚板焊接中，目前多采用摆动跟踪技术来保证接缝位置的对中。在摆动跟踪焊接过程中，焊枪的摆动频率和幅度、焊接电参数（焊接电流和电弧电压）以及接

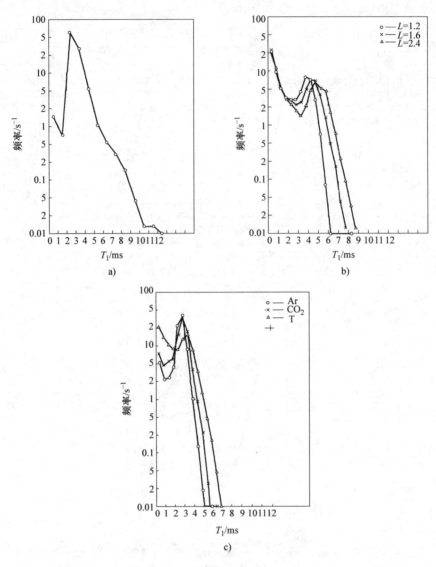

图 9-53　焊接短路过渡频率分布[12]

a) Cloos 焊机　b) Oerlikon 焊机　c) Hobart 焊机

头形状尺寸等都对熔深有着很大的影响。而焊缝熔深是重要的质量指标，熔深不足或未焊透是造成焊接结构失效的最危险因素。为保证得到良好的熔深效果，就需要了解各种焊接参数与熔深的内在联系。焊接生产过程中经常遇到两种与熔深有关的缺陷，即熔透不足和焊穿。如何在自动化焊接过程中检测出产生这两类缺陷的相应信息是一个重要的实际课题。

　　借助汉诺威分析仪对焊接过程的电参数信号（焊接电流和电弧电压）进行实时采集和离线处理。对电参数信号的处理采用两种数据统计方法：一是对焊接电流和电弧电压的瞬态值直接进行一次统计处理；二是对焊接电流和电弧电压的概率密度分布（PDD）值进行二次统计处理。图 9-54 给出了在不同摆动频率下电弧电压与焊接电流概率密度分布的一个例子，图 9-55 是数据处理示意图。对所得的两个概率密度分布做进一步的特征提取和分析，分别得到不同焊接过程的焊接电参数特征矢量及其与焊缝熔深的相关性，从而为定量地对电弧传感焊缝跟踪过程以及熔深的实时监测提供依据[13、14]。

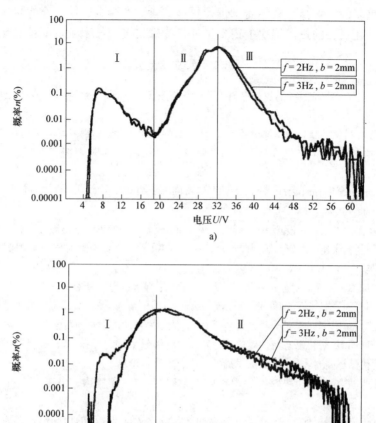

图 9-54　不同摆动频率下的电弧电压与焊接电流概率密度分布图

a）电弧电压概率密度分布图　b）焊接电流概率密度分布图

注：摆动频率分别为 2Hz 和 3Hz，摆动幅度 b 为 2mm。

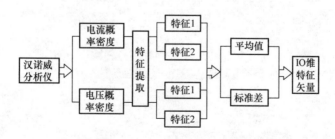

图 9-55　数据处理过程示意图

以上列举了汉诺威分析仪在焊接技术方面的应用实例，这些实际应用的案例表明，从焊接电弧物理理论入手，采用以现代计算机技术为特征的汉诺威分析仪为平台，在焊接材料、焊接电源和焊接工艺等方面向焊接过程信息的定量化、可视化和科学化方向迈出了重要的一步。作者期待更多的读者针对具体需求进行更多的尝试和探索，使其在焊接领域各方面的应用进一步扩展，在更深的技术层次上得到延伸，为焊接工程技术领域的信息化做出贡献。

参 考 文 献

[1] 高俊华. 基于汉诺威分析系统的焊接材料工艺性分析及评价 [D]. 太原：中北大学材料科学与工程学院，2007.

[2] 李海明. 焊接材料工艺性分析及评价系统 [D]. 太原：中北大学材料科学与工程学院，2008.

[3] 孟庆润，王宝. 焊接材料工艺质量的分析评价及分析与评价系统软件开发 [J]. 电焊机，2010，40 (1)：24 – 27.

[4] J. Norrish. Computer Based Instrumentation for Arc Welding. 2 Int Conf Computer Technology in Welding. The Welding Institute：1998.

[5] 刘斌，王忠. 面向对象程序设计—Visual C + + [M]. 北京：清华大学出版社，2003.

[6] 陈光军，张秀芝，张建明，等. 数据库原理及应用 [M]. 北京：中国水利水电出版社，2005.

[7] 周启涛，高英. Visual C + +数据库开发基础与应用 [M]. 北京：人民邮电出版社，2005.

[8] 刘育坚. Visual C + +面向对象编程教程 [M]. 北京：清华大学出版社，2003.

[9] 宋坤，李伟明，刘锐宁. Visual C + +数据库系统开发案例精选 [M]. 北京：人民邮电出版社，2006.

[10] 戴军. CO_2 气保护焊丝工艺性分析及评价 [D]. 太原：中北大学材料科学与工程学院，2009.

[11] 潘际銮，RehfeldtD. 焊机动态特性对熔滴短路过渡的影响 [J]. 焊接，1979 (4)：9 – 19.

[12] 潘际銮. 现代弧焊控制 [M]. 北京：机械工业出版社，2000.

[13] 段晓宁. 弧焊机器人摆动跟踪时的焊接电参数特征 [D]. 济南：山东大学材料科学与工程学院，2005.

[14] 段晓宁，武传松，胡家琨，等. 弧焊机器人摆动跟踪时摆幅与频率的模糊模式识别 [J]. 机械工程学报，2005，41 (9)：228 – 231.

附　录 ▶▶▶▶▶

焊接材料信息化图谱

附录 A　焊条电弧焊结构钢焊条信息化特征

1. 概率密度统计方法的概念

为了描述焊接时电弧电压和焊接电流的随机变化，把测试范围内电弧电压或焊接电流划分为若干组，统计各组出现的概率 n（%），电弧电压、焊接电流概率密度分布图就是以图形描述各组概率的分布图（即 PDD 图）。

在焊接过程中对电弧电压波形各时段定义：T_1 为短路时间；T_2 为燃弧时间；T_3 为加权燃弧时间（剔除瞬时短路后统计的燃弧时间）；T_c 为短路周期：$(T_3 + T_1)$；U_{th} 为设定的短路电压阈值。对 T_1、T_2、T_3、T_c 的统计是将时间横坐标按设定的时间段（组宽）进行分组，统计每个分组中采集的 T_1 或 T_2、T_3、T_c 样本数，该组样本数与测试的时间之比，得到该分组的频率，频率分布图就是以图形描述各时间分组的频率分布图（即 CFD 图）。

2. 焊条典型熔滴过渡形态的 U – PDD、I – CFD 叠加图

图 A-1 a、b 分别为焊条四种熔滴过渡形态的 U – PDD 和 I – PDD 叠加图。

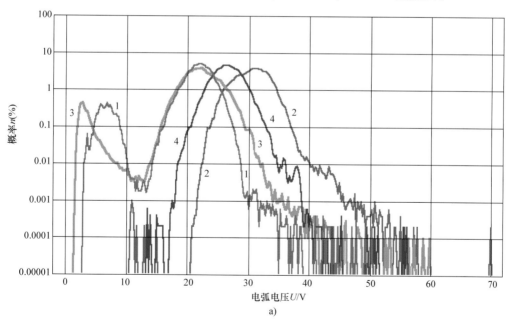

a)

图 A-1　四种典型焊条熔滴过渡形态电弧电压、焊接电流概率密度分布叠加图

a）四种典型焊条 U – PDD 图

1—TY102 – B 焊条，粗熔滴短路过渡　2—E308 – 12 焊条，渣壁过渡

3—JHJ42201 焊条，爆炸过渡　4—TYD132 焊条，喷射过渡

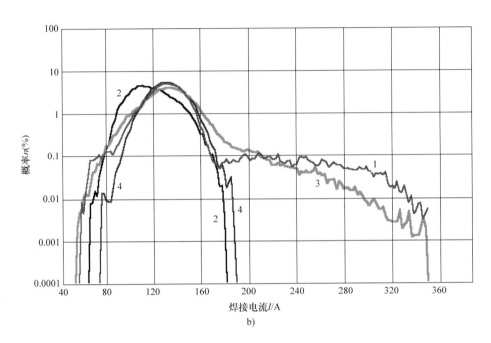

图 A-1　四种典型焊条熔滴过渡形态电弧电压、焊接电流概率密度分布叠加图（续）

b）四种典型焊条 I – CFD 图

1—TY102 – B 焊条，粗熔滴短路过渡　2—E308 – 12 焊条，渣壁过渡

3—JHJ42201 焊条，爆炸过渡　4—TYD132 焊条，喷射过渡

　　图 A-1a 中曲线 1 为典型的粗熔滴过渡形态的 U – PDD 双驼峰状曲线，中间的驼峰对应正常燃弧时电弧电压概率分布，左面低电压小驼峰曲线和右侧高电压概率曲线，反映熔滴的短路行为特征。与图 A-1 b 中 I – PDD 图相对应，曲线 1 具有明显的短路大电流概率分布。

　　曲线 2 描述熔滴为渣壁过渡时 U – PDD 和 I – PDD 分布，由于渣壁过渡时熔滴不与熔池短路，焊条名义电压高，U – PDD 图中曲线 2 无小驼峰，曲线的整体靠右，I – PDD 图中曲线 2 十分收敛。

　　曲线 3 描述熔滴爆炸过渡形态电弧电压、焊接电流概率分布特征，由于存在着密集的瞬时短路行为，在 U – PDD 图中的小驼峰曲线更靠左，I – PDD 曲线的右侧呈现的高电压曲线分布反映焊条的短路行为特征。

　　曲线 4 是具有典型的喷射过渡焊条的曲线，在 U – PDD 和 I – PDD 图中曲线最为集中。

　　3. 钛钙型结构钢焊条电弧物理指数的测试及工艺性评价

　　（1）钛钙型结构钢焊条电弧物理指数的测试　　如图 A-2 所示为钛钙型结构钢焊条五个样品的 U – PDD、I – PDD 和 T_1 – CFD 叠加图。电弧物理特性参数的测试数据见表 A-1。

　　（2）应用系统软件评价焊条的工艺性实例　　对 E4303 钛钙型结构钢焊条 8 个样品，应用"焊接材料工艺质量分析与评价系统"软件评价焊条的工艺性。由汉诺威分析仪提取电弧电压、焊接电流和短路时间的数据，并输入"评价系统"窗口，即可自动生成钛钙型结构钢八个焊条样品平均电弧电压、平均焊接电流、平均短路时间、短路电压概率、短路电流概率、短路时间频率以及电压变异系数等数据的列表，并以柱状图显示焊接工艺性的测试结果，如图 A-3 所示。

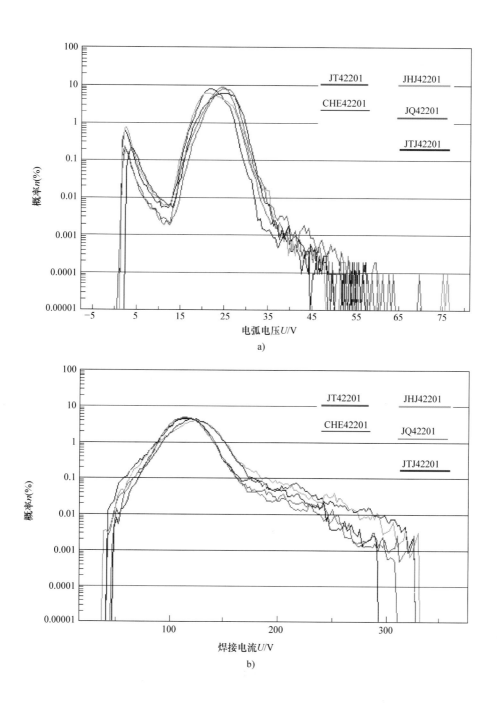

图 A-2　钛钙型结构钢五个焊条样品 U–PDD、I–PDD 和 T_1–CFD 叠加图

a）U–PDD 图　b）I–PDD 图

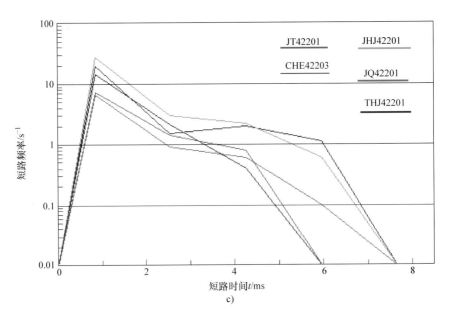

图 A-2　钛钙型结构钢五个焊条样品 U – PDD、I – PDD 和 T_1 – CFD 叠加图（续）

c）T_1 – CFD 图

表 A-1　钛钙型结构钢焊条五个样品电弧物理指数测试结果

样品名及编号	平均电弧电压 U/V	平均焊接电流 I/A	平均短路时间 t/ms	短路电压概率 n（%）	短路电流概率 n（%）	短路时间频率（s^{-1}）	电弧电压变异系数（%）
JT42201	24. 38	116. 16	1. 3868	0. 9547	0. 2483	9. 5	13. 13
CHE42201	21. 77	116. 56	1. 4682	2. 5919	0. 6548	24. 2	17. 84
JHJ42201	21. 91	123. 72	I. 3169	3. 0953	0. 4644	33. 5	20. 30
JQ42201	23. 75	115. 14	1. 3416	0. 8006	0. 1959	8. 3	12. 68
THJ42201	24. 00	123. 05	1. 1366	1. 2631	0. 0784	17. 2	15. 14

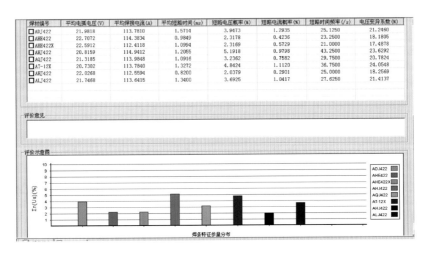

图 A-3　钛钙型结构钢焊条八个样品工艺性评价结果

（由"焊接材料工艺质量分析与评价系统"软件自动生成）

4. 低氢型结构钢焊条工艺性评价

（1）低氢型结构钢焊条工艺性评价实例　对 HCHE50601 等五个样品进行的测试，图 A-4a、b、c 分别为测试得到 U – PDD、I – PDD 和 T_1 – CFD 叠加图。

（2）应用系统软件评价焊条的工艺性实例　应用"焊接材料工艺质量分析与评价系统"软件，对 E5016 低氢型结构钢五个样品焊条的工艺性进行评价。图 A-5 为系统自动生成的五个样品电弧物理特性参数数据列表和以柱状图的形式显示五个样品工艺性判据 T_{50} 值的大小，以此判断 E5016 低氢型结构钢焊条焊接工艺性。

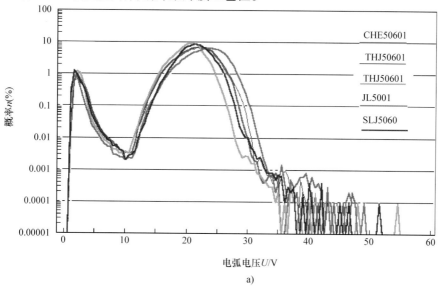

a)

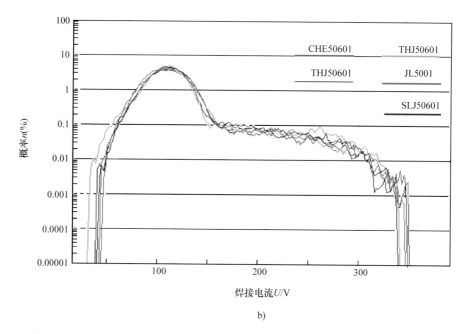

b)

图 A-4　E5016 低氢型结构钢焊条五个样品 U – PDD、I – PDD 和 T_1 – CFD 叠加图

a）U – PDD 叠加图　b）I – PDD 叠加图

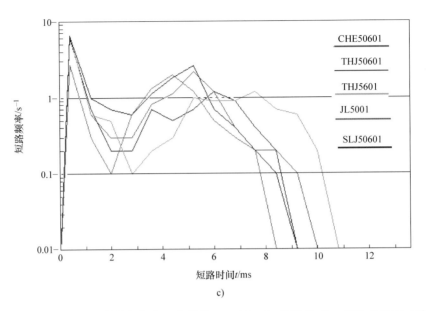

c)

图 A-4 E5016 低氢型结构钢焊条五个样品 U – PDD、I – PDD 和 T_1 – CFD 叠加图（续）

c）T_1 – CFD 叠加图

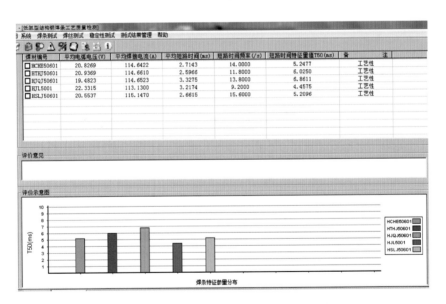

图 A-5 E5015 焊条五个样品工艺性的评价结果

（由"焊接材料工艺质量分析与评价系统"软件自动生成）

附录 B 不锈钢焊条信息化特征

1. 不锈钢焊条 U – PDD、I – PDD 图

图 B-1 为三种不同熔滴过渡形态的不锈钢焊条 U – PDD 和 I – PDD 叠加图。试验焊条样品 TY102 – B、JS – 4 和 E308 – 12 依次为短路过渡、混合过渡和渣壁过渡。

TY102 – B 焊条为典型的粗熔滴短路过渡，U – PDD 曲线呈双驼峰状，熔滴短路概率很大，小驼峰状曲线处于较高的位置，并覆盖较宽的范围，大驼峰状曲线靠近图的左面，表明该种焊条燃弧时电压较低。在 I – PDD 图中 TY102 – B 焊条的曲线大电流出现的概率很大。

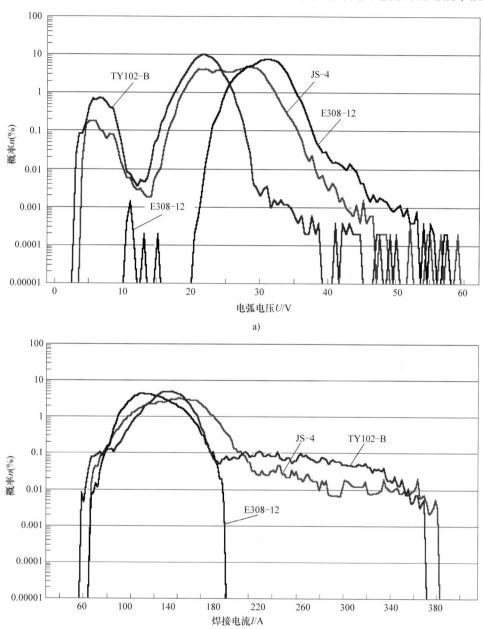

图 B-1　不锈钢焊条不同熔滴过渡形态的 U – PDD 和 I – PDD 叠加图

a) 不锈钢焊条 U – PDD 叠加图　b) 不锈钢焊条 I – PDD 叠加图

注：TY102 – B 不锈钢焊条，粗熔滴过渡形态，E308 – 12 不锈钢焊条，渣壁过渡形态，JS – 4 不锈钢焊条，混合过渡形态。

E308 – 1 焊条为渣壁过渡，看出其 U – PDD 图小驼峰曲线几乎不出现，大驼峰曲线靠右，表明渣壁过渡时熔滴基本不短路，同时焊接的名义电压较高，另外在 I – PDD 图中曲线十分集中，这些特征的表现程度是该种不锈钢焊条形成渣壁过渡形态趋势大小的主要标志。

JS - 4 是具有混合过渡的焊条样品，其特征介于上述两者之间。

2. 交流电源焊接时不锈钢焊条的 U - PDD 和 I - PDD 图

用交流电源焊接时 GD102 - 1、JT102 - 1、DQ102 - 1 三种不锈钢焊条样品的 U - PDD 和 I - PDD 图示于图 B-2。

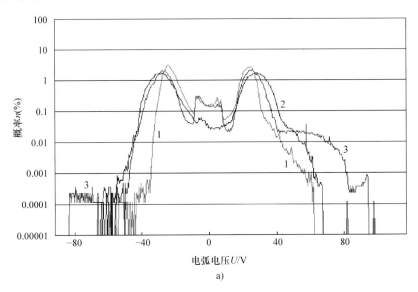

a)

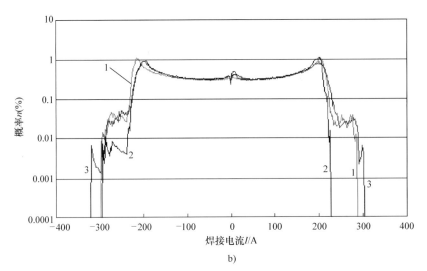

b)

图 B-2 交流焊接时不锈钢焊条 U - PDD、I - PDD 叠加图

a）不锈钢焊条 U - PDD 叠加图 b）不锈钢焊条 I - PDD 叠加图

1—GD102 - 1 2—JT102 - 1 3—DQ102 - 1

测试结果表明：短路过渡的 GD102 - 1 焊条（图中曲线 1）U - PDD 图曲线分布比较集中，平均电弧电压最低，平均焊接电流最小；渣壁过渡的 JT102 - 1 焊条电弧电压是最高的，焊接电流最小；混合过渡形态的 DQ102 - 1 焊条平均电弧电压和焊接电流值介于前两者之间。

附录 C　几种典型焊条的短路频率分布图

图 C-1 为具有不同熔滴过渡形态的四种代表性焊条的短路时间频率分布图。

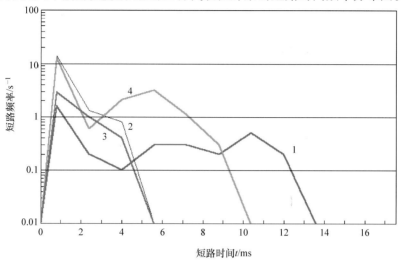

图 C-1　四种类型焊条不同短路时间 T_1 的频率分布图

分析仪设置：$\Delta T_1 = 100\mu s$，ΔT_2、ΔT_3、$\Delta T_c = 500\mu s$，$T_1 \min = 2500\mu s$，$U_{th} = 10V$。

1—钛钙型不锈钢焊条（样品 BD308L01，$\phi 4.0 mm$），$U \approx 26.17V$，$I \approx 126.16A$，$T_1 \approx 4517\mu s$

2—钛钙型结构钢焊条（样品 THJ42203，$\phi 3.2 mm$）$U \approx 24.48V$，$I \approx 123.71A$，$T_1 \approx 685\mu s$

3—高纤维素型焊条（样品 bole $\phi 3.2 mm$）$U \approx 28.88V$，$I \approx 90.16A$，$T_1 \approx 1277\mu s$

4—低氢型结构钢焊条（样品 CHEJ50602，$\phi 3.2 mm$）$U \approx 20.20V$，$I \approx 114.88A$，$T_1 \approx 2408\mu s$

其特点是：曲线 1 钛钙型不锈钢焊条为典型的粗熔滴过渡形态，$T_1 > 2ms$ 平均短路时间最长，既有持续的粗熔滴短路（即 A 型短路）行为，也存在着大量的瞬时的短路（即 B 型短路），$T_1 - CFD$ 曲线分散；曲线 2 为钛钙型结构钢焊条，由于有密集的瞬时 B 型短路和相当数量的 C 型短路，因此曲线分布靠左；曲线 3 为高纤维素焊条，有大量的 C 型短路，短路频率分布集中于图的左边，A 型短路分布的最少；曲线 4 低氢型结构钢焊条，特征是存在着短路时间很长的大量的 A 型短路和集中的 B 型瞬时短路，$T_1 - CFD$ 曲线也较分散。

根据焊条短路频率分布图的不同表现，大体上对焊条的类型做出判断，对焊条熔滴行为特征和其工艺特性进行预测。

附录 D　药芯焊丝 CO_2 气体保护焊信息化特征

1. 药芯焊丝 CO_2 气体保护焊熔滴过渡形态

图 D-1 为药芯焊丝 CO_2 气体保护焊时三种熔滴过渡形态的 $U - PDD$、$I - PDD$ 图，曲线 1 为排斥过渡，曲线 2 为不完全表面张力过渡，曲线 3 为表面张力过渡，曲线 4 为细熔滴过渡。

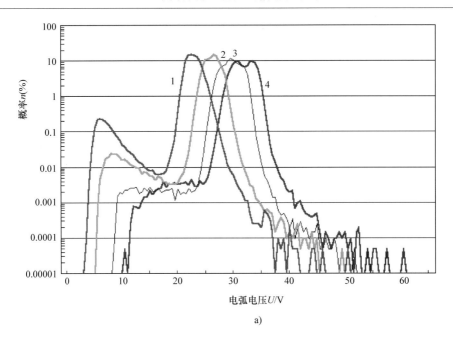

a)

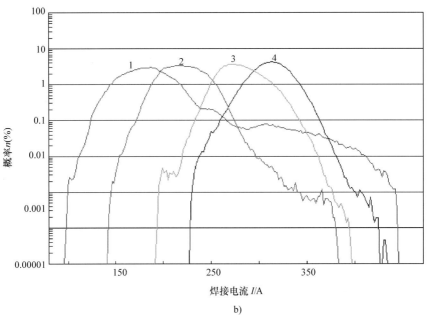

b)

图 D-1　药芯焊丝 CO_2 气体保护焊不同熔滴过渡形态的 $U-PDD$、$I-PDD$ 图

a）$U-PDD$ 图　b）$I-PDD$ 图

1—TW-711-4 药芯焊丝，$U≈22.93V$，$I≈188.59A$　2—TW-711-3 药芯焊丝，$U≈26.25V$，$I≈231.77A$
3—TW-711-2 药芯焊丝，$U≈29.45V$，$I≈303.86A$　4—TW-711-1 药芯焊丝，$U≈31.98V$，$I≈312.54A$

2. 焊接参数对熔滴过渡形态及工艺性的影响

如图 D-2 所示，药芯焊丝 CO_2 气体保护焊时，当送丝速度不变，随着电压逐渐降低，$U-PDD$ 图中小驼峰曲线逐渐减小至消失，曲线由发散转变为集中，同样 $I-PDD$ 曲线也逐渐收敛，表明其熔滴过渡形态由排斥过渡逐渐向表面张力过渡转变。

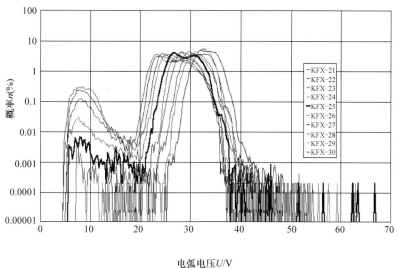

电弧电压U/V

a)

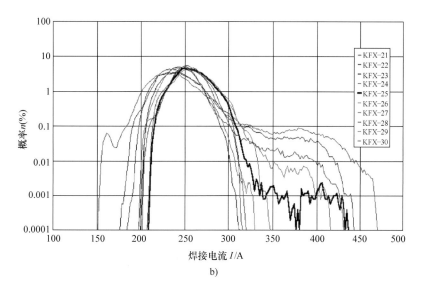

焊接电流I/A

b)

图 D-2　在大电流条件下设置不同的电压时，U – PDD 和 I – PDD 曲线相应发生变化

a）药芯焊丝 CO_2 气体保护焊 U – PDD 叠加图　　b）药芯焊丝 CO_2 气体保护焊 I – PDD 叠加图

焊丝样品：KFX；焊丝直径：$\phi 1.2mm$；设置焊接参数：$I = 240A$，$U = 28 \sim 37V$。

3. CO_2 气体保护焊药芯焊丝工艺性评价

对 dw – 501、gc401、hob – 01、kf501 和 yj501 五个药芯焊丝样品在 CO_2 气体保护焊条件下采用"接材料工艺质量分析与评价系统"软件对其工艺性进行测试，并对工艺性评价。

测试和评价结果由图 D-3 列表中的数据显示，短路周期变异系数 $\nu(T_c)$ 是对药芯焊丝工艺性的评价判据，图中以柱形图直观地表示评价结果。由表中看到 dw – 501 焊丝 $\nu(T_c)$ 比其余焊丝都低，可以认为本次试验 dw501 焊丝焊接工艺性最好。

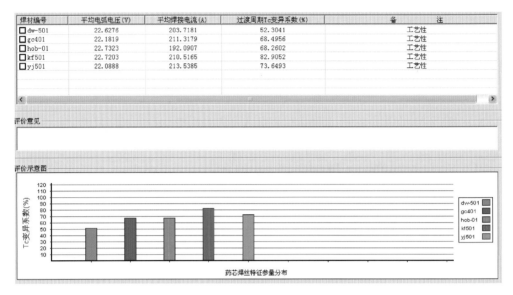

焊材编号	平均电弧电压(V)	平均焊接电流(A)	过渡周期Tc变异系数(%)	备注
dw-501	22.6276	203.7181	52.3041	工艺性
gc401	22.1819	211.3179	68.4956	工艺性
hob-01	22.7323	192.0907	68.2602	工艺性
kf501	22.7203	210.5165	82.9052	工艺性
yj501	22.0888	213.5385	73.6493	工艺性

图 D-3　五种药芯焊丝工艺性评价结果

（由"焊接材料工艺质量分析与评价系统"软件自动生成）

附录 E　碱性药芯焊丝熔滴行为信息化特征

图 E-1 所示为碱性药芯焊丝不同的焊接参数对 PDD 曲线的影响。看出当采用小参数焊接时碱性药芯焊丝熔滴为排斥过渡，LIN-1 样品 U-PDD 曲线为双驼峰状，I-PDD 曲线发散，此时熔滴特别粗大，降低了电弧稳定性，同时引发大熔滴的飘离飞溅。随着电参数的增大，熔滴得到细化，过渡频次增大，熔滴过渡均匀性和电弧稳定性提高，LIN-2、LIN-3样品 U-PDD 曲线左侧小驼峰逐渐萎缩而趋于零，I-PDD 曲线收敛并逐渐右移。

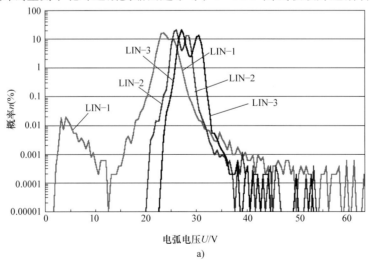

a)

图 E-1　碱性药芯焊丝 U-PDD 和 I-PDD 叠加图

LIN-1 25V/45dm/min，LIN-2 26V/60dm/min，LIN-3 30V/80dm/min

保护气体：$80\%\,Ar + 20\%\,CO_2$。

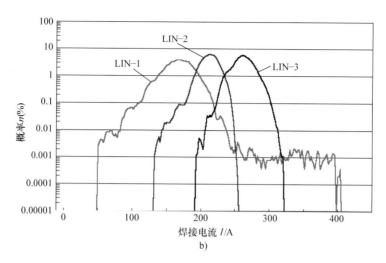

图 E-1　碱性药芯焊丝 U – PDD 和 I – PDD 叠加图（续）

LIN – 1 25V/45dm/min，LIN – 2 26V/60dm/min，LIN – 3 30V/80dm/min

保护气体：80% Ar + 20% CO_2。

附录 F　金属粉芯焊丝气体保护焊信息化特征

1. 金属粉芯焊丝 CO_2 气体保护焊 U – PDD 和 I – PDD 图

图 F-1 为不同焊接参数下金属粉芯焊丝 U – PDD 和 I – PDD 叠加图。

U – PDD 图中 13、01、02、03、05 曲线都存在着小驼峰，说明有短路发生，13、01 曲线最分散，05、06、14 小驼峰曲线基本消失，说明在 32V/330A 焊接参数下焊接时不出现短路，I – PDD 图无短路大电流分布，曲线集中。

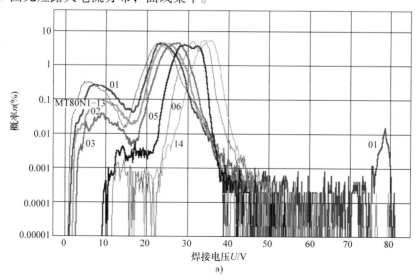

图 F-1　MT80N1 金属粉芯焊丝 CO_2 气体保护焊不同焊接参数 U – PDD、I – PDD 叠加图

13—22.1V/183.2A　01—23.2V/194.9A　02—24.8A/212.9　03—28.6V/238.1A

05—30.1V/332.1A　06—32.1V/328.2A　14—34.5V/338.6A

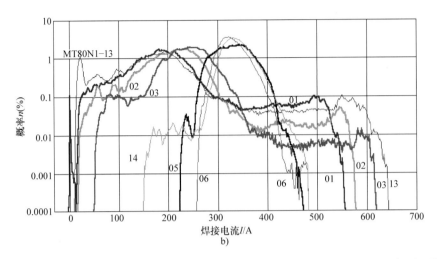

b)

图 F-1　MT80N1 金属粉芯焊丝 CO_2 气体保护焊不同焊接参数 U–PDD、I–PDD 叠加图（续）

13—22.1V/183.2A　01—23.2V/194.9A　02—24.8A/212.9　03—28.6V/238.1A

05—30.1V/332.1A　06—32.1V/328.2A　14—34.5V/338.6A

2. 金属粉芯焊丝混合气体保护焊 U–PDD 和 I–PDD 图

图 F-2a、b 为金属粉芯焊丝 95% Ar + 5% CO_2 混合气体保护焊时的 U–PDD 和 I–PDD 图。图中 05 曲线有明显的短路特征，低电压小驼峰曲线概率比较大，曲线右面有明显的高电压概率分布，在 I–PDD 图中存在短路大电流分布，表明在相应的参数下，焊接过程不稳定。随着电流的增大，U–PDD 图中 06、04 曲线的小驼峰明显降低，短路低电压概率大幅度减小；随着电压的进一步增大，02 和 01 曲线的位置向右移动，小驼峰曲线完全消失，曲线十分集中，焊接过程趋于稳定，形成射滴过渡和射流过渡。

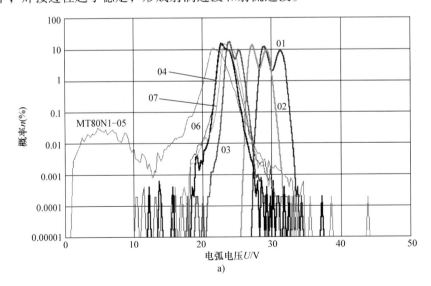

a)

图 F-2　MT80N1 金属粉芯焊丝混合气体保护焊焊接电流概率密度分布图

焊丝样品：MT80N1 金属粉芯焊丝，ϕ1.2mm；保护气体：95% Ar + 5% CO_2 混合气体。

01—30.06V/373.87A　02—28.14V/320.90A　03—24.48/247.43A　04—23.30V/209.55A

05—21.95V/197.83A　06—23.38V/188.42A　07—23.84V/212.03A

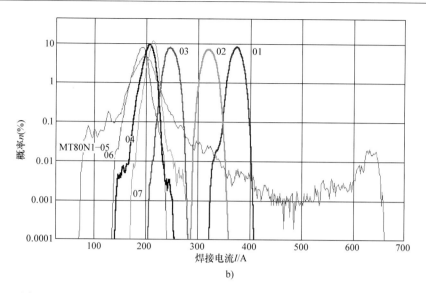

图 F-2　MT80N1 金属粉芯焊丝混合气体保护焊焊接电流概率密度分布图（续）

焊丝样品：MT80N1 金属粉芯焊丝，$\phi 1.2mm$；保护气体：95% Ar + 5% CO_2 混合气体。

01—30.06V/373.87A　02—28.14V/320.90A　03—24.48/247.43A　04—23.30V/209.55A

05—21.95V/197.83A　06—23.38V/188.42A　07—23.84V/212.03A

从 $I-PDD$ 图看出，除了 05 曲线外其他曲线分布都比较集中，随着电流的增大，曲线以 05—06—04—07—03—02—01 顺序逐渐右移，分布逐渐趋于集中。

附录 G　自保护药芯焊丝电弧物理信息化特征

1. 自保护药芯焊丝焊接参数对熔滴过渡形态的影响

图 G-1 为 hc 自保护药芯焊丝样品的 $I-PDD$ 叠加图，表现不同焊接参数对自保护药芯焊丝熔滴过渡形态的影响。

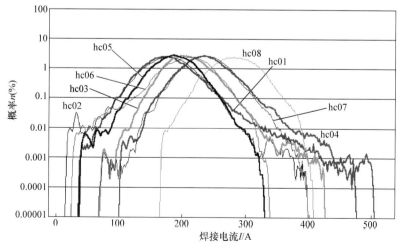

图 G-1　hc 自保护焊丝不同焊接参数的 $I-PDD$ 叠加图

hc—01：17.0V/175.3A　hc—02：18.2V/176.8A　hc—03：18.1V/206.8A　hc—04：18.1V/235.8A

hc—05：22.8V/187.1A　hc—06：22.7V/206.5A　hc—07：22.6V/236.2A　hc—08：27.3V/281.8A

由图看出，在低电压中等焊接电流时（18V，200～230A）焊接过程比较稳定（如图中 hc－03、hc－04 曲线）；在更大的焊接参数时，电弧电压超过 27V，焊接电流超过 280A 时，I－PDD 曲线最集中（如图中 hc－08 曲线），位置最靠右，焊接过程更稳定。

2. 自保护药芯焊丝焊接过程稳定性的判定

图 G-2 为自保护药芯焊丝 I－PDD 叠加图，反映四种样品焊丝的焊接过程稳定性。

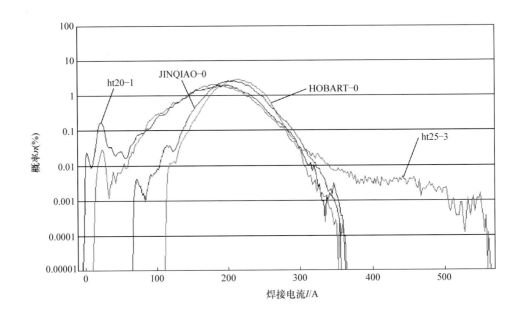

图 G-2　自保护药芯焊丝 I－PDD 叠加图

看出 ht25－3 样品既有图右面短路大电流的概率分布，又有图左面引弧瞬间出现的小电流的概率分布，说明焊接时出现短路而造成过程的不稳定。而 HOBART－0 和 JINQIAO－0 样品的 U－PDD 和 I－PDD 曲线分布比较集中，电弧过程相对稳定。

I－PDD 图直观地反映自保护药芯焊丝的工艺性，曲线越集中表明其焊接过程稳定性越好。